Thomas Foscht / Bernhard Swoboda

Käuferverhalten

Thomas Foscht / Bernhard Swoboda

Käuferverhalten

Grundlagen – Perspektiven – Anwendungen

GABLER

Bibliografische Information Der Deutschen Bibliothek
Die Deutsche Bibliothek verzeichnet diese Publikation in der Deutschen Nationalbibliografie; detaillierte bibliografische Daten sind im Internet über <http://dnb.ddb.de> abrufbar.

Prof. Dr. Thomas Foscht lehrt Betriebswirtschaftslehre, insbesondere Marketing und Käuferverhalten, am Institut für Handel, Absatz und Marketing an der Universität Graz (thomas.foscht@uni-graz.at).

Prof. Dr. Bernhard Swoboda ist Inhaber der Professur für Betriebswirtschaftslehre, insbesondere Marketing und Handel, der Universität Trier (b.swoboda@uni-trier.de).

Dozenten an Universitäten, Fachhochschulen, Akademien u.Ä. können die in diesem Buch enthaltenen Abbildungen als Chart-Sammlung unter www.kaeuferverhalten.com beziehen.

1. Auflage April 2004

Lektorat: Barbara Roscher / Renate Schilling

Der Gabler Verlag ist ein Unternehmen von Springer Science+Business Media.
www.gabler.de

Umschlaggestaltung: Ulrike Weigel, www.CorporateDesignGroup.de
Druck und buchbinderische Verarbeitung: Lengericher Handelsdruckerei, Lengerich/Westf.
Gedruckt auf säurefreiem und chlorfrei gebleichtem Papier
Printed in Germany

ISBN 3-409-12559-0

Vorwort

Das Verhalten von Kunden steht unstrittig im Zentrum des Marketing und verleiht der Marketingforschung ihren originären Charakter. Dies schlägt sich nicht zuletzt in der empirischen Forschungsanlage dieses betriebswirtschaftlichen Faches nieder. Entsprechend umfassend ist die Forschungstradition im Käuferverhalten und vor allem im Konsumentenverhalten. Zum Letztgenannten liegt mit dem Werk von Werner Kroeber-Riel und Peter Weinberg ein mittlerweile unverzichtbares Standardlehrbuch im deutschsprachigen Raum vor. Ganz ähnlich ist es im Industriegüterbereich mit dem Werk von Klaus Backhaus.

Schwieriger gestaltet sich indessen die Entscheidung für ein Lehrbuch, in dem in einer kompakten Form die Grundlagen des Käuferverhaltens behandelt werden und das als Basis für eine singuläre Veranstaltung zum Käuferverhalten herangezogen werden kann. Diese im Vorfeld der Vorbereitung entsprechender Lehrveranstaltungen an den Universitäten in Graz und Trier gemachte Beobachtung war letztendlich der Anstoß, der zur Entstehung dieses Buches führte. Zugleich war es ein gleichwohl arbeitsintensives Vergnügen dem Wunsch des Verlages Dr. Th. Gabler nachzukommen und ein neues Lehrbuch zum Käuferverhalten zu konzipieren. Es verfolgt im Wesentlichen drei Zielsetzungen, welche auch im Untertitel zum Ausdruck gebracht werden. Primär sollen die Grundlagen zum Käuferverhalten – sowohl von Konsumenten wie von Organisationen – behandelt werden. Zugleich soll der Blick auf jene Perspektiven gerichtet werden, die über die traditionellen Erkenntnisse hinausgehen. In diesem Zusammenhang steht vor allem der Kaufphasenansatz im Mittelpunkt der Betrachtung langfristiger Kundenbeziehungen. Darüber hinaus wird ein Augenmerk auf die Anwendung von Erkenntnissen und Einsichten der Käuferverhaltensforschung in der Unternehmenspraxis gelegt, u. a. in Form von Beispielen, die sich auf Aktivitäten von Hersteller-, Dienstleistungs- und Handelsunternehmen beziehen. Der praktischen Bedeutung und der empirischen Messung sind jeweils gesonderte Abschnitte gewidmet. Optisch werden praktische Beispiele zudem durch grau umrandete, vertiefende theoretische Ansätze durch grau hinterlegte Felder gekennzeichnet.

Insgesamt deckt das Buch zwar wesentliche, bei weitem aber nicht alle Facetten des Käuferverhaltens ab. Wir hoffen dennoch, dass diese Mischung traditioneller und neuerer Grundlagen, Perspektiven und Anwendungen das Buch für die Anwendung in der Lehre und Praxis interessant machen wird. Für Studierende sollen entsprechende Literaturhinweise am Ende einzelner Abschnitte bzw. Kapitel ermöglichen, den Stoff auch im Selbststudium weiter zu vertiefen. Darüber hinaus finden sich auf der Web-Site zum Lehrbuch (*www.kaeuferverhalten.com*) zu den einzelnen Abschnitten bzw. Kapiteln entsprechende Fragen zur Selbstkontrolle sowie weitere Informationen. Für jene Personen, die in ihrer täglichen Arbeit mit Verhaltensweisen von Käufern konfrontiert sind, kann das Buch einen ersten Einblick oder eine Auffrischung des Wissens bieten. Die Summe der traditionellen und neueren Perspektiven und insbesondere das Verständnis der Verhaltensweisen von Käufern in Kundenbeziehungen soll dazu anregen, sich mit dem Thema Käuferverhalten (wieder) zu beschäftigen. Zugleich sind wir uns bewusst, dass letztlich die Kunden über die Akzeptanz dieses Buches entscheiden. Insofern sind wir für kritische Anmerkungen und Anregungen sehr dankbar. Richten Sie diese bitte an thomas.foscht@uni-graz.at oder b.swoboda@uni-trier.de.

Zu Dank verpflichtet sind wir unseren Mitarbeitern in Graz und Trier. Frau Roswitha Kernstock, Frau Angelika Monsberger sowie Frau Judith Giersch, Herr Frank Hälsig und Frau Sandra Schwarz haben an der Entstehung des Buches mitgewirkt. Frau Kernstock sind wir für die Durchführung der Layoutarbeiten zu Dank verpflichtet. Herr Hälsig hat wesentliche Beiträge zur Entstehung des Buches beigesteuert. Frau Barbara Roscher und Frau Renate Schilling vom Verlag Dr. Th. Gabler danken wir für die erneut überaus angenehme und professionelle Zusammenarbeit.

Wenn im vorliegenden Buch bei unterschiedlichen Personenbezeichnungen, wie z. B. beim Begriff Konsument, die männliche Form gewählt wird, so soll dies keineswegs eine Diskriminierung von Frauen darstellen. Es wäre grundsätzlich ein Gebot der Höflichkeit, jeweils auch von Konsumentinnen zu sprechen oder beide Geschlechter anzusprechen und sich der Wortschöpfung KonsumentInnen zu bedienen. Beide Varianten würden unserer Meinung nach aber die Lesbarkeit des Textes stark einschränken. Die verwendete männliche Form ist somit jeweils als Kurzform für Personen beiderlei Geschlechts zu verstehen.

Thomas Foscht und Bernhard Swoboda

Inhaltsverzeichnis

Kapitel III: Kaufprozesse bei Organisationen

Abkürzungsverzeichnis

Abs.	Absatz
a. d. V.	Anmerkung der Verfasser
Aufl.	Auflage
Bd.	Band
bspw.	beispielsweise
bzw.	beziehungsweise
ca.	circa
d. h.	das heißt
ders.	derselbe
Diss.	Dissertation
e. V.	eingetragener Verein
etc.	et cetera
EU	Europäische Union
Hrsg.	Herausgeber
HWM	Handwörterbuch des Marketing
i. d. R.	in der Regel
i. e. S.	im engeren Sinne
insb.	insbesondere
i. S.	im Sinne
i. S. v.	im Sinne von
i. w. S.	im weiteren Sinne
Jg.	Jahrgang
k. A.	keine Angabe
Kap.	Kapitel
Mio.	Millionen
Mrd.	Milliarden
n. e.	nicht erhoben
n. s.	nicht signifikant
Nr.	Nummer
o. Ä.	oder Ähnliches
o. J.	ohne Jahr
o. Jg.	ohne Jahrgang
o. Nr.	ohne Nummer
o. O.	ohne Ort
o. S.	ohne Seiten
p	Irrtumswahrscheinlichkeit
r	Korrelationskoeffizient
S.	Seite
sog.	so genannte
Sp.	Spalte
Tab.	Tabelle
u. a.	unter anderem/und andere
u. Ä.	und Ähnliches

u. a. m.	und andere(s) mehr
u. E.	unseres Erachtens
u. U.	unter Umständen
u. v. m.	und vieles mehr
usw.	und so weiter
v. a.	vor allem
vgl.	vergleiche
vs.	versus
z. B.	zum Beispiel
ZFP	Zeitschrift für Forschung und Praxis
z. T.	zum Teil

Kapitel I

Grundlagen

1 Relevanz des Käuferverhaltens

Das Verstehen, Beeinflussen oder Interagieren mit Kunden bildet traditionell den Kern des Marketing, ebenso wie die Führung des Unternehmens vom (Absatz-) Markt her und auf den (Absatz-) Markt hin. Die Kundenorientierung, die lange Jahre eine alleinige Domäne des Marketing bildete, hat heute Eingang in andere betriebswirtschaftliche Disziplinen erhalten oder wurde auf verschiedene Wertschöpfungsfunktionen übertragen. Die konkrete Analyse des Käuferverhaltens ist allerdings weiterhin eine Domäne der Marketingforschung, in der letztendlich die betriebswirtschaftliche (Ur-) Quelle sprudelt. In diesem Sinne ist Marketing zu begreifen als Planung, Koordination und Kontrolle aller auf die aktuellen und potenziellen Märkte ausgerichteten Unternehmensaktivitäten mit dem Ziel, eine dauerhafte Befriedigung der Kundenbedürfnisse zu erreichen und Wettbewerbsvorteile zu realisieren (Meffert 2000, S. 8). Auf Basis dieser Begriffsfassung entwickelte sich das Marketing zu einer speziellen, prozessorientierten Betriebswirtschaftslehre mit interdisziplinären Zügen.

Pauschal ist die Bedeutung der Kundenorientierung umso stärker ausgeprägt, je stärker die Konkurrenz in den einzelnen Märkten, je stärker die Distanz zu den Kunden ist bzw. je stärker die Absatzmärkte und damit die Kunden zentrale Engpässe in Unternehmen bilden. Die Perspektiven sind jedoch durchaus unterschiedlich. Ein gutes Beispiel bilden die Märkte für Industrie- und Konsumgüter. Während es in dem erstgenannten, volkswirtschaftlich sicherlich als zentral zu bewertenden Bereich, heute oft noch darum geht, die Entscheidungsträger von der zentralen Relevanz der Analyse des Käuferverhaltens zu überzeugen, sind die Entscheidungsträger im zweitgenannten Bereich traditionell für die Belange des Konsumentenverhaltens sensibilisiert. Es existieren beachtliche Differenzen zwischen der Kundenorientierung in Industriegüterunternehmen einerseits und in Konsumgüter-, Handels- oder Dienstleistungsunternehmen andererseits. Entsprechend abzugrenzen sind daher auch die Begriffe des Käuferverhaltens und des Konsumentenverhaltens.

Käuferverhalten i. e. S. beschäftigt sich mit dem Verhalten von Nachfragern beim Kauf, Ge- und Verbrauch von wirtschaftlichen Gütern bzw. Leistungen, während sich das Konsumentenverhalten i. e. S. mit dem Verhalten der Menschen beim Kauf und Konsum von wirtschaftlichen Gütern bzw. Leistungen beschäftigt.

Eine weite Begriffsfassung des Käufer- und insb. des Konsumentenverhaltens würde zur Betrachtung des allgemeinen Verhaltens der Letztverbraucher von materiellen und immateriellen Gütern, d. h. auch dem Verhalten von Wählern, von Patienten usw., führen. Zwar wird manchmal dieser weitere Begriff benutzt, was u. a. dazu geführt hat, dass sich immer mehr wissenschaftliche Disziplinen an der Konsumentenforschung beteiligen und sich die Bindung an die Marketingforschung teilweise etwas lockert. Nachfolgend wird im Schwerpunkt jedoch der engen Begriffsfassung gefolgt. Darüber hinaus kommt es in diesem Buch auch auf die Interdependenzen zwischen angewandter Käuferverhaltensforschung einerseits und der Umsetzung der Erkenntnisse für Unternehmen andererseits an. D. h., der Fokus berücksichtigt die klassischen Dreiecksbeziehungen des Marketing im Zusammenspiel von Kunden, Anbietern und Konkurrenten, die eingebettet sind in ein politisch-rechtliches, sozio-ökonomisches, technologisches und sonstiges Umfeld (siehe Übersicht 1). In diesem Sinne entstehen Wettbewerbsvorteile für ein Unternehmen nur, wenn sie

- wahrgenommen werden (vom Kunden registriert werden),
- bedeutsam sind (im Hinblick auf wichtige Kaufmerkmale) und
- dauerhaft sind (von der Konkurrenz nicht unmittelbar kopiert werden können).

Dies bedeutet, dass für ein Unternehmen auch die Kenntnis der aus Kundensicht relevanten Konkurrenten (Konkurrenzprinzip) erforderlich ist.

Übersicht 1: ***Strategisches Marketing-Dreieck als Leitfaden***

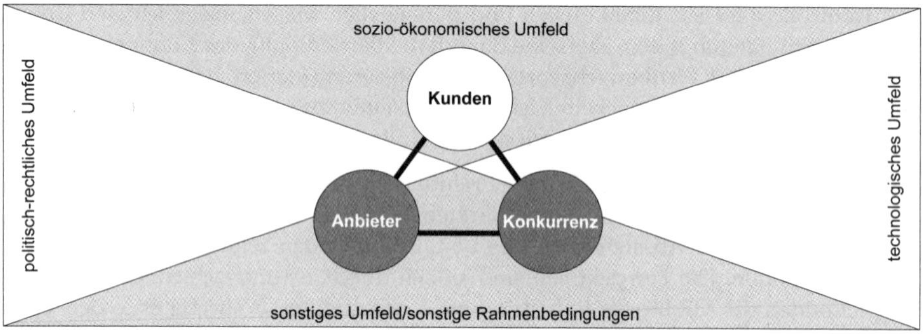

Diese interdependente Sichtweise und die Kundenorientierung kennzeichnen auch die Betrachtungsperspektive, die diesem Buch zugrunde liegt. Es inkludiert traditionelle und neuere Anwendungsfelder der Käuferverhaltensforschung im Marketing in Bereichen wie

- der Marktsegmentierung, so der Identifikation von und der Ausrichtung der Marketingaktivitäten und -prozesse an den Zielkunden,
- dem Verstehen der psychischen Prozesse, die zum Verhalten bzw. Nicht-Verhalten von Käufern führen,
- der Bindung von Kunden und der Gewinnung von Neukunden oder
- dem Verstehen der Rollen und der Interaktionen, die zum Verhalten bzw. Nicht-Verhalten z. B. von Buying Centern in Unternehmen oder von Familien führen und
- der Integration mit den Kunden in Prozessen des Unternehmens.

Dies ist freilich nur eine Auswahl der Forschungsfragen, mit denen sich die Käufverhaltensforschung beschäftigt. Alleine der kursorische Blick auf einzelne Jahrgänge des Journal of Consumer Research zeigt die breite Palette an Publikationsschwerpunkten: Emotionen/Einstellungen, Erinnerung/Imagery, Lernen/Gedächtnisschemata, Involvement/Prädispositionen, kollektives Kaufverhalten, kulturzentrierte Studien, Präferenz/Konsumwahl, Marken, Kommunikation/Werbung, Preiseffekte und Sonstiges (mit einer ähnlichen Anzahl von jeweils 5-8 Beiträgen z. B. in den Jahrgängen 23 bis 25 des Journals).

2 Besonderheiten des Käuferverhaltens

2.1 Herausforderungen an die Käuferverhaltensforschung

Das Marketing ist heute mit Entwicklungen konfrontiert, die noch vor wenigen Jahren nicht abschätzbar waren und die in Summe zu einem Umfeld geführt haben, das als turbulent bezeichnet werden kann. Dabei durchlief die *Umfeldentwicklung* mehrere Stadien. Während das Umfeld etwa bis zur „Ölkrise" relativ stabil war, d. h. es gab relativ wenige Marktteilnehmer, das Marketing war oft auf regionale/nationale Märkte konzentriert usw., traten mit dem „Ölschock" Faktoren auf, die die Umfeldsituationen komplizierten und nicht mehr einfach prognostizierbar machten. So wird durch internationale Vernetzung die Integration von Wirtschaftsräumen (wie EU, NAFTA, MERCOSUR, AFTA, ASEAN) und die damit verbundene wachsende Zahl der Marktteilnehmer das Umfeld komplexer und insgesamt instabiler. Emergente Phänomene tauchen spontan und überraschend auf und entstehen ohne erkennbare Vorgeschichte.

Auch das *Verhalten von Kunden* selbst ist einem Wandel unterworfen. Dieser kann zwar schon seit Jahren beobachtet werden, neu ist aber seine Dynamik. Dahinter steht u. a. ein Wandel der Selbstkonzepte von einem Konsumenten, dessen Leben vom Motto „Ich bin, was ich habe", „Ich bin, wie ich lebe!" bis hin zum Motto „Ich lebe, wie ich gerade bin" geprägt ist. Während sich bspw. Konsumenten früher noch weitgehend konsistent verhalten haben und in den neunziger Jahren ein zunehmend hybrides Verhalten beobachtet wurde (z. B. kaufte dieselbe Person in Feinkostgeschäften und Discountern ein) skizziert Liebmann (1996, S. 45 ff.) Verhaltensweisen, bei dem mehrere Handlungsprinzipien parallel verfolgt werden, der Konsument die Rollen oder seine Gruppenzugehörigkeit wechselt und daher ein divergierendes (multioptionales) Verhalten bis hin zu einem paradoxen Verhalten vorliegt (siehe Übersicht 2).

Übersicht 2: ***Dynamik des Käuferverhaltens***

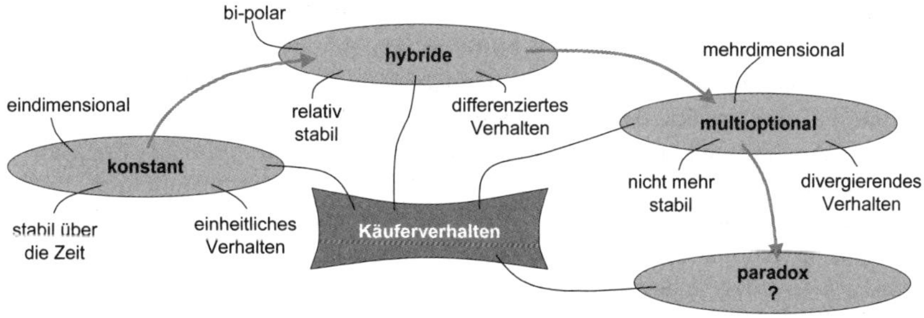

Quelle: Liebmann 1996, S. 45.

Neben diesen Verhaltensänderungen i. e. S. existiert eine Reihe von weiteren Entwicklungen, die in den Bereich des Konsumentenverhaltens fallen. Dazu zählen die Änderung in den Haushaltsstrukturen (in manchen Großstädten sind bereits die Hälfte aller Haushalte Single-Haushalte), sozio-demografische Veränderungen (die durchschnittliche Lebenserwartung steigt, gleichzeitig stagniert die Geburtenrate) oder der Wandel der Werte (siehe dazu auch Foscht/Jungwirth/Schnedlitz 2000, S. 23 ff.).

2.2 Publikationsschwerpunkte und Synopse wissenschaftstheoretischer Grundlagen

Wie kaum ein anderer Forschungsschwerpunkt im Rahmen der Betriebswirtschaftslehre ist die Käuferverhaltensforschung der theoriegeleiteten-empirischen Analyse verhaftet. Es ist daher lohnenswert, ihre wissenschaftstheoretische Position und die zentralen betriebswirtschaftlichen Institutionen und Publikationsorgane dieser Forschungsrichtung zu kennen.

Ausgewählte Institutionen und Publikationsorgane der Käuferverhaltensforschung

Im Bereich der Konsumentenverhaltensforschung haben sich im Laufe der Zeit einige Institutionen gebildet, in denen sich Konsumentenverhaltensforscher organisiert haben. Hervorzuheben ist in diesem Zusammenhang v. a. die Association of Consumer Research (ACR) (www.acrweb.org), die laufend Fachkonferenzen veranstaltet und das renommierteste Publikationsorgan in diesem Bereich – das Journal of Consumer Research – herausgibt, sowie die Society for Consumer Psychology (SCP) (www.consumerpsych.org). Daneben existiert eine Reihe von Organisationen, die sich zwar schwerpunktmäßig mit dem Bereich Marketing beschäftigen, die aber jeweils auch eigene Fachgruppen zum Thema Käuferverhalten umfassen. Auf internationaler Ebene wären hier die American Marketing Association (AMA) (www.ama.org), das Marketing Science Institute (MSI) (www.msi.org), die Academy of Marketing Science (AMS) (www.ams-web.org) oder die European Academy of Marketing (EMAC) (www.emac-online.org) zu nennen. Im deutschsprachigen Bereich ist der Verband der Hochschullehrer für Betriebswirtschaftslehre e.V. (www.v-h-b.de) anzuführen, der die Kommission Marketing beheimatet.

Im Bereich der Publikationsorgane liegt eine Fülle betriebswirtschaftlich, psychologisch oder soziologisch orientierter Zeitschriften und Journals vor, die sich vorwiegend mit dem Käuferverhalten beschäftigen. Zu den wichtigsten zählen etwa das Journal of Consumer Affairs, das Journal of Consumer Studies, Advances in Consumer Research, Psychology and Marketing oder das Jahrbuch der Absatz- und Verbrauchsforschung. Auch in vielen Marketing-Zeitschriften basiert ein Großteil der empirischen Untersuchungen auf Evaluationen von Käufern, insb. von Konsumenten. Dies trifft sowohl auf Untersuchungen im wissenschaftlichen als auch im eher praktischen Bereich zu. Eine Synopse ausgewählter Zeitschriften aus beiden Bereichen findet sich in Übersicht 3 – weitere Übersichten und entsprechende Rankings sind im Internet u. a. auf der Website der AMS zu finden.

Übersicht 3: ***Ausgewählte Publikationsorgane***

wissenschaftlich orientierte Zeitschriften	praktisch orientierte Zeitschriften
■ Journal of Marketing	■ Absatzwirtschaft
■ Journal of Marketing Research	■ Der Markt
■ Journal of Retailing	■ Dynamik im Handel
■ Marketing Science	■ Handelsjournal
■ European Journal of Marketing	■ Horizont
■ Industrial Marketing Management	■ Lebensmittel Praxis
■ International Journal of Research in Marketing	■ Lebensmittel-Zeitung
■ International Marketing Review	■ Markenartikel
■ Journal of Service Marketing	■ Textilwirtschaft
■ Journal of Segmentation in Marketing	■ Thexis
■ Marketing – ZFP	■ Werben und Verkaufen
■ Marketing Letters	■ Werbeforschung & Praxis

Wissenschaftstheoretische Grundlagen – eine Synopse

Das dominierende theoriegeleitete, empirische Vorgehen der Käuferverhaltensforschung folgt dem wissenschaftstheoretischen Paradigma des kritischen Rationalismus.

Die Wissenschaftstheorie kann als Lehre vom Wesen, den Methoden, Grundlagen und Voraussetzungen sowie von der Einteilung der Wissenschaft bezeichnet werden. Im Mittelpunkt des Interesses stehen der methodologische Aufbau der Wissenschaft und die Einordnung spezieller Disziplinen in das System der verschiedenen Wissenschaften.

Im Rahmen der Wissenschaftssystematik ist die Wissenschaftstheorie Teil der allgemeinen Erkenntnistheorie und beschäftigt sich mit den Vorgehensweisen, Ergebnissen und Zielen der verschiedenen Wissenschaften. Unterschieden wird zwischen Formalwissenschaften (Mathematik etc.) und Realwissenschaften (Naturwissenschaften (Biologie etc.) und Sozialwissenschaften (Psychologie etc.)). Formalwissenschaftliche Aussagen beanspruchen Wahrheit im logischen Sinne während es bei Realwissenschaften auf die faktische Bewährung der in der Realität vorhandenen Objekte ankommt.

Die wissenschaftstheoretische Diskussion um zentrale methodologische Grundfragen der Wirtschafts- und Sozialwissenschaften ist auch nach der Adoption der Popper'schen Logik des kritischen Rationalismus gegen Ende der fünfziger Jahre fortgeführt worden. Im Anschluss an den Positivismusstreit der sechziger Jahre ergab sich zu Beginn der siebziger Jahre eine erneute Kontroverse um die Praktikabilität und die Sinnhaftigkeit der Forderung nach einer wertfreien – sich also Soll-Aussagen enthaltenden – Betriebswirtschaftslehre. Damit verbunden ist die Kontroverse um das Selbstverständnis der BWL als praktisch-normative Wissenschaft (Schmalenbach, Mellerowicz) oder reine Wissenschaft (Rieger, Gutenberg). Anstatt diese Kontroverse hier aufzugreifen ist darauf zu verweisen, dass bzgl. des Werturteilspostulats im Rahmen dieses Buches eine der modernen praktisch-normativen BWL entsprechende, weniger strenge Haltung eingenommen wird. Obwohl es in den Realwissenschaften kaum möglich ist, sich auf ein Gerüst logischer Deduktion zu stützen, ist dennoch eine deduktive Vorgehensweise anzustreben, was auch dazu führt, dass Hypothesen empirisch überprüfbar sind: Dies erfüllt das Postulat der Falsifizierbarkeit, da sie bestimmtes Verhalten ausschließen und Hypothesen widerlegbar sind. Entsprechend den Phasen einer Forschungsarbeit sind drei Untersuchungsbereiche zu trennen:

- Entdeckungszusammenhang – Wie kommen wissenschaftliche Aussagen zustande?
- Begründungszusammenhang – Welche Aussagen tragen zur wissenschaftlichen Erkenntnis bei und welche nicht?
- Verwertungszusammenhang – Wie werden wissenschaftliche Aussagen verwertet?

Unter *Entdeckungszusammenhang* ist der Anlass zu verstehen, der zu einem Forschungsprojekt geführt hat, so eine vorliegende Theorie bzw. Studie, ein praktisches Problem oder ein Auftrag. Es ist für das Ergebnis von Forschungsarbeiten keineswegs unerheblich, wie Wissenschaftler arbeiten und welche Motive ihrer Arbeit zugrunde liegen. Neben dem Interesse an gesellschaftlich relevanten Problemen oder der Suche nach der „Wahrheit" gelten z. B. Belohnungen und Bestrafungen, wie fachliches Prestige und materielle Chancen, als Antriebskräfte der Wissenschaftler. Neben den Motiven der Wissenschaftler bilden forschungsmethodische und forschungsökonomische Bedingungen weitere begrenzende Faktoren des Entdeckungszusammenhangs.

Unter *Begründungszusammenhang* sind die methodologischen Schritte zu verstehen, mit deren Hilfe ein Problem untersucht werden soll. Nach der Schule des kritischen Rationalismus ist das Ziel einer Forschungsarbeit eine möglichst exakte, nachprüfbare und objektive Ableitung, Operationalisierung und Prüfung von Hypothesen. Pauschal ausgedrückt erfolgt die Umsetzung der Problemstellung des Entdeckungszusammenhangs in eine wissenschaftliche Untersuchung anhand der Abgrenzung und Formulierung des Forschungsziels und der Problemstellung, der Recherche nach bereits existierenden Analysen, Theorien und Hypothesen (die den Problembereich berühren), der Ableitung forschungsleitender Hypothesen sowie deren Operationalisierung und Überprüfung mittels geeigneter (Mess- und Marktforschungs-) Methoden. Übersicht 4 gibt im Zusammenhang einen kursorischen Einblick in den forschungslogischen Aufbau empirischer Untersuchungen.

Unter *Verwertungszusammenhang* sollen die Effekte einer Untersuchung verstanden werden, also ihr Beitrag zur Lösung des anfangs gestellten Problems. Demnach sind Entdeckungs- und Begründungszusammenhang eng miteinander verbunden. So kann die Entdeckung eines Wissenschaftlers durch die Verwendung von Erkenntnissen eines anderen Wissenschaftlers zustande kommen. Die Verwertung geschieht schrittweise durch ihre Anwendung. Sie kann durch Veröffentlichungen, Vorträge oder durch die Arbeit des Forschers mit den Betroffenen einer Studie erfolgen. Je exakter die Aussagen der Studie begründet werden und je mehr die Untersuchung dem Umfang des formulierten Problems entspricht, desto eher werden sich auch Handlungsmöglichkeiten ableiten lassen. Die Exaktheit des Begründungszusammenhangs ist die Bedingung einer begründbaren Verwertung, wobei in diesem Zusammenhang die genannte Werturteilsproblematik der Wissenschaften ein zentrales Problem darstellt.

Neben dieser Perspektive soll aber nachfolgend ein forschungsheuristisches Moment nicht völlig ausgeschlossen werden. Es sollen also auch induktive Schlussverfahren und hermeneutische Methoden zugelassen werden.

Übersicht 4: ***Forschungslogischer Ablauf empirischer Untersuchungen***

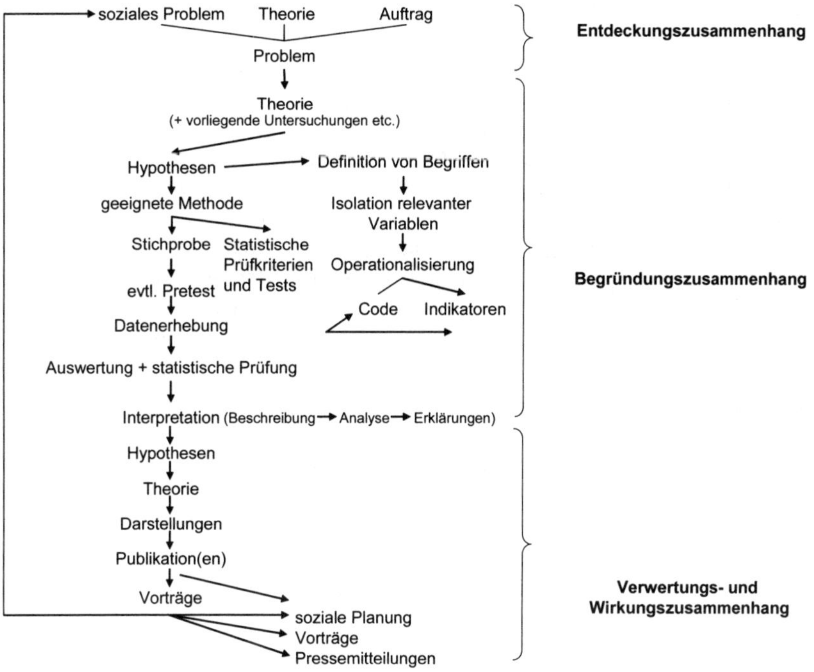

Quelle: In Anlehnung an Friedrichs 1990, S. 51.

Damit ist die seit Jahren in Verbindung mit der Käuferverhaltensforschung, aber auch der Organisationsforschung, anzusprechende Frage verbunden, inwiefern von einem objektiven Handlungskontext oder ob von einer unaufhebbaren Subjektivität der „Wirklichkeit" auszugehen ist. Diese eng mit dem radikalen Konstruktivismus verhaftete Frage besitzt nicht nur forschungsmethodische Konsequenzen, denn sie führt zur Abkehr vom Prinzip des kritischen Rationalismus. Sie besitzt auch forschungslogische Konsequenzen. Insb. die hermeneutische Erkenntnismethode, die sich als Methode des nachfühlenden Verstehens beschreiben lässt, ist trotz aller Vorzüge aus wissenschaftstheoretischer Perspektive angreifbar. Zu kritisieren ist, dass sie zumindest partiell das Verstehen gegenüber dem Erklären für überlegen hält, wenngleich das Verstehen eines Sachverhalts sein Erklären nicht ersetzen kann. Ferner kann das Verstehen selbst zum Gegenstand wissenschaftlicher Erklärung werden und schließlich fehlt der Hermeneutik ein methodisches Kriterium, anhand dessen die gewonnenen Aussagen überprüft werden könnten. Dennoch kann eine selektive Nutzung des noch relativ jungen Forschungszweigs empfohlen werden, wie die verstärkten Bemühungen zur Integration traditioneller, ökonomischer und interpretativer Erklärungsversuche. Schließlich sei zu den forschungsleitenden Theorien, Ansätzen und Konzepten angemerkt, dass deren Auswahl auch subjektive Momente enthält, weil ein Forscher nicht sämtliche in Betracht kommende Theorien bzw. Ansätze zur Hypothesengenerierung heranziehen kann. Somit liegt in diesem Bereich ein Werturteil im Basisbereich vor.

Grundlagen der empirischen Sozialforschung

Ausgangspunkt der empirischen Sozialforschung ist die Untersuchung bestimmter Merkmale von Untersuchungsobjekten bzw. die unterschiedlichen Ausprägungen der Merkmale. Um diese Sachverhalte untersuchen zu können, wird der Begriff der Variable verwendet. Eine Variable ist ein Symbol für die Ausprägungen eines Merkmals. So steht bspw. die Variable Geschlecht für die Ausprägungen männlich und weiblich. Üblicherweise werden den einzelnen Merkmalsausprägungen Zahlen zugeordnet (wie z. B. 1 für männlich und 2 für weiblich) wodurch Daten entstehen. Die Herausforderung insb. im Bereich der Käuferverhaltensforschung liegt aber darin, dass häufig nicht unmittelbar beobachtbare Merkmale (sog. latente Merkmale bzw. Konstrukte) vorliegen (wie z. B. die Kundenzufriedenheit). Diese müssen dann indirekt über einzelne oder mehrere Indikatoren gemessen, quasi in Variablen überführt, operationalisiert werden, was eine anspruchsvolle Aufgabe darstellt. Grundsätzlich lassen sich Variablen folgendermaßen unterscheiden:

- nach ihrer Bedeutung für die Untersuchung in unabhängige/abhängige Variablen, Moderator-, Mediator-, Kontroll- und Störvariablen,
- nach der Art der Merkmalsausprägungen in diskrete/stetige, dichotome/polytome Variablen sowie
- nach der empirischen Zugänglichkeit in manifeste und latente Variablen.

Am Beginn von Forschungsarbeiten stehen interessant erscheinende Fragestellungen oder Phänomene. Um diese für eine Untersuchung zugänglich zu machen, sind sie in Hypothesen zu überführen, die folgende vier Kriterien erfüllen müssen:

- Eine wissenschaftliche Hypothese bezieht sich auf reale Sachverhalte, die empirisch untersuchbar sind.
- Eine wissenschaftliche Hypothese ist eine allgemeingültige, über den Einzelfall oder ein singuläres Ereignis hinausgehende Behauptung.
- Eine wissenschaftliche Hypothese muss zumindest implizit die Formalstruktur eines Konditionalsatzes („Wenn-dann-" bzw. „Je-desto-Satz") aufweisen.
- Der Konditionalsatz muss potenziell falsifizierbar sein, d. h. es müssen Ereignisse denkbar sein, die dem Konditionalsatz widersprechen.

Hervorzuheben ist, dass eine empirisch vorläufig bestätigte (exakt heißt es: eine nicht falsifizierte) Beziehung zwischen zwei Variablen (z. B. in Form einer Korrelation) im Regelfall nicht mit einer Ursache-Wirkungs- bzw. mit einer Kausalbeziehung gleichgesetzt werden darf. Für die Beantwortung der Frage, ob eine Kausalbeziehung vorliegt, sind auch das Untersuchungsdesign (eigentlich sind Experimente erforderlich) sowie inhaltliche Überlegungen relevant. Um Kausalhypothesen handelt es sich, wenn ein Vertauschen der Ursache (Wenn-Teil) mit der Wirkung (Dann-Teil) nicht sinnvoll ist. Zu erwähnen ist in diesem Zusammenhang, dass das beschriebene Vorgehen als deduktiv zu bezeichnen ist. Dabei bilden eine Theorie, ein Ansatz oder ein Modell und schließlich die Hypothese den Ausgangspunkt. Gerade in der Käuferverhaltensforschung sind aber auch induktive Vorgehensweisen sinnvoll, bei denen eine Hypothese das Ergebnis einer empirischen Untersuchung bilden kann (Bortz/Döring 2002, S. 5 ff.). Die beiden Zugänge widersprechen sich nicht, sondern ergänzen einander, wobei die systematische Ergänzung der Zugänge unter dem Begriff „*Mixed Methods*" diskutiert wird (Angerer/Foscht/Swoboda 2004).

3 Kaufentscheidungen von Konsumenten und Organisationen

3.1 Träger und Grundtypen von Kaufentscheidungen

Träger von Kaufentscheidungen sind private Personen oder Organisationen (Unternehmen, staatliche Institutionen, Behörden etc.). Dabei kommt v. a. in Zentraleuropa dem organisationalen Käuferverhalten eine rund sechsfach höhere wertschöpfende Bedeutung zu als dem privaten Konsum. Relativ ist dies in binnenmarktgeprägten Volkswirtschaften wie den USA zu sehen, in denen v. a. das Konsumentenverhalten eine höhere Bedeutung hat.

Obwohl sich die Komplexität des Marketing darin zeigt, dass Unternehmen auf verschiedenen Stufen Trägern von Kaufentscheidungen gegenüberstehen, herrscht in der Käuferverhaltensforschung die Differenzierung in private und organisationale Kaufentscheidungen vor. Die Grundtypen von Kaufentscheidungen werden darüber hinaus verbreitet nach der Zahl der bei der Entscheidung beteiligten Personen differenziert, nämlich nach dem Kriterium, ob eine Person der Träger der Entscheidung ist oder ob es mehrere Personen sind. Eine Kombination dieser Sichtweisen führt zu einer Matrix, in der vier Grundtypen von Kaufentscheidungen abgebildet werden können (siehe Übersicht 5). Diese lassen sich wie folgt charakterisieren:

- *Individuelle Kaufentscheidungen, die ein Konsument* in seiner Rolle als Privatperson trifft (Konsumentenentscheidungen); ein Segment, welches den Schwerpunkt bzw. den klassischen Fall der Konsumentenverhaltensforschung darstellt.
- *Kollektive Kaufentscheidungen in privaten Haushalten*; ein Segment, welches berücksichtigt, dass z. B. bei vielen Gebrauchsgütern kollektive Kaufentscheidungen getroffen werden und dabei z. B. Familienmitglieder unterschiedliche Rollen einnehmen.
- *Individuelle Kaufentscheidungen in Organisationen*; ein Segment, in das z. B. das Verhalten eines Einkäufers in Organisationen fällt.
- *Kollektive Kaufentscheidungen in Organisationen*; ein Segment, in das die Gremiumsentscheidungen bei Industrie- bzw. Investitionsgütern fällt.

Übersicht 5: ***Grundtypen von Kaufentscheidungen***

	Individuell	Kollektiv
Konsument	Individuelle Kaufentscheidungen von Privatpersonen (Konsumentenentscheidungen)	Kaufentscheidungen in privaten Haushalten (Familienentscheidungen)
Organisation	Individuelle Kaufentscheidungen in Organisationen (Einkäuferentscheidung)	Kollektive Kaufentscheidungen in Organisationen (Gremienentscheidungen)

Vielfalt der realen Träger von Kaufentscheidungen und Komplexität der Entscheidungsstrukturen

In der Realität sind unterschiedliche Kundengruppen zu unterscheiden wie das folgende Wertkettensystem der Konsumgüterwirtschaft andeutet. In Endverbrauchermärkten sind bspw. aus der Herstellersicht in vertikaler Richtung mindestens drei Kategorien von Käufern zu unterscheiden: Großhandel, Einzelhandel und (End-) Kunde bzw. Konsument.

Übersicht 6: ***Wertkettensystem in der Konsumgüterwirtschaft***

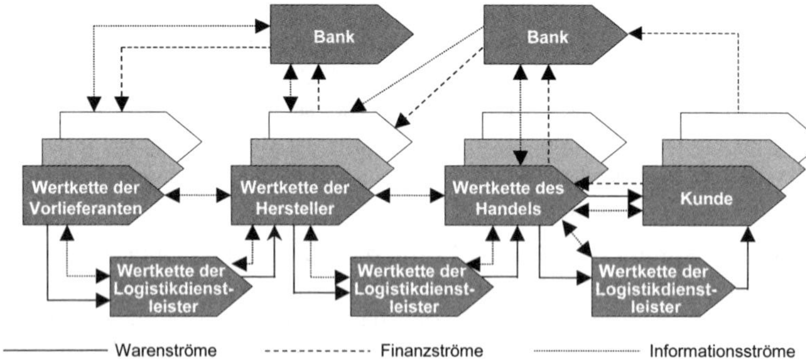

Quelle: Liebmann/Zentes 2001, S. 607.

Für die Industrie ist im auf Endkonsumenten ausgerichteten Marketing die Kommunikationspolitik eines der zentralen Instrumente, da hierdurch die Bekanntheit von Produkt und Marke gesteigert und die Nachfrage ausgelöst bzw. erhöht werden kann. Die Marktforschung wird dabei eingesetzt, um gezielt vorgehen zu können und z. B. einen potenziellen Bedarf bei den Konsumenten zu erkennen bzw. deren Verhalten zu beobachten und zu beeinflussen. Letztendlich streben Unternehmen an, dass bei den Konsumenten Präferenzen zu ihren Gunsten gebildet werden. Letztendlich geht es v. a. in der Industrie darum, eine starke Marke aufzubauen, was meist nur wenigen (Markenartikel-) Unternehmen wirklich gelingt.

Die Industrie muss jedoch auch die Kaufentscheidungen von Groß- und Einzelhandel berücksichtigen. In den meisten Fällen erfolgt die endgültige Weitergabe der Produkte an die Konsumenten durch den Einzelhandel, der über seine Preis- und Sortimentspolitik auf Kaufentscheidungen einwirkt, wobei er sich über ein enges und tiefes Sortiment als Fachgeschäft spezialisieren oder über ein breites Sortiment die Konsumenten ansprechen kann. Der Handel hat häufig die Funktion des zentralen Filters über das Instrument der Listung, d. h., selbst wenn Industrieunternehmen ein Produkt lancieren wollten, käme es nicht auf den Markt, wenn der Handel einer Neueinführung ablehnend gegenüber stünde. Zugleich richten sich Unternehmen des Groß- und Einzelhandels mit eigenen Zielen, Strategien und Instrumenten an ihre Kunden, wobei im Vordergrund die Bindung an die Einkaufsstätte (bzw. eine „Retail Brand") steht und nicht die Bindung an eine einzelne Produktmarke (vgl. dazu Morschett 2002). Zudem verfolgen Handelsunternehmen durch den verstärkten Aufbau von Handelsmarken eine zusätzliche Profilierung im Wettbewerb.

Folglich hat die Industrie ihr Marketing sowohl gegenüber den Konsumenten als auch gegenüber dem Handel auszurichten, parallel und mit unterschiedlichen Zielen, Strategien und Instrumenten (da beide Gruppen unterschiedlich anzusprechen sind). Seit den neunziger Jahren werden Konzepte des Marketing gegenüber dem Handel diskutiert (als traditionelles Kontraktmarketing oder Trade Marketing), da der Handel die Wandlung vom reinen Verteiler zum autonomen Partner durchgemacht hat bzw. noch durchmacht. Mit einer zunehmend stärkeren Position des Kunden „Handel" greifen seit Mitte der neunziger Jahre partnerschaftliche Konzepte zwischen Herstellern und Händlern, deren Ziel – vereinfacht formuliert – in einer nachfragegesteuerten Gestaltung der Wertschöpfungskette liegt (Zentes/Swoboda/Morschett 2003). Dabei wird versucht, mittels der beim Handel anfallenden Käuferverhaltensdaten sowohl die Logistik- als auch die Marketingprozesse in der gesamten Wertschöpfungskette zu steuern. Somit kann festgehalten werden, dass die Informationsströme zunehmend die Waren- und Geldströme im Wertkettensystem der Konsumgüterwirtschaft steuern.

Übersicht 7: ***Dimensionen der Kundenbindung bei vertikaler Marktbearbeitung***

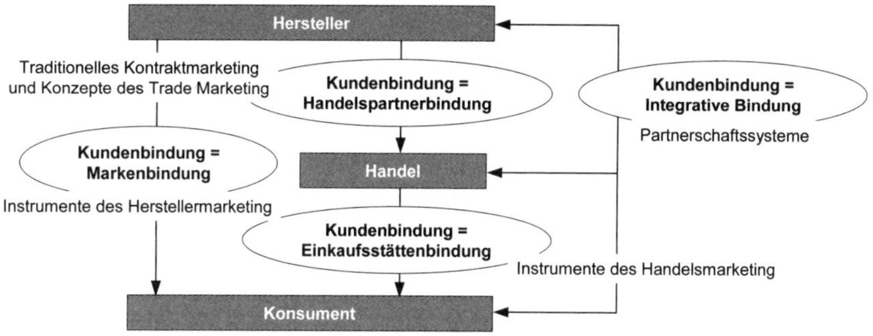

Quelle: In Anlehnung an Zentes/Swoboda/Morschett 2003, S. 171.

Die Entwicklungen stellen die vorherrschende, traditionelle Perspektive im Käuferverhalten, nämlich aus Produktsicht eines Herstellers, in Frage. Die Grenzen zwischen den Unternehmen scheinen zu verschwimmen oder anders ausgedrückt – es scheint eine Entwicklung in Richtung einer Händlergesellschaft zu geben. So emanzipiert sich der Handel deutlich, man denke nur an die überaus erfolgreichen Discounter (wie Aldi) oder vertikale Systeme (wie Zara, The Gap oder Body Shop), die Händler und zugleich „Produzenten" sind.

Schließlich wurde bereits darauf verwiesen, dass nicht nur die Endverbraucher die Umsetzungskonzepte beeinflussen, sondern diese auch von der Konkurrenz bzw. deren Wettbewerbsvorteilen, Ressourcen etc. abhängen. Gerade in engen Märkten kommt es neben der Analyse des Käuferverhaltens darauf an, diese Ergebnisse ökonomisch, also hinsichtlich der Potenziale, Strategien und Instrumente, zu bewerten.

Diese originäre Differenzierung kann in der Realität verkompliziert werden, wenn Personen betrachtet werden, die in mehreren Rollen als Käufer auftreten können. So sind in vielen Bereichen die Käufer von Produkten nicht deren Verwender, z. B. Babynahrung oder Herrenoberhemden, d. h. hier liegt ein Auseinanderfallen von Verwender und Käufer vor. Auch bei Industriegütern ist eine heterogene Nachfragerstruktur zu beobachten, d. h. Investitionsgüter werden sowohl von Herstellern, Groß- und Einzelhändlern, öffentlichen Betrieben usw. nachgefragt. Die unterschiedlichen Gruppen von Nachfragern zeigen unterschiedliche Verhaltensweisen. So ist z. B. die Nachfrage der öffentlichen Hand (manchmal) durch Bürokratisierung von längerer Dauer geprägt oder hat unter Umständen eine Nachfragemonopolstellung zur Grundlage.

3.2 Merkmale der Kaufentscheidungen von Konsumenten und Organisationen

Privates und organisationales Käuferverhalten unterscheidet sich deutlich, sodass hier differente Erklärungsansätze zugrunde zu legen sind. Die Unterschiede lassen sich anhand ihrer Merkmale (siehe Übersicht 8) verdeutlichen. Zu den wichtigsten zählen (Zentes/Swoboda 2001, S. 56; Swoboda 2002, S. 36, 193):

- Private Kaufentscheidungen beziehen sich schwerpunktmäßig auf materielle oder immaterielle Güter bzw. Dienstleistungen, während bei organisationalem Käuferverhalten eher beide gemeinsam auftreten.
- Das Marketing gegenüber privaten Haushalten vollzieht sich in einem anonymen Markt, während bei Organisationen die Kaufentscheidung durch starke Aktivität der Nachfrager und Anbieter gekennzeichnet ist, sodass z. B. für Unternehmen X Teil Z gefertigt wird. Die Märkte sind hier eher transparenter.
- Private Kaufentscheidungen sind durch eine relative Kurzfristigkeit des Beziehungsgefüges zwischen Anbieter und Nachfrager gekennzeichnet, d. h., es findet etwa ein relativ häufiger Wechsel zwischen den Anbietern statt und eine zunehmend geringe Markentreue im Gegensatz zu langfristigen Beziehungen in Organisationen, etwa durch Verträge und Bindungen an Systeme.
- In privaten Haushalten gibt es nur eine geringe Prozessorientierung, Automatisierung und Formalisierung von Entscheidungsprozessen. In Organisationen liegt demgegenüber meistens eine Prozessorientierung, häufig eine computerunterstützte Beschaffungsentscheidung vor, durch die z. B. eine optimale Lagerhaltung eingehalten werden soll, und ein stärkerer Formalisierungsgrad der Entscheidungsprozesse, sodass ein Einkäufer mehrere Angebote einholen kann, bevor er eine Kaufentscheidung trifft und Investitionen tätigt.
- In privaten Haushalten liegen geringere Anreiz- und Sanktionsmechanismen vor, während in Organisationen Anreizmechanismen durch Vergünstigungen wie Provisionen vorliegen und zudem die Einkäufer mit einer Fremddeterminiertheit der Entscheidungen konfrontiert sind, da sie z. B. aus vorgegebenen Lieferanten wählen müssen.
- Schließlich dominiert bei privaten Kaufentscheidungen das Forschungs- und Praxisinteresse auf dem Gebiet der individuellen Entscheidungen, während in Organisationen die Multipersonalität und Multiorganisationalität vorherrschend sind.

Übersicht 8: ***Merkmale des privaten und organisationalen Käuferverhaltens***

Privates Käuferverhalten	Organisationales Käuferverhalten
■ Bezugsschwerpunkt materielle oder immaterielle Güter ■ Anonymität der Märkte ■ relative Kurzfristigkeit des Beziehungsgefüges ■ geringe Prozessorientierung der Beschaffungsentscheidung ■ geringer Formalisierungsgrad der Entscheidungsfindung ■ kein Automatisierungsgrad von Entscheidungsprozessen ■ keine Bedeutung von Anreiz- und Sanktionsmechanismen ■ üblicherweise individuelle Entscheidungen	■ Bezugsschwerpunkt materielle und immaterielle Güter ■ (eher) transparente Märkte ■ relative Langfristigkeit des Beziehungsgefüges ■ Prozessorientierung der Beschaffungsentscheidung ■ hoher Formalisierungsgrad des Beschaffungsablaufs ■ EDV-Unterstützung (Automatisierung) ■ Bedeutung von Anreiz- und Sanktionsmechanismen ■ Fremddeterminiertheit von Entscheidungen (z. B. in Form vorgeschriebener Lieferanten) ■ Multipersonalität/-organisationalität

In der Forschungspraxis sind durchaus Abweichungen von den Merkmalen, postulierten Rollen oder den skizzierten Handlungsspielräumen zu beobachten. In diesem Zusammenhang ist bspw. zu prüfen, ob das Phänomen der dualen Persönlichkeit vorliegt.

Beispiel des Phänomens der dualen Persönlichkeit

Prinzipiell lässt sich privates und organisationales Käuferverhalten dahingehend unterscheiden, dass eine Person privat eher nach emotionalen und beruflich eher nach rationalen Kriterien entscheidet, sowie tendenziell die folgenden Merkmale gültig sind. Es sei aber betont, dass diese Grenzen nicht eindeutig zu ziehen sind.

Übersicht 9: ***Privater und beruflicher Handlungsspielraum***

Privater Handlungsspielraum	Beruflicher Handlungsspielraum
■ emotionale und impulsive Entscheidungen ■ Habitualisierungstendenzen und Streben nach Vereinfachung ■ Entscheidungs- und Risikomeidung ■ selektive Wahrnehmung ■ subjektiven Neigungen folgend ■ soziale Beeinflussbarkeit	■ rationale und objektive Entscheidungen ■ frei von Images, persönlichen Bindungen und Stimmungen unermüdlicher Informationsverarbeiter ■ professionell ausgebildeter Entscheidungsspezialist ■ objektive Beurteilungsfähigkeit ■ ausschließlich faktenorientiert ■ eingebunden in Entscheidungsgremien

Dies wird bspw. beim Kauf eines Dienstwagens deutlich. Laut des vorgestellten Verständnisses müsste ein Außendienstmitarbeiter seinen Dienstwagen ausschließlich anhand objektiver Fakten auswählen. Im Gegensatz dazu sollte er im privaten Bereich die Entscheidung seinen subjektiven Neigungen folgend fällen. In der Praxis stellt sich die Situation oft anders da. Er bekommt – innerhalb eines gewissen Rahmens – die Freiheit, seinen Wagen selber zu wählen. So entscheidet er bspw. weder aufgrund eines günstigen Verbrauchs, noch nach geringen Wartungsintervallen. Für ihn stellt der Wagen mitunter ein Statussymbol dar und befriedigt sein Bestreben nach Prestige und Anerkennung. Im privaten Bereich ist eine andere Entscheidungsfindung denkbar. Hier kann die Entscheidung aufgrund eher rationaler, ökonomischer Gesichtspunkte erfolgen. Die Wahl fällt bspw. auf einen sparsamen Wagen, der zusätzlich gewisse Abgasnormen erfüllt.

Literatur

Angerer, T./Foscht, T./Swoboda, B. (2004): Mixed Methods – Ein neuer Zugang in der empirischen Marketingforschung, Arbeitspapier, Universität Graz.

Backhaus, K. (2003): Industriegütermarketing, 7. Aufl., München.

Bortz, J./Döring, N. (2002): Forschungsmethoden und Evaluation für Human- und Sozialwissenschaftler, 3. Aufl., Berlin.

Foscht, T./Jungwirth, G./Schnedlitz, P. (2000): Konturen eines künftigen Handelsmanagements, in: Foscht, T./Jungwirth, G./Schnedlitz, P. (Hrsg.): Zukunftsperspektiven für das Handelsmanagement, Frankfurt a. M., S. 21-38.

Friedrichs, J. (1990): Methoden der empirischen Sozialforschung, Opladen.

Kroeber-Riel, W./Weinberg, P. (2003): Konsumentenverhalten, 8. Aufl., München.

Liebmann, H.-P. (1996): Auf den Spuren der „Neuen Kunden", in: Zentes, J./Liebmann, H.-P. (Hrsg.): GDI-Trendbuch Handel Nr. 1, Düsseldorf, S. 37-54.

Liebmann, H.-P./Zentes, J. (2001): Handelsmanagement, München.

Meffert, H. (2000): Marketing, 9. Aufl., Wiesbaden.

Morschett, D. (2002): Retail Branding und Integriertes Handelsmarketing, Wiesbaden.

Swoboda, B. (2002): Arbeitsbuch Marketing-Management, Stuttgart.

Zentes, J./Swoboda, B. (2001): Grundbegriffe des Marketing – Marktorientiertes globales Management-Wissen, 5. Aufl., Stuttgart.

Zentes, J./Swoboda, B./Morschett, D. (2003): Kundenbindung im vertikalen Marketing, in: Bruhn, M./Homburg, C. (Hrsg.): Handbuch Kundenbindungsmanagement, 4. Aufl., Wiesbaden, S. 163-192.

Kapitel II

Kaufprozesse bei Konsumenten

1 Bezugsrahmen zur Analyse der Kaufprozesse bei Konsumenten

1.1 Grundlagen

Um das komplexe (individuelle) Konsumentenverhalten einer Analyse zuzuführen, sind verschiedene Kategorisierungen denkbar, deren Anwendung letztlich von der Problemstellung, der zugrunde liegenden Forschungsperspektive usw. abhängen kann.

Eine mögliche Differenzierung folgt unterschiedlichen *Güterkategorien*. Traditionell ist die Unterscheidung zwischen freien Gütern und knappen Gütern (Wirtschaftsgütern), wobei letztere in Nominalgüter (z. B. Geld, Beteiligungswerte) und Realgüter (materielle Güter, z. B. Sachgüter, Ware und immaterielle Güter (Dienstleistungen, Patente, Lizenzen)) differenziert werden können. Eine darüber hinausgehende Gliederungsebene betrifft die Strukturierung nach den Wirtschaftseinheiten, die diese Güter nachfragen (siehe Übersicht 10).

Übersicht 10: ***Ausgewählte Güterkategorien***

Konsumtiv- bzw. Konsumgüter (nachfragende Einheiten sind private Haushalte)	Produktiv- bzw. Industriegüter (werden von Organisationen nachgefragt)
■ private Verbrauchsgüter (Verbrauchsgüter)	■ gewerbliche Verbrauchsgüter (Produktionsgüter)
■ private Gebrauchsgüter (Gebrauchsgüter)	■ gewerbliche Gebrauchsgüter (Investitionsgüter)

In Abhängigkeit hiervon wird das *Käuferverhalten* weiter unterschieden. Bspw. kann eine Betrachtung der Entscheidungsprozesse beim Kauf folgender *Konsumgüterkategorien* vorgenommen werden (Meffert 1992, S. 44):

- *Convenience Goods* – Konsumgüter, die ein Konsument häufig, ohne größeres Zögern und mit einem Minimalaufwand an Information und Preisvergleich kauft (täglicher Bedarf).
- *Shopping Goods* – Konsumgüter, deren Auswahl und Kauf nach dem Preis-/Leistungsverhältnis, der Qualität oder der Angemessenheit erfolgt. Der Konsument stellt Vergleiche in Bezug auf Substitutionsmöglichkeiten an (z. B. Haushaltsgeräte).
- *Speciality Goods* – Konsumgüter, die einzigartige Eigenschaften aufweisen, sodass die Konsumenten hohe Kaufanstrengungen und Informationsbeschaffungsaufwand in Kauf nehmen, denn die Güter belasten ihr Budget stark. Hinzu kommt oft eine hohe Identifikation mit dem Produkt oder der Marke.

Eine zweite Differenzierung kann an den Kaufentscheidungstypen ansetzen, so an ihrer Gliederung in Abhängigkeit vom *Grad der kognitiven* (gedanklichen) *Steuerung*. Hier wird der Entscheidungsprozess als Einheit betrachtet, die unterschiedlich stark kognitiv gesteuert ist. In der Reihenfolge abnehmender Steuerung sind folgende graduell zu sehende Typen zu unterscheiden: Echte Kaufentscheidungen (Entscheidungen mit stärkerer kognitiver Steuerung, so extensive Entscheidungen und vereinfachte (limitierte) Entscheidungen) und Gewohnheitsverhalten (Entscheidungen mit geringer kognitiver Steuerung, so habituelle Entscheidungen und impulsive Entscheidungen).

Die dominierende Betrachtung der verhaltensorientierten Konsumentenforschung folgt der Analyse der *psychischen Determinanten* (*Erklärungskonstrukte*) des Konsumentenverhaltens. Hier werden unterschiedliche – nicht beobachtbare – psychische Zustände und Prozesse als Erklärungsgrundlage genutzt, wodurch besonders die für das Käuferverhalten entscheidende Psyche des Konsumenten transparent gemacht wird.

Schließlich werden *Phasenansätze* aufgegriffen, deren Fokus nicht auf einzelnen psychischen Größen liegt, sondern die Beziehung des Kunden zum Anbieter in den Vordergrund stellen und die Kundenbeziehung in Teilphasen unterteilen. Im Extremfall wird der gesamte Prozess während der Geschäftsbeziehung zum Kunden betrachtet (siehe Übersicht 11). Dadurch wird u. a. ein Kundenbeziehungsmarketing akzentuiert, in dessen Mittelpunkt nicht die einmalige Wirkung, sondern die langfristige Kundenbeziehung steht (siehe Abschnitt 5 in diesem Kapitel).

Übersicht 11: ***Kundenbeziehungs-Lebenszyklus***

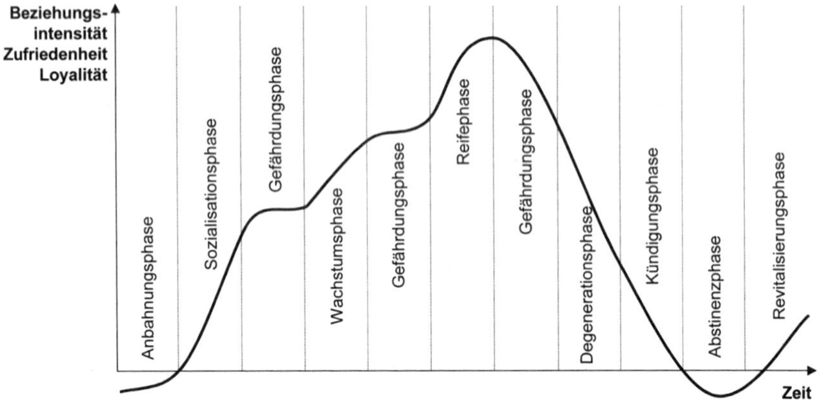

Quelle: Stauss/Seidel 2002, S. 23.

Die häufig noch vernachlässigte *langfristige Beziehungs-Perspektive* stellt ohne Zweifel eine praktische Herausforderung in immer komplexeren und schwierigeren Märkten dar. Darüber hinaus ist die Betrachtung des Käuferverhaltens aus einer Beziehungsperspektive auch ein zentrales Merkmal dieses Buches.

Zunächst ist aber ein Bezug auf unterschiedliche theoretische Wurzeln unerlässlich. Mit theoretischen Ansätzen ist erklärbar, warum eine Marketingmaßnahme in einer bestimmten Situation zum angestrebten Käuferverhalten geführt hat oder nicht geführt hat. Mit Erklärungen, die an der Realität überprüft werden, können im Idealfall wiederum Prognosen ermöglicht werden. Theoretische Ansätze stellen also die Basis des Verständnisses von Verhaltensweisen von Käufern dar. Schon der Motivforscher

Ernest Dichter (1961, S. 48) sprach in diesem Zusammenhang von der erforderlichen Einsicht, die heute auch als „*Consumer Insight*" bezeichnet wird. Aufbauend auf diesem Verständnis des Käufers ist es möglich, sein Verhalten zu erklären. Mit den ökonomischen und den verhaltenswissenschaftlichen Forschungsströmungen liegen zwei grundsätzlich zu unterscheidende Perspektiven vor, die in einer Synopse kurz skizziert und dann im Folgenden aufgegriffen und vertieft bzw. durch andere ergänzt werden.

1.2 Synopse ausgewählter theoretischer Erklärungsansätze bzw. -strömungen

1.2.1 Ökonomische Theorien und Ansätze

(1) Normativer Ansatz der Haushaltstheorie

Die grundlegenden ökonomischen Ansätze basieren i. d. R. auf Axiomen, wie vollkommene Information, unbegrenzte Problemlösungskapazität, transitive Präferenzordnung oder Rationalität. Die zunächst hervorzuhebenden *Normativen Ansätze* der Preistheorie gipfeln in Empfehlungen für richtiges, i. S. von optimales Verhalten. Als Beispiel kann die Haushaltstheorie angeführt werden, deren Aussagen auf einem Axiomensystem mit Prämissen basieren, auf dessen Grundlage optimale Entscheidungen abgeleitet werden. Es wird eine übergeordnete Zielfunktion (Nutzenmaximierung) inklusive Nebenbedingungen (Restriktionen) aufgestellt und ein sich (weitgehend) rational verhaltender Mensch unterstellt. Daraufhin werden Empfehlungen für optimales Verhalten abgeleitet, wobei den Ansätzen folgende Prämissen zugrunde liegen:

- vollständige Kenntnis der eigenen Präferenzstruktur
- Nutzenmaximierungsannahme, d. h. die Annahme rationalen Verhaltens
- vollständige Markttransparenz, d. h. vollständige Informationen
- unbegrenzte Kapazität der Informationsverarbeitung
- keinerlei zeitliche, sachliche oder räumliche Präferenzen
- keine Beeinflussung durch andere Personen/frühere Kauferfahrung

Die breite Kritik richtet sich, wie bei vielen ökonomischen Theorien, auf die Prämissen und weniger auf die oft in einer formallogischen Weise gewonnenen Schlüsse. Übereinstimmend wird die relativ geringe Erklärungskraft der Ansätze festgestellt, aufgrund wenig realistischer Annahmen zum Käuferverhalten (das nicht gekennzeichnet ist durch Einkauf nach Rationalprämissen, vollständiger Information etc.), der Abstraktion von verhaltenswissenschaftlichen Erklärungsgrößen (z. B. kulturelle, soziale, psychologische Determinanten des Käuferverhaltens) oder der Reduktion des Marketing (-Instrumentariums) auf den Preis als „alleiniges Steuerungsinstrument".

(2) Informationsökonomischer Ansatz

Die Kritik bietet Ansatzpunkte für Weiterentwicklungen ökonomischer Ansätze, die sich v. a. von einzelnen Prämissen lösen. So gehen *Informationsökonomische Ansätze* bspw. explizit von vorhandenen unvollständigen Informationen und von unterschiedlich gelagerten Unsicherheitsproblemen der Kaufentscheidung aus. Vor diesem Hintergrund lässt sich eine Kategorisierung der Informationsbedarfe der Käufer vornehmen, nämlich bzgl. folgender Eigenschaften (Nelson 1970; Darby/Karni, 1973, S. 69):

- *Sucheigenschaften*, d. h. die Nachfrager können per Inspektion bereits vor dem Kauf die Leistungseigenschaften vollständig beurteilen
- *Erfahrungseigenschaften*, d. h. Nachfrager können erst nach dem Kauf die Leistungseigenschaften vollständig beurteilen
- *Vertrauenseigenschaften*, d. h. Nachfrager können weder vor noch nach dem Kauf die Leistungseigenschaften beurteilen

Wie Übersicht 12 zeigt, kann auf dieser Basis eine Typologisierung von Kaufprozessen vorgenommen werden, wobei die Anteile an Such-, Erfahrungs- und Vertrauenseigenschaften unterschiedlich stark ausgeprägt sind und zugleich bei einzelnen Produkten bzw. Käufen unterschiedlich dimensioniert ausfallen.

In jüngeren Untersuchungen erfolgt eine Verbindung der Informationsökonomischen Ansätze mit der verhaltenswissenschaftlichen Kognitions- bzw. Gedächtnisforschung (Billen 2003). Freilich steht i. d. R. der Informationsbedarf am Anfang der Argumentationskette, sodass etwa ungeplante, impulsive oder (pauschal) emotional geprägte Käufe dadurch bisher nicht erfasst werden können. Hier kann sich allerdings eine in weiteren Forschungsarbeiten zu erweiternde ökonomische Erklärungsperspektive des Käuferverhaltens eröffnen.

Übersicht 12: ***Positionierung von Kaufprozessen im Informationsökonomischen Dreieck***

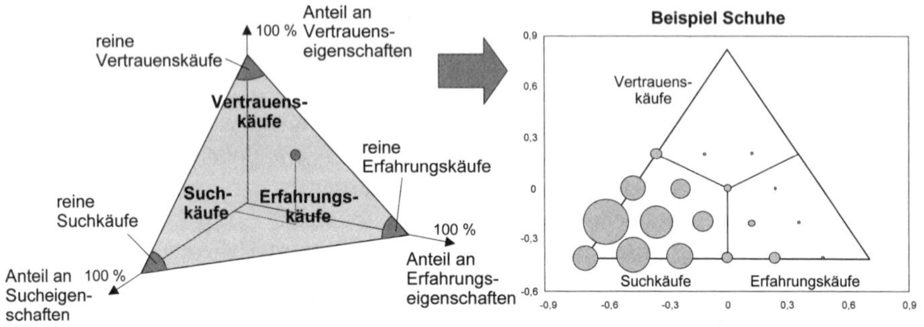

Quelle: Weiber/Adler 1995a, S. 61; Weiber/Adler 1995b, S. 111.

(3) Weitere Ansätze

Ähnlich einzustufen sind weitere Ansätze der *Neuen Institutionenökonomik*, so besonders die Transaktionskostentheorie. Hier stehen eher Einzeltransaktionen im Vordergrund. Die Transaktionskostentheorie ist allerdings im Hinblick auf die Erklärung der Kundenbeziehungen und v. a. der psychischen Wirkungszusammenhänge bisher der verhaltenswissenschaftlichen Käuferverhaltensforschung unterlegen. Die Dominanz verhaltenswissenschaftlicher Erklärungsansätze wird freilich mit ihren nichtökonomischen, also psychologischen, soziologischen oder sonstigen Erklärungsbezügen „erkauft".

1.2.2 Verhaltenswissenschaftliche Theorien und Ansätze

(1) Vergleichende Verhaltensforschung

Unter den verhaltenswissenschaftlichen Theorien und Ansätzen ist zunächst die vergleichende Verhaltensforschung hervorzuheben, die durch eine Übertragung von Gesetzmäßigkeiten tierischen Verhaltens auf das menschliche Verhalten gekennzeichnet ist. In ihrem Rahmen erfolgt der Rückschluss auf angeborene Verhaltensdispositionen beim Menschen (z. B. Reaktion auf bestimmte emotionale Reize) und eine daraus resultierende Ableitung von Beeinflussungstechniken. Die „Aktivierung" stellt ein zentrales Konstrukt dieser psychobiologischen Forschungsrichtung dar (siehe zu weiteren theoretischen Richtungen der modernen Psychologie auch Übersicht 13).

(2) Tiefenpsychologie

Die Tiefenpsychologie (Psychoanalyse) beschäftigt sich mit unbewussten Teilen der Persönlichkeit („inneren Welten") und führt zu folgender Struktur der Persönlichkeit: das *Es* (als primitiver unbewusster Teil der Persönlichkeit/Sitz der Triebe), das *Über-Ich* (als Sitz der Werte und der geltenden moralischen Regeln und Normen) und das *Ich* (als realitätsorientierter Aspekt der Persönlichkeit) (siehe auch Abschnitt 3.2.1 in diesem Kapitel).

(3) Biologischer (physiologischer) Ansatz

Beim biologischen (physiologischen) Ansatz stehen Fakten des menschlichen Körpers im Fokus. Untersucht werden in diesem Zusammenhang die Arbeitsweise und Leistungsfähigkeit des zentralen Nervensystems. Die Psychobiologie (Psychophysiologie) beantwortet etwa die Frage, welche biologischen Ereignisse (z. B. Gehirnaktivitäten) die psychischen Vorgänge (z. B. Emotionen) begleiten. Die biologische Psychologie (physiologische Psychologie) versucht die Frage zu beantworten, welche Wirkungen biologische (physiologische) Ereignisse haben.

(4) Behaviorismus und Neobehaviorismus

Der Behaviorismus zieht als Grundlage zur Erklärung des Verhaltens lediglich beobachtbare Größen heran. Er basiert ausschließlich auf der Beobachtung von Reizen und Reaktionen. Das *behavioristische Forschungsparadigma* wird als das Stimulus-Response (SR-) Modell bezeichnet, dessen Kernaussagen lauten: Wenn ein bestehender Reiz (S) auf einen Organismus trifft, ist eine bestimmte Reaktion (R) mit einer bestimmten Wahrscheinlichkeit zu erwarten. Ausgeklammert wird, wie ein Außenreiz (z. B. ein Produkt) auf das Innere des Konsumenten wirkt, d. h. wie also psychologische Vorgänge im Organismus ablaufen. Im Gegensatz dazu gibt der *Neobehaviorismus* die Black-Box Betrachtung auf und nutzt zur Erklärung des Verhaltens auch Aussagen über nicht-beobachtbare interne Vorgänge (siehe dazu auch Abschnitt 1.3.2). In diesen SOR-Modellen werden zwei Variablenklassen unterschieden: beobachtbare und intervenierende Variablen. Durch die intervenierenden Variablen erfolgt eine inhaltliche Strukturierung der Black-Box, wodurch eine Erklärung der psychischen Wirkung einzelner Marketinginstrumente ermöglicht wird. Allerdings werden zur Messung der intervenierenden Variablen beobachtbare Phänomene (Indikatoren) benötigt, deren Güte (Objektivität, Reliabilität und Validität) jedes Mal kritisch zu hinterfragen ist.

(5) Kognitive Psychologie

Die kognitive Psychologie ist eine traditionelle und viel bemühte Forschungsrichtung im Rahmen der Käuferverhaltensforschung, welche oft das bewusste Entscheidungsverhalten der Konsumenten (z. B. das Lernverhalten oder die Repräsentation von Wissen im Gedächtnis) untersucht. Dominant ist dabei der Informationsverarbeitungsansatz, in dem die kognitiven Prozesse in Phasen zerlegt werden und zur (traditionellen) Unterscheidung von Wahrnehmung, Denken, Lernen oder zur (aktuelleren) Unterscheidung von Informationsaufnahme, Informationsverarbeitung und Informationsspeicherung führen.

(6) Soziologische Ansätze

Soziologische Ansätze suchen nach allgemeinen Strukturen des Lebens. Ihr Ziel liegt in der Untersuchung sozialer Auswirkungen biologischer Gegebenheiten und sie setzen sich mit den sozialen Aspekten des Verhaltens auseinander. Dabei beschäftigt sich die Mikrosoziologie mit kleineren sozialen Einheiten (z. B. Familien oder Gruppen), während die Makrosoziologie größere soziale Gebilde (z. B. Unternehmen oder Parteien) sowie gesamtgesellschaftliche Erscheinungen umfasst. Die Sozialpsychologie untersucht das menschliche Verhalten im sozialen Kontext und wird am häufigsten für die Konsumentenforschung herangezogen. Sie ist z. T. deckungsgleich mit der Mikrosoziologie.

Übersicht 13: ***Synopse theoretischer Perspektiven der modernen Psychologie***

Perspektive	Annahmen über die menschliche Natur	Determinanten des Verhaltens	zentraler Untersuchungsgegenstand	wichtigste Forschungsansätze
biologisch	passiv, mechanistisch	Vererbung Biochemische Prozesse	Gehirn Prozesse im Nervensystem	biochemische Grundlagen des Verhaltens, psychischer Prozesse
psychodynamisch	instinktgeleitet	Vererbung frühe Erfahrungen	unbewusste Triebe Konflikte	Verhalten als Ausdruck unbewusster Motive
behavioristisch	Reaktion auf Reize modifizierbar	Umwelt Reize (Stimuli)	spezifische beobachtbare Reaktionen	Reiz-Reaktions-Beziehungen, Verhaltensursachen und -konsequenzen
kognitiv	auf Informationen reagieren Informationen aktiv verarbeitend	Informationen, Prozesse und Strukturen der Informationsverarbeitung	kognitive Strukturen und Prozesse Sprache und Gedächtnis	Erschließen kognitiver Strukturen und Prozesse aus Input und Output
humanistisch	aktiv unbegrenztes Wachstumspotenzial	potenziell selbstgesteuert	Erfahrungen Entfaltungsmöglichkeiten des Menschen	Biographien und Lebenserfahrungen, Werte, Ziele
evolutionär	Ergebnis von Anpassungsprozessen während der Menschheitsgeschichte	Evolutionäre Anpassung Selektion	Erscheinungsformen psychischer Anpassung als Ergebnis der Evolution	Strukturen und Prozesse, die als Ergebnis der Anpassung entstanden sind

Quelle: In Anlehnung an Zimbardo/Gerrig 1999, S. 16.

1.3 Vorherrschende Erklärungsansätze und Modellierungen

1.3.1 Synopse von Totalmodellen bzw. -betrachtungen

Totalmodelle versuchen das komplexe System des Käuferverhaltens als Ganzes abzubilden und zu erklären, d. h. viele denkbare Konstrukte, die das Käuferverhalten determinieren, in eine Gesamtbetrachtung einzubeziehen. Zu unterscheiden sind:

- *Strukturmodelle des Käuferverhaltens*
- *Stochastische Modelle des Käuferverhaltens*
- *Simulationsmodelle des Käuferverhaltens*

Häufig werden in der Konsumverhaltensforschung Totalmodelle und insb. Strukturmodelle benutzt, v. a. dann, wenn es um die Erklärung kognitiv dominierter Entscheidungen geht. Zu den Totalmodellen, die die weiteste Verbreitung erfahren haben, zählen jene von Blackwell/Miniard/Engel (2001, ursprünglich Engel/Kollat/Blackwell 1968) und Howard/Sheth (1969), die das Zusammenwirken der zur Kaufentscheidung führenden psychischen Vorgänge beschreiben.

Das *Modell von Engel/Kollat/Blackwell* ist ein Phasenmodell, das die Kaufentscheidung in die drei Hauptkomponenten Entscheidungs-, Informationsverarbeitungs- und Bewertungsprozess unterteilt bzw. detaillierter in mehrere aufeinander folgende Prozessphasen gliedert: Problemerkenntnis, Informationssuche, Informationsverarbeitung, Alternativenbewertung, Auswahl einer Alternative, Entscheidung und Entscheidungsfolgen (siehe Übersicht 14). Der Entscheidungsprozess wird durch ein Mangelempfinden bzw. ein wahrgenommenes Bedürfnis, das wiederum durch aktivierende Motive und auf das Individuum wirkende Stimuli ausgelöst wird, angestoßen. Es setzt die Informationssuche ein, wobei deren Intensität von den Informationskosten und dem antizipierten Informationsnutzen abhängt. Die aufgenommenen Informationen werden weiterhin im Rahmen der Informationsverarbeitung fortlaufend selektiert, wodurch es zu Informationsverlusten und -verzerrungen kommt. Diese Informationen werden mit den eigenen Überzeugungen, Meinungen und Verhaltensabsichten überprüft, worauf sie im Anschluss die Grundlage des Bewertungsprozesses von unterschiedlichen Produktalternativen und Entscheidungsprozessen bilden. In letzteren gehen individuelle Charakteristika des Konsumenten und Einflüsse des externen Umfelds, wie kulturelle Normen und Werte, determinierend mit ein. Nach der Entscheidung und dem sich anschließenden Kauf gelangt der Konsument zu einer „Nachkauf-Alternativenbewertung", die zu Zufriedenheit oder Unzufriedenheit führt. Diese Erfahrung wird vom Konsumenten gespeichert und dient als Basis für zukünftige Einkäufe. Bei Unzufriedenheit versucht der Konsument, seine Entscheidung mit zusätzlichen Informationen nachträglich zu rechtfertigen (vgl. auch Bänsch 2002, S. 134 f.).

Prinzipiell fokussiert dieses Modell auf den Verlauf einer extensiven Kaufentscheidung, erhebt aber den Anspruch durch schrittweise Vereinfachung, d. h. durch Überspringen oder Modifikation einzelner Phasen, ebenfalls zur Erklärung von Entscheidungsprozessen mit geringerer kognitiver Steuerung (limitierte und habitualisierte, nicht aber impulsive Kaufentscheidungen) herangezogen werden zu können.

Übersicht 14: ***Ansatz von Engel/Kollat/Blackwell bzw. Blackwell/Miniard/Engel***

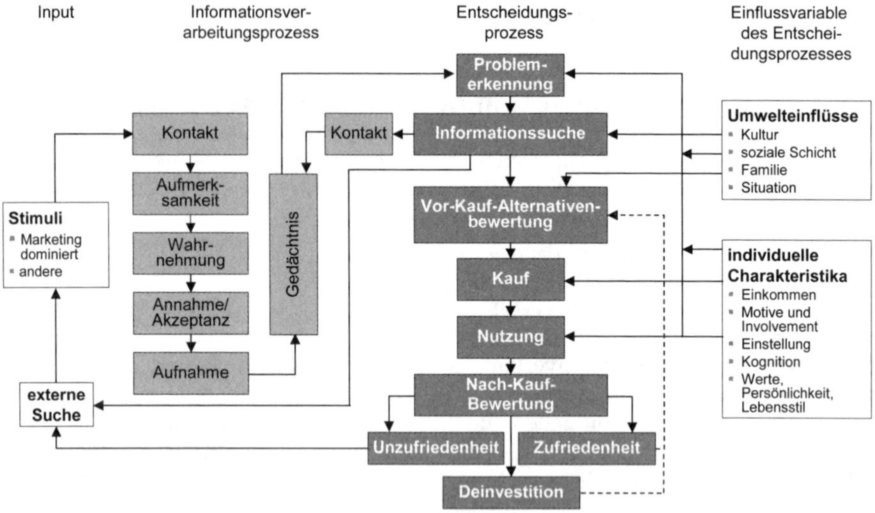

Quelle: In Anlehnung an Blackwell/Miniard/Engel 2001, S. 83.

Das ebenfalls sehr umfassende *Modell von Howard/Sheth,* das den Kaufentscheidungsprozess für eine bestimmte Marke aus einer Gesamtheit alternativer Marken zu erklären versucht, gilt als das klassische und das am häufigsten zitierte Totalmodell (siehe Übersicht 15). Es vermeidet die Schwächen des Phasenmodells, indem es das Zustandekommen des Käuferverhaltens über verschiedene Konstellationen der in das Modell aufgenommenen Variablen erklärt. Der generelle Aufbau gleicht dem SOR-Schema, sodass Wahrnehmungs- und Lernkonstrukte zwischen den Inputvariablen (z. B. Produktdarbietungen) und Outputvariablen (z. B. Kauf oder Einstellung) geschaltet sind. Die unterschiedlichen Inputvariablen (bzw. Stimuli), auch als systemendogene Variablen bezeichnet, setzen sich aus den Marketingaktivitäten des Unternehmens und den Einflüssen des sozialen Umfelds auf den Konsumenten zusammen. Falls diese Informationen aus Sicht des Konsumenten Inkonsistenzen enthalten, d. h. wenn bspw. Mehrdeutigkeiten auftreten, da die erhaltenen Informationen von den gespeicherten symbolischen Informationen (z. B. Preis, Qualität) abweichen, kann es u. a. in Abhängigkeit der Einstellung gegenüber der Informationsquelle oder der Marke, zu einem erneuten Suchverhalten oder einer gesteigerten Aufmerksamkeit kommen. Auf die Wahrnehmungskonstrukte folgen die eng verbundenen Lernkonstrukte.

Während auf der einen Seite die Markenkenntnis als Lernkonstrukt das Wissen um die Existenz und die Eigenschaften von Marken beschreibt, dienen auf der anderen Seite die Entscheidungskriterien dazu, die Alternativen unter Berücksichtigung der Motive zu bewerten. Die Einstellung ordnet den Marken ihre Möglichkeit zur Motiverfüllung zu und es bildet sich in Abhängigkeit des empfundenen Grades an Sicherheit die Kaufabsicht bzw. es kommt zum erneuten Suchverhalten. Falls alle Erwartungen und Wünsche durch den Kauf erfüllt werden, kommt es u. a. zur Stabilisierung der Einstellung zur Marke bzw. zu einer empfunden Sicherheit über die Richtigkeit des Handelns.

Übersicht 15: ***Ansatz von Howard/Sheth und die Inputvariablen im Modell***

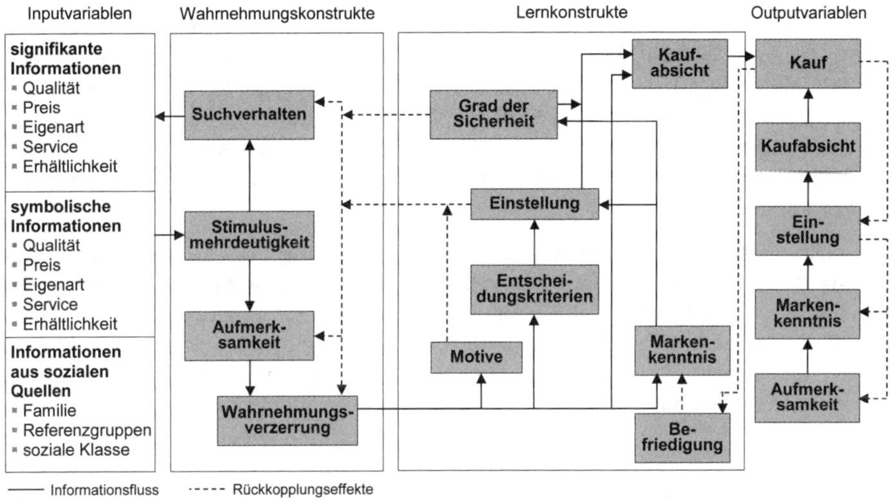

Quelle: In Anlehnung an Howard/Sheth 1969, S. 30.

Im Gegensatz zu den bereits erwähnten sog. systemendogenen Inputvariablen beziehen Howard/Sheth Einflussfaktoren, wie u. a. Persönlichkeitsmerkmale des Käufers oder die Wichtigkeit des Kaufs, indirekt in das entwickelte System ein. Sie weisen darauf hin, dass diese von ihnen als exogen definierten Faktoren in der in Übersicht 16 dargestellten Form auf die Konstrukte einwirken, erfassen diese aber nicht direkt in ihrem Modell (siehe dazu ausführlich Bänsch 2002, S. 127; Kroeber-Riel/Weinberg 2003, S. 375).

Übersicht 16: ***Weitere exogene Faktoren des Modells von Howard/Sheth***

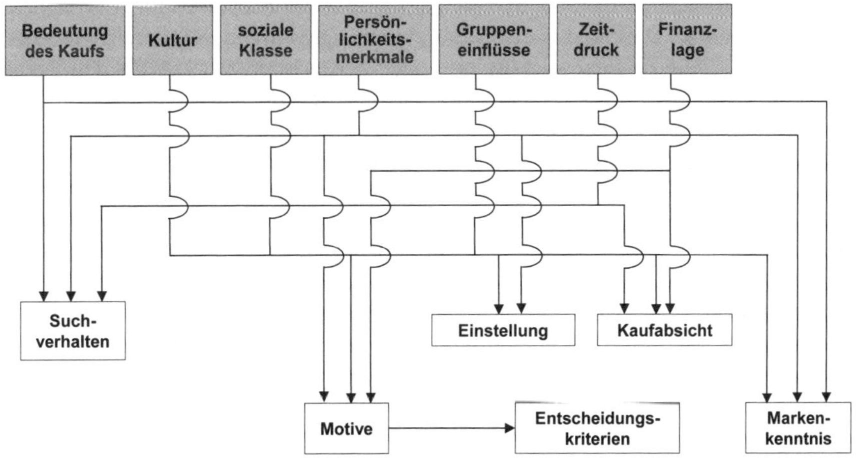

Quelle: In Anlehnung an Howard/Sheth 1969, S. 92.

Generell zeichnen sich Totalmodelle durch ihren didaktischen Wert aus. Darüber hinaus greifen sie die Kritik an Partialmodellen auf, denen vorgeworfen wird, dass sie nur einen schmalen und unscharf definierten Realitätsausschnitt abbilden (Mazanec 1978, S. 40). Dennoch überwiegen die *Kritikpunkte an den Totalmodellen*, dass sie ausschließlich von einer High-Involvement-Situation ausgehen und das Konstrukt Gefühl vernachlässigen (Trommsdorff 2002, S. 29 f.). Weiterhin ist der Fokus auf extensive Kaufentscheidungen zu kritisieren, denn ungeplante bzw. spontane Käufe, die unmittelbar durch externe Stimuli am POS ausgelöst werden, beginnen nicht mit dem Suchverhalten des Kunden.

Aus methodischer Perspektive weisen Totalmodelle häufig trotz offenkundiger Präzisierungsbemühung der Autoren wesentliche Deutungsspielräume auf und setzen äußerst hohe sowie schwer zu realisierende Ansprüche an die Datenbeschaffung (Mazanec 1978, S. 41). Darüber hinaus fehlen großteils überzeugende empirische Überprüfungen. Bezogen auf das Modell von Howard/Sheth ist ferner die Variablenzuordnung schwer nachvollziehbar: Die Persönlichkeitsmerkmale zählen zu den exogenen Variablen, während die Motive des Käuferverhaltens zu den endogenen gezählt werden und soziale Einflussfaktoren (Familie, Referenzgruppen) sich sowohl unter den exogenen als auch den endogen Inputvariablen finden. Außerdem sind diese Modelle nicht widerspruchsfrei und nicht pragmatisch, d. h. sie dienen nur sehr eingeschränkt als Informationsquelle bzw. Hilfestellung für die Praxis zur Ableitung von Prinzipien zur Beeinflussung des Konsumentenverhaltens. Im Gegensatz zu Howard/Sheth erheben Engel/Kollat/Blackwell nicht diesen hohen wissenschaftlichen Anspruch eines Totalmodells. Ihr „Strukturmodell des Konsumentenverhaltens" hat eher den Charakter einer grafischen Gliederung, nicht den einer geschlossenen Theorie des Konsumentenverhaltens, und dient v. a. der didaktischen Strukturierung ihres Lehrbuchs.

Prinzipiell besteht Konsens darüber, dass Totalmodellierungen nur bedingt in der Lage sind, das Käuferverhalten in variierenden Kaufsituationen zu erfassen. Insofern wurde im Laufe der Zeit Partialmodellen bzw. -betrachtungen der Vorzug gegeben, die Analysen des Kaufverhaltens in einem situationsspezifischen Kontext vornehmen. Für Marketingentscheidungen in sich wandelnden schwierigen Märkten ist gerade der situationsspezifische Kontext wichtig. Im Folgenden werden also die für den Bezugsrahmen dieses Buches relevanten partiellen Kategorisierungen genauer vorgestellt.

1.3.2 SR-Modelle und SOR-Modelle

Die Erklärungsgrundlage für *SR- und SOR-Modelle* bildet der erwähnte Behaviorismus. Sein Forschungsparadigma findet Ausdruck in SR-Modellen, mit der Annahme folgender Muster (siehe Übersicht 17): Wenn ein bestimmter Reiz S (Stimulus, z. B. ein attraktiv präsentiertes Produkt) auf einen Organismus trifft, so ist die Reaktion R (Response, z. B. der Kauf dieses Produkts) zu beobachten bzw. zu erwarten. Das Verhalten des Individuums wird nur auf der Basis der Input- und Outputgrößen der Black-Box untersucht. Somit werden die psychischen Vorgänge im Organismus ausgeklammert. Auf diese Weise kann also nicht erklärt werden, weshalb einzelne Konsumenten das Produkt kaufen und andere es gar nicht beachten oder nach kurzer Fixation nicht kaufen.

Übersicht 17: ***Behavioristisches SR-Modell – Prinzipdarstellung***

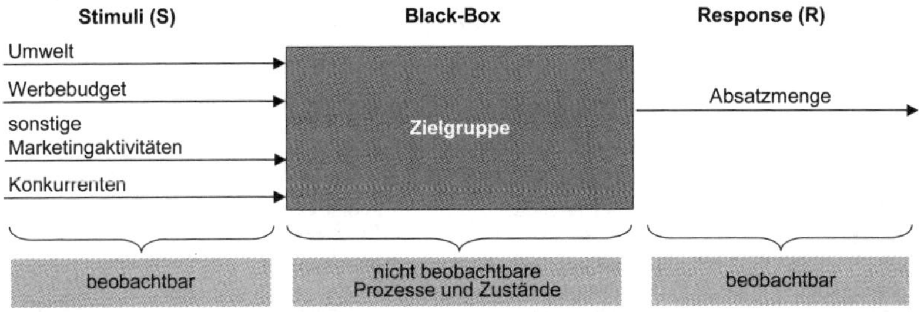

Quelle: In Anlehnung an Kroeber-Riel/Weinberg 2003, S. 325 ff.

Die SR-Modelle reichen nicht aus, um so komplexe Vorgänge wie das Käuferverhalten zu erklären; so können sie nicht erklären, warum z. B. eine Person ein Produkt kauft und eine andere Person nicht, obwohl sie mit den gleichen Stimuli konfrontiert waren.

Gültigkeit des SR-Modells – Wider besseres Wissen!

Klassisch konditionierte Reaktionen, also auch solche, die nicht unbedingt durch bewusstes Denken aufgebaut werden, sitzen sehr tief. Sie können daher auch nicht einfach durch bewusstes Argumentieren „entlernt" werden. Es sind z. B. folgende Situationen denkbar, in denen der Mensch wider besseres Wissen handelt:

- Auf dem Teller vor dem Probanden befindet sich gute Schokoladencreme, aber sie ist in der Form von Hundekot angeordnet. Ist dieser bereit, diese zu essen?
- In ein Glas mit Apfelsaft wird eine Kakerlake in absolut sterilem Zustand eingetaucht. Ist jemand bereit, den Apfelsaft zu trinken?

Wenn Sie sich in all diesen Situationen unbehaglich fühlen, kann man das als durchaus natürlich bezeichnen. Die klassisch konditionierte Reaktion – „Das ist eklig" oder „Das ist gefährlich" – setzt sich gegen das Wissen, dass der Reiz eigentlich „ganz in Ordnung" ist, durch (Zimbardo/Gerrig 1999, S. 215).

Die Beobachtung des äußeren Verhaltens (R) muss ergänzt werden um die des inneren Verhaltens. Wie erwähnt, geben die weiterführenden SOR-Modelle des Neobehaviorismus die *Black-Box Betrachtung* auf und berücksichtigen das „innere" Verhalten. In Erweiterung der SR-Modelle wird von zwei Variablenklassen ausgegangen,

- den beobachtbaren Variablen und
- den intervenierenden Variablen.

Die beobachtbaren Variablen sind die Stimuli, die auf den Organismus einwirken, sowie die beobachtbaren Reaktionen (Response). Mit Hilfe der intervenierenden Variablen wird die Black-Box beschrieben und konkretisiert. Hierbei handelt es sich um theoretische Konstrukte für die Erklärung der Vorgänge innerhalb des Organismus. Das System der intervenierenden Variablen besteht aus (Kroeber-Riel 1974, Sp. 160 f.)

- aktivierenden Prozessen (wie Emotion, Motivation und Einstellung) sowie
- kognitiven Prozessen (wie Wahrnehmung, Lernen und „Gedächtnis").

Die beobachtbaren und intervenierenden Variablen werden im SIR- bzw. SOR-Modell miteinander verknüpft. Wie angedeutet müssen die intervenierenden Variablen für eine Messung mit beobachtbaren Reizen oder Reaktionen in Verbindung gebracht werden; ihre Messung erfolgt anhand von Indikatoren, z. B. verbale Äußerung.

Übersicht 18: ***Neobehavioristisches SOR-Modell – Prinzipdarstellung***

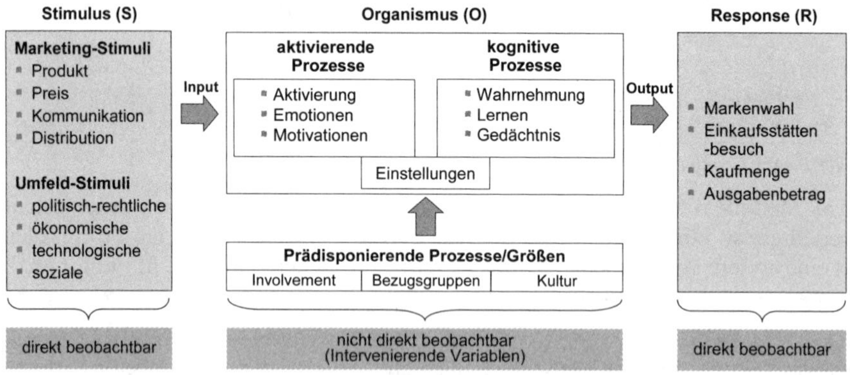

Quelle: In Anlehnung an Kroeber-Riel/Weinberg 2003, S. 325 ff.; Kuß/Tomczak 2000, S. 3.

Nach heutigem Erkenntnisstand bilden die intervenierenden Variablen die Grundlage zur Erforschung des Käuferverhaltens. *Im Idealfall kann jedes zu erklärende Kaufverhalten auf die aktivierenden und kognitiven Prozesse als Erklärungsgrundlage bezogen werden.* Die vielfachen Partialanalysen berücksichtigen psychische, persönliche, soziale und kulturelle Determinanten. Ihre Bedeutung soll anhand von drei Beispielen aus den Bereichen Kommunikation, Markenpolitik und Handelsmarketing verdeutlicht werden:

- Im Sinne des Erlebnismarketing hat insb. die Kommunikation die Aufgabe, das Angebot in der emotionalen Erfahrungs- und Erlebniswelt der Konsumenten zu verankern und ganz bestimmte Emotionen bzw. Motive anzusprechen. V. a. in gesättigten Märkten, in denen die Produkte weitgehend als ausgereift und qualitativ ähnlich, teilweise aus der Sicht der Konsumenten sogar als austauschbar gelten, ist es bedeutsam, an die Emotionen der Konsumenten zu „appellieren", um sich von der Konkurrenz abzuheben (Kroeber-Riel/Esch 2000, S. 71 ff.). Während die Vermittlung von Konsumerlebnissen durch emotionale Werbung besonders bei Gütern des täglichen Bedarfs verbreitet ist, war die emotionale Ansprache der Kunden z. B. im Automobilbereich in den achtziger Jahren noch schwer vorstellbar. Heutzutage lässt sich der Erfolg mancher Automarken im Wettbewerb durch die erfolgreiche Ansprache von Konsumenten im Bereich der intervenierenden Variablen erklären.
- In der Markenpolitik ist es wichtig, dass die Marke im Gedächtnis des Konsumenten ein lebendiges, assoziationsreiches und eigenständiges Bild hinterlässt. Hierbei ist es bedeutsam, sich mit den Gedächtnisbildern des Konsumenten zu beschäftigen, um so deren Einfluss auf das Konsumentenverhalten zu bestimmen. Eine der wichtigsten Erkenntnisse in diesem Zusammenhang besteht darin, dass Präferenzen für Marken (oder generell für Produkte und Dienstleistungen) wesentlich davon abhängen, wie lebendig das innere Bild ist, das sich der Konsument von dem

Objekt macht. Eng hiermit verbunden ist der Begriff des Markenwerts, der sich in den Köpfen der Konsumenten bildet und in der Markenführung als Ziel- bzw. Kontrollgröße angesehen wird. Hierbei setzen die verhaltenswissenschaftlichen Untersuchungen bezogen auf den Markenwert an den Gedächtnisstrukturen der Kunden an, wodurch ein Einblick in das Markenwissen möglich wird, das die Triebfeder für einen starken oder schwachen Markenwert bildet (Esch 2003, S. 67).

- Für Handelsunternehmen ist es wichtig, den Kunden an sich zu binden. Unter anderem auch deshalb, um eine gewisse Unabhängigkeit von der Industrie und deren Herstellermarken zu erlangen. Somit erlangt das Konstrukt Einstellung für die Unternehmen eine entscheidende Bedeutung, um das Verhalten der Konsumenten zu verstehen und es dahingehend zu beeinflussen, dass sie eine Bindung gegenüber dem Handelsunternehmen aufbauen. In diesem Zusammenhang kommt dem Begriff der *„retail brand"* oder *„store brand"* eine wichtige Rolle zu: Aus Unternehmenssicht muss das Handelsunternehmen sich selbst in den Köpfen der Konsumenten als (Unternehmens-) Marke etablieren (vgl. dazu Morschett 2002).

1.3.3 Phasenmodelle

Nach dem erwähnten Kaufphasenansatz kann das Käuferverhalten der Konsumenten zeitlich differenziert werden, d. h. der Kaufentscheidungsprozess kann in einzelne Phasen unterteilt werden. Die Phaseneinteilung orientiert sich an den Stufen eines klassischen, extensiven Entscheidungsprozesses, wie er auch für organisationale Entscheidungsprozesse modelliert wird (Böcker/Helm 2003, S. 145 f.) und besteht aus:

- *Prozessanregungsphase,* z. B. i. S. einer Bedürfniserkennung
- *Such- und Vorauswahlphase,* als Phase, in der nach Objekten zur Bedürfnisbefriedigung gesucht wird und eine Vorauswahl auf der Basis von Merkmalen erfolgt, die im Entscheiderurteil in einem Mindest- oder Maximalausmaß vorhanden sein müssen
- *Bewertungs- und Auswahlphase,* d. h. Bewertung auf der Basis der relevanten Merkmale und Auswahl des Objekts, das die beste Bedürfnisbefriedigung verspricht
- *Realisierungsphase,* als Vollzug der Kaufhandlung
- *Nachkaufphase*

Wie bei den Totalmodellen ist auch hier klar, dass ein derart detailliertes Phasenraster nicht für alle Kaufsituationen zutreffen kann. So werden insb. bei Konsumgütern nicht alle Phasen durchlaufen, wenn etwa im Zuge eines impulsiven Kaufs das Bedürfnis und seine Befriedigung unmittelbar zusammenfallen und sich keine eindeutige Such- und Vorauswahlphase oder eine Bewertungs- und Auswahlphase einstellen. Pauschal werden dann von den Vertretern des Phasenansatzes einzelne Phasen ausgeklammert. Darüber hinaus aber wird die Realisierung des Produktkaufs, z. B. als Besuch einer Einkaufsstätte, betrachtet. Dass in dieser Einkaufsstätte – infolge einer erlebnisorientierten Marketingkonzeption des Handels – auch die Such- und Vorauswahlphase und/oder die Bewertungs- und Auswahlphase erfolgen kann, wird ausgeklammert, ebenso wie emotionales Verhalten, als dessen Resultat ein völlig anderes Produkt gekauft werden kann. Bei Kaufentscheidungen von Konsumgütern mit geringer kognitiver Steuerung ist oft keine Phasendifferenzierung erkennbar bzw. möglich.

Von großer Bedeutung sind die Kaufphasenansätze im Bereich des Investitions- bzw. Industriegütermarketing, da dort oftmals sehr langwierige und komplexe Beschaffungsentscheidungsprozesse vorliegen, sodass die Phasendifferenzierung dort stark ausgeprägt ist (siehe dazu Kapitel III). Hier werden in den einzelnen Phasen sogar unterschiedliche Personen mit unterschiedlich starker Kompetenz aktiv, ein Phänomen, das auch bei kollektivem Käuferverhalten beim Kauf von Konsumgütern (z. B. bei Familienentscheidungen) auftritt. Insofern verwundert es nicht, dass die Phasenmodelle oft in Verbindung mit den genannten ökonomischen Theorien herangezogen werden, weniger jedoch in der psychologisch-basierten Käuferverhaltensforschung.

Dennoch sind die Phasenkonzepte wertvoll. Unzweifelhaft bringt eine Kaufphasenmodellierung Vorteile, so eine reduzierte Unterscheidung von drei Phasen, der Vorkaufphase, der Kaufphase und der Nachkaufphase (Nutzungs- und Nachnutzungsphase). Dies entspricht einem Buying Cycle, der den Gedanken eines integrativen Gesamtmarketing ausdrückt, da er sich auf die zielorientierte Gestaltung sozialer Austauschbeziehungen in allen Kundenkontaktphasen bezieht, denn die letzte Phase kann eine neuerliche Vorkaufphase im Zuge eines Wiederholungs- und Folgekaufverhaltens einleiten. Somit stehen im Buying Cycle nicht isolierte, zeitpunktbezogene Transaktionen, sondern die Bedürfnisse und Erwartungen der Kunden über den gesamten Zeitraum des Kaufprozesses oder sogar der Kundenbeziehung mit dem Unternehmen im Mittelpunkt von Marketingentscheidungen (Kuß/Tomczak 2000).

1.4 Zusammenfassung und Bezugsrahmen

Der *Bezugsrahmen der folgenden Ausführungen* lässt sich durch ein Streben nach Traditionalität, Prozessualität und Ganzheitlichkeit charakterisieren. Traditionell bilden die im Kontext der SOR-Modelle skizzierten psychischen und sozialen Determinanten des Käuferverhaltens die Basis der Erklärung bzw. den Ansatzpunkt der Betrachtung. Einen zweiten Ansatzpunkt liefern die Kaufentscheidungstypen und einen dritten die Perspektive der Kaufentscheidungsphasen, die in Verbindung mit dem Buying Cycle, den Gedanken eines integrativen und prozessualen Gesamtmarketing ausdrücken. Das folgende Vorgehen gliedert sich in drei Schritte, wobei es sukzessive ausfällt, d. h. die traditionellen Konstrukte werden zunächst isoliert voneinander betrachtet und sukzessive miteinander bzw. mit den weiteren Ansatzpunkten verwoben.

(1) Determinanten als Erklärungsgrundlage des Käuferverhaltens

Die zentrale Grundlage jedweder verhaltenswissenschaftlicher Erklärung des Käuferverhaltens bilden – ganz in der Tradition der Konsumentenverhaltensforschung – die psychischen Determinanten des individuellen Käuferverhaltens, wie sie in Partialmodellierungen bzw. -betrachtungen dezidiert auf situative Fragen des Kaufverhaltens bezogen werden und hier zur enormen Vielfalt von Determinanten, Analysen und Blickwinkel führen oder in Totalmodellierungen gesamthaft – allerdings zu starr – verbunden werden. Die Vielfalt der Sichtweisen wird von Weiber (1996, S. 54) in einem Schalenmodell zusammengetragen, das zwar die Beziehungen zwischen den Determinanten vernachlässigt, aber eine didaktisch wertvolle Trennung ermöglicht zwischen

- psychischen Determinanten,
- persönlichen Determinanten,
- sozialen Determinanten und
- kulturellen Determinanten (siehe Übersicht 19).

Übersicht 19: ***Schalenmodell des Käuferverhaltens***

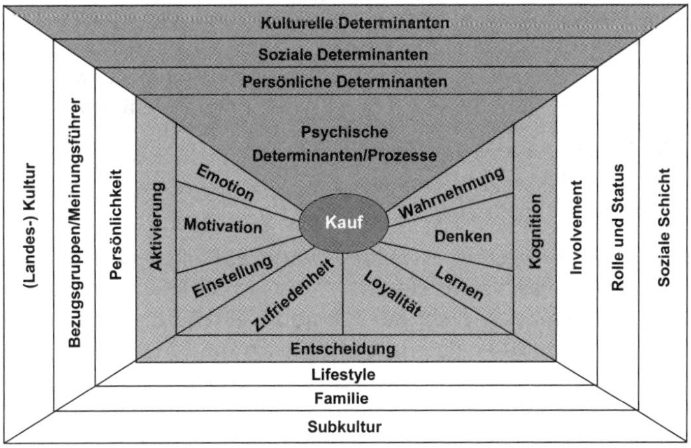

Hierbei entsprechen die *psychischen Determinanten bzw. Prozesse* (*Erklärungskonstrukte*) im Wesentlichen den Kernüberlegungen der SOR-Modelle mit der Trennung von aktivierenden und kognitiven Prozessen bzw. Zuständen. Hinzu kommen mit der Kundenzufriedenheit und der Loyalität Konstrukte, die gerade in der jüngeren Marketingforschung Bedeutung erlangt haben und häufig (pauschal) der Nachkaufphase zugeordnet werden. Diese determinieren dem Prozessgedanken folgend auch das zukünftige Verhalten. Darüber hinaus sind *Umweltdeterminanten* für das Käuferverhalten relevant, die nach den *persönlichen Determinanten* sowie den *sozialen* und den *kulturellen Determinanten* gegliedert sind. Bei den letzten beiden könnte auch von der näheren und weiteren Umwelt der Konsumenten gesprochen werden. So stellen Bezugsgruppen (z. B. Primär- und Sekundärgruppen), Familie und Rolle/Status Ausprägungen der näheren Umwelt eines Konsumenten dar, während (Landes-) Kultur, Subkultur und soziale Schicht die weitere Umwelt bilden.

(2) Kaufentscheidungstypen als Erklärungsgrundlage des Käuferverhaltens

Eine zweite Basis der Ausführungen bilden die Typen von Kaufentscheidungen. Konkret geht es hierbei um die Systematisierung der komplexen Verhaltensweisen bei individuellen Kaufentscheidungen (Kaufentscheidungen i. e. S.) in Abhängigkeit vom Grad der kognitiven Steuerung. D. h., es handelt sich um das konkrete (Entscheidungs-) Verhalten, welches letztlich nur aus einer kombinierten Zugrundelegung sowohl aktivierender als auch kognitiver Determinanten erklärt werden kann. Zu betrachten sind die Entscheidungen mit stärkerer kognitiver Kontrolle (extensiv und limitiert) sowie Entscheidungen mit geringer kognitiver Kontrolle (habituell und impulsiv).

(3) Prozessphasenmodelle als Erklärungsgrundlage des Käuferverhaltens

Wie bereits angedeutet, ist es zunehmend notwendig, die spezifischen Problemstellungen bzw. die spezifischen Verhaltensweisen von Konsumenten in den einzelnen Phasen zu beachten, sowie entsprechende Strategien und Instrumente i. S. einer geschlossenen Konzeption der Kundenorientierung phasenübergreifend bzw. -spezifisch einzusetzen. Dies ersetzt nicht die isolierte Berücksichtigung von einzelnen psychischen Wirkungen und Effekten. Vielmehr wird dadurch die isolierte Einzeloptimierung wesentlich ergänzt um eine prozessuale, ganzheitliche Sichtweise eines modernen Marketing i. S. einer prozessorientierten Betriebswirtschaftslehre. Eine ganzheitliche Sichtweise erscheint sinnvoll, wenn drei Phasen unterschieden werden:

Phase 1: Vorkaufphase (= Phase 4; = Phase 7; ...)
Phase 2: Kaufphase (= Phase 5; = Phase 8; ...)
Phase 3: Nachkaufphase (= Phase 6; = Phase 9; ...)

Eine derartige Betrachtung eröffnet mehrere Vorteile. Erstens berücksichtigt der *Buying Cycle* die zunehmende Notwendigkeit, Austauschbeziehungen mit Konsumenten ganzheitlich zu beachten, d. h. nicht nur vor und während des Kaufvorgangs, wie so häufig. Aus einer Phasendifferenzierung ergibt sich die Möglichkeit, auf die spezifischen Bedingungen der einzelnen Phasen im Rahmen eines sequenziellen Marketing einzugehen, so bei der optimalen zeitlichen Hintereinanderschaltung von Marketingaktivitäten. Eine Kernfrage bezieht sich in diesem Zusammenhang z. B. auf die Wahl des Zeitpunkts für einen Strategiewechsel (Switch-Problem), die Wahl der optimalen Strategiesequenz (monoinstrumental/polyinstrumental), des Einsatzes der Marketinginstrumente (z. B. unterschiedliche Instrumente in einer Phase oder ein Instrument über alle Phasen hinweg). Ferner entspricht dies auch einer informationstechnischen Stützung der Prozesse der Kundenbetreuung in den einzelnen Phasen, wobei es insb. um die Nutzung neuer Technologien zur Realisierung eines professionellen Kundenmanagements geht. Ein wesentlicher Grund für den Bedeutungsanstieg von Kundenmanagementsystemen liegt nämlich u. a. in der informationstechnologischen Durchdringung von Konsumgüterunternehmen, die es ermöglicht, Informationen über Kunden zu gewinnen und zu nutzen. Zu erwähnen ist in diesem Zusammenhang, dass etwa im stationären Handel früher der Kunde als Betrachtungseinheit eher nicht im Mittelpunkt von Analysen stand, da er an der Kasse anonym auftrat. Demgegenüber liegt der Fokus in der Informationsgewinnung bzw. -verarbeitung und in der Informationsumsetzung heute in Marketingmaßnahmen, die auf kundenindividuellen Informationen beruhen. Die Gestaltung von Beziehungen mit dem Kunden stellt somit mittlerweile das Ziel der Bemühungen dar. Übersicht 20 deutet ausgewählte Instrumente sowie die Kundeninformationsinfrastruktur im Kontext des Handels an.

Zweitens lenkt der Buying Cycle vor dem Hintergrund der zunehmenden Herausforderungen in der Kundenbindung den Blick verstärkt auf das Nachkauf-Marketing. Freilich ist es prinzipielles Ziel aller Marketinginstrumente, die Loyalität der Kunden zu erhöhen. Darüber hinaus versuchen Kundenbindungskonzepte aber aus der Kenntnis des einzelnen Kunden sowie der mehr oder weniger direkten Ansprache individueller Kunden besondere Anreize für den Wiederholungskauf bzw. für die Einkaufsstättentreue zu geben. In der Diskussion des Kundenbindungsmanagements stehen indessen explizit oder implizit Kundenbindungsprogramme als Instrumente des Nachkauf-Marketing. Mit Hansen/Jeschke (1995, Sp. 1923) können darunter sämtliche Marketingaktivitäten verstanden werden, die in der Nachkaufphase eingesetzt werden oder ihre Wirkung entfalten und die darauf gerichtet sind, Konsumenten im Rahmen sozialer Austauschbeziehungen dauerhaft zufrieden zu stellen und langfristig an das Unternehmen zu binden. Entsprechend lauten die Ziele: hohe Kundenloyalität, positive Weiterempfehlung, positives Marken- und Unternehmensimage usw. Zu den Instrumenten, die im Nachkauf-Marketing eingesetzt werden, zählen in etwa (vgl. dazu Bruhn 2002, S. 87 ff.; Homburg/Bruhn 2003, S. 20 ff.):

- *produkt- und personenbezogener Nachkaufservice,* wie z. B. Transport und Wartung
- *persönliche und unpersönliche Nachkaufkommunikation,* wie z. B. Nachkaufberatung, Kundenschulung, Gebrauchsanweisungen, Kundenkarten und -clubs
- *Beschwerdemanagement,* i. S. eines konstruktiven Umgangs mit Kundenbeschwerden durch ihre Erfassung, Bearbeitung und Auswertung
- *Redistribution,* durch Rückführung von Konsumgütern zur Entsorgung oder Weitervermarktung, wobei auch der Verkauf eines gebrauchten Automobils als „Entsorgungsproblem" betrachtet werden kann
- *Integration* des Kunden in den Wertschöpfungsprozess des Unternehmens

Übersicht 20: ***Exemplarische Marketingmaßnahmen und Kundeninformationen als Basis eines prozessorientierten Kundenbindungsmanagements im Buying Cycle***

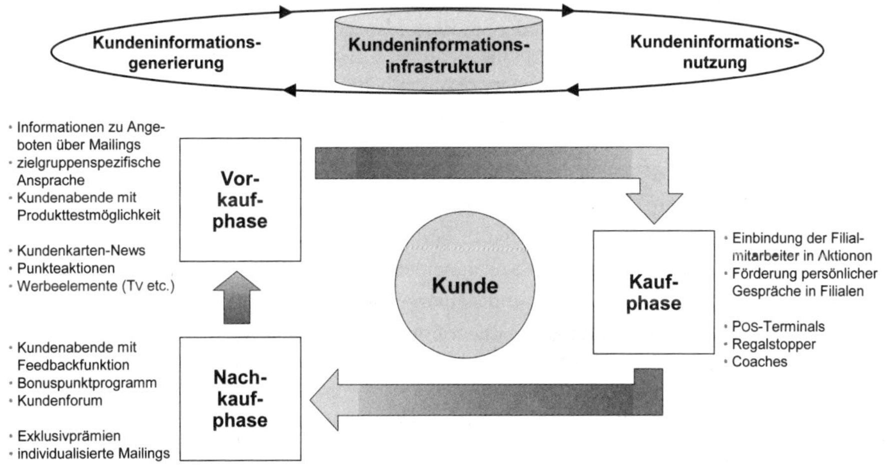

Quelle: In Anlehnung an Zentes/Janz/Kabuth/Swoboda 2002, S. 423.

Drittens wird es so möglich, die in der jeweiligen Phase besonders relevanten Determinanten des Käuferverhaltens, die Kaufentscheidungstypen oder sonstigen Determinanten bzw. Besonderheiten, zu betrachten. Insb. soll hier auf die eingangs genannte praktische Anwendungsperspektive eingegangen werden. D. h., es soll ein Querverweis zu Beispielen aus der Unternehmenspraxis hergestellt werden. Dies geschieht in allen Feldern des Buchs dadurch, dass grundsätzlich drei Anwendungsgebiete, nämlich Produkt-/Markenpolitik, Kommunikationspolitik und (Instore-) Marketing fallweise ergänzt um weitere Marketinginstrumente, aufgegriffen werden. Somit werden Industrie-, Handels- und Dienstleistungsunternehmen angesprochen.

Insgesamt kann der *Bezugsrahmen* bzw. die *Gesamtkonzeption* so zusammenfassend verdeutlicht werden, dass prinzipiell in allen drei Phasen alle denkbaren psychischen Prozesse, Determinanten oder Kaufentscheidungstypen relevant sein können.

Literatur

Bänsch, A. (2002): Käuferverhalten, 8. Aufl., München.

Billen, P. (2003): Unsicherheit des Nachfragers bei Wiederholungskäufen, Wiesbaden.

Blackwell, J. F./Miniard, P. W./Engel, R. D. (2001): Consumer Behavior, 9. Aufl., New York.

Böcker, F./Helm, R. (2003): Marketing, 7. Aufl., Stuttgart.

Bruhn, M. (2002): Integrierte Kundenorientierung, Wiesbaden.

Darby, M. R./Karni, E. (1973): Free Competition and the optimal Amount of Fraud, in: The Journal of Law and Economics, 16. Jg., Nr. 1, S. 67-88.

Dichter, E. (1961): Strategie im Reich der Wünsche, New York.

Engel, R. D./Kollat, D./Blackwell, J. F. (1968): Consumer Behavior, New York.

Esch, F.-R. (2003): Strategie und Technik der Markenführung, München.

Hansen, U./Jeschke, K. (1995): Nachkaufmarketing, in: Tietz, B./Köhler, R./Zentes, J. (Hrsg.): Handwörterbuch des Marketing, Stuttgart, Sp. 1919-1929.

Homburg, C./Bruhn, M. (2003): Kundenbindungsmanagement, in: Bruhn, M./Homburg, C. (Hrsg.): Handbuch Kundenbindungsmanagement, 4. Aufl., Wiesbaden, S. 163-192.

Howard, J. A./Sheth, J. N. (1969): The Theory of Buyer Behavior, New York.

Kroeber-Riel, W. (1974): Absatztheorie, verhaltensorientierte, in: Tietz, B. (Hrsg.): HWA, Stuttgart 1974, Sp. 159-167.

Kroeber-Riel, W./Esch, F.-R. (2000): Strategie und Technik der Werbung, 4. Aufl., Stuttgart.

Kroeber-Riel, W./Weinberg, P (2003): Konsumentenverhalten, 8. Aufl., München.

Kuß, A./Tomczak, T (2000): Käuferverhalten, 2. Aufl., Stuttgart.

Mazanec, J. (1978): Strukturmodelle des Konsumentenverhaltens, Wien.

Meffert, H. (1992): Marketingforschung und Käuferverhalten, 2. Aufl., Wiesbaden.

Morschett, D. (2002): Retail Branding und Integriertes Handelsmarketing, Wiesbaden.

Nelson, P. (1970): Information and Consumer Behaviour, in: Journal of Political Economy, 78. Jg., Nr. 2, S. 311-329.

Stauss, B./Seidel, W. (2002): Beschwerdemanagement: Kundenbeziehungen erfolgreich managen durch Customer Care, 3. Aufl., München.

Trommsdorff, V. (2002): Konsumentenverhalten, 4. Aufl., Stuttgart.

Weiber, R. (1996): Was ist Marketing? – Ein informationsökonomischer Erklärungsansatz, Arbeitspapier Nr. 1 zur Marketingtheorie, 2. Aufl., Trier.

Weiber, R./Adler, J. (1995a): Informationsökonomisch begründete Typologisierung von Kaufprozessen, in: Zeitschrift für betriebswirtschaftliche Forschung, 47. Jg., Nr. 1, S. 43-65.

Weiber, R./Adler, J. (1995b): Positionierung von Kaufprozessen im informationsökonomischen Dreieck, in: Zeitschrift für betriebswirtschaftliche Forschung, 47. Jg., Nr. 2, S. 99-123.

Zentes, J./Janz, M./Kabuth, P./Swoboda, B. (2002): Best-Practice-Prozesse im Handel – Customer Relationship Management und Supply Chain Management, Frankfurt a. M.

Zimbardo, P. G./Gerrig, R. J. (1999): Psychologie, 7. Aufl., Berlin.

2 Psychische Erklärungskonstrukte des Konsumentenverhaltens

2.1 Aktivierende Prozesse und Zustände

2.1.1 Aktivierung

2.1.1.1 Theoretische Grundlagen und Charakteristika

Die Aktivierung stellt die Grunddimension aller Antriebsprozesse dar, versorgt den Organismus mit Energie und versetzt ihn in einen Zustand der Leistungsfähigkeit und -bereitschaft.

Aktivierend sind solche Vorgänge, die mit *innerer Erregung* und *Spannung* verbunden sind. Sie versorgen das menschliche Verhalten mit psychischer Energie und treiben es an. Kroeber-Riel/Weinberg (2003, S. 53 ff.) zählen zu den Antrieben i. w. S. Emotionen, Motivationen und Einstellungen (siehe Übersicht 21). *Emotionen* sind subjektiv erlebte innere Erregungsvorgänge. Bei der *Motivation* tritt zu der inneren Spannung eine Zielorientierung für das Verhalten hinzu. *Einstellungen* umfassen darüber hinaus eine innere Haltung und Reaktionsbereitschaft hinsichtlich eines Objekts. Die drei Konstrukte erklären zusammen das Zustandekommen des menschlichen Verhaltens, wobei die Aktivierung als Basis aller Antriebskräfte gilt.

Übersicht 21: ***Zusammenhang zwischen Aktivierung, Emotion, Motivation und Einstellung***

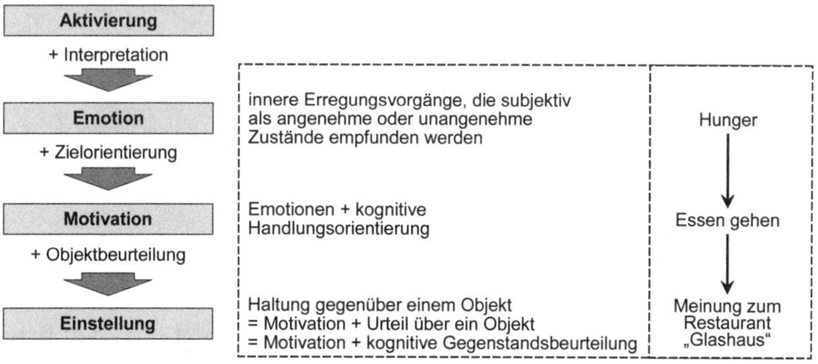

Zur Aktivierung treten kognitive Komponenten hinzu. Da es sich bei psychischen Prozessen um komplexe, innere Vorgänge handelt, ist die Zuordnung zu aktivierenden und kognitiven Prozessen nicht immer eindeutig möglich. Psychische Prozesse werden dann als aktivierend (kognitiv) bezeichnet, wenn die aktivierenden (kognitiven)

Komponenten dominieren. Aktivierung sorgt dafür, dass das Individuum aktiv wird und zweckmäßig handelt. Sie wirkt somit einerseits direkt auf das Verhalten, andererseits beeinflusst sie die kognitiven Prozesse wie die Informationsaufnahme, -verarbeitung und -speicherung.

Die Aktivierung ist immer in Zusammenhang mit der Funktion des zentralen Nervensystems zu sehen, wobei in der Aktivierungsforschung zwischen tonischer und phasischer Aktivierung unterschieden wird. *Tonische Aktivierung* bezeichnet das allgemeine Aktivierungsniveau (Wachheitsgrad) und damit die länger anhaltende Bewusstseinslage (Wachheit) und die allgemeine Leistungsfähigkeit des Individuums. Diese verändert sich nur langsam. Die *phasische Aktivierung* bezieht sich dagegen auf kurzfristige Aktivierungsschwankungen, die die Leistungsfähigkeit eines Individuums in bestimmten Reizsituationen determinieren kann und die z. B. durch bestehende Außenreize ausgelöst werden können. Sie steuert die jeweilige Aufmerksamkeit und damit auch die kognitive Leistungsfähigkeit in einer bestehenden Situation. Der Zusammenhang von Aktivierung und Leistung wird durch die „λ-Hypothese" (*Lamba-Hypothese*) beschrieben. Sie gibt die Wirkung der Aktivierungsstärke auf die Leistung bzw. Leistungsfähigkeiten wieder (siehe Übersicht 22).

Übersicht 22: ***Beziehung zwischen Aktivierung und Leistung (λ-Hypothese)***

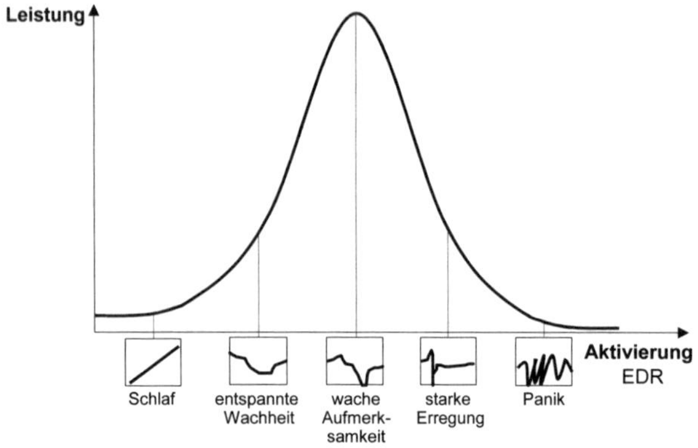

Quelle: Kroeber-Riel/Weinberg 2003, S. 79.

Kroeber-Riel/Weinberg (2003, S. 79 f.) empfehlen, die λ-Hypothese in folgende Elementarhypothesen zu zerlegen:

1. *Hypothese der Minimalaktivierung*: Die Leistung eines Individuums setzt ein Mindestmaß an Aktivierung voraus.
2. *Hypothese der Normalaktivierung*: Die Leistung des Individuums steigt mit zunehmender Aktivierung. Bei der Normalaktivierung betrachtet man den Bereich von entspannter Wachheit bis wacher Aufmerksamkeit. Die Normalaktivierung wird weiterhin in die tonische und phasische Aktivierung unterteilt. Je höher das allgemeine Aktivierungsniveau (tonische Aktivierung) ist, umso effizienter ist die gesamte Informationsverarbeitung. Je höher die kurzfristige, durch einen Reiz ausgelöste phasische Aktivierung ist, umso effizienter wird dieser Reiz verarbeitet.

3. *Hypothese der Überaktivierung*: Ab einem bestimmten Grad der Aktivierung (z. B. starke Erregung) fällt die Leistung des Individuums bei weiterer Steigerung der Aktivierung.
4. Im Sinne der Vollständigkeit wird noch die *Hypothese der Maximalaktivierung* angeführt: Bei einem extremen Grad an Überaktivierung (z. B. Panik) ist keine Leistung mehr möglich.

Für das Marketing relevant ist i. e. S. der Bereich der Normalaktivierung und nur bedingt der Bereich der Überaktivierung, z. B. in einer Beschwerdesituation. Es ist davon auszugehen, dass nur selten eine Überaktivierung durch eingesetzte Reize im Marketing (Verpackung, Ladengestaltung usw.) ausgelöst wird. Statt von Leistung wird oft auch von Leistungsfähigkeit, -bereitschaft oder -effizienz gesprochen. Es wird damit betont, dass sich die λ-Hypothese nur auf einen bestimmten Teil der Leistung bezieht. In diesem Sinne stimuliert oder hemmt die Aktivierung die Effizienz einer Leistung (also den Ablauf eines psychischen oder motorischen Vorgangs), jedoch nicht die Richtung und den Inhalt.

Für die Konsumentenverhaltens- und v. a. für die Kommunikationsforschung lässt sich ableiten, dass ein Kommunikationselement mit einer höheren aktivierenden Wirkung zu einer effizienteren Verarbeitung der Botschaft führt, jedoch nicht gleichermaßen zu einem besseren Kommunikationserfolg führen muss. Es ist sogar der negative Fall denkbar, dass wenn die Kommunikationsinhalte nicht i. S. des Senders aufgefasst werden, die erhöhte Aktivierung zu einer effizienten Verarbeitung und Speicherung der „falschen" Inhalte führt (Kroeber-Riel/Weinberg 2003, S. 81 f.).

Absolute Schwelle

Im Rahmen der Aktivierung stellt sich die Frage, wie gering eine Reizenergie sein kann, dass sie ein Organismus noch bemerkt. Hierbei wird in der Psychophysik, die versucht, die gesetzmäßigen Beziehungen zwischen physikalischen Stimuli, die auf die Sinnesorgane einwirken, und den dadurch hervorgerufenen Empfindungen, quantitativ exakt zu beschreiben, von der absoluten Schwelle gesprochen. Übersicht 23 zeigt einige Beispiele für die Intensität eines Reizes, der in der Hälfte der Fälle durch eine Person wahrgenommen wird.

Übersicht 23: ***Beispiele für absolute Schwellen für einige vertraute Sinnesreize***

Sinnesmodalität	Absolute Schwelle
Licht	Die Flamme einer Kerze kann in einer dunklen, klaren Nacht aus etwa 48 km Entfernung gesehen werden.
Hören	Das Ticken einer Uhr kann, wenn es ansonsten ganz ruhig ist, aus etwa 6-7 m Entfernung gehört werden.
Geschmack	Zucker kann geschmeckt werden, wenn die Menge eines Teelöffels in 9-10 l Wasser aufgelöst wird.
Geruch	Einen Tropfen Parfüm riecht man noch, wenn er sich auf ein ganzes Drei-Raum-Appartement verteilt hat.
Tastsinn	Der Flügel einer Biene wird gefühlt, wenn er aus 1 cm Abstand auf Ihre Wange fällt.

Quelle: Zimbardo/Gerrig 1999, S. 117.

2.1.1.2 Bedeutung und Messung

Da sich die Aktivierung gezielt beeinflussen lässt, ergeben sich viele Möglichkeiten, in das emotionale und kognitive Verhalten der Konsumenten einzugreifen, zumal das prinzipielle Ziel der Aktivierungstechnik häufig in der Herstellung des Kundenkontaktes liegt. Aktivierungsmechanismen lassen sich nach äußeren und inneren Reizen unterscheiden.

- Zu den *äußeren Reizen* zählen emotionale Reizwirkung (die i. d. R. mit der inneren Erregung verknüpft ist), kognitive gedankliche Reizwirkung (so kognitive Inkonsistenzen durch neuartige und überraschende Reize) sowie physische Reizwirkung (durch Farben, Gerüche, Töne).
- Zu den *inneren Reizen* zählen kognitive gedankliche Aktivitäten (z. B. an jemanden denken), emotionale Reize sowie Stoffwechselvorgänge (z. B. physisch ausgelöst durch Kaffee).

Ein Kernanwendungsbereich der Aktivierungstechniken im Marketing liegt in der *Werbung*, die sich massiv aktivierender Reize bedient, um ihre Wirkung zu erhöhen. Die Werbung ist so zu gestalten, dass in relativ kurzer Zeit die Werbebotschaft wahrgenommen wird. Die λ-Hypothese beschreibt dabei die prinzipielle Wirkung der Aktivierung der Leistung (-sfähigkeit) auch durch Werbung: Bei zunehmender Stärke der Aktivierung steigt zunächst die Leistung des Individuums, bevor sie von einer bestimmten Aktivierungsstärke wieder abfällt. Durch gezielte aktivierende Reize in der Werbung nehmen Kunden mehr Informationen auf, verarbeiten sie schneller und speichern sie besser. Dabei ist die Aktivierung eine notwendige, aber nicht hinreichende Voraussetzung dafür, dass eine Werbebotschaft auch zur Geltung kommt. Durch die Aktivierung wird die kognitive Bereitschaft gesteigert, die Anzeige anzusehen und sie wird deshalb als eine Vorsteuerungsgröße für Kognitionen angesehen. Übersicht 24 zeigt die unterschiedlichen Formen äußerer (optischer) Reize mittels derer Aktivierung ausgelöst werden kann.

Die Bedeutung der Aktivierungstechniken in der Werbung wird insb. durch die sich verändernden Rahmenbedingungen deutlich: Es kommt vermehrt zu einer Inflation von Produkten und Marken, da deren Fülle für den Konsumenten unmöglich zu überschauen ist und deren Qualitäten sich weiter annähern. Somit kommt den kommunikativen Maßnahmen für die Differenzierung von Produkten und Marken im Wettbewerb immer häufiger eine (vor-) entscheidende Rolle zu (Esch 2003, S. 27 ff.).

Die Umsetzung der Erkenntnisse zur Aktivierung dokumentiert sich in der Praxis auch in dem Versuch der Auslösung eines erhöhten tonischen Aktivierungsniveaus durch eine *erlebnisorientierte Ladengestaltung* (ebenfalls bei Internetshops, siehe hierzu Diehl 2002). Diese soll den Konsumenten zum Kauf bzw. bei keiner/geringer gedanklicher (kognitiver) Kontrolle zum Impulskauf (siehe Abschnitt 4.5 in diesem Kapitel) anregen. Weinberg (1982, S. 165) definiert Impulskäufe durch folgende Merkmale:

- affektiv: hohe emotionale Aufladung, d. h. starke Aktivierung
- kognitiv: geringe gedankliche Steuerung der Kaufentscheidung
- reaktiv: besondere Reizsituation, die ein weitgehend automatisches Handeln in der Kaufsituation auslöst.

Übersicht 24: ***Aktivierung durch emotionale, kognitive und physisch intensive Reize***

Aufmerksamkeitsstarkes Displaymaterial, auffällige Schaufester, stimulierende Musik oder anregende Verbundpräsentationen sind typische Reizkonstellationen, die am POS

Impulskäufe fördern sollen. Ein Beispiel hierfür sind die Kühltruhen im Selbstbedienungs-Lebensmitteleinzelhandel, welche Hersteller dem Handel zur Verfügung stellen. Mit Hilfe des Truhendesigns soll die Aufmerksamkeit der Kunden z. B. auf das Speiseeis gelenkt bzw. die Kunden sollen zu Impulskäufen angeregt werden. Hierbei ist bedeutsam, dass die Auslösung von Aufmerksamkeit teilweise von einzelnen Farben oder Konstruktionsdetails abhängt (Trommsdorff 2002, S. 52 f.). In Abschnitt 4.5 wird genauer auf Impulskäufe und deren Abgrenzung gegenüber ungeplanten Käufen eingegangen – die Bedeutung der Aktivierung durch Ladengestaltungselemente wird durch folgende Zahlen deutlich: Es wird geschätzt, dass 40-50 Prozent der Käufe nicht geplante Käufe sind. Die echten Impulskäufe dürften 10-20 Prozent ausmachen (Kroeber-Riel/Weinberg 2003, S. 415).

Party-Phänomen

Ein klassisches Beispiel für nicht beachtete, aber dennoch unbewusst wahrgenommene Informationen wird unter dem Begriff Party-Phänomen diskutiert. Voraussetzung hierfür ist die Existenz eines gewissen Aktivierungsniveaus, d. h. die beiden Randlagen der λ-Funktionen kommen nicht in Betracht. Es stellt sich folgende Situation: Eine Person unterhält sich auf einer lebhaften Party angeregt mit einem attraktiven Gesprächspartner. Sie ist so engagiert, dass sie, wie sie meint, von den anderen Gesprächen um sie herum nichts mitbekommt – bis auf einmal in einem anderen Gespräch der Name der Person erwähnt wird. Dadurch wird deutlich, dass die Person auf irgendeine unbewusste Art auch das weiter entfernte Gespräch mitverfolgt hat, sodass sie dieses spezielle Signal – den Namen – trotz des Geräuschpegels aufschnappt (Zimbardo/Gerrig 1999, S. 165).

Wird des Weiteren angenommen, dass die Person im Partygedränge mehrfach gestoßen wird, so ist davon auszugehen, dass diese beim zehnten oder fünfzehnten Stoß verärgert reagiert und sich in der Absicht umdreht, direkt zuzuschlagen – die Faust ist ausgefahren, aber der Schlag bleibt aus. Die Person realisiert, dass der Drängler 2 m groß und muskelbepackt ist. Würde nun der Schlag erfolgen, läge quasi eine Aktivierungsreaktion vor. Tauchen zwei Finger aus der ausgefahrenen Faust auf und bestellen zwei Bier, dann haben sicherlich kognitive Prozesse eingesetzt und die Überhand gewonnen.

Messung der Aktivierung

Die zentralnervösen Erregungen im Aktivierungssystem und in den anderen Gehirnregionen können nicht direkt gemessen werden. Daher wurden *drei Messebenen* entwickelt, um die Erregungsaktivität im Gehirn zu erfassen.

Bei der Messung auf der *subjektiven Erlebnisebene* steht die Ermittlung von Verbalaussagen im Mittelpunkt. Allerdings wird hier nur die subjektive Wahrnehmung von Erregungen im Nervensystem, nicht die Erregung selbst gemessen. Befragte sind entweder nicht in der Lage oder nicht Willens, ihre innere Erregung mitzuteilen und ferner sind in verbalen Äußerungen Manipulationsmöglichkeiten enthalten (z. B. Herunterspielen des Erregungsgrads).

Auf der *motorischen Ebene* werden Verhaltensweisen beobachtet, die bei Aktivierungsvorgängen auftreten. Hierzu gehört die Beobachtung des emotionalen Verhaltens durch Analyse der motorischen Ebene, d. h. Ermittlung von unmittelbar beobachtbaren Verhaltensweisen (z. B. Gestik, Mimik) (Neibecker 1995, Sp. 200 ff.). Messtheoretische Probleme bestehen hier in der Zuordnung zu Beobachtungskategorien. Auf diese beiden Ebenen wird im Zusammenhang mit der Messung von Emotionen näher eingegangen (siehe Abschnitt 2.1.2.2 in diesem Kapitel).

Ein valides Maß zur Messung der Aktivierung sind *physiologische Indikatoren.* Messungen auf der physiologischen Ebene ermitteln körperliche Funktionen, aus denen die Aktivierung besteht, die mit ihr verbunden sind, die von ihr ausgelöst werden, z. B. der Blutdruck, die Stimmfrequenz oder der Speichelfluss, die als Indikator einer psychischen Erregung gelten. Neben diesen Beispielen werden elektrophysiologische Indikatoren (z. B. Hautwiderstand), Indikatoren wie Kreislauf, Atmung und Energieumsatz sowie biochemische Indikatoren herangezogen. Der in der Forschung am häufigsten verwendete physiologische periphere Indikator zur Messung von Aktivierungsschwankungen ist die Veränderung des elektrischen Hautwiderstands, die *elektrodermale Reaktion,* auch *psychogalvanische Reaktion* (PGR) oder *hautgalvanische Reaktion* (HRG) genannt (Kroeber-Riel/Weinberg 2003, S. 67). Übersicht 25 zeigt schematisch die mit den Aktivierungsschwankungen verbundenen Veränderungen des elektrischen Hautwiderstands. Zur Messung werden an der Körperoberfläche Sensoren befestigt, die elektrische Impulse des Körpers aufnehmen und ableiten. Diese elektrischen Impulse werden dann analog aufgezeichnet oder in digitale Werte umgewandelt. Diese werden in Form von Kurven aufgezeichnet. Die Messergebnisse werden generell als valide und reliabel gesehen: „Hautelektrische Veränderungen zeigen besonders gut phasische Aktivierungsprozesse bei Reizverarbeitung an und sind bereits bei niedrigen Aktivierungsgraden ... als Indikatoren einsetzbar" (Fahrenberg u. a. 1979, S. 185).

Übersicht 25: ***Messung der Aktivierung – Elektrodermale Reaktion in einer beispielhaften Darstellung***

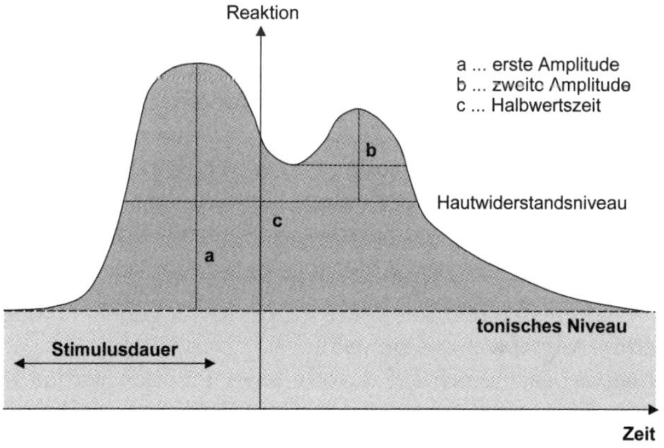

Quelle: In Anlehnung an: Boucsein 1992, S. 134.

Diese beispielhafte Darstellung unterstreicht die Aussagen von Fahrenberg u. a. (1979, S. 185), da besonders phasische Aktivierungsschwankungen gezeigt werden. Ausgehend von einem relativ konstanten, tonischen Aktivierungsniveau kommt es aufgrund eines Stimulus zu einer ersten, unmittelbaren Reaktion (erste Amplitude), die aufgrund der Nähe zum Stimulus den höchsten Ausschlag besitzt. Nach dem Ende der Reizdarbietung kommt es zu einer Rückkehr zum ursprünglichen, tonischen Niveau, wobei die Geschwindigkeit des Rückgangs oder der genaue Verlauf (mit einer möglichen zweiten Amplitude) sehr unterschiedlich in Abhängigkeit von mehreren Faktoren sein kann, bspw. der äußeren Umgebung. Mit Hilfe der Stärke des Ausschlags und der dargestellten Halbwertzeit der Reaktion lassen sich unterschiedliche Stimuli auf ihre Aktivierungspotenziale vergleichen. Diese Art der Messung zeichnet sich gegenüber Befragungen und Zuordnungsverfahren dadurch aus, dass sie weitgehend unabhängig davon ist, ob die Versuchspersonen fähig bzw. bereit sind, ihre innere Erregung anzugeben. Besonders in interkulturellen Erhebungen und Vergleichen treten Probleme aufgrund der unterschiedlichen Sprachen und den damit verbundenen Begriffsverständnissen auf, weshalb sich die EDR-Messung besonders für diese Art von Untersuchung eignet (Kroeber-Riel/Weinberg 2003, S. 68).

2.1.2 Emotionen

2.1.2.1 Theoretische Grundlagen und Charakteristika

Emotionen sind das trojanische Pferd, um Menschen (kognitiv) zu erreichen. Emotionen sind Erregungsvorgänge, die angenehm oder unangenehm empfunden werden und mehr oder weniger bewusst sind (Kroeber-Riel/Weinberg 2003, S. 106). Emotionen ergeben sich aus einer Aktivierung und einer Interpretation.

Emotionen sind ein grundlegendes Element im System der intervenierenden Variablen und der Antriebskräfte. Sie dienen v. a. der Aktivierung und beinhalten noch wenige kognitive Komponenten. Emotionen sind innere Erregungsvorgänge, die subjektiv als angenehme oder unangenehme Zustände erlebt werden (z. B. Angst, Glück und Reue), d. h. sie beinhalten ein zentralnervöses Erregungsmuster und ihre subjektive Interpretation. Erst durch die kognitive Verarbeitung einer inneren Erregung entstehen emotionale Erlebnisse. Aufgrund der beiden Komponenten werden zur Erklärung von Emotionen psychophysiologische und kognitive Theorien herangezogen. Bei Letzteren sind bspw. Attributionstheorien von Bedeutung. Emotionen sind durch die Dimensionen Erregung, Richtung, Qualität und Bewusstsein gekennzeichnet:

- Die *Erregung* kennzeichnet die Stärke bzw. Intensität einer inneren Aktivierung.
- Die *Empfindungsrichtung* einer Emotion wird positiv/angenehm (Glück) oder negativ/unangenehm (Angst) wahrgenommen.
- Die *Erlebnisqualität* bezieht sich auf das mit einer Emotion verbundene subjektive Erlebnis, womit ein kognitiver Aspekt der Emotion angesprochen ist. Es handelt sich um die subjektiven Erlebnisse bzw. Assoziationen, dies sind Verknüpfungen von Vorstellungsinhalten bzw. mentalen Inhalten, die bei einer Emotion auftreten. Durch sie wird ein Gefühl, bei gleicher emotionaler Stärke und Richtung, von anderen unterschieden. Die Qualität gibt dem Gefühl eine Bedeutung (z. B. Liebe).
- Das *subjektive Bewusstsein* wird als Dimension häufig problematisiert. „Viele Emotionen sind wenig oder nicht klar bewusst – und sie sind bildlich, aber nicht verbal

bewusst. Das hängt nicht zuletzt damit zusammen, dass emotionale Vorgänge v. a. in der rechten Gehirnhälfte (Hemisphäre) ablaufen und dass gerade diese Vorgänge oft im Hintergrund des Bewusstseins bleiben, weil unser Bewusstsein von den analytischen, linkshemisphärischen Gehirnaktivitäten beherrscht wird" (Kroeber-Riel/Weinberg 2003, S. 105 f.).

Attributionstheorie

Ziel der Attributionstheorie ist die Identifikation der Regeln, an denen sich Menschen orientieren, wenn sie nach Ursachen oder Gründen für Handlungen oder Ereignisse suchen. Hiernach wird davon ausgegangen, dass Menschen das Bedürfnis haben, Ursachen für ein Verhalten zu suchen und dieses kausal zu erklären

Die Ursachen für dieses Verhalten sind zumeist nicht offenkundig, so müssen sie aus den augenscheinlichen (Teil-) Informationen erschlossen werden (vgl. dazu Heider 1958; Fincham/Hewstone 2002, S. 225 ff.).

Es gibt nach Izard (1999, S. 66) zehn angeborene, primäre Emotionen, sog. *Fundamentalemotionen*, nämlich Interesse, Überraschung, Freude, Geringschätzung, Scham, Kummer, Zorn, Ekel, Furcht und Schuldgefühl. Alle weiteren Emotionen entstehen als Mischung der primären Emotionen. Plutchik (1991, S. 115 ff.) unterscheidet basierend auf seinen evolutionstheoretischen Überlegungen acht primäre Emotionen, die sich im Großen und Ganzen mit denen von Izard decken. Er integriert zusätzlich die Emotion Akzeptanz, die aber vergleichbar mit der gegenpoligen Emotion Geringschätzung von Izard ist. Die beiden Emotionen Schuldgefühl und Scham treten bei Plutchik lediglich als gemischte Emotionen auf und nicht wie bei Izard als primäre (Kroeber-Riel/Weinberg 2003, S. 104). Übersicht 26 enthält die Aufstellung von Plutschik und illustriert die Zusammensetzung bzw. Entstehung der gemischten Emotionen. So setzt sich bspw. Enttäuschung aus Kummer und Überraschung zusammen.

Übersicht 26: ***Überblick der primären und der gemischten Emotionen***

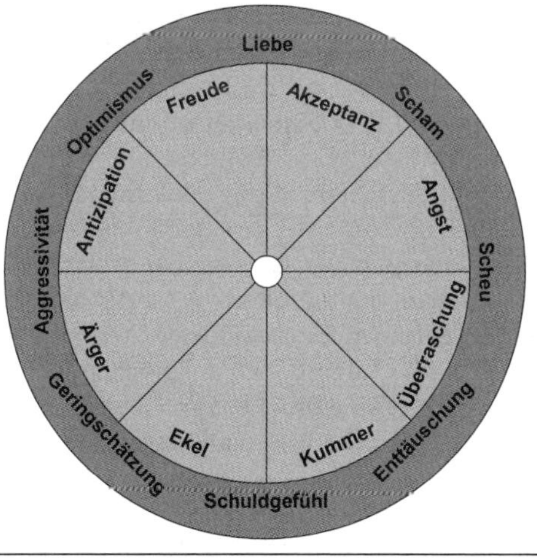

Quelle: In Anlehnung an: Plutchik 1991, S. 111.

Kulturunabhängige emotionale Gesichtsausdrücke

Menschen auf der ganzen Welt drücken, unabhängig von kulturellen Unterschieden, Rasse, Geschlecht oder Erziehung, die grundlegenden Emotionen gleich aus bzw. lesen diese bei anderen Personen aus deren Gesichtsausdruck gleich ab. In kulturvergleichenden Untersuchungen wurden Menschen verschiedener Kulturzugehörigkeit gebeten, die Emotionen zu bestimmen, die in standardisierten Aufnahmen von Gesichtern – ähnlich den folgenden – zu sehen waren.

Übersicht 27: ***Emotionale Gesichtsausdrücke***

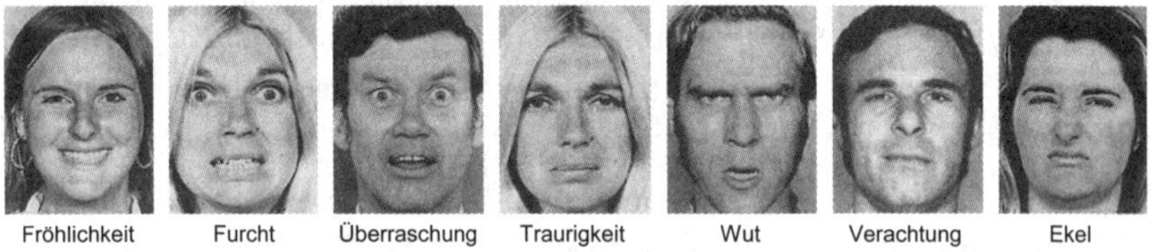

Es stellte sich heraus, dass Menschen auf der ganzen Welt die Emotionen anhand des Gesichtsausdrucks genau zuordnen können (Zimbardo/Gerrig 1999, S. 361).

2.1.2.2 Bedeutung und Messung

Die Anwendungen der Emotionsforschung im Marketing sind relativ vielfältig. Wie ausgeführt greift in der Praxis die Erkenntnis, etwa in der *Werbung,* dass die Konsumenten durch emotionale Reize eher aktiviert werden, mehr Informationen aufnehmen, verarbeiten und sie besser und länger behalten, sodass durch die Aktivierung die kognitive Leistungsfähigkeit gesteigert werden kann. *Emotionale Reize* stellen ein klassisches Instrument der Werbung dar, welche insb. dann wirksam sind, wenn sie biologisch vorprogrammierte Reaktionen im Menschen auslösen. Dies geschieht vorwiegend durch emotionale *Schlüsselreize,* wie das sog. *Kindchenschema* oder *erotische Reize* (siehe Übersicht 28). Das Kindchenschema (d. h. Kinder mit kleinkindtypischen Merkmalen wie einem großem Kopf und Kulleraugen) löst beim Betrachter automatische Reaktionen wie Sympathie und Fürsorgeinstinkt aus. Erotische Reize bewirken im Vergleich zu anderen Schlüsselreizen die stärksten Wirkungen (Meyer-Hentschel 1983, S. 30), dennoch besteht die Gefahr der Ablenkung, d. h. die aktivierenden Reize werden bevorzugt beachtet und überdecken damit die eigentliche Werbebotschaft. Dennoch zeichnen sie sich dadurch aus, dass sie bei Erwachsenen relativ unabhängig von Alter, Geschlecht und soziodemografischen Merkmalen einsetzbar sind und es somit zu verhältnismäßig geringen Streuverlusten kommt. Eine weitere Form der Werbung ist, wie dargestellt, die Kognitionen ansprechende. Diese führt zu gedanklichen Konflikten, welche durch Widersprüche oder Überraschungen ausgelöst werden. Diese überraschenden Reize regen die Informationsverarbeitung des Konsumenten an und steigern dessen Erinnerungsleistung (Kroeber-Riel/Weinberg 2003, S. 72.). Neben den emotionalen und kognitiven Reizen setzt die Werbung auf physisch intensive Reize wie Farben, Gerüche oder Töne. Bezogen auf die Werbung kommt dies insb. durch die Größe und die Farbe eines Werbemittels zum Ausdruck.

Übersicht 28: ***Beispiele zur Anwendung der Emotionen – kindliche, erotische und überraschende Reize***

Weitere marketingpolitische Implikationen dokumentieren sich in den Bemühungen um eine emotionale Produktdifferenzierung und eine Vermittlung emotionaler Konsumerlebnisse, so im Handel oder generell am POS. Ziel der *emotionalen Produktdifferenzierung* ist es, das eigene Produkt von anderen Produkten abzuheben und durch Produktgestaltung, Werbung usw. einen monopolistischen Spielraum (akquisitorisches Potenzial) i. S. von Gutenberg (1984) zu schaffen. Der Konsument konsumiert nicht nur zur funktionellen Beseitigung empfundener Mangelzustände, sondern auch wegen der damit verbundenen Aktivierungserlebnisse (emotionale Zusatzerlebnisse). Ziel des Marketing ist die Vermittlung von spezifischen Produkterlebnissen als zusätzliche Konsumerlebnisse (Prestige, Erotik, Sicherheit u. Ä.), die andere Produkte nicht bieten. Er soll so mit dem Produkt emotionale Zusatzerlebnisse verbinden und es daher bevorzugen. Es wird damit der Belohnungswert des Produkts erhöht und ein emotionales Profil aufgebaut. Generell ist zu betonen, dass die emotionale Erlebnisvermittlung insb. in gesättigten Märkten eine entscheidende Rolle besitzt und darüber hinaus zunehmend auch Bedeutung im Investitionsgüterbereich erlangen dürfte (Kroeber-Riel/Weinberg 2003, S. 125).

Messung der Emotionen

Die Messung kann grundsätzlich anhand physiologischer, verbaler und motorischer Indikatoren erfolgen.

Die *physiologischen Indikatoren* messen die Stärke der Emotionen valide. Als Indikator wird häufig die elektrodermale Reaktion (i. e. S. Hautwiderstandsmessung) angesehen. Sie wird als geeignetes Mittel zur Messung von Emotionen betrachtet, weil die Emotion weitgehend als spezifischer Aktivierungsvorgang zu sehen ist, der sich in messbarer Aktivierung niederschlägt. Ähnlich ist es auch bei *psychobiologischen Verfahren,* wie der Messung des Blutdrucks, des Hautwiderstands, der Stimmfrequenz, der Gehirnströme, des Herzschlags. Mit physiologischen Indikatoren ist allerdings nur die Stärke der Emotion messbar, nicht aber deren Qualität und Richtung.

Emotionale Produktdifferenzierung: „Energizer bunny“

Vor einigen Jahren war Eveready, ein Hersteller von Batterien, mit einem ernsthaften Marketingproblem konfrontiert. Duracell war Marktführer, besaß den größten Marktanteil und die stärksten Verkaufszahlen. Verbraucher, die im Begriff waren, Batterien zu kaufen, dachten daher eher an Duracell als an Eveready. Eveready wollte nun bei den Konsumenten das Bewusstsein bzgl. der eigenen Energizermarke steigern. In Anbetracht dieses Problems startete Eveready die „Energizer bunny“-Kampagne. Diese Kampagne wies als Besonderheit einen kleinen, pinkfarbenen und mechanischen Hasen auf, der Sandalen und eine Sonnenbrille trägt und Trommel spielend über den Bildschirm marschiert, während ein Sprecher sagt: „Nichts kann den Energizer überdauern. Er läuft und läuft und läuft...“. Auf diese Weise gelang es der Kampagne, das Bewusstsein für den Markennamen zu erhöhen, diesen positiv emotional aufzuladen und schließlich den Umsatz für Energizer zu erhöhen. Die Werbeanzeigen beinhalten einen sehr neuartigen und unerwarteten Bestandteil (einen Hasen, der eine Sonnenbrille und Sandalen trägt und Trommel spielt) und auch besonders hervorstechende Elemente (der Hase marschiert über den Bildschirm). Solche Elemente zielen darauf ab, den Konsumenten das Speichern produktbezogener Informationen zu erleichtern. Außerdem wird die zentrale Werbebotschaft („Er läuft und läuft und läuft...“) häufig und in verschiedenen Werbespots, in denen der Hase zum Einsatz kommt, wiederholt.

Der Hase und der dazugehörige Begleitkommentar haben eine starke Verbindung zwischen dem Markennamen und der Eigenschaft „lang anhaltend“ geschaffen. Indem man diese Verbindung fest etabliert, kann man die Wahrscheinlichkeit erhöhen, dass Konsumenten sich an das Attribut „lang anhaltend“ erinnern, wenn sie an Energizer denken. Darüber hinaus könnten Konsumenten – aufgrund des amüsanten und niedlichen Hasens – positive Gefühle mit dem Namen Energizer verbinden. Diese positiven Gefühle können dann „abgerufen“ werden, wenn Konsumenten der Marke begegnen (Hoyer/MacInnis 1997, S. 162 f.).

Zur Messung der Richtung und besonders der Qualität sind ergänzende Indikatoren erforderlich. *Verbale Indikatoren* messen die Richtung und Qualität der Emotion. Diese Messungen basieren auf subjektiven Selbsteinschätzungen der Probanden. Übersicht 29 zeigt ein Beispiel einer verbalen Messung mittels Ratingskalen. Weiterhin besteht die Möglichkeit der Verwendung einer Gesichterskala, bei der der Proband seine Emotion einem Gesichtsausdruck zuordnet. In dem visualisierten Beispiel wird diese mit einer Ratingskala verknüpft. Darüber hinaus werden Assoziationstests eingesetzt, um vorhandene Assoziationen zu ermitteln, die bestimmte Reize bei den Versuchspersonen auslösen oder um zu prüfen, ob es durch eine emotionale Werbung auf der Basis der Konditionierung (siehe dazu Abschnitt 2.2.4.1) gelungen ist, bestimmte Assoziationen mit einem Markennamen oder einem Symbol zu verknüpfen.

An Bedeutung gewinnt die *Beobachtung* des Ausdrucksverhaltens, so der Körpersprache, besonders der Gesichtssprache (Kroeber-Riel/Weinberg 2003, S. 111 ff.). Motorische Indikatoren (z. B. Körpersprache) werden eingesetzt, um die Richtung und Stärke der Emotionen zu bestimmen. Verbreitete Verfahren zur Beobachtung des Ausdrucksverhaltens sind das *Facial-Action-Coding-System* (FACS-System) und das *Berner-System*.

Übersicht 29: ***Nonverbale und verbale Messung der Emotionen*** *(Beispiele)*

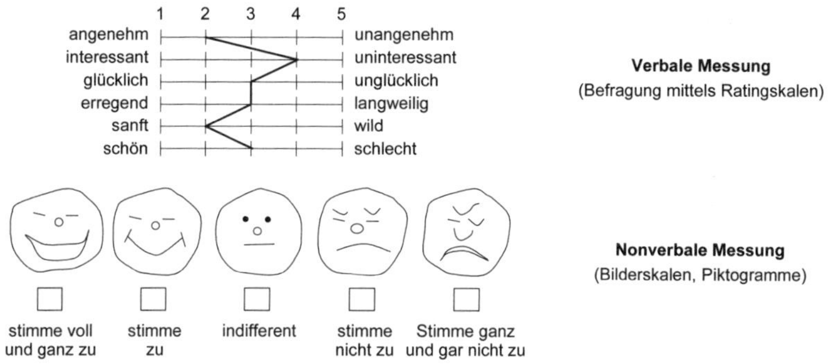

Das *FACS-System* ist ein Analyseverfahren zur Interpretation der Mimik basierend auf den Aktivitäten der Gesichtsmuskulatur. Das von den Psychologen Ekman/Friesen entwickelte Notationsverfahren unterteilt das Gesicht in 33 visuell unterscheidbare Bewegungseinheiten, anhand deren (Muskel-)Aktivitäten das mimische Verhalten analysiert wird. Ekman/Friesen zeigten, dass gewisse Muskelaktivitäten bestimmte Emotionen repräsentieren und es somit möglich ist, die Richtung und insb. die Qualität von Emotionen zu messen (siehe Übersicht 30). Das *Berner-System* verfolgt das gleiche Ziel, wobei es sich nicht auf die Mimik beschränkt, sondern die gesamte Körpersprache zur Analyse der Emotionen heranzieht und diese mit Hilfe von 104 Dimensionen des Bewegungsverhaltens und 9 Dimensionen der Lautsprache beschreibt (Frey 1984 S. 26 ff.; Bekmeier-Feuerhahn 2001, S. 139 f.). Übersicht 31 zeigt die Komplexität dieses Systems und verdeutlicht die hohen Anforderungen an die Beobachter und an das Auswertungsdesign.

Übersicht 30: ***Das Facial Acting Coding System*** *(FACS)*

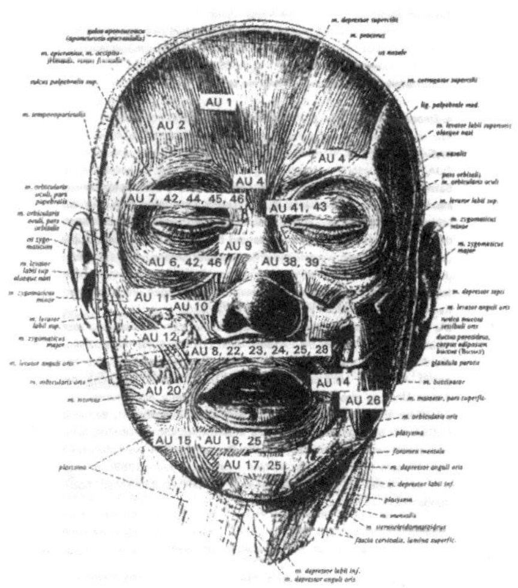

Quelle: Rüdell 1993, S. 90.

Übersicht 31: ***Das Berner System***

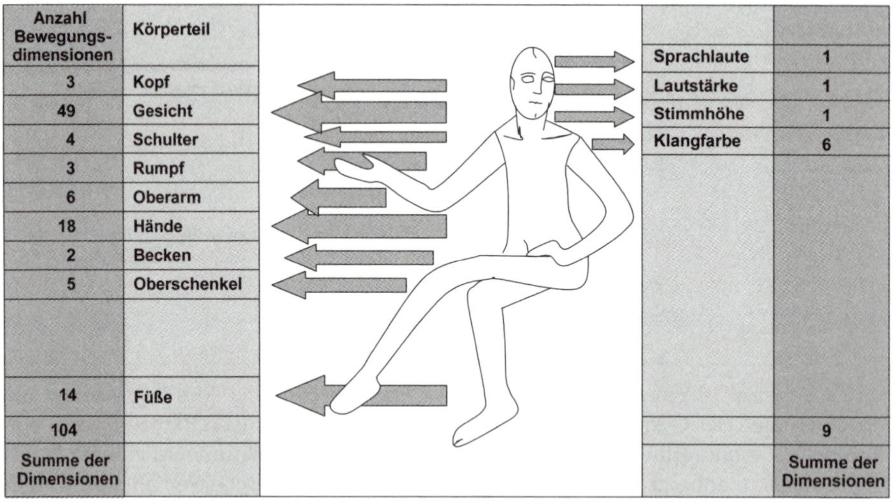

Quelle: Frey 1984, S. 30 f.

Der Vorteil der Beobachtung liegt darin, dass hier eine relativ objektive Erfassung der Aktivierungsstärke möglich ist und keine Verbalisierungsanforderungen bestehen. Nachteilig wirken hingegen die Laborsituation, der Kostenaufwand und z. T. auch die Notwendigkeit ergänzender Erhebungen, um genauere Informationen über die Qualität der Emotion zu gewinnen. Diese Feststellung der erlebnishaften Komponente wird zusätzlich durch verbale und nichtverbale Verfahren erfasst. Um den Einsatz des FACS direkt am POS zu ermöglichen, wurde das System bspw. von Rüdell (1993) und Klammer (1989) vereinfacht, da es in seiner ursprünglichen, komplexen Form nicht praktikabel war.

Stimmungen

Es existieren verschiedene Definitionen von Stimmung: Als ungerichtete, subjektive Befindlichkeiten, als ungerichtete, schwach intensive und länger andauernde Befindlichkeiten oder auch als temporäre Verhaltensdispositionen. Von großer Relevanz im Marketing ist das Verständnis der *Stimmung als relativ ungerichtete subjektive Befindlichkeit.* Danach kennzeichnen Stimmungen einen subjektiven Zustand einer Person, der nicht auf ein spezifisches Objekt gerichtet ist. Sie beziehen sich vielmehr auf das gesamte Subjekt bzw. dessen grundsätzliche Befindlichkeit („Jemand ist in schlechter Stimmung"). Dieses Begriffsverständnis deckt sich weitgehend mit dem gängigen Sprachgebrauch. Das Definitionskriterium der Richtungslosigkeit erlaubt es, Stimmungen von Emotionen abzugrenzen, die stets eine mehr oder minder konkrete Subjekt-Objekt-Beziehung herstellen. Emotionen sind nicht richtungslos, sondern auf bestimmte Dinge, Ereignisse oder Personen ausgerichtet („Jemand freut sich über ein Geschenk"). Obwohl Stimmungen und Emotionen also voneinander zu unterscheiden sind, besteht zwischen beiden Konstrukten eine wechselseitige Interdependenz. So können Emotionen durch Stimmungen verstärkt oder abgeschwächt werden. Die gute Stimmung einer Person kann dazu führen, dass sich diese über eine schlechte Nachricht nicht so sehr ärgert wie dies bei schlechter Stimmung der Fall gewesen wäre (man lässt sich die gute Stimmung „nicht verderben"). Umgekehrt ist es möglich, dass Emotionen bestimmte Stimmungslagen hervorrufen oder diese beeinflussen. So kann die Freude über ein schönes Geschenk zu einer besseren generellen Stimmung einer Person führen. In Situationen kann es ferner vorkommen, dass die eher ungerichtete Stimmung einerseits und die gerichtete Emotion andererseits zusammentreffen oder sich mit mehr oder minder fließenden Übergängen abwechseln. In der Stimmungsforschung hat sich die Auffassung durchgesetzt, dass eine Unterscheidung anhand dieser Merkmale nicht klar möglich ist, weshalb als eindeutiges Kriterium für Stimmungen die Richtungslosigkeit hervorgehoben wird.

Um sich Stimmungen in der Marketingpraxis zu Nutze zu machen, ist es notwendig, Aussagen über ihre Wirkungen machen zu können. Nur so ist es möglich, abzuschätzen, in welcher Stimmung ein Beeinflussungsversuch mehr Erfolg haben dürfte, wie eine Beeinflussung an vorhandene Stimmungen anzupassen ist und in welche Richtung Stimmungen verändert werden sollen, um die Beeinflussungsziele zu erreichen. Im Marketing interessiert die Art und Weise, wie sich Stimmungen auf das Verhalten auswirken. Dies geschieht primär indirekt über Auswirkungen von Stimmungen auf die menschliche Informationsverarbeitung sowie die Veränderung von Einstellungen, die ihrerseits wiederum das Verhalten beeinflussen können. Die Stimmung eines Menschen wirkt zum einen darauf ein, welche Informationen verarbeitet werden, beeinflusst darüber hinaus jedoch auch die Kapazität, die Motivation sowie Tiefe, Breite und Dauer von Informationsverarbeitungsprozessen.

Im Hinblick auf die Wirkung von Stimmungen auf die Einstellungen muss – in Abhängigkeit von der Fähigkeit und Motivation zur Informationsverarbeitung, die wiederum von der Stimmung abhängig ist – zwischen direkten und indirekten Wirkungen unterschieden werden. Die indirekte Wirkung ist dadurch gekennzeichnet, dass die Stimmung eines Menschen zunächst seine Gedanken und dann seine Einstellung beeinflusst. Im Prinzip lässt sich sagen, dass sich Menschen in guten Stimmungen leichter beeinflussen lassen als in schlechten Stimmungen. Darüber hinaus haben Stimmungen auch einen Einfluss darauf, über welche Art von Informationen sich Menschen beeinflussen lassen. So wirken in schlechten Stimmungen Argumente stärker als schwache Hinweise, in guten Stimmungen ist dies umgekehrt. Auch lässt sich das Verhalten in schlechten Situationen tendenziell wirksamer beeinflussen als in guten Stimmungen. Entsprechende Einstellungen sind dauerhafter und verhaltenswirksamer als Einstellungen, die sich in guter Stimmung herausbilden.

Grundsätzlich ist zu konstatieren, dass die Gesamtwirkung von Stimmungen auf Einstellungen und Verhaltensweisen differenziert zu beurteilen ist. Aussagen darüber, ob sich Menschen in guten oder schlechten Stimmungen besser beeinflussen lassen, sind also nicht pauschal, sondern stets situationsspezifisch zu treffen. Dies ist bei der Anwendung im Marketing zu berücksichtigen (vgl. dazu im Einzelnen Silberer/Jaekel 1996, S. 14 ff.).

2.1.3 Motivationen

2.1.3.1 Theoretische Grundlagen und Charakteristika

Motivation ist die psychische Antriebskraft, die das Handeln mit Energie versorgt und auf ein Ziel ausrichtet (aktivierte Motive). Motivation ergibt sich aus Emotionen und aus einer (kognitiven) Handlungsorientierung

Motivationen sind innere Spannungen, die verbunden mit einer bestimmten Zielorientierung für das Verhalten sind. Ein Motiv kann definiert werden als wahrgenommener Mangelzustand, der die Veranlassung umfasst, nach Möglichkeiten zu suchen, diesen Mangelzustand zu beseitigen. Motive sind also auf bestimmte Mangelzustände bezogen und beinhalten das zielorientierte Streben nach einer Handlung. Um diese (kognitive) Handlungsorientierung geht die Motivation über die zugrunde liegende Emotion hinaus. Die Motivation enthält also eine weitere kognitive Komponente gegenüber der Emotion, indem sie nicht nur das Handeln mit Energie versorgt (aktivierende Komponente), sondern auch auf ein Ziel richtet. Die Motivation kann daher i. S. eines Steuerungsmechanismus gesehen werden und nicht nur als Energiequelle. Der Zusammenhang kann exemplarisch im Streben nach Prestige (Motiv) und im Kauf von einem dementsprechenden Produkt gesehen werden. Allein das Vorhandensein von Emotionen genügt also nicht, um das Verhalten auf spezielle Ziele auszurichten. Dazu sind zusätzliche kognitive Prozesse nötig.

In der Konsumentenverhaltensforschung werden Motive und Bedürfnisse als Beweggründe des Handelns oft synonym verwendet.

Unter einem Bedürfnis wird allgemein ein subjektives, eher irrationales Mangelempfinden verstanden, das auf subjektiven und oft gefühlsbetonten Wertschätzungen beruht und nach Beseitigung strebt. Gemeinsam mit den Emotionen (und Trieben) können Bedürfnisse den Motiven zugeordnet werden (Kroeber-Riel/Weinberg 2003, S. 141 ff.).

Arten von Motiven und Bedürfnissen

Zu unterscheiden ist zwischen primären und sekundären Motiven bzw. Bedürfnissen. Diese Unterscheidung weist auch auf das unterschiedliche Zustandekommen der Motive hin. Bei den primären bzw. physiologischen Motiven handelt es sich um die angeborenen Motive des Menschen, die durch physiologische Vorgänge im Organismus hervorgerufen werden (z. B. Durst, Hunger). Dagegen handelt es sich bei den sekundären Motiven um gelernte Motive. Sie werden von der Umwelt des Menschen gelernt, sind häufig auf primäre Motive zurückzuführen und können im Zusammenhang mit dem Problem der Fremdbestimmung des Konsumenten (originäre und fremdbestimmte Bedürfnisse) gesehen werden. Eine weitere Unterscheidung bezieht sich auf

- physiologisch bedingte Motive, d. h. Motive, deren Ursache in den Störungen des biologischen Gleichgewichts liegen,
- Motive, die sich auf die Interaktion mit anderen Personen richten (soziale Motive),
- Motive, die sich auf die eigene Person richten (z. B. Streben nach Selbstverwirklichung).

Darüber hinaus kann die Motivation nach den beteiligten kognitiven Komponenten einteilt werden (Kroeber-Riel/Weinberg 2003, S. 148):

- Nach dem Umfang des Produktwissens, das für eine Kaufmotivation erforderlich ist. Diese Unterscheidung erklärt das abweichende Zustandekommen der Kaufmotivation für erklärungsbedürftige oder nicht erklärungsbedürftige Güter.
- Nach der Art des Lernvorgangs, durch den das Produktwissen erworben wird. Danach kann man Motivationen unterscheiden, die durch rationale Einsicht, durch Konditionierung, durch Imitationslernen usw. entstehen.

Die Einteilung der Motivation nach dem beteiligten Produktwissen ging in dem sog. *„Leiterkonzept"* (*„laddering-concept"*) auf und wurde stark ausgebaut. Dessen Zielsetzung besteht darin, zu verdeutlichen bzw. sichtbar zu machen, welches subjektive Wissen dazu führt, dass ein Produkt mit den grundlegenden Emotionen so verknüpft wird, dass eine konkrete Motivation zum Produktkauf entsteht. Was den Kunden an einem Produkt interessiert und was seine subjektive Produktkenntnis bestimmt, sind nicht objektive Produkteigenschaften, sondern die subjektiven Produktvorteile, die dadurch zustande kommen, dass der Konsument eine bestimmte Motivation mit dem Produkt befriedigt (Kroeber-Riel/Weinberg 2003, S. 148). Übersicht 32 zeigt die durch besondere Befragungstechniken gewonnenen Ziel-Mittel-Vorstellungen der Konsumenten (hier am Beispiel eines Weinmixgetränks und die dadurch befriedigte Motivation), angefangen an der untersten, konkreten Ebene der Produktvorteile bis hin zur obersten, abstrakten Ebene der angesprochenen grundlegenden Motivation.

Übersicht 32: ***Ziel-Mittel-Analyse einer Kaufmotivation nach der Leitertechnik***

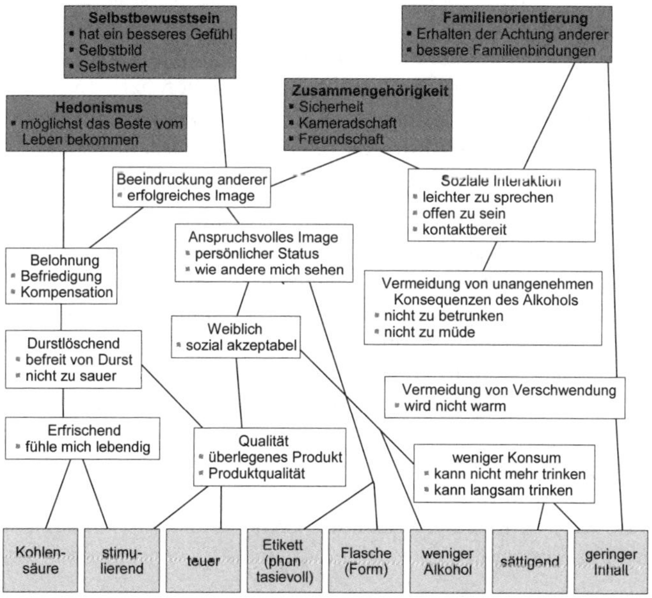

Quelle: In Anlehnung an Reynolds/Gutman 1988, S. 19.

In Analysen der Motivation zum Konsum bzw. im Allgemeinen bei der Bemühung, die Hinter- und Bestimmungsgründe menschlichen Handelns zu erklären, wird zumeist eine antriebsbezogene Sichtweise zugrunde gelegt, d. h. es wird die Frage nach der/den Antriebskraft/-kräften für eine bestimmte Motivation gestellt, bspw. welche Antriebe die Motivation bestimmen, Kleidung zu kaufen. Anderseits ist die Fragestellung möglich, wie sich die gleiche Antriebskraft (z. B. Prestige) in unterschiedlichen Motivationen (Zielorientierungen) äußern kann (Kroeber-Riel/Weinberg 2003, S. 152 f.).

Motivtheorien

Aus einer antriebsbezogenen Sichtweise sind monothematische, polythematische und athematische Motivtheorien zu unterscheiden (Bänsch 2002, S. 21 ff.).

Monothematische Ansätze suchen die Erklärung des Verhaltens aus lediglich einem Motiv, bspw. dem Streben nach Lust bzw. der Vermeidung von Unlust (Freud 1965) oder dem Streben nach Geltung (Adler 1928). Diese auf einen Grundtrieb bzw. eine Sammelgröße fokussierende Motivstruktur dient der Erklärung des Käuferverhaltens und den daraus zu ziehenden Marketingschlüssen allerdings nur in einem eingeschränkten Maße. Um Lust- und Geltungsgewinne über Marketingeinsätze vermitteln zu können, wäre jeweils nach den Einzelfaktoren zu fragen, die derartige Gewinne zu erbringen vermögen, und somit müsste es zu einer Untergliederung kommen, welche dem monothematischem Ansatz widerspräche.

Diese Problematik greifen die *polythematischen Motivtheorien* auf, welche das Verhalten über mehrere unterschiedliche Motive erklären. Diese Suche nach unterschiedlichen Motiven führte zu Aufstellungen mit mehr als fünftausend unterschiedlichen Trieben (Wiswede 1973, S. 70). Dies ist für das Marketing wenig zweckmäßig. Ein komprimierter Ansatz, der im Zusammenhang des Käuferverhaltens häufig zitiert wird, stammt von Maslow (1975), der in der Weiterführung der Differenzierung in niedere und höhere Motivationen eine Bedürfnispyramide entwickelt, die menschliche Motivation nach ihrer unterschiedlichen Vordringlichkeit für das Verhalten staffelt.

Den monothematischen wie den polythematischen Motivtheorien ist die Kritik gemein, dass sie die individuelle Komplexität und insb. die Instabilität bzw. Dynamik des Verhaltens nicht erfassen können. Aus dieser Kritik erklärt sich die Auffassung der *athematischen Motivtheorien*, dass eine allgemeine Theorie des Käuferverhaltens keine generellen Motivinhalte angeben sollte, sondern vielmehr athematisch zu formulieren und lediglich im konkreten Fall mit den dafür relevanten Motivinhalten auszufüllen sei. Somit sind fertige Motivlisten und -rangordnungen nicht allgemeingültig, sondern hängen vom jeweiligen Zeitpunkt und dem jeweiligen Käufer ab. Sinnvoll bzw. denkbar erscheinen lediglich Kristallisationsformen von Motiven, die entweder allen Menschen gemein sind oder für bestimmte Gruppen angenommen werden können. Zu diesen Kristallisationsformen gehören insb. (Bänsch 2002, S. 24 ff.): Gewinnmotiv, Zeitersparnismotiv, Bequemlichkeitsmotiv, Sicherheitsmotiv, Geltungsmotiv, Nachahmungsmotiv, Emotionsmotiv, Ökologiemotiv und Abwechslungsmotiv.

Motiv- und Bedürfnistheorien von Dichter und Maslow

Dichter (1961), einer der Pioniere der Motivforschung, geht davon aus, dass alle menschlichen Handlungen das Ergebnis von inneren Spannungen sind. In umfangreichen (qualitativen) Untersuchungen geht er u. a. der Fragen nach, welche Motive zum Kauf welcher Produkte führen. Auf Basis der Psychoanalyse stellt er grundsätzlich fest, dass bspw. hinter dem Kauf von Wurst das Motiv der Geborgenheit steht. Wenngleich hervorzuheben ist, dass diese Erkenntnisse nur in jenem Kontext zu interpretieren sind, in dem sie gewonnen wurden.

In *Maslows* (1975) polythematischer Motivtheorie wird eine fünfstufige hierarchische Klassifikation von Bedürfnissen vorgenommen, wobei auf der untersten Stufe die physiologischen Grundbedürfnisse stehen und auf der obersten Stufe das Streben nach Selbstverwirklichung. Nach der Hypothese von Maslow wendet sich ein Individuum erst dann einem höher stehenden Bedürfnis zu, wenn die in der Hierarchie tiefer liegenden Bedürfnisse befriedigt sind.

Übersicht 33: ***Motive nach Maslow***

Motive nach Maslow	Konkretisierung beim Konsum	Marketingbezogene Verhaltens- und Leistungskategorien
Bedürfnisse nach Selbstverwirklichung	Erlebnisstreben Genussstreben Freude am Können Spaß an der Technik	Alternative Lebensweise, Do-it-yourself, Hobbys (Lesen, Musizieren, Malen, Basteln), Reparaturen in Haus und Hof sowie am Auto, Jogging und Leistungssport, (Weiter-) Bildung und religiöse Erbauung
Geltungsbedürfnisse	Anerkennung Prestige Ruhm	Luxuslokale, Nobelautos, „edle" Getränke, exklusive Kleidung, Zweitwohnung und exotische Reiseziele
Soziale Bedürfnisse	Liebe Zuneigung Geselligkeit Nächstenliebe soziales Engagement	Nachbarschaftsläden, Gastronomie, Hotellerie und Spendenmarkt
Sicherheitsbedürfnisse	Schutz von ■ Gesundheit ■ Hab und Gut ■ Umwelt Absicherung gegen ■ Versorgungsengpässe ■ Kaufrisiken ■ Unwissenheit ■ Krankheit ■ Arbeitslosigkeit ■ Alter	Biokost, naturbelassene Lebensmittel, Krankenversicherungen, Lebensversicherungen, Sanatorien, Altenheime, Sicherheitsdienste, Finanzberatung, Markenartikel, Katalysatoren und bleifreies Benzin
Fundamental physiologische Bedürfnisse	Sicherung der Daseinsgrundlagen	Essen, Trinken, Kleidung, Wohnung, Möbel und Auto

Quelle: In Anlehnung an Maslow 1975, S. 358 ff.

Diese Hypothese ist insofern dynamisch, als nach ihrer Aussage höherrangige Motive erst dann verhaltenswirksam werden, wenn die niederrangigen Motive mindestens bis zu einem bestimmten Anspruchsniveau befriedigt sind. Sie ist jedoch empirisch kaum belegt und hat daher für die Konsumentenforschung auch nur bedingte Bedeutung erlangt.

Motivationale Konflikte

Zu den marketingrelevanten Konflikten gehören intrapersonelle, interpersonelle und interinstitutionelle Konflikte. An dieser Stelle soll der Fokus auf intrapersonellen Konflikten liegen, die im Bereich des Käuferverhaltens eine wichtige Rolle spielen. Daneben spielen abgeschwächter auch interpersonelle Konflikte eine Rolle, die bei Gruppenentscheidungen auftreten. Intrapersonelle Konflikte entstehen, wenn zwei Verhaltensweisen in Widerspruch zueinander geraten. Sie werden in motivationale und kognitive Konflikte unterteilt (Kroeber-Riel/Weinberg 2003, S. 160 ff.):

- Zu einem *motivationalen Konflikt* kommt es, wenn bspw. ein Käufer aufgrund des Sicherheitsmotivs die Automarke A und aufgrund des Prestigemotivs die Marke B bevorzugt. Es werden also unter motivationalen Konflikten grundsätzlich diejenigen Konflikte verstanden, die auf widersprüchliche Antriebskräfte zurückzuführen sind und somit unterschiedliche, sich ausschließende Handlungsalternativen implizieren.
- *Kognitive Konflikte* liegen eher im assoziativen Bereich. Sie führen zur Umorganisation von Kognitionen, aber nicht unmittelbar zu Handlungstendenzen. Ein zentrales Beispiel für einen kognitiven Konflikt ist die kognitive Dissonanz (siehe zur Dissonanztheorie Abschnitt 2.1.4.2 in diesem Kapitel) als ein gedanklicher Konflikt, den ein Käufer nach einem getätigten Kauf erleben kann.

Bei motivationalen Konflikte werden wiederum drei Arten unterschieden:

- Von einem *Präferenzkonflikt* wird gesprochen, wenn zwei verschiedene Verhaltensziele jeweils eine positive Verhaltenstendenz bewirken, d. h., es werden mehrere Alternativen gleichzeitig bevorzugt: Ein Konsument steht vor der Entscheidung, ob er in den Ferien nach Florida fährt oder nach Mallorca (Appetenz-Appetenz-Konflikt).
- Ein *Aversionskonflikt* liegt vor, wenn zwei Verhaltensziele jeweils negative Verhaltenstendenzen auslösen, d. h., es werden mehrere Alternativen gleichzeitig gemieden: Ein Autofahrer hat die Wahl, entweder mehr Geld in ein altes Auto zu investieren oder ein neues zu kaufen (Aversions-Aversions-Konflikt).
- In diesen beiden ersten Fällen besteht jeweils Hinwendung zu bzw. Ablehnung von zwei Zielen. Diese Konflikte sind nicht stabil, denn eine geringfügige Annäherung an ein Ziel lässt dieses dominieren. Als dritte Kategorie treten *Ambivalenzkonflikte* (Appetenz-Aversions-Konflikt) auf. Sie sind dadurch gekennzeichnet, dass ein Ziel sowohl eine positive als auch eine negative Verhaltenstendenz auslöst: Ein Konsument hat ein schlechtes Gewissen, nachdem er eine Tafel ihm köstliche schmeckender Schokolade gegessen hat. In diesem Fall kann ein stabiler Konflikt entstehen, wenn das Individuum ein Stadium gleichgroßer Appetenz und Aversion erreicht.

Bei Kaufentscheidungen treten besonders Appetenz-Appetenz- und Ambivalenzkonflikte als Präferenzkonflikte auf, wenn im ersten Fall das Individuum gleichzeitig verschiedene Produktalternativen präferiert und im zweiten Fall alternative Merkmale mit positivem und negativem Anreizcharakter vorliegen (siehe auch Übersicht 34).

Übersicht 34: ***Unterschiedliche Konfliktsituationen***

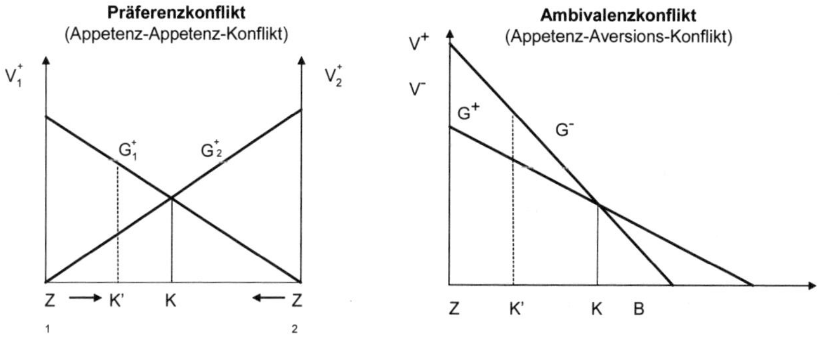

Anmerkung: V^+ und V^- = def. Stärke der positiven und negativen Verhaltenstendenz (Motivation), Z = def. Ziel des Verhaltens, K = def. Konfliktpunkt, G^+ und G^- = def. Appetenz- und Aversionsgradient.

Quelle: In Anlehnung an Weiner 1996, S. 88 ff.; Kroeber-Riel/Weinberg 2003, S. 164.

Zur Entstehung und Lösung der Konflikte hat Miller (1964, S. 99 f.) folgende Hypothesen formuliert:

- Die Stärke der positiven Verhaltenstendenz nimmt mit der Zielnähe zu.
- Die Stärke der negativen Verhaltenstendenz nimmt mit der Zielnähe zu.
- Die Stärke der negativen Verhaltenstendenz nimmt mit der Zielnähe stärker zu als die Stärke der positiven Verhaltenstendenz.
- Von zwei sich entgegenstehenden Verhaltenstendenzen setzt sich in einem Konflikt die stärkere durch.

2.1.3.2 Bedeutung und Messung

Ziel des Marketing ist u. a. die Interpretation von Kundenwünschen bzw. -bedürfnissen und die Kreation von Leistungen, die diese Bedürfnisse befriedigen. Dabei müssen nicht nur die offen geäußerten und deutlich empfundenen Wünsche ermittelt werden, sondern auch die unbewussten Wunschvorstellungen. Somit sind die unterschiedlichsten Motive bzw. Bedürfnisse für das Marketing relevant, um an sie in Abhängigkeit vom Produkt oder der Kaufsituation zu appellieren. Hier ist grundsätzlich davon auszugehen, dass der Kunde das Produkt oder die Dienstleistung als Schlüssel zur Bedürfnisbefriedigung wahrnimmt. Hierfür gibt es, jeweils abhängig von dem jeweiligen Motiv des Konsumenten unterschiedlichste Beispiele:

- Die fundamentalen physiologischen Grundbedürfnisse nach Nahrung werden von der Lebensmittelbranche befriedigt. Neuerdings wird allerdings häufig mit dem Konsum einiger Lebensmittel, bspw. von sog. „functional food" (Nahrung, die nicht nur den Hunger stillt, sondern einen Beitrag zur Gesundheit des Kunden leistet), ein weiteres Motiv angesprochen, nämlich das nach Gesundheit und Lebensenergie.
- Beim Streben des Konsumenten nach Prestige nimmt das Marketing ebenfalls eine bedeutsame Rolle ein, z. B. beim Kauf sozial auffälliger Produkte oder dem Beitritt in einen exklusiven Club.

- Die Angst vor sozialer Missbilligung führt z. B. aus Angst vor Unsauberkeit/Körpergeruch zum Gebrauch von Deodorants, Shampoos oder Zahncreme. Diese Angst kann (so bei Kindern) dazu führen, „sichere" Marken kaufen zu „müssen".
- Der Wunsch bzw. das Motiv nach Wertschätzung durch andere lässt sich (überraschenderweise) häufig in der Werbung für Katzennahrung erkennen: Durch den Kauf des Produkts erhält der Käufer die Zuneigung des Tieres bzw. dessen Wertschätzung und befriedigt damit sein Bedürfnis.
- Häufig wird in unterschiedlichster Form auch an das Bedürfnis nach Erotik appelliert. Hier reichen die Varianten von der eindeutigen Darstellung sexueller Signale bis zur Darstellung einer Situation, die nur indirekt vom Rezipienten als erotisch interpretiert wird.

Das Motiv des „Variety Seeking"

Unter dem Motiv des Variety Seeking wird der Wunsch bzw. das Streben nach neuartigen Reizen verstanden. Im Rahmen des Konsumentenverhaltens kommt dies in der Auswahl einer neuen Marke oder eines neuen Produkts zum Ausdruck. Variety Seeking stellt eine allgemeine Triebkraft für „erforschendes Käuferverhalten" dar und ist das Ergebnis verschiedener Faktoren, die in wechselseitiger Beziehung zueinander stehen und ihrerseits von verschiedenen Persönlichkeitsmerkmalen determiniert werden. Zu den Persönlichkeitsmerkmalen mit einem potenziell positiven Einfluss auf das Variety Seeking zählen die Extrovertiertheit, die Fähigkeit, mit komplexen Reizsituationen umzugehen sowie die Kreativität. Bei dogmatischen, autoritären Persönlichkeiten bspw. ist das Variety-Seeking-Motiv hingegen eher weniger wahrscheinlich. Im Hinblick auf die zugrunde liegenden motivationalen Faktoren wird davon ausgegangen, dass das Streben nach Abwechslung, nach Einzigartigkeit, nach Risiko, Gefahr und Nervenkitzel sowie Neugierde verstärkend auf „erforschendes" Käuferverhalten wirkt.

Das Motiv des Variety Seeking tritt darüber hinaus nicht bei jeder Produktkategorie in gleicher Weise auf. So wird ein Marken- oder Produktwechsel umso wahrscheinlicher sein, je größer die Zahl der zur Verfügung stehenden Alternativen, je kürzer die Wiederkaufzeit und je geringer das Produktinvolvement, die wahrgenommenen Unterschiede zwischen den Produkten sowie die Markentreue sind. Variety Seeking ist dadurch zu erklären, dass ein Individuum durch das Suchen nach etwas Neuartigem versucht, Langeweile abzubauen, die dann entstehen kann, wenn die Stimulierung bzw. die Anregung eines Menschen bzgl. eines bestimmten Objekts unter ein bestimmtes Niveau fällt. Im Marketingkontext bedeutet dies bspw., dass der wiederholte Kauf eines Produkts dessen Nutzwert vermindern kann, was auf Seiten des Kunden ein Bedürfnis nach Abwechslung hervorruft (Hoyer/Ridgway 1984, S. 114 ff.).

Messung der Motivation

Meistens werden die emotionalen und kognitiven Komponenten der Motivation getrennt gemessen, denn die kognitive Komponente ist nur durch verbale Indikatoren messbar, während die tatsächliche Motivstärke nur erfassbar ist, wenn physiologische Indikatoren ermittelt werden. D. h., die kognitive Komponente wird anhand verbaler Indikatoren gemessen, wobei hier die Motivforschung den zentralen Forschungszweig darstellt. Die aktivierende Komponente (die Motivstärke) wird valide anhand psychobiologischer Indikatoren gemessen.

Zwar scheint in der Konsumentenverhaltensforschung die Bedeutung der Motivation zurückgegangen zu sein, da insb. die Befragung der Konsumenten hinsichtlich ihrer wahren Motive problematisch ist. Auf der anderen Seite widmet sich die Motivforschung explizit der Analyse menschlicher Motivation, so den Zielen, Wünschen, Trieben und Neigungen der Menschen. Diese Disziplin der Psychologie ist seit ihrer Entwicklung auch zunehmend zur Analyse des Konsumentenverhaltens herangezogen worden, da sich mit den üblichen Methoden der direkten Befragung kaum Aufschlüsse über die Beweggründe menschlichen Verhaltens gewinnen ließen. Dies liegt einerseits in der Unwilligkeit der Probanden begründet, über ihre wahren Beweggründe zu sprechen, andererseits in ihrer Unfähigkeit, ihre Motive zu erkennen oder zu verbalisieren. In der Motivforschung werden hauptsächlich spezielle Methoden der Befragung sowie Assoziations- und Zuordnungsverfahren als projektive Tests angewendet (Nieschlag/Dichtl/Hörschgen 2002, S. 447 f.).

Die *Befragung* erfolgt vorwiegend über das offene Interview und das Intensivgespräch (Hanna/Wozniak 2001, S. 41 f.). Beim offenen Interview werden im Gegensatz zum geschlossenen Interview dem Befragten keine Antworten vorgegeben, sondern er kann frei und ungebunden antworten. Dabei ist es zweckmäßig, dem Interviewer gewisse Freiheiten beim Ablauf der Befragung zu lassen und eher indirekte Fragen zu verwenden. Das Intensivinterview ist wesentlich länger und gründlicher als „normale Befragungen". Probleme bestehen dabei in dem Ausmaß der irrelevanten Aussagen und dem u. U. starken Interviewereinfluss.

Projektive Tests sind eine Form der psychologischen Tests; sie gehören zu den Methoden der indirekten Befragung (Nieschlag/Dichtl/Hörschgen 2002, S. 447). Hier sollen Auskunftspersonen ihre subjektiven Wünsche und Vorstellungen in ihre Antworten „projizieren", sodass man aus den Antworten auf die Wünsche schließen bzw. Verhalten prognostizieren kann. Der Begriff der Projektion geht auf Freud zurück und beschreibt die Operation, „durch die ein neurologischer oder psychologischer Tatbestand nach außen verschoben und lokalisiert wird" (Laplanche/Pontalis 1982, S. 399 f.). Bei der Projektion ordnet die Versuchsperson einer Reizkonstellation, besonders anderen Personen, Eigenschaften und Verhaltensweisen zu, die sie sich selbst zuschreibt oder die sie von anderen erwartet. Die Interpretation der Ergebnisse projektiver Tests erfordert großen psychologischen Sachverstand. Die Tests müssen so konzipiert sein, dass sich die Projektionen in möglichst eindeutigen Antworten niederschlagen, sodass eine quantitative Analyse möglich ist. Ein bekanntes projektives Testverfahren ist der *Thematische Apperzeptions-Test* (TAT) (Hanna/Wozniak 2001, S. 55 f.). Hierbei werden Testpersonen verschiedene Bilder mit typischen Lebens-, Konsum- oder Kaufsituationen vorgelegt. Die Personen sollen dann schildern, was auf dem jeweiligen Bild gerade abläuft, wie es zu der Situation kam und wie es weitergehen könnte. Analysiert werden insb. die Rollen der Produkte, die Verhaltensweisen und die Beweggründe in den Erzählungen. Der TAT ist in erster Linie ein Persönlichkeitstest. Übersicht 35 zeigt einen solchen Test, mit dessen Hilfe versucht werden soll, zu analysieren, aus welchen Gründen sich Menschen Selbstgeschenke machen, z. B. wie sie ihr Verhalten (ihren Kauf) erklären (Solomon/Bamossy/Askegaard 2001, S. 444). In diesem Beispiel könnte häufig durch die Rezipienten darauf verwiesen werden, dass die Dame auf dem Bild einen besonders aufreibenden Arbeitstag hatte und nun eine kleine Aufmunterung in Form eines neuen Parfüms braucht. So kann auf den Wunsch nach einer Belohnung geschlossen werden, der wiederum in der Werbung für dieses Parfüm aufgegriffen werden kann.

Übersicht 35: ***Projektionszeichnung zur Untersuchung der Motivationen für Selbstgeschenke***

Quelle: Solomon/Bamossy/Askegaard 2001, S. 444.

Ein weiteres Verfahren ist der *Rosenzweig- oder Picture-Frustration-Test* (PFT). Den Probanden werden hierbei karikaturartige Zeichnungen vorgelegt, oftmals von zwei Personen, die ein Gespräch führen. Der Dialog wird in Sprechblasen wiedergegeben, wobei nur ein Teil des Dialogs in den Sprechblasen enthalten ist. Die Versuchspersonen haben dann den fehlenden Teil zu ergänzen. Man geht davon aus, dass die Probanden unbewusst für sie typische Antworten abgeben, die sie nicht offen äußern würden. Zu den projektiven Tests gehören auch der *Wortassoziationstest* (WAT) und der *Satzergänzungstest* (SET). Nieschlag/Dichtl/Hörschgen (2002, S. 448) unterscheiden die Verfahren der Projektion und der Assoziation und ordnen die beiden zuletzt genannten Tests dem Prinzip der Assoziation zu.

2.1.4 Einstellungen

2.1.4.1 Theoretische Grundlagen und Charakteristika

Die Einstellung ist die wahrgenommene Eignung eines Gegenstandes zur Befriedigung von Motiven und somit die Schlüsselvariable zur Erklärung und Prognose des Konsumentenverhaltens. Aus dieser vereinfachten Sicht gilt, dass die Einstellung die Motivation und die (kognitive) Gegenstandsbeurteilung umfasst.

Die Einstellung ist eine wesentliche Variable zur Erklärung des Käuferverhaltens und zählt zu den Antriebskräften menschlichen Verhaltens (Balderjahn 1995, Sp. 542 ff.). Einstellungen sind auf bestimmte Gegenstände, z. B. ein Produkt, gerichtet, über das ein subjektiv und emotional ausgerichtetes Urteil entsteht. Sie haben aus dem Bereich der aktivierenden Prozesse die größte Bedeutung für das Marketing und richten sich auf Gegenstände der Umwelt, über die ein subjektives, emotional fundiertes Urteil gefällt wird.

Ferner sind Einstellungen dadurch gekennzeichnet, dass sie eine hohe zeitliche Stabilität aufweisen. Einstellungen verfestigen sich im Zeitablauf mit zwei Konsequenzen, nämlich Produkte oder Firmen, die ein gutes Image haben, behalten dieses noch eine ganze Zeit, auch wenn inzwischen die Produkte nicht mehr die gewohnte Qualität haben und Unternehmen behalten ihr Image, auch wenn sie es verändern wollen. Die Veränderung von Einstellungen ist ein langwieriger Prozess. Einstellungen entsprechen dem Image reziprok, d. h. Einstellungen sind immer subjektbezogen (eine Person hat gegenüber einer anderen Person oder Sache eine Einstellung), während Image immer objektbezogen ist (ein Gegenstand bzw. eine Person hat ein bestimmtes Image bei anderen Personen). Hier geht der Blickwinkel vom Objekt aus. Bspw. hat ein Student eine positive Einstellung gegenüber der Universität Graz und der Universität Trier. Das ist darauf zurückzuführen, dass er

- eine praxisnahe Universitätsausbildung wünscht (Motivation) und
- er weiß, dass die Universitäten eine solche Ausbildung bieten (kognitive Gegenstandsbeurteilung).

Dieser Betrachtungsweise liegt die sog. Ziel-Mittel-Analyse *(„means-end-analysis")* der Einstellungen zugrunde. Ein Konsument verfolgt ein Ziel, welches er mit einem bestimmten Mittel – seiner Meinung nach – erreichen kann. Diesem Prinzip folgt das klassische Muster der Einstellungsbeeinflussung: Es wird an ein ganz bestimmtes Bedürfnis des Konsumenten appelliert und dem Konsumenten im folgenden Schritt das Mittel zu dessen Befriedigung angeboten. Die Anzeigen in Übersicht 36 folgt diesem Muster: Links wird an das Bedürfnis nach dem „sich selber etwas Gutes tun" appelliert. Konkret geht es darum, dass es gut für die eigene Haut ist, das für den jeweiligen Hauttyp passende Reinigungstuch zu verwenden – wobei zu betonen ist, das es bisher nur eine Art von Reinigungstüchern für alle Hauttypen gab. Das Produkt „zum Hauttyp passendes Reinigungstuch" kann genau dieses Bedürfnis befriedigen. Die Botschaft der rechten Anzeigen lautet: „Wenn du (als Katze) so schlank sein möchtest, um durch ein Mäuseloch zu kommen, dann trinke Diet Pepsi."

Übersicht 36: ***Einstellungsbeeinflussung nach dem Muster der Ziel-Mittel-Analyse***

Nach der *Drei-Komponenten-Theorie* haben Einstellungen neben der bereits aufgeführten affektiven (emotionalen, motivationalen) und kognitiven Komponente zusätzlich eine Verhaltenskomponente (siehe Übersicht 37):

- affektive Komponente (gefühlsbedingt), d. h. in ihr manifestieren sich emotionale und motivationale Elemente
- kognitive Komponente, in der sich das Wissen (z. B. über technische Werte) und die Erfahrung des Individuums (die die Einstellung kennzeichnet) niederschlägt
- konative (intentionale) Komponente, die die Verhaltensneigung symbolisiert (z. B. die Absicht ein bestimmtes Produkt zu kaufen)

Übersicht 37: ***Drei-Komponenten-Theorie der Einstellungen***

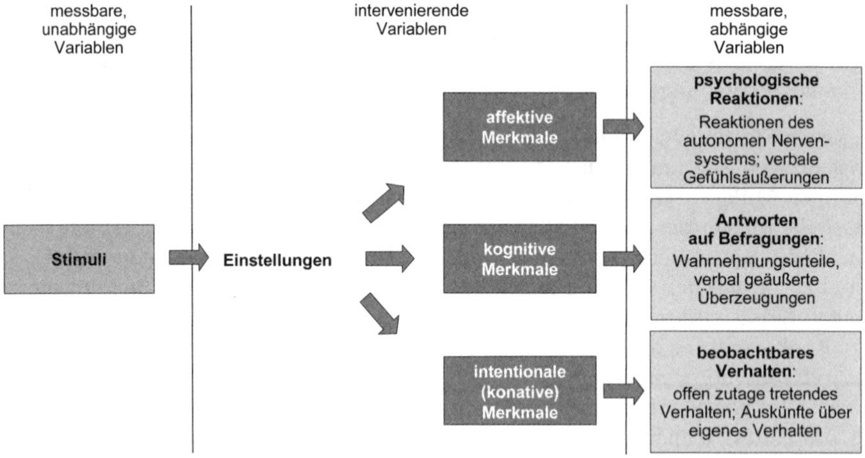

Präferenzen *(im Unterschied zu Einstellungen)*

Die Präferenz ist ein eindimensionaler Indikator (Einstellung: mehrdimensional), der das Ausmaß der Vorziehenswürdigkeit eines Beurteilungsobjekts für eine bestimmte Person während eines bestimmten Zeitraums (Einstellungen: langfristiger) zum Ausdruck bringt. Charakteristika von Präferenzen sind: Individualsicht, Vorziehenswürdigkeit von Alternativen, Gültigkeit für einen bestimmten Zeitraum und eine bestimmte Bedingungskonstellation. Präferenzen sind das Ergebnis von Bewertungsvorgängen, wobei die Elemente eines Bewertungsvorgangs (diese sind bei Bildung von Einstellungen nicht von Nöten) die Existenz einer Menge von Alternativen, die Existenz eines Bewertungskriteriums (z. B. Nutzenempfinden) sowie das Vorliegen einer Entscheidungsregel (z. B. Dominanzkriterium und Anspruchsniveau) sind. Der Prozess der (individuellen) Präferenzbildung besteht aus:

(1) Problembestimmung und Informationssuche,
(2) Bewertung der subjektiv wahrgenommenen Alternativen unter Rückgriff auf ein Beurteilungsmodell (Vektormodell, Idealpunktmodell, Teilnutzenmodell) und
(3) Verdichtung zur Gesamtpräferenz.

Bei Einstellungen sind nach wie vor aktivierende Prozesse vorherrschend. Die kognitive Gegenstandsbeurteilung ist aber in diesem Zusammenhang von besonderer Bedeutung. Nach der Konsistenzhypothese sind alle drei Komponenten aufeinander abzustimmen und miteinander konsistent. Trommsdorff (2002, S. 154 f.) beleuchtet die Drei-Komponenten-Theorie von formal-logischen Gesichtspunkten her kritisch. Er stellt klar, dass die drei Komponenten nicht als unabhängige Faktoren „hinter einer Einstellung" gesehen werden können und aus diesem Grund faktoranalytische Untersuchungen als äußerst bedenklich anzusehen sind. Insb. die konative (intentionale) Komponente sieht er in diesem Zusammenhang als problematisch an. Seiner Meinung nach ist es angebracht, von der *Drei-Perspektiven-Theorie* zu sprechen (Trommsdorff 2002, S. 155). Auch Kroeber-Riel/Weinberg sprechen eher von „einem heuristischen Organisationsschema" (2003, S. 170), das trotz allem eine wichtige begriffliche Grundlage für konsistenztheoretische Erklärungen von Einstellungsänderungen darstellt.

Sozialpsychologische Theorie der kognitiven Dissonanz *(Dissonanztheorie)*

Festinger (1957) definiert kognitive Dissonanzen als einen konflikthaften Zustand, den jemand erlebt, nach einer Entscheidungsfindung, nach einer bestimmten Handlung oder einer Informationskonfrontation, die zu vorigen Einstellungen (bzw. Meinungen, Gefühlen oder Werten) im Widerspruch stehen. Die Person wird versuchen, diese Dissonanz zu reduzieren oder zu beseitigen, um Konsonanz unter den Kognitionen (wieder-) herzustellen. Prinzipiell kommen hierfür unterschiedlichste Maßnahmen in Betracht. Diese können am Beispiel dissonant kognitiver Elemente – das Wissen über sich selbst („Ich bin Raucher") und der Annahmen über das Rauchen („Rauchen verursacht Lungenkrebs") – verdeutlicht werden:

- Änderung der Annahme über die Folgen des Rauchens, z. B. Zweifel am Befund
- Verhaltensänderung, z. B. Beendigung des Rauchens
- Neueinschätzung des Verhaltens, z. B. Aussagen wie „ich rauche nicht viel"
- Hinzufügen neuer Kognitionen, z. B. das Rauchen von leichten Zigaretten

Diese Theorie wurde von Festinger/Carlsmith (1959) in einem Experiment (Dissonanzreduktion nach einer Lüge) nachvollzogen. Studenten hatten eine sehr langweilige Aufgabe zu bearbeiten (u. a. 30-minütiges Drehen von viereckigen Pflöcken im Uhrzeigersinn) und wurden danach gebeten, dem Versuchsleiter einen Gefallen zu tun und die nächsten Teilnehmer anzulügen, indem sie behaupteten, die Aufgabe hätte Spaß gemacht und sei äußerst interessant gewesen. Dabei erhielt die eine Hälfte der Teilnehmer 20 $ für diese Lüge, die andere 1 $. Diese Bezahlung betrachtete die erste Gruppe als ausreichende Rechtfertigung für ihre Lüge, was für die zweite nicht zutraf. Diese unzureichende externale Rechtfertigung veranlasste diese Teilnehmer, eigene Rechtfertigung für das dissonante Verhalten zu erfinden und änderte ihre Bewertung der Aufgabe. Die andere Gruppe blieb bei ihrer Ansicht, obwohl auch sie gelogen hatten, allerdings aufgrund des Geldes. Dissonanzen wirken motivierend und führen zu Reaktionen, welche das Ziel haben, diesen aus der Sicht der betroffenen Personen negativen Zustand zu beheben. Dabei gilt: umso stärker die Dissonanz, desto größer die Motivation diese zu reduzieren bzw. zu beheben (Festinger 1957, 1978; Zimbardo/Gerrig 1999, S. 433 f.; Felser 2001, S. 268 ff.).

2.1.4.2 Bedeutung und Messung

Im Marketing nimmt die Einstellung einen zentralen Stellenwert ein. Dies liegt u. a. daran, dass zahlreiche Studien die Wirkung der Marketinginstrumente auf die Einstellung belegen konnten und darüber hinaus die sog. *Einstellungs-Verhaltens-Hypothese* (EV-Hypothese) zugrunde gelegt wird. In der *EV-Hypothese* wird postuliert, dass die Einstellungen das Verhalten bestimmen und dass somit die Kaufwahrscheinlichkeit positiv abhängig von der Stärke der positiven Einstellung ist. Hier findet die genannte zeitliche Stabilität von Einstellungen Berücksichtigung, wonach die heute gemessenen Einstellungen das Verhalten von morgen bestimmen. Daher beschränken sich viele Studien auf die Erhebung der Einstellungen. Allerdings ist dieser Zusammenhang nur unter gewissen Vorbehalten aufrechtzuerhalten, wenn nämlich situative, objekt- und personenspezifische Aspekte dem nicht widersprechen (siehe hierzu Balderjahn 1993).

In der neueren Literatur wird das Involvement (siehe hierzu Abschnitt 3.2.2) als Determinante der Einstellungsbildung hervorgehoben. Aufgrund eines schwächer ausgeprägten Informationsverhaltens wie auch einer weniger extensiven gedanklichen Beschäftigung mit dem Entscheidungsproblem bei Low-Involvement-Produkten bildet sich die Einstellung in einer anderen Weise. Low-Involvement-Kaufentscheidungen werden nicht notwendigerweise durch vorher gebildete Einstellungen gesteuert, sondern ein Produkt wird aufgrund flüchtig erinnerter Produkteigenschaften oder Sympathien gekauft. Eine Einstellung bildet sich erst nach dem Kauf durch Verwendungserfahrungen. Bei geringem Involvement herrscht somit die Verhaltens-Einstellungs-Hypothese (VE-Hypothese) vor (Bleicker 1983, S. 165 ff.; Kroeber-Riel/Weinberg 2003, S. 173). Insb. bei einem impulsiven Kauf von einem aus der Sicht des Kunden unbekannten, neuen Produkt ist die VE-Hypothese von Relevanz. Weiter sind bei einer Kaufentscheidung individuelle Einflüsse (z. B. Persönlichkeitsfaktoren) und soziale Einflüsse (z. B. Gruppendruck) zu beachten (siehe Übersicht 38). Störfaktoren der EV-Hypothese können situative Faktoren, ökonomische Bedingungen, soziale Einflüsse, Zeitdiskrepanz zwischen Einstellungsmessung und Verhalten etc. sein (Brown/Stayman 1992, S. 40 ff). Zur Verhaltensprognose kann man auch die näher zum Verhalten stehende Kaufabsicht messen, wobei diese aber nur schwer antizipiert werden kann.

Übersicht 38: ***Einstellung und EV-Hypothese – Modellzusammenhang***

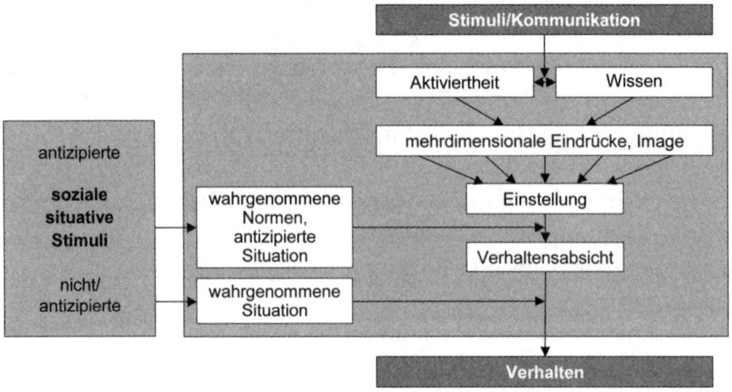

Quelle: Trommsdorff 2002, S. 151.

Aufgrund der Erklärungskraft für das Käuferverhalten sowie guter Operationalisierungsmöglichkeiten und der vielfältigen Methoden der Einstellungsmessung haben Einstellungen eine große Bedeutung für das Marketing erlangt wie z. B.:

- als Basis der Erklärung und Prognose des Konsumentenverhaltens
- als Basis der Erfolgskontrolle absatzpolitischer Maßnahmen (z. B. Wirkung der Markenpolitik)
- als Basis der Marktsegmentierung
- zur Ermittlung des „idealen Produkts"
- zur Produkt-, Einkaufsstätten-, Leistungspositionierung
- zur Konzeption der Kommunikationspolitik

Messung von Einstellungen

Zur Erfassung der Einstellung existiert eine Reihe von unterschiedlichen Ansätzen, die sich jeweils an der Aufteilung der Drei-Komponenten-Theorie orientieren:

- Die affektive Komponente wird gemessen durch verbale Gefühlsäußerung und durch Erfassung der Reaktionen des autonomen Nervensystems.
- Die kognitive Komponente wird gemessen durch verbal geäußerte Urteile über den Meinungsgegenstand (Wahrnehmungsurteile).
- Die konative Komponente wird gemessen durch die Beobachtung offen zutage tretenden Verhaltens und Auskünfte über eigenes Verhalten.

Übersicht 39: ***Verfahren der Einstellungsmessung***

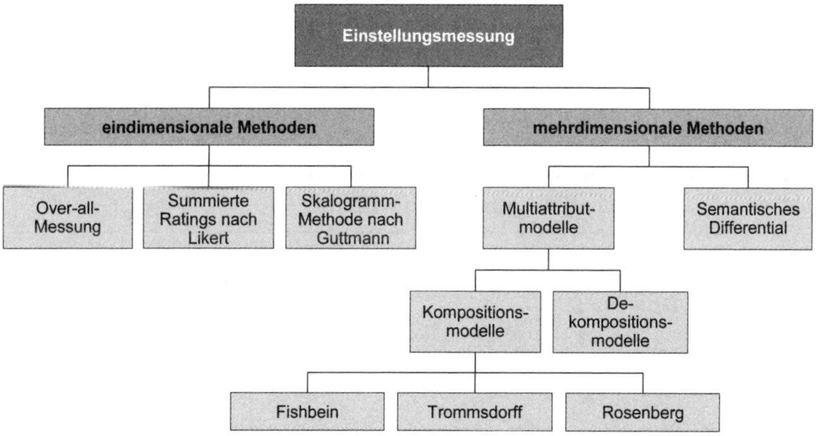

Die unterschiedlichen Verfahren und deren Unterschiede werden anhand eines Beispiels aufgezeigt. Der Konzern CARNIVAL Corporation & PLC, mit Hauptsitz in Miami, ist einer der größten Reise- und Kreuzfahrt-Anbieter, bekannt mit Marken wie u. a. AIDA, A'ROSA, Princess Cruises, P&O Cruises. CARNIVAL möchte für zwei seiner Marken feststellen, welche Einstellung Konsumenten gegenüber diesen haben. Hierbei soll zum einen die Kreuzfahrt auf dem Clubschiff AIDA und zum anderen die Kreuzfahrt auf der A'ROSA beurteilt werden. Aufgrund ihrer Vorkenntnisse kennen sie die Spezifika der Einstellungen (z. B. sie sind nicht beobachtbare psychische Größen (theoretische Konstrukte) und sind nur mit Indikatoren zu erfassen). Die bei CARNIVAL bekannte Einstellungs-Verhaltens-Hypothese, die eine (grundsätzliche) Relevanz der Einstellungen für das tatsächliche (Kauf-) Verhalten postuliert, führt dazu, dass man nicht das Kaufverhalten, sondern die Einstellungen messen will. CARNIVAL möchte alle Verfahren der eindimensionalen und mehrdimensionalen Einstellungsmessung anwenden, ausgenommen Dekompositionsmodelle, die im Unternehmen weitgehend unbekannt sind (siehe Übersicht 39). Den Unternehmensvorstellungen folgend wird die Einstellungsmessung über verbale Indikatoren im Rahmen einer Befragung durchgeführt. Die Ansätze der physiologischen Messungen (affektive Komponente) und der Beobachtung (Verhaltenskomponente) werden vernachlässigt.

Vor diesem Hintergrund werden mittels der in Befragungen gewonnenen Werte jeweils entsprechende Berechnungen vorgenommen. Für die multidimensionalen Methoden haben Pre-Tests folgende Dimensionen (Items) als analyserelevant identifiziert: erlebnisreich (erholsam), exklusiv (alltäglich), bildend (unterhaltsam), sportlich (elegant), herzlich (distanziert), gruppenorientiert (personenbezogen). Am Ende der Präsentation sollen auch die grundsätzlichen Möglichkeiten weiterer Messverfahren aufgezeigt werden, insb. von Dekompositionsmodellen. Die Ergebnisse sehen wie folgt aus:

Eindimensionale Einstellungsmessung

Die eindimensionale Messung erfasst die affektive Einstellungskomponente. Die in der *Over-all-Messung* gewonnen Mittelwerte auf Basis der Antworten zur Frage (Wie Konsumenten die Reisen mit den beiden Kreuzfahrt-Linien insgesamt anhand einer Rating-Skala beurteilen) sind in der Übersicht (aus Sicht eines AIDA-Kunden) dargestellt. Rating-Skalen sind einfache Zuordnungsskalen. Die abgetragenen Werte sind ordinaler Natur. Sie können aber wie metrische Daten behandelt werden, bei der Annahme, dass die Abstände in der Vorstellung des Befragten als gleich interpretiert werden, was in der Forschungspraxis mit Blick auf die Anwendung multivariater Verfahren der Datenanalyse oftmals (implizit) vorgenommen wird.

Übersicht 40: ***Ergebnisse einer Over-all-Messung***

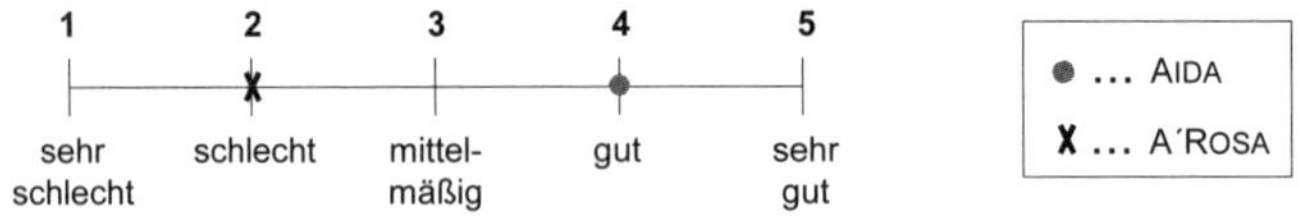

Nach der *Methode der summierten Ratings nach Likert* werden gleich viele günstige und ungünstige Statements zu einem Messobjekt gesammelt und Personen über ihre Ablehnung oder Zustimmung zu den Items unter Verwendung bipolarer Skalen befragt. Die Skalenwerte werden zu einem Einstellungswert addiert. Die Vorgehensweise dieser Methode erklärt sich aus Übersicht 41, wobei die Anwendung unterschiedlicher Bewertungsskalen für positive und negative Stimuli ein Charakteristikum der Methode darstellt. Im Ergebnis ist ersichtlich, dass Person 1 eine positivere Einstellung gegenüber AIDA hat.

Übersicht 41: ***Ergebnisse der summierten Ratings nach Likert***

Stimuli zur Messung von Einstellungen gegenüber AIDA	Einschätzungen Person 1+	Einschätzungen Person 2-
1. Die Kreuzfahrt auf der AIDA ist zu erlebnisreich. [-]	+2	-2
2. Die Kreuzfahrt auf der AIDA ist zu gruppenorientiert. [-]	0	0
3. Die Kreuzfahrt auf der AIDA ist sehr exklusiv. [+]	+1	-1
4. Die Kreuzfahrt auf der AIDA ist sehr bildend. [+]	+1	-1
5. Auf der AIDA herrscht eine herzliche Atmosphäre. [+]	+2	0
6. Die Kreuzfahrt auf der AIDA ist mir zu elegant. [-]	+1	-2
Summe der Einschätzungen	*+7*	*-6*

Skala für positive Stimuli [+]: +2 (uneingeschränkte Zustimmung), 0 (weder/noch), -2 (völlige Ablehnung)
Skala für negative Stimuli [-]: -2 (uneingeschränkte Zustimmung), 0 (weder/noch), +2 (völlige Ablehnung)

Bei der *Skalogramm-Methode nach Guttman* werden mehrere Items zu einem Einstellungsobjekt ausgewählt und dann eine dichotome Befragung der Personen über Zustimmung (1) oder Ablehnung (0) durchführt. Die Aussagen aller Personen werden im Skalogramm aufgeführt, wobei auf der Basis der Gesamtpunktzahl jeder Person diese in eine Rangfolge gebracht werden können. Hieraus resultiert eine eindimensionale Rangskala. Die Ergebnisse dieser Methode können dem folgenden Auszug aus einem Fragebogen (Rangfolge der Fragen verändert) folgen.

Übersicht 42: ***Ergebnisse der Skalogramm-Methode nach Guttman***

Auszug aus einem Einstellungsfragebogen für Kreuzfahrten	Person 1+	Person 2-
1. Die Kreuzfahrt auf der AIDA ist sehr exklusiv, [+]	Zustimmung (1)	Ablehnung (0)
2. Die Kreuzfahrt auf der AIDA ist sehr bildend, [+]	Zustimmung (1)	Ablehnung (0)
3. Die Kreuzfahrt auf der AIDA ist zu erlebnisreich, [-]	Zustimmung (0)	Ablehnung (1)
4. Die Kreuzfahrt auf der AIDA ist mir zu elegant, [-]	Zustimmung (0)	Ablehnung (1)

Personen	Aussage 1		Aussage 2		Aussage 3		Aussage 4		Gesamtpunktzahl
	1	0	1	0	1	0	1	0	
1	x		x		x		x		4
2	x		x		x		x		4
3	x		x		x		x		4
4	x		x			x	x		3
5	x		x		x			x	3
6		x	x			x	x		2
7		x	x			x	x		2
8		x	x			x		x	1
9		x	x			x		x	1
10		x		x		x		x	0

Mehrdimensionale Einstellungsmessung

Das *Semantische Differenzial nach Osgood* verwendet eine Anzahl von gegensätzlichen Eigenschaftswörtern, die eine metaphorische Bedeutung haben sollen, d. h. sie sollen nicht wörtlich, sondern in einem übertragenen Sinne verstanden werden. Die Wörter werden mit Rating-Skalen verbunden. Auf diesen Skalen geben die Probanden durch Ankreuzen eines Werts an, inwieweit die jeweiligen Eigenschaftswörter mit ihren Assoziationen zu dem Objekt übereinstimmen. Werden diese Mittelwerte grafisch verbunden, dann ergibt sich das Eigenschafts- oder Polaritätsprofil des Objekts (z. B. der Dienstleistung oder des Produkts).

Übersicht 43: ***Ergebnisse des Semantischen Differenzials nach Osgood***

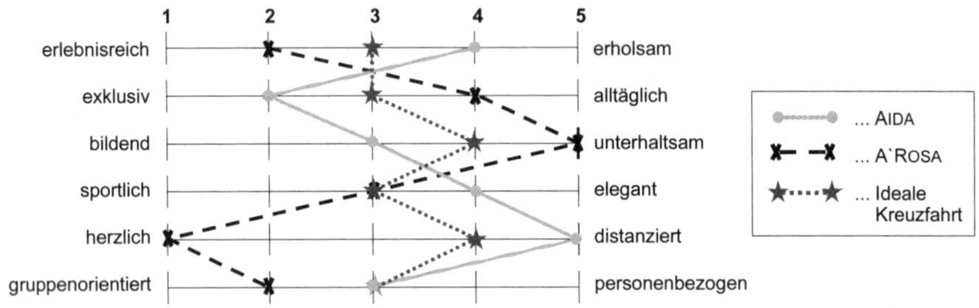

Das grundsätzliche Merkmal des *Fishbein-Modells* besteht in der getrennten Erfassung der affektiven und der kognitiven Einstellungskomponente. Dem Modell liegen zwei Hypothesen zugrunde:

- Die Konsumenten nehmen bei jedem Objekt nur einige für ihre Einstellung entscheidende Eigenschaften wahr und
- die Einstellung zu einem Objekt ergibt sich aus der subjektiven Wahrnehmung der Eigenschaften (kognitives Element) und ihrer Bewertung (affektives Element).

Die Vorgehensweise des Modells ist in der folgenden Übersicht und formalen Schreibweise dargestellt. Im Ergebnis wäre die Einstellung zur AIDA positiver.

Übersicht 44: ***Ergebnisse des Einstellungsmodells von Fishbein***

	Eigenschaftsausprägung B_{ijk}		Bewertung d. Eigenschaft a_{ijk}		Teileindruckswerte $E_{ijk} = B_{ijk} * a_{ijk}$	
Eigenschaften K	**AIDA**	**A'ROSA**	**AIDA**	**A'ROSA**	**AIDA**	**A'ROSA**
erlebnisreich	5	2	7	5	35	10
Exklusiv	3	6	4	5	12	30
Bildend	3	5	2	4	6	20
sportlich	5	2	4	4	20	8
Herzlich	4	3	5	5	20	15
gruppenorientiert	5	2	3	3	15	6
E_{ij}					**108**	**89**

$$E_{ij} = \sum_{k=1}^{6} B_{ijk} * a_{ijk} \quad \text{mit}$$

E_{ij} = Einstellungswert von Testperson i zu Objekt j
B_{ijk} = Wahrscheinlichkeit, mit der Person i Eigenschaft k am Objekt j für vorhanden hält
a_{ijk} = Bewertung von Eigenschaft k am Objekt j durch Person i
$E_{ijk} = B_{ijk} * a_{ijk}$ = Eindruckswert

Das *Rosenberg-Modell* geht davon aus, dass Konsumenten Produkte oder Dienstleistungen danach beurteilen, inwieweit sie geeignet sind, ihre Motive zu befriedigen (*„means-end-analysis"*). Es wird dazu die Hypothese formuliert, dass die Einstellung einer Person zu einem Objekt von der Wichtigkeit (affektive Komponente) ihrer Motive und der wahrgenommenen Eignung (kognitive Komponente) des Objekts zur Motivbefriedigung abhängt. Die Vorgehensweise dieses Modells wird in Übersicht 45 verdeutlicht. Im Ergebnis wäre die Einstellung zur AIDA positiver.

Übersicht 45: ***Ergebnisse des Einstellungsmodells von Rosenberg***

	Wichtigkeit d. Eigenschaft a_{ijk}		Eigenschaftsbewertung B_{ijk}		Teileindruckswerte $E_{ijk} = B_{ijk} * a_{ijk}$	
Eigenschaften K	**AIDA**	**A'ROSA**	**AIDA**	**A'ROSA**	**AIDA**	**A'ROSA**
erlebnisreich	7	3	4	2	28	6
exklusiv	4	7	3	5	12	35
bildend	2	4	3	3	6	12
sportlich	5	2	4	1	20	2
herzlich	2	3	3	4	6	12
gruppenorientiert	3	2	6	3	18	6
E_{ij}					**90**	**73**

$$E_{ij} = \sum_{k=1}^{6} a_{ik} * B_{ijk}$$ mit

Eij = Einstellungswert von Person i zu Objekt j

a_{ik} = Wichtigkeit des Motivs k für die Person i

B_{ijk} = subjektive Meinung der Person i über die Eignung des Objekts j zur Befriedigung des Motivs k (perceived instrumentality)

Die Kritik an dem Fishbein- und Rosenberg-Modell wendet sich besonders gegen die multiplikative Verknüpfung der Wahrscheinlichkeiten und der Bewertungen. Beide Werte können sich gegenseitig ausgleichen, d. h. z. B. beim Fishbein-Modell, wenn eine Wahrscheinlichkeit den Wert 4 und eine Bewertung den Wert 2 hat, ergibt sich (bei faktisch unterschiedlichen Einstellungen) der gleiche Gesamtwert wie bei einer Wahrscheinlichkeit mit dem Wert 2 und einer Bewertung mit dem Wert 4. Das *Trommsdorff-Modell* vermeidet die multiplikative Verknüpfung. Die getrennte Erfassung von affektiver und kognitiver Komponente der Einstellung wird dabei nicht aufgegeben; die kognitive Komponente wird direkt über die wahrgenommenen Merkmalsausprägungen (B_{ijk}) gemessen, während die affektive Komponente indirekt gemessen wird, indem die Probanden nach der aus ihrer Sicht idealen Merkmalsausprägung (I_{jk}) gefragt werden. Die Ermittlung des Einstellungswerts (E_{ij}) ist in Übersicht 46 dargestellt. Im Ergebnis wäre die Einstellung zur AIDA positiver, da näher an der Idealvorstellung.

Problematisch ist hierbei, wie auch beim Fishbein- und Rosenberg-Modell, die Additivitätshypothese, nach der die Einstellung sich additiv aus den Einzeleindrücken zusammensetzt. Die einzelnen Eigenschaften werden hier als kompensatorisch und voneinander unabhängig betrachtet.

Übersicht 46: ***Ergebnisse des Einstellungsmodells von Trommsdorff***

Eigenschaften K	Eigenschaftsausprägung B_{ijk}		Ideale Eigenschaftsausprägung der Kreuzfahrt I_{ik}	Teileindruckswert $E_{ijk} = \lvert A_{ijk} - I_{ik} \rvert$	
	AIDA	A'ROSA		AIDA	A'ROSA
erlebnisreich	4	2	5	1	3
exklusiv	2	4	3	1	1
bildend	3	5	4	1	1
sportlich	5	3	4	1	1
herzlich	4	2	4	0	2
gruppenorientiert	3	2	3	0	1
E_{ij}				**4**	**9**

$$E_{ij} = \sum_{k=1}^{6} \left| B_{ijk} - I_{ik} \right| \quad \text{mit}$$

E_{ij} = Einstellungswert von Testperson i zu Marke j
B_{ijk} = Wahrnehmung der Eigenschaft k am Objekt j durch Person i
I_{ik} = ideale Eigenschaftsausprägung der gleichen Produktklasse k bei der Person i
$E_{ijk} = \lvert A_{ijk} - I_{ik} \rvert$ = Eindruckswert

Modellvergleich und Erweiterung

Die Varianten können anhand von zwei Modellen erläutert werden, welche den Nutzenverlauf in Abhängigkeit von der Ausprägung einer Eigenschaft zeigen: Idealpunkt- und Vektor-Modell (siehe Übersicht 47). Welches dieser Modelle zur Anwendung kommt, hängt vom Typ der zu betrachtenden Eigenschaften der Objekte ab bzw. den sie repräsentierenden Dimensionen. Beispiele für Eigenschaften eines Idealpunkt-Modells wären z. B. bei einer Tasse Kaffee dessen Stärke, Temperatur oder Süße. Für die Mehrzahl der Kaffeetrinker ist sowohl ein zuviel als auch ein zuwenig von Nachteil. Der Idealpunkt markiert hier die als ideal empfundene Kombination von subjektiv wahrgenommenen Eigenschaften. Hingegen wären bspw. die Eigenschaften eines Autos (Sicherheit, Leistung und Komfort) eher nach dem „je mehr, desto besser"-Prinzip des Vektor-Modells zu beurteilen. In diesem Falle zeigt der Präferenzvektor die Richtung an, in der sich die Präferenz einer Person erhöht (Backhaus u. a. 2003, S. 641 f.).

Übersicht 47: ***Idealpunkt- und Vektormodell***

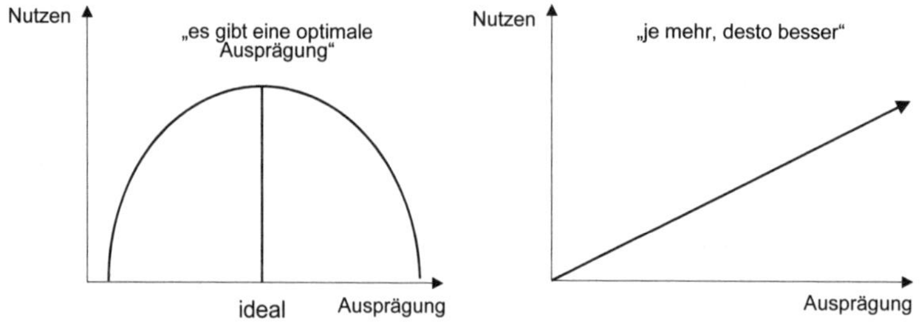

Quelle: Backhaus u. a. 2003, S. 643.

Aufbauend auf dieser grundlegenden Differenzierung in Modelle mit bzw. ohne Berücksichtigung von Idealpunkten, gibt Freter (1979, S. 163 ff.) einen Überblick über unterschiedliche Modellvarianten. Übersicht 48 fasst mögliche Varianten zusammen. Laut Freter (1979, S. 164) liegt der Schwerpunkt des wissenschaftlichen Interesses auf den mehrdimensionalen Einstellungsmodellen ohne die Ermittlung eines Idealpunkts. Hierbei ergibt sich die Einstellung zu einem bestimmten Objekt aus der Summe der einzelnen Einstellungen zu speziellen Eigenschaften des Objekts. Die wichtigsten Varianten dieses Grundmodells sind die beschriebenen Ansätze von Rosenberg und von Fishbein und darüber hinaus das „adequacy-importance" Modell und das „adequacy-value"-Modell. Das „adequacy-importance"-Modell stellt im Gegensatz zum Fishbein-Modell darauf ab, in welchem Ausmaß (mengenmäßige Ausprägung) die einzelnen Eigenschaften beim Objekt vorhanden sind („belief"). Die Eigenschaften sind nach ihrer Bedeutung zu gewichten („importance weight"). Das „adequacy-value"-Modell stellt ebenso auf mengenmäßige Merkmalsausprägungen ab, allerdings wird das Bedeutungsgewicht nicht mittels einer Skala mit den Polen wichtig – unwichtig, sondern mittels einer wertgeladenen Skala mit den Polen gut bzw. schlecht erfasst.

Übersicht 48: ***Mehrdimensionale Einstellungsmodelle ohne Idealpunkt***

allgemeiner Ansatz: $$E_{ij} = \sum_{k=1}^{n} A_{ijk} \cdot B_{ijk}$$

Modellbezeichnung	Eindruck (kognitive Komponente, A_{ijk})	Bedeutungsgewicht (motivationale/affektive Komponente, B_{ijk})
Rosenberg (Stärke der Zielerreichung)	**perceived instrumentality** Eindruck/Vorstellung über die Eignung der Marke j zur Förderung des Ziels i	**value importance** Wertwichtigkeit eines Ziels ii
	Durch die Automarke xy ergibt sich eine Verhinderung der Zielerreichung … Vollständige Zielerreichung	Der Wert/das Ziel „Sicherheit" ist bei Autos schlecht … gut
Fishbein (Wahrscheinlichkeit der Zielerrechung)	**strength of belief** Wahrscheinlichkeit, inwieweit die Marke j die Eigenschaft i besitzt	**evaluative aspect** Bewertung der Eigenschaft i
	Die Automarke xy ist *komfortabel* sehr unwahrscheinlich … sehr wahrscheinlich	Die Eigenschaft „Komfort" beim Auto xy ist schlecht … gut
adequacy-importance	**belief** Eindruck/Vorstellung, in welchem Ausmaß Eigenschaft i an der Marke j vorhanden ist	**importance (prominence)** Wichtigkeit der Eigenschaft i
	Die Automarke xy ist nicht sicher … sehr sicher	Die Eigenschaft „Sicherheit" beim Auto ist nicht wichtig … sehr wichtig
adequacy-value	**belief** wie beim „adequacy-importance" Modell	**value** wie der „evaluative aspect" im Fishbein-Modell
	Die Automarke xy ist nicht sicher … sehr sicher	Die Eigenschaft „Komfort" beim Auto xy ist schlecht … gut

Quelle: In Anlehnung an Freter 1979, S. 167.

Abschließend ist das erweiterte Fishbein-Modell hervorzuheben, welches einige der genannten „Störfaktoren" zwischen Einstellungen und Verhalten (wie die sozialen Einflüsse und die Kaufsituation) explizit berücksichtigt (siehe Übersicht 49). Diesem Modell liegen einige Annahmen zugrunde (Kuß/Tomczak 2000, S. 58):

- Die Verhaltensabsicht ist der unmittelbare „Vorläufer" des tatsächlichen Verhaltens.
- Die Verhaltensabsicht ist auf bestimmte Situationen bezogen.
- Der Zeitabstand zwischen der Messung der Verhaltensabsicht und dem tatsächlichem Verhalten muss relativ kurz sein.

Übersicht 49: ***Erweitertes Fishbein-Modell***

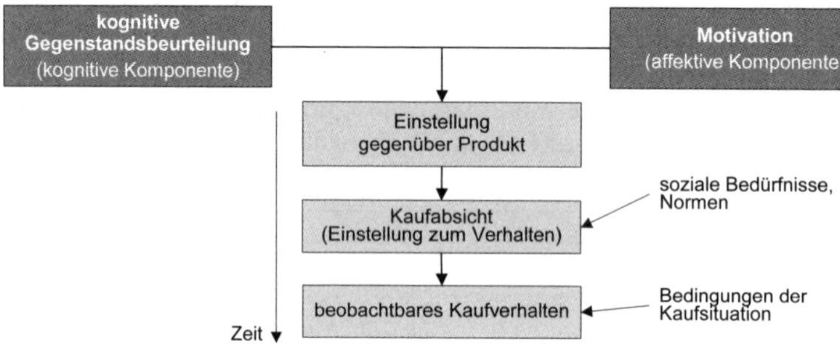

(1) $V \approx VA = w_1 \cdot E_V + w_2 \cdot E_{SN}$

(2) $E_V = \sum b_i \cdot e_i$

(3) $E_{SN} = \sum NB_j \cdot m_j$

V ... beobachtbares Verhalten
VA ... Verhaltensabsicht
E_V ... Einstellung gegenüber einem bestimmten Verhalten
b_i ... Wahrscheinlichkeit, dass ein bestimmtes Verhalten zu einer Konsequenz i führt (kognitiv)
e_i ... Bewertung der Konsequenz i (affektiv)
E_{SN} ... subjektive Norm
NB_j ... Wahrscheinlichkeit, mit der ein Subjekt bestimmte Verhaltenserwartungen einer Referenzperson (Gruppe) j einschätzt (kognitiv)
m_j ... Bereitschaft, sich den Vorstellungen der Referenzperson (Gruppe) j zu unterwerfen (affektiv)
w_1, w_2 ... regressionsanalytisch ermittelte Gewichtungskoeffizienten

Quelle: In Anlehnung an Müller-Hagedorn 1986, S. 196 ff.; Kuß/Tomczak 2000, S. 57 f.

Conjoint-Analyse

Die Conjoint-Analyse eröffnet ebenfalls die Möglichkeit zur mehrdimensionalen Messung, indem sie u. a. sowohl kompositionelle als auch dekompositionelle Verfahren kombiniert. Als multivariates Verfahren der Interdependenzanalyse untersucht Conjoint Measurement die Beziehungen zwischen nicht-metrischen Variablen und ist in formaler Hinsicht eine Verallgemeinerung der Multidimensionalen Skalierung. Ziel ist es, aus den Kombinationen von Objektmerkmalen, die z. B. durch Befragungen nach Maßgabe der Vorziehenswürdigkeit in eine Rangfolge gebracht wurden, den relativen Beitrag jedes Merkmals zum Zustandekommen der geäußerten Präferenzordnung auf einer metrischen Skala zu bestimmen (vgl. dazu im Einzelnen Backhaus u. a. 2003, S. 543 ff.; Dichtl/Schobert 1979, S. 159). Die gewonnenen Daten besitzen für alle Merkmale die gleiche Skaleneinheit; sie sind daher direkt miteinander vergleichbar und können zur Ermittlung der relativen Bedeutung der Merkmale für die Bildung eines

Gesamturteils zueinander in Beziehung gesetzt werden (Thomas 1979, S. 199 ff.). Conjoint Measurement geht von der Annahme aus, dass empirisch festgestellte Gesamtpräferenzwerte für ein komplexes Beurteilungsobjekt in merkmalsspezifische Teilpräferenzwerte zerlegbar sind. Für diese Zerlegung bedarf es einer Verknüpfungsregel, die angibt, wie die geschätzten Teilpräferenzwerte zu Schätzwerten für die empirischen Globalurteilswerte zu aggregieren sind. Bei polynominaler Verknüpfung spricht man von polynominalem Conjoint Measurement, bei linear-additiver Verknüpfung von additivem Conjoint Measurement. Letzteres ist bei ordinalskalierten Daten der übliche Fall. Gegeben sind also mindestens ordinalskalierte Werte einer Globalpräferenz, die das Ergebnis gemeinsamer Wirkungen der Objektmerkmale sind, sowie ein bestimmtes Design, nach dem die Objekte durch Merkmalskombinationen konstruiert werden. Gesucht sind eine Verknüpfungsregel (Messmodell), die geeignet ist, die kognitive und affektive Verarbeitung der wahrgenommenen Merkmalskombinationen zu repräsentieren, sowie intervalskalierte Messwerte mit der gleichen Maßeinheit für alle Merkmalsausprägungen. Für Marketinganwendungen werden die empirischen Daten durch (computergestützte) Anwendung von psychometrischen Skalierungsalgorithmen verarbeitet, denen eine bestimmte Verknüpfungsregel zugrunde liegt. Die Eignung dieser Regel wird vereinfacht durch einen Indikator beurteilt, der die Güte der Anpassung der Modellwerte an die Ausgangsdaten misst. Ferner existieren Programme, die eine computergestützte Befragung im Feld ermöglichen, so die Adaptive-Conjoint-Analyse (Wittink/Vriens/Burhenne 1994, S. 41 ff.). Ein wesentliches Problem des Conjoint Measurement ist die Frage, in welchem Umfang die Merkmale der Objekte tatsächlich kognitiv oder affektiv von den Befragten verarbeitet werden. Bei gewohnheitsmäßig gekauften Gütern oder anderen, die ohne persönliches Interesse beurteilt werden, wird die Verlässlichkeit der Ergebnisse daher eher unbefriedigend sein. Außerdem sind i. d. R. Vorstudien erforderlich, um realistische und entscheidungsrelevante Merkmalsausprägungen und -kombinationen für die Beurteilung zu erhalten (Swoboda 2000, S. 151 ff.).

2.2 Kognitive Prozesse und Zustände

2.2.1 Kognitionen

2.2.1.1 Theoretische Grundlagen und Charakteristika

Kognitionen sind Vorgänge bzw. Prozesse, mit denen das Individuum sich selbst und seine Umwelt erkennt, d. h. es sind Prozesse der gedanklichen Informationsverarbeitung. Sie dienen der gedanklichen Kontrolle und willentlichen Steuerung des Verhaltens.

Nicht jedes Verhalten ist kognitiv gesteuert, wie z. B. automatisch ausgelöste (reaktive) Verhaltensweisen, in denen aufgrund einer automatischen Schaltung im zentralen Nervensystem ein bestimmter Anreiz ausgelöst wird. Dennoch dominiert in der Konsumverhaltensforschung der Fokus auf den kognitiven Prozessen, durch die das Individuum über sich selbst und seine Umwelt Kenntnis erhält. Sie werden in der Theorie des Konsumentenverhaltens als Informationsverarbeitung analog der maschinellen Informationsverarbeitung aufgefasst. Die ältere Einteilung der kognitiven Prozesse in Wahrnehmung, Denken und Problemlösen, Lernen und Gedächtnis wurde durch diesen Ansatz abgelöst. Dabei können die kognitiven Prozesse, analog zur maschinellen Datenverarbeitung, als Informationsverarbeitungsprozess verstanden werden, zu dem i. w. S. zählen (vgl. nachfolgend Kroeber-Riel/Weinberg 2003, S. 225 ff.; Trommsdorff 2002, S. 239 ff.):

- Informationsaufnahme (Wahrnehmung)
- Informationsverarbeitung (Wahrnehmung, Denken, Entscheiden)
- Informationsspeicherung (Denken, Lernen und Gedächtnis)

Die Informationsverarbeitung beginnt (bereits) mit der Aufnahme eines Reizes und dessen Entschlüsselung. Im weiteren Verlauf werden die vom Reiz vermittelten Informationen in Verbindung mit bereits vorhandenen Informationseinheiten gebracht und unter bestimmten Umständen letztlich im Gedächtnis langfristig gespeichert (Schiffman/Kanuk 2004, S. 226 ff.). Von zentraler Bedeutung sind die Prozessoren, über die sich die kognitive Verarbeitung von der Aufnahme bis zur Speicherung von Informationen vollzieht. Hierzu gehört in einem Dreispeichersystem, dem sog. Mehrspeichermodell der kognitiven Psychologie (siehe Übersicht 50):

- der sensorische Informationsspeicher (SIS) oder Ultrakurzzeitspeicher
- der Kurzzeitspeicher (KZS)
- der Langzeitspeicher (LZS)

Übersicht 50: ***Gedächtnismodell zur Darstellung elementarer kognitiver Prozesse***

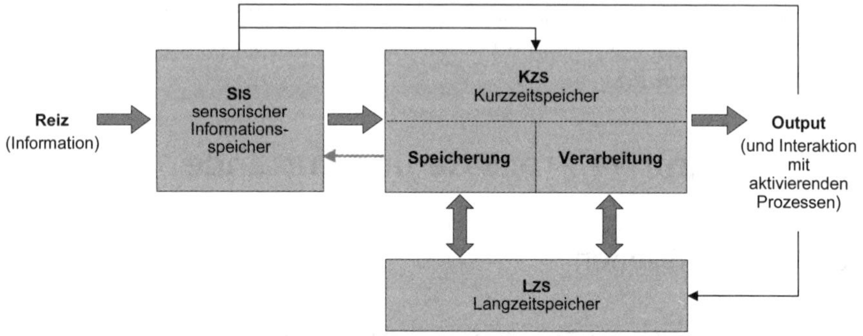

Quelle: In Anlehnung an Atkinson/Shiffrin 1971, S. 82 zitiert nach Kroeber-Riel/Weinberg 2003, S. 226.

Der sensorische Informationsspeicher (*Ultrakurzzeitspeicher*) speichert Sinneseindrücke nur für ganz kurze Zeit und zwar indem die visuellen Wahrnehmungen (Reize) in bioelektrische Impulse umgewandelt und dann vom zentralen Nervensystem weiterverarbeitet werden. Voraussetzung dafür ist, dass die Reize nicht sofort nach der Beendigung der Reizaufnahme verlöschen, sondern zum Gesamtbild einer Reizkonstellation zusammengesetzt werden. Aufgabe dieses Speichers ist es also, Sinneseindrücke für kurze Zeit passiv festzuhalten. Dabei muss die Kapazität groß sein, da bei einer sehr kleinen Speicherdauer (0,1-1 Sec.) vieles über die Sinnesorgane wahrgenommen wird.

Der *Kurzzeitspeicher* ist dadurch charakterisiert, dass er aus dem sensorischen Speicher nur einen Teil der dort verarbeiteten Sinneseindrücke zur weiteren Verarbeitung aufnimmt. Die Reizauswahl hängt wesentlich vom Aktivierungspotenzial der Reize ab. Die aufgenommenen Reize werden entschlüsselt, d. h. zu Informationen umgesetzt und dann zu weiteren Informationen in Beziehung gesetzt. Der Kurzzeitspeicher hat also die Funktion der längeren Speicherdauer und der aktiveren Verarbeitung der eingegangenen Informationen. Deshalb wird der Kurzzeitspeicher auch als aktives Gedächtnis oder Arbeitsspeicher bezeichnet. Hier finden die kognitiven Prozesse statt, die dem Menschen bewusst werden. Um die aus dem sensorischen Speicher kommenden Informationen weiterzuverarbeiten, muss der Kurzzeitspeicher auf die im Langzeitspeicher vorhandenen Informationen (Erfahrungen) zurückgreifen. Ist die Information im Langzeitspeicher enthalten (z. B. bekannte Marke), so ist die Wahrscheinlichkeit höher, dass eine Information wahrgenommen wird. Die im Kurzzeitspeicher verfügbaren Informationen werden ziemlich schnell vergessen oder in den Langzeitspeicher übernommen, da immer neue Informationen in den Kurzzeitspeicher kommen. D. h., auch die Kapazität des Kurzzeitspeichers ist begrenzt. Dies bedeutet, dass die Menge der verarbeiteten Informationen und die Art und Menge der kognitiven Operationen limitiert ist.

Der *Langzeitspeicher* ist mit dem Gedächtnis des Menschen gleichzusetzen. Hier werden die vorher verarbeiteten Informationen langfristig gespeichert. Die langfristige Speicherung ist an den Aufbau von biochemischen Substanzen gebunden, sie führt also zu substanziellen Gedächtnisspuren (nicht auf bioelektrische Art wie bei Vorgängen im Kurzzeitspeicher). Als Grundannahme kann davon ausgegangen werden, dass gespeicherte Informationen nicht wieder gelöscht werden. Das Vergessen wird dann interpretiert als mangelnde Zugriffsmöglichkeit (aufgrund von Überlagerungseffekten) auf die vorhandenen Informationen. Dies ist Gegenstand der sog. Interferenztheorie (siehe Abschnitt 2.2.4.1). Im Langzeitspeicher manifestieren sich das Wissen und die Erfahrung eines Menschen.

Untersuchungen im Bereich der Gedächtnisforschung haben ergeben, dass diese Speicher nicht als festgelegte Gedächtnisinformationen zu interpretieren sind, sondern vielmehr als eine unterschiedliche Verarbeitungstiefe der wahrgenommenen Reize (Gedächtnismodell der Verarbeitungstiefe). Reizmaterial (z. B. Information) kann danach umso besser erinnert werden, je stärker der Konsument involviert ist und je stärker die Aufmerksamkeit auf das zu lernende Material gerichtet ist. Die Tiefe der Verarbeitung nimmt zu, je mehr kognitive Anstrengungen bei der Informationsverarbeitung aufgewendet werden.

Die nachfolgend zu betrachtenden kognitiven Prozesse werden differenziert in Informationsverarbeitungsvorgänge wie Informationsaufnahme, Informationsverarbeitung sowie Informationsspeicherung (Lernen und Gedächtnis).

2.2.1.2 Bedeutung und Messung

Für das Marketing stellt sich die Herausforderung, den Konsumenten Informationen zu vermitteln, die er langfristig speichert. Diese Aufgabe wird aufgrund des seit Jahren wachsenden Informationsangebots und der damit verbundenen Informationsüberflutung der Konsumenten schwerer. Es wird angenommen, dass nur knapp zwei Prozent der durch Massenmedien verbreiteten Informationen von den Konsumenten aufgenommen werden (Kroeber-Riel/Weinberg 2003, S. 643). In der Kommunikation spricht Kroeber-Riel (1987) prinzipiell von einem Informationsüberschuss von 95 %. Dieser Informationsüberschuss unterscheidet sich noch deutlich zwischen Europa und den USA. Nach Blackwell/Miniard/Engel (2001, S. 442) erhält ein Haushalt in den USA durchschnittlich 350 „direct mails" pro Jahr. In der Schweiz sind es 107, in Deutschland 68, in England sogar nur 40 und in Irland als Schlusslicht nur 20.

Diese Problematik der Informationsüberlastung bzw. der begrenzten Aufnahmefähigkeit der Konsumenten ist v. a. bei der Konzeption einer Werbeanzeige zu beachten. Bei der flüchtigen Betrachtung einer Werbeanzeige von fünf Sekunden ist die Zahl der Informationseinheiten begrenzt, die aus dem sensorischen Speicher in den Kurzzeitspeicher übernommen werden können. Eine genaue Angabe der Zahl der Informationseinheiten ist sehr schwierig; Bernhard (1978, S. 18 ff., S. 60 ff.) spricht von ungefähr zwanzig.

Da die Betrachtungszeit einer Werbeanzeige von fünf Sekunden bereits als relativ hoch angesehen werden kann, ist in vielen Werbeanzeigen bereits ein Großteil der Informationen unwirksam, da sie vom Konsument nicht gespeichert werden. Dem Unternehmen muss es gelingen, die Werbeanzeige so zu gestalten, dass die wichtigsten Informationen vom Betrachter aufgenommen werden. Übersicht 51 zeigt Beispiele für die Messapparatur und für die fixierten Punkte in einer Anzeige. Grundsätzlich können hier einige später noch zu konkretisierende Aspekte hervorgehoben werden: Bilder werden eher wahrgenommen als Texte, die Bildmitte wird am häufigsten fixiert und der Blickverlauf (anhand der *Fixationen* erfasst) ist annähernd Z-förmig.

Übersicht 51: ***Blickverlauf bei der Betrachtung eines Anzeigenmotivs***

Quelle: SensoMotoric Instruments GmbH 2004.

In diesem Zusammenhang ist (kurz) die sog. *Sensorische Adaption* zu nennen, die der Informationsüberlastung entgegenwirkt. Sie bezeichnet die abnehmende Reaktionsstärke des Wahrnehmungssystems bei andauerndem, konstantem Reizinput, so erlaubt dieser Anpassungsmechanismus die Aufmerksamkeit speziell auf neue Informationen zu richten und rasch auf diese zu reagieren (Zimbardo/Gerrig 1999, S. 115). Auf die einzelnen kognitiven Prozesse und deren Komplexität wird im Weiteren genauer eingegangen – die entsprechenden Verfahren zu deren Messung werden ebenso dargestellt.

Spezialisierung der Hirnhemisphären

Die *Hemisphärenforschung* beschäftigt sich mit der dominierenden Rolle einer der beiden Gehirnhälften bei der Kontrolle bestimmter körperlicher oder geistiger Funktionen. So erfolgt bspw. der Informationserwerb durch zwei miteinander korrespondierende Systeme. Die beiden Hemisphären sind jeweils auf unterschiedliche Bereiche spezialisiert, wobei sich die Gewichtung individuell unterscheidet. So ist bspw. die Sprache eine linkshemisphärische Funktion, was bedeutet, dass die Schädigung der linken Hirnhälfte bei den meisten Menschen Sprachstörungen zur Folge haben kann usw.

Übersicht 52: ***Charakteristika der linken und der rechten Hemisphäre***

linke Hemisphäre	rechte Hemisphäre
■ spontanes Sprechen	■ Nachsprechen, aber kein spontanes Sprechen
■ Reaktionen auf komplexe Anweisungen	■ Reaktionen auf einfache Anweisungen
■ Worterkennung	■ Gesichtserkennung
■ Gedächtnis für Wörter und Zahlen	■ Gedächtnis für Umrisse und Musik
■ Bewegungsabfolgen	■ Räumliches Interpretieren
■ positive Emotionen	■ negative Emotionen
	■ emotionale Ansprechbarkeit (Responsivität)

Prinzipiell lässt sich an dieser Stelle lediglich festhalten, dass Menschen offensichtlich charakteristische Wahrnehmungsasymmetrien besitzen und das Gehirn in einer individuell typischen und stabilen Weise Aufgaben auf die beiden Hirnhälften verteilt. So kommen v. a. auch unterschiedliche kognitive Leistungen zustande (Zimbardo/Gerrig 1999, S. 88 ff.; Hoyer/MacInnis 2004, S. 85 f.).

2.2.2 Informationsaufnahme

2.2.2.1 Theoretische Grundlagen und Charakteristika

Der Bereich der Informationsaufnahme umfasst alle Vorgänge bis zur Übernahme von Reizen bzw. Informationen in den zentralen Prozessor (Kurzzeitspeicher bzw. -gedächtnis), wo die eigentliche kognitive Verarbeitung stattfindet, d. h. es werden nur jene Reize betrachtet, die vom sensorischen Speicher in den Kurzzeitspeicher gelangen.

Im Rahmen der Informationsaufnahme und besonders der Informationsverarbeitung werden auch die internen, gespeicherten Informationen (im Langzeitgedächtnis gespeichertes Wissen) abgerufen. Insofern umfasst das Informationsverhalten in einer weiteren Abgrenzung sowohl die Informationsbeschaffung als auch die Informationsverarbeitung (d. h. das gesamte Informationsverarbeitungssystem). Das Informationsverhalten der Konsumenten wird von Kroeber-Riel/Weinberg (2003, S. 247 ff.) gegliedert in:

- die interne und externe Informationsaufnahme sowie jeweils in
- das absichtslose, zufällige (passive) Aufnehmen von Informationen und
- das aktive Suchen nach Informationen, wobei die interne Informationssuche vor der externen präferiert wird, sodass

letztlich die Stärke der hinter der Informationsaufnahme stehenden Antriebskräfte den Umfang und die Intensität der Informationsaufnahme bestimmt (siehe Übersicht 53).

Übersicht 53: ***Arten der Informationsaufnahme von Konsumenten***

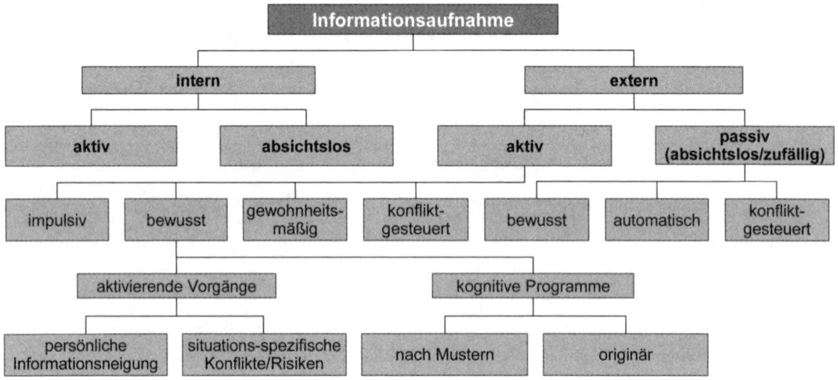

Quelle: Kroeber-Riel/Weinberg 2003, S. 246.

Wie die Autoren weiter ausführen erfolgt die *zufällige, absichtslose (passive) Informationsaufnahme* einerseits im Rahmen der persönlichen (Face-to-Face-) Kommunikation oder ausgelöst durch Informationen aus der Umwelt, bspw. der Massenkommunikation oder der POS-Gestaltung. Der Konsument nimmt unbewusst Informationen auf, z. B. auch aufgrund von gewohnheitsmäßigem oder automatischem Reagieren auf bestimmte Reizeigenschaften; so werden – wie erwähnt – die Bilder einer Anzeige als erstes fixiert und meistens länger betrachtet. Durch geeignete Platzierung von visuellen Informationseinheiten und durch ihre aktivierende Gestaltung lässt sich diese Informationsaufnahme der Empfänger beeinflussen.

Die *aktive Informationssuche* kann auf verschiedene Weise geschehen: impulsiv (häufig auf Neugier (Explorationsverhalten) beruhend), gewohnheitsmäßig (so auf verfestigten Verhaltensmustern beruhend), aufgrund von Konflikten, die in einer Situation auftreten (es ist dann weniger bewusst) sowie aufgrund von überlegten, bewussten Entscheidungen. Wie Kroeber-Riel/Weinberg (2003, S. 248 f.) weiter herausstellen, belegen empirische Untersuchungen, dass viele Konsumenten vor einem Kauf gar keine Informationen suchen und der übrige Teil, durchschnittlich gesehen, nur wenige Aktivitäten entfalten. Bspw. suchen fast ein Viertel der Konsumenten selbst beim Kauf teurer Farbfernsehanlagen keine Informationen und die anderen weisen relativ schwache Suchaktivitäten auf. Dies ist plausibel, denn die Mehrzahl der täglichen Kaufentscheidungen erfolgt limitiert, habituell (hier setzt man auf interne Informationen oder auf soziale Bestätigungen) oder gar impulsiv. Bei der ersten Gruppe dominieren frühere Marken- und Geschäftserfahrungen, nicht gesuchte Empfehlungen von Freunden und Verwandten oder persönliche Beziehungen zum Einzelhändler. Hinsichtlich einer bewusst gesteuerten Suchentscheidung lassen sich die individuelle Informationsneigung, der Umfang der Informationssuche und die Informationsquellen betrachten. Zur hier zunächst relevanten Erklärung, wie Konsumenten ihre Informationssuche steuern, ist es (wie für alle Verhaltenserklärungen) zweckmäßig,

- die aktivierenden Vorgänge, d. h. die Triebkräfte der Informationssuche und
- die kognitiven Programme, nach denen Suchstrategien ausgewählt werden,

zu unterscheiden. Denn damit können die vielfachen Variablen (siehe hierzu Raffée/Silberer 1981), die in Verbindung mit der Informationssuche diskutiert werden, geordnet werden. Grundsätzlich kann die Aktivierung der Informationssuche der Konsumenten aus psychologischer Sicht unter *personenspezifischen* (d. h. Konsument A hat eine stärkere Informationsneigung als Konsument B) und *situationsspezifischen Merkmalen* (d. h. bei der Wahrnehmung eines Produkts, einer Einkaufsstätte etc. entsteht ein Informationsbedarf) analysiert werden. Entsprechend den Persönlichkeitsmerkmalen ist die Informationsneigung als individuelle Prädisposition zu verstehen, d. h. als ein Persönlichkeitszug wie die Neigung zu Kritik oder zu Risiko, wobei in der neueren Konsumentenforschung dieses Verhalten als persönliches Involvement – neben dem situativen oder produktspezifischen Involvement – aufgefasst wird (siehe Abschnitt 3.2.2). Informationsbewusste Personen (*Informationssucher*) sind stets darauf bedacht, vor einer Kaufentscheidung hinreichend informiert zu sein. Insb. *Meinungsführer* und *Innovatoren* (siehe dazu Abschnitt 3.3.1) gelten als Informationssucher. Allerdings ist es noch nicht befriedigend gelungen, Informationssucher in einer praktikablen Weise anhand bestimmter Einstellungen zu charakterisieren, sodass sie indirekt über sozioökonomische Merkmale – bspw. gute Ausbildung, hohes Einkommen – beschrieben werden. Zugleich zeigen Studien, dass Informationssucher zwar aktiv Informationen suchen, aber eine ausgesprochen unkritische Haltung zum Konsum haben, d. h. eine gewisse Inkonsistenz aufweisen (Kroeber-Riel/Weinberg 2003, S. 250).

Der *Informationssuche* kommt im Rahmen *informationsökonomischer Ansätze* (siehe Abschnitt 1.2.1) eine zentrale Rolle zu. Sie wird zugleich an den Beginn der *(kognitiven) Totalmodelle* (siehe Abschnitt 1.3.1) und der *Vorkaufphase*, in Systematiken des *Konsumentenverhaltens in Kundenbeziehungen* gestellt (siehe Abschnitt 5.2.1). Dabei wird oftmals pauschal davon ausgegangen, dass ein bestimmtes Maß an Aktivierung und ein erkanntes Problem/Bedürfnis die Suche nach relevanten Informationen zur Lösung des Problems einleitet, wobei zunächst im eigenen Gedächtnis (interne Informationssuche) und dann in der Umwelt (externe Informationssuche) gesucht wird. Dies ist ein kognitiver Zugang, indem die aktivierende Wirkung von Informationsquellen – so der Massenkommunikation – oder generell die absichtslose, passive/zufällige Informationsaufnahme und -suche im Hintergrund stehen. Ebenso wird hier die Trennung zwischen Informationsaufnahme, -verarbeitung und -speicherung aufgegeben.

Folgt man dennoch dieser für den Abschnitt 5 relevanten Perspektive an dieser Stelle, dann ist die *interne Informationssuche,* d. h. der Rückgriff auf das eigene Wissen bzw. Gedächtnis und damit Informationen zu bisherigen Erfahrungen und Kenntnissen bzgl. verschiedener Produkte und Dienstleistungen, einsichtig. Freilich ist hier zwischen verschiedenen Typen von Informationen – so verbale, non-verbale etc. (siehe Abschnitt 2.2.4) – zu trennen. Es kommt hier also auf die Menge des Wissens und die

Zugriffsmöglichkeiten an. Für konkrete Entscheidungen heißt das, dass sich die Informationssuche auf den internen Bereich dann beschränken kann, wenn Erfahrungen vorliegen, was bspw. bei Erstkäufen nicht der Fall ist. Handelt es sich um Wiederholungskäufe, dann kann je nach ihrer Art die Kaufentscheidung bereits nach der internen Suche erfolgen oder aber eine externe Informationssuche auslösen (vgl. dazu auch Foscht 1998, S. 181). Die Beschränkung auf die interne (und der Verzicht auf eine externe) Suche ist (wie erwähnt) bei habitualisierten oder auch limitierten Käufen zu beobachten. Gründe dafür, warum die interne Informationssuche als tendenziell „nicht ausreichend" geeignet erscheint, sind nach Sheth/Mittal/Newmann (1999, S. 532) bspw. negative Erfahrungen in der Vergangenheit, radikale Änderung der Technologie seit dem letzten Kauf oder unregelmäßige/lange zurückliegende Käufe, hohes Kaufrisiko usw. Dies trifft auch bei Produkten zu, bei denen die Suche nach Neuigkeiten – das „Shopping" – einen Selbstzweck darstellt. Die Einzelgründe sind diskutabel, weil bspw. erstens eine der beliebtesten Strategien zur Kaufrisikoreduktion die auf „internen Informationen" fußende Markentreue ist und zweitens es zweckmäßig ist, die Gründe auf aktivierende Vorgänge und kognitive Programme zurückführen.

Die *externe Informationssuche* kann sich auf die gesamte Umwelt des Konsumenten, also z. B. auf Werbeinformationen, Ladengestaltung oder generell Beobachtungen, Empfehlungen von Freunden, Leistungstests, Beratungsgespräche oder auf Diskussionsgruppen im Internet beziehen. Sie sind v. a. auf einer aktiven Ebene bei extensiven Entscheidungen, aber zugleich auf einer passiven Ebene bspw. bei Impulskäufen relevant. Sheth/Mittal/Newmann (1999, S. 526 f.) fokussieren eher auf die aktive Informationssuche und unterscheiden – anders als Kroeber-Riel/Weinberg (2003), aber lediglich auf der Ebene der *kognitiven Programme* – zwei Suchstrategien:

- Bei der *systematischen Suche* sucht der Konsument tiefgehend, zielgerichtet und bereitet eine objektive Evaluierung vor. Personen, die systematisch konsultieren, nutzen meist mehrere Informationsquellen, gehen meist mit anderen Personen einkaufen, nehmen sich viel Zeit fürs Einkaufen, überlegen sehr viel und sind sog. Preisvergleichs-Käufer.
- Die *heuristische Suche* entspricht schnellen „Daumenregeln", d. h. sie sind nicht systematisch, können aber dennoch vom Konsument als rational bzgl. der Kosten und Nutzen der weiteren Suche eingestuft werden. Sie können u. a. wie folgt entstehen:
  - Weitreichende Rückschlüsse werden schnell aus einer Detailinformation gezogen (z. B. der Schluss von hohem Preis auf hohe Qualität).
  - Rückschlüsse auf neueste Technologie werden aus fortschrittlich klingenden technischen Termini gezogen (z. B. wissen nicht alle Konsumenten, die einen Videorekorder mit „VPS", „Show View", „Turbo Drive" etc. kaufen, was sich dahinter verbirgt, gehen aber davon aus, ein technisches Top-Niveau zu haben).
  - Erfahrungen aus der Vergangenheit werden herangezogen.
  - Marken werden zur Entscheidung herangezogen.
  - Die Entscheidung anderer (Vorbild-) Personen wird herangezogen.

Neben den strategischen Aspekten können bzgl. der externen Suche mehrere Dimensionen unterschieden werden. Konkret spricht man vom Suchumfang, von der Suchrichtung und von der Suchreihenfolge, die in Übersicht 54 mit jeweils charakteristischen Fragestellungen dargestellt sind (Blackwell/Miniard/Engel 2001, S. 107 ff.).

Übersicht 54: ***Dimensionen der externen Suche***

Suchumfang	Suchrichtung	Suchreihenfolge
■ Wie viele Marken werden in Erwägung gezogen? ■ Wie viele Produktattribute werden in die Suche einbezogen? ■ Wie viele Informationsquellen werden genutzt? ■ Wie viele Informationsquellen werden genutzt?	■ Welche Marken werden in Erwägung gezogen ■ Welche Geschäfte werden besucht/kontaktiert? ■ Welche Produktattribute werden einbezogen?	■ In welcher Reihenfolge werden Marken erwogen/Geschäfte besucht/kontaktiert? ■ In welcher Reihenfolge werden die Produktattribute verarbeitet? ■ In welcher Reihenfolge werden Informationsquellen genutzt?

2.2.2.2 Bedeutung und Messung

Die Informationsaufnahme hat eine hohe Bedeutung für die Marketingaktivitäten, da sie einen zentralen Filter des Kaufverhaltens bildet. Wenngleich verschiedene Formen der Informationsaufnahme zu differenzieren sind, liegt ein Schwerpunkt der Konsumentenverhaltensforschung auf der externen Aufnahme von Informationen und dabei auf visuellen Informationen, so Werbe-/Bildinformationen. Indessen werden als *Informationsquellen* Verkaufsgespräche, Gespräche mit Bekannten, Testinformationen in Zeitschriften und die Werbung genannt. Dabei hat die persönliche Kommunikation bei der Informationsbeschaffung eine größere Bedeutung als die Massenkommunikation.

POS-Displays erzeugen Aufmerksamkeit

POS-Displays werden von Unternehmen dazu verwendet, im Handel, der immer stärker mit neuen Produkten „überfüllt" wird, die Aufmerksamkeit zu wecken. Zur Verdeutlichung der Effekte von Displays auf das Käuferverhalten ist eine Studie in Lebensmittel- und Spirituosenläden zu erwähnen. Einige dieser Läden wurden mit einem Display ausgestattet, andere nicht. Die Läden ohne Display stellten dabei die Vergleichsgruppe dar, anhand der ermittelt wurde, ob die Displays in den anderen Läden die Verkaufszahlen beeinflussten. Darüber hinaus wurden zwei unterschiedliche Typen von Displays getestet: „Bewegungs-Displays" und statische Displays. In den Läden wurden nun die Verkaufszahlen über einen Zeitraum von vier Wochen beobachtet. In Übersicht 55 sind die Ergebnisse der Untersuchung dargestellt.

Übersicht 55: ***Wirkung unterschiedlicher POS-Displays***

	Statisches Display	Bewegtes Display
Lebensmittelgeschäft	18 %	49 %
Spirituosengeschäft	56 %	107 %

Diese Ergebnisse lassen erkennen, wie wirksam Displays dazu beitragen können, die Verkaufszahlen zu erhöhen. Durchschnittlich führte die Installation eines Displays zu einem Anstieg des Absatzes der herausgestellten Produkte um mehr als 50 %. Der stärkere Anstieg der Verkäufe zeigte, dass die Möglichkeit, Bewegungen darzustellen, die Effektivität der Displays wesentlich erhöhte. Durch eine entsprechende Bewegungsdarstellung wurden in den Lebensmittelläden dreimal höhere, in den Spirituosenläden nahezu doppelt so hohe Verkaufszahlen im Vergleich zu einem statischen Display erzielt (Blackwell/Miniard/Engel 2001, S. 444).

Die Häufigkeit und die Art der Nutzung der unterschiedlichen Informationsquellen hängen v. a. von dem entsprechenden Produkt, der Branche, dem Involvement des Konsumenten und den situativen Einkaufsbedingungen ab. So sind etwa für involvierte, modebewusste Kundinnen im Textilbereich hauptsächlich Mode-Zeitschriften und das direkte, persönliche Verkaufsgespräch als Informationsquelle relevant (Gröppel 1991, S. 215), wohingegen Buchkäufer v. a. die Beratung im Bekanntenkreis, im Geschäft und über das Schaufenster bevorzugen (Martin/Scheer 1995). Meffert (1979, S. 56 ff.) zeigt empirisch auf, dass Konsumenten beim Kauf eines Produkts nicht unbedingt diejenigen Informationsquellen heranziehen, die sie besonders hoch einschätzen, sondern häufig auf andere zurückgreifen. Dies gilt insb. für Verbraucherberatungsstellen sowie Test- und Fachzeitschriften, die als Informationsquelle am besten beurteilt werden, aber in der Nutzungshäufigkeit eher eine untergeordnete Rolle spielen. Diejenigen, die Verbraucherberatungsstellen als sehr informativ bezeichnen, nahmen diese zu 58 % bei ihrer letzten größeren Anschaffung nicht in Anspruch. Zugleich ist festgehalten, dass für die Konsumenten die Grenzen zwischen den einzelnen Absatzkanälen und auch Informationsquellen verschwimmen. D. h. Konsumenten unterscheiden immer weniger, wo sie eine Information aufgenommen haben (ob im Internet, am Telefon oder in einem persönlichen Gespräch), wichtig ist vielmehr, dass die Erlebnisse den Erwartungen entsprechen und die Konsumenten letztendlich mit den Leistungen des Unternehmen zufrieden sind.

Wie angedeutet ist es sinnvoll, die Partialerklärungen für die Steuerung der Informationssuche durch Konsumenten auf *aktivierende Vorgänge* und *kognitive Programme* zurückzuführen. In der Literatur werden indessen eine Reihe von Größen betrachtet, die in einer Einzelbetrachtung die Informationssuche bestimmen. Folgende (und weitere) *Determinanten* bestimmen die Art und Weise *der Informationssuche bzw. -aufnahme* (vgl. dazu etwa Solomon/Bamossy/Askegaard 2001, S. 253 ff.):

- subjektiv wahrgenommene Bedeutung des Kaufs bzw. der Entscheidung
- Nutzen der Suche
- subjektiv wahrgenommenes Kaufrisiko
- Komplexität und Erklärungsbedürftigkeit des Produkts
- Einstellung zum Einkaufen
- positive oder negative Erfahrungen aus früheren Entscheidungen (Wissen)
- Dringlichkeit der Entscheidung
- Involvement

Die Rolle der meisten der determinierenden Faktoren erscheinen weitgehend selbsterklärend. Betrachtet man an dieser Stelle bspw. den Nutzen der Suche, dann suchen hier – ganz den Grundideen der Informationsökonomie folgend – Konsumenten so viele Informationen, wie nötig sind, um wohl überlegte Entscheidungen zu treffen. Da jede Information Kosten verursacht, werden nur jene Informationen gesucht, die eine Aussicht auf Belohnung (i. S. einer besseren Entscheidung) – also einen höheren Nutzen – bieten. Aus dieser Grundüberlegung folgt auch, dass zuerst jene Informationen gesucht werden, die den höchsten Nutzen versprechen. Weitere Informationen werden sukzessive entsprechend ihrem potenziellen Nutzen herangezogen und zwar so lange bis die Kosten für zusätzliche Informationen (finanziell, zeitlich, psychologisch) nicht größer sind als der erwartete Nutzen. Dies ist freilich eine kognitive Erklärung.

Kundenartikulation im Internet – virtuelle Meinungsplattformen

Das Internet bietet dem Konsument verschiedene neuartige Möglichkeiten, Meinungen und Erfahrungen anderer Konsumenten bzgl. einzelner Produkte und Dienstleistungen zu erfahren bzw. selber diese anderen zugänglich zu machen. In diesem Zusammenhang wird von Kundenartikulationen im Internet gesprochen, welche definiert werden als negative oder positive Äußerungen von potenziellen, aktuellen oder ehemaligen Kunden über ein Produkt, eine Dienstleistung oder ein Unternehmen, die über das Internet einer Vielzahl anderer Personen zugänglich gemacht werden (Hennig-Thurau/Hansen 2001, S. 562). V. a. Kundenartikulationen auf virtuellen Meinungsplattformen (Virtual Communities), wie www.ciao.com oder www.epinions.de bieten dem Konsumenten eine Vielzahl von Informationen an (Weiber/Meyer 2002, S. 352 ff.). Der Konsument hat Gelegenheit, über eine große Menge an Informationen zu verfügen, aber im Gegensatz zur klassischen Werbung seine Informationen selber zu selektieren. Im Vergleich mit z. B. einem Verkaufsgespräch liegt der Vorteil von Meinungsplattformen in der Unabhängigkeit des „Gegenüber".

Comparison Shopping

Eine Form der Suche nach kaufrelevanten Informationen, die eng mit dem Internet und dessen Möglichkeiten zusammenhängt, wird unter dem Begriff Comparison Shopping diskutiert. Häufig stellt sich die Situation so dar, dass ein Konsument über Internet-Plattformen Preisinformation über ein Produkt sucht und mit dem günstigsten Angebot den entsprechenden Händler vor Ort konfrontiert. Es treten aber auch umgekehrte Fälle auf, in denen zuerst ein Fachhändler besucht und dessen Beratung in Anspruch genommen wird und danach im Internet nach dem günstigsten Angebot für das in Frage kommende Produkt gesucht wird. Unter Comparison Shopping kann also die Weiterentwicklung des klassischen Produktvergleichs unter zu Hilfenahme des Internet verstanden werden, im Rahmen dessen verkaufskanalübergreifend verglichen wird. Von den entsprechenden Beispielen ist hier auf www.geizhals.de zu verweisen, wo Digital-Kameramodelle usw. verglichen werden können.

In diesem Zusammenhang ist der Begriff des *wahrgenommenen Risikos* aufzugreifen, das mit dem Produktinvolvement zusammenhängt. Dieses entsteht, wenn bspw. der Konsument aufgrund der verfügbaren Informationen Abweichungen zwischen seinen Erfahrungen bzw. Erfolgserwartungen und den zu erwartenden Folgen seines Handelns (seines Kaufs) erkennt. Wie Kroeber-Riel/Weinberg (2003, S. 251) ausführen, wird in der Literatur oftmals die Hypothese wiedergegeben, wonach die kognitive Inkonsistenz bzw. dieser kognitive Konflikt dazu führen, dass je intensiver das wahrgenommene Kaufrisiko ist, umso größer der Antrieb, zusätzliche Informationen zu suchen. Dies wird v. a. beim Kauf von neuen Produkten angeführt, da hier der Konsument versucht, durch die Inanspruchnahme von persönlicher Kommunikation dieses Risiko zu minimieren bzw. gänzlich auszuräumen. Wie die Autoren ausführen verdeckt diese Argumentation leicht die motivationale Funktion des wahrgenommenen Risikos. Dieses ist zunächst nur der Anlass für eine Informationssuche. Inwieweit tatsächlich Informationen gesucht werden, hängt von der Auswahl der zur Verfügung stehenden Risiko-Reduzierungs-Strategien ab; hier gibt es nämlich neben der aktiven

Informationssuche eine Reihe weiterer Strategien, um das Risiko zu reduzieren; am stärksten verbreitet ist immer noch die gewohnheitsmäßige (habituelle) Wahl der Produkte, Marken, Einkaufsstätten, d. h. letztlich die Treue. Genau genommen ist der Zusammenhang zwischen wahrgenommenem Risiko und Informationssuche ein indirekter: wahrgenommenes Risiko → Wahl der Risiko-Reduzierungs-Strategien → Informationssuche.

Risikoarten

Das Risiko, das Konsumenten im Zusammenhang mit einer bevorstehenden Kaufentscheidung wahrnehmen, kann sehr vielfältig sein und lässt sich in folgende Gruppen einteilen (Solomon/Bamossy/Askegaard 2001, S. 260; Blackwell/Miniard/Engel 2001, S. 108):

- *Finanzielles Risiko* besteht, wenn es darum geht, Geld oder Eigentum zu verlieren. Dieses ist dann groß, wenn es um große Kaufentscheidungen (z. B. Haus, Auto etc.) geht und bei relativ geringem verfügbarem Einkommen.
- *Funktionales Risiko* besteht, wenn es um die funktionale Befriedigung von Bedürfnissen geht. Groß ist dieses Risiko insb. bei jenen Konsumenten, die sehr praktisch orientiert sind.
- *Psychologisches Risiko* liegt vor, wenn es darum geht, dass der persönliche Status oder die Zugehörigkeit in Gefahr sind. Besonders groß ist diese Risikoform bei Menschen mit geringer Selbstachtung oder Attraktivität.
- *Physisches Risiko* besteht, wenn die Gesundheit, Vitalität oder die körperliche Kraft in Gefahr sind.
- *Soziales Risiko* liegt vor, wenn die soziale Anerkennung in Gefahr zu sein scheint bzw. gesichert werden soll. Berücksichtigt werden diese Aspekte bei symbolträchtigen Produkten wie z. B. Auto, Kleidung oder Schreibgerät.
- *Zeitliches Risiko* besteht, wenn der Kauf eines Produktes bis zu einem bestimmten Zeitpunkt abgeschlossen werden muss. Dies kann der Fall sein, weil man noch knapp vor Ladenschluss „etwas" kaufen muss oder bei Geschenken. Das Risiko besteht darin, dass nach Ablauf der Zeit das Produkt wie im ersten Fall nicht mehr erhältlich ist oder wie es im zweiten Fall nach dem jeweiligen Zeitpunkt sozusagen wertlos ist (z. B. Weihnachts-/Geburtstagsgeschenk).
- *Versäumnis-Risiko* liegt vor, wenn Produkte nur eingeschränkt verfügbar sind bzw. Dienstleistungen nur eingeschränkt angeboten werden. Das Risiko liegt hier insb. darin, das Einmalige (z. B. Sondereditionen, Sammlerstücke, handsignierte Stücke, aber auch einmalige Preise) nicht zu versäumen.

Die hinsichtlich der Konsumenten getroffenen Aussagen gelten grundsätzlich auch für industrielle Einkäufer (siehe im Einzelnen Kapitel III), was etwa in der Typologie des Informationsverhaltens von Strothmann (1979) zum Ausdruck kommt, d. h. im Einkäuferverhalten. Tendenziell gilt jedoch, dass bei den stärker phasendifferenzierten, multipersonalen Beschaffungsentscheidungsprozessen beim Kauf von Investitionsgütern eine intensivere und bewusster gesteuerte aktive Informationsbeschaffung vorliegt. Dies schließt jedoch eine zufällige Informationsaufnahme – die freilich anders als im Konsumgüterbereich hier nicht dominiert – nicht aus.

Messung der Informationsaufnahme

Neben den genannten Ergebnissen bzgl. der genutzten Informationsquellen stehen zur Messung der Informationsaufnahme (i. e. S.) mehrere Möglichkeiten zu Verfügung.

Die *Befragung* wird oftmals als Messmethode der Informationsaufnahme angewandt, was allerdings gerade bei der Erforschung des absichtslosen, zufälligen, passiven Suchverhaltens von Informationen mangelhaft ist. Faktisch lässt sich verbal nur ein Teil der Informationsaufnahme ermitteln und zwar nur jener, der bewusst kontrolliert und erinnert wurde. D. h., es können nur Informationen wiedergegeben werden, die der Proband mindestens im Kurzzeitgedächtnis hat, sodass die tatsächliche Informationsaufnahme wesentlich größer ist und besonders die reaktive und nicht-bewußt kontrollierte Informationsaufnahme nicht erfasst wird (vgl. dazu Kroeber-Riel/Weinberg 2003, S. 247 f.). Hier liegt ein Validitätsproblem vor, d. h. der Zusammenhang zwischen Messabsicht und Messergebnis ist nur unzureichend gegeben.

Ein weiteres Verfahren – mit wachsender Bedeutung – ist die unmittelbare *Beobachtung des motorischen Verhaltens* der Konsumenten bspw. am POS und eine detaillierte Messung körperlicher Kommunikationssignale. Der Vorteil liegt hier in der realen Situation der Informationsbeschaffung, während aber neben der Praktikabilität das Problem zu berücksichtigen ist, dass nur ein Teil der tatsächlich aufgenommenen Informationen im beobachtbaren Verhalten zum Ausdruck kommt. Zur Erfassung dieser nonverbalen Indikatoren empfiehlt sich nach Weinberg (1986, S. 27 ff.) folgendes Vorgehen:

- Man beobachtet das Konsumentenverhalten, sei es im Feld oder im Labor. Dabei kann die Festlegung des Standorts hinsichtlich Präzision und Vergleichbarkeit der Beobachtung gewisse Probleme bereiten.
- Das Verhalten wird in einzelne Signalsysteme zerlegt, z. B. Mimik, Gestik und Körperhaltung. Es empfiehlt sich, per Videofilm etc. einzelne Verhaltenssequenzen festzuhalten.
- Geschulte Beobachter interpretieren die Signalsysteme, zunächst einzeln in der Kommunikationssituation bzw. anhand der Aufzeichnungen, dann gemeinsam mit anderen Beobachtern. Dabei ist die Verwendung eines standardisierten Notationssystems unumgänglich.
- Zur Validierung der Ergebnisse kann teils auf bewährte Befunde zurückgegriffen werden, teils wird es möglich sein, eine nachträgliche Befragung der Testpersonen vorzunehmen (Selbsteinschätzung).
- Zur Prüfung der Reliabilität bieten sich z. B. das Test-Retest-Verfahren, Paralleltests oder varianzanalytische Tests an.

In neuen Medien, so im Internet, bei POS-Terminals oder virtuellen Läden besteht eine Reihe weitergehender Möglichkeiten zur Messung der Informationsaufnahme bzw. -suche, die i. d. R. aber auf die Suche in diesen Medien begrenzt ist. Zu erwähnen sind hier die Protokollierung der Informationsabrufe (Hits, Page-Impressions, Visits, Click-Rates etc.) in sog. Log-Files sowie die entsprechende Analyse bis hin zur Kombination mit verbalen oder psychobiologischen Analyseverfahren. Die (klassische) Blickaufzeichnungstechnik kann als weit entwickelte Technik bzw. psychobiologische Methode zur Messung der visuellen Informationsaufnahme benannt werden (siehe Übersicht 56).

Übersicht 56: ***Blickaufzeichnung beim Betrachten einer Anzeige und einer Web-Page***

Quelle: Kroeber-Riel/Esch 2000, S. 189; SensoMotoric Instruments GmbH 2004.

Ihr Vorteil liegt in der Erfassung der reaktiven Muster der Informationsaufnahme, so der gewohnheitsmäßigen und automatischen Reaktionen. Mit Hilfe spezieller Brillen wird die Bewegung der Pupillen aufgezeichnet, wobei alle Punkte einer Anzeige identifiziert werden, die das Auge aufgenommen hat; ob sie gespeichert werden, ist fraglich. Im Ergebnis wird deutlich, dass – wie angedeutet – eine Anzeige nicht systematisch betrachtet wird, sondern der Blick die Anzeige mit unregelmäßigen Sprüngen abtastet, die dem Betrachter nicht bewusst werden. Jeder Blickverlauf zerfällt in Fixationen und Saccaden. Bei Fixationen verweilt der Blick auf einem bestimmten Punkt der Anzeige (Dauer: 200-400 msec), während bei Saccaden der Blickverlauf von einem bestimmten Punkt zum nächsten springt (30-90 msec). Fixationen sind die eigentlichen Indikatoren der Infoaufnahme, denn nur hier können die Informationen, die der Blick eine Mindestzeit lang fixiert, ins Kurzzeitgedächtnis gelangen. Diese Tatsache hat Auswirkungen (insb.) auf die Werbe- oder Bildschirmgestaltung, denn die Fixationen sind als Indikatoren für die Übernahme der visuellen Informationen in den Kurzzeitspeicher entscheidend. Darüber hinaus zeigen entsprechende Untersuchungen, dass es zumindest zwei Muster der Informationsaufnahme gibt:

- Bei der gewohnheitsmäßigen Informationsaufnahme folgt der Proband einem gelernten Blickverhalten, das auf wiederkehrende Erfahrungen habitualisiert wird, z. B. erlerntes Lesen (von links nach rechts). Die Textbetrachtung des Blickverhaltens sieht so aus, dass oben mehr fixiert wird als unten, oben links am meisten und unten links am wenigsten fixiert wird, und dass Bilder einer Anzeige tendenziell zuerst betrachtet werden, was zur Umkehrung des Blickverhaltens führen kann. Zu beachten ist freilich die Bildgröße.
- Beim automatischen Reagieren besteht durch die Reizangebote visueller Art die Chance für die Werbung, das gewohnheitsmäßige Verhalten zu durchbrechen. Dadurch steigt die Wahrscheinlichkeit, dass eine Anzeige wahrgenommen wird.

Übersicht 57 zeigt ein Experiment, bei dem der Blickverlauf unmittelbar am POS aufgezeichnet wird und so die Wertigkeit der einzelnen Regalelemente anhand des Grads der Informationsaufnahme bewertet werden kann.

Übersicht 57: ***Blickaufzeichnung beim Betrachten eines Regals***

Quelle: Lebensmittelzeitung, 30. Mai 2003, S. 44.

2.2.3 Informationsverarbeitung

2.2.3.1 Theoretische Grundlagen und Charakteristika

Die Informationsverarbeitung wurde als ein über die Informationsaufnahme hinausgehender kognitiver Prozess definiert, der mit Vorgängen wie Wahrnehmung, Denken und Entscheiden verbunden ist. Wie verbreitet ist in diesem Zusammenhang einerseits auf die Wahrnehmung als subjektive, selektive und aktive anderseits auf die Produktbeurteilung als kognitive Informationsverarbeitung zu fokussieren.

> *Wahrnehmung ist ein kognitiver Prozess der Informationsverarbeitung, bei dem vom Individuum aufgenommene Umweltreize und innere Signale entschlüsselt zu einem inneren Bild der Umwelt und der eigenen Person verarbeitet werden, sodass sie einen Sinn (Informationsgehalt) erhalten (Schiffman/Kanuk 2004, S. 158).*

Wahrnehmung ist, Gegenstände, Vorgänge, Beziehungen in einer bestimmten Weise zu sehen, hören, tasten, schmecken, riechen, empfinden und diese Sinneseindrücke zu interpretieren und in einen sinnvollen Zusammenhang zu bringen (Solomon 2004, S. 49 ff.). Sie ist zunächst ein Vorgang der Informationsgewinnung, und zwar von Umweltreizen und von Innen- bzw. Körperreizen (äußere und innere Wahrnehmung). Die äußere Wahrnehmung erfolgt primär durch bewusste Informationsaufnahme, wobei daneben auch Reize unterhalb einer Wahrnehmungsschwelle (*unterschwelliger Wahrnehmung*) aufgenommen werden (Koeppler 1972). Zugleich ist nicht nur die passive Aufnahme von Reizen, z. B. bei der *Orientierungsreaktion*, sondern auch die aktive

Informationsaufnahme und -weiterverarbeitung von Reizen Bestandteil des Wahrnehmungsprozesses (Kroeber-Riel/Weinberg 2003, S. 269). Die subjektive Interpretation der Reize umfasst auch ihre Bewertung. Damit handelt es sich bei der Wahrnehmung um einen komplexen kognitiven Vorgang, der mit anderen kognitiven Vorgängen wie Aufmerksamkeit, Denken und Gedächtnis verknüpft ist.

Orientierungsreaktion

Beim Begriff der Orientierungsreaktion handelt sich um ein Phänomen, das in enger Beziehung zur Aufmerksamkeit zu sehen ist. In der Literatur werden teilweise beide Begriffe nicht gegeneinander abgegrenzt, teilweise wird Aufmerksamkeit als Oberbegriff angesehen. Die Orientierungsreaktion ist eine kurzzeitige, reflexartige Hinwendung des Organismus zu einem Reiz oder einer Reizkonstellation (Kroeber-Riel/Weinberg 2003, S. 62 f.). Die so ausgelöste *phasische Aktivierung* sensibilisiert das Informationsverarbeitungssystem des Menschen für diesen Reiz. Diese Reaktion äußert sich z. B. motorisch durch die Drehung des Kopfs zur Reizquelle oder in einer Erweiterung der Pupille. Hierin zeigen sich auch die spezifischen Möglichkeiten zur Messung der Orientierungsreaktion. Sie wird durch die Eigenschaften von Reizen bestimmt, so Intensität, Farbe, Größe, Neuartigkeit und Ungewissheit.

Essenziell ist das Begreifen der komplexen Wahrnehmungsprozesse als ein subjektiver, selektiver und aktiver Vorgang (Kroeber-Riel/Weinberg 2003, S. 268 ff.).

- Die Wahrnehmung unterliegt der *Subjektivität* des Individuums, d. h. nicht die objektive, sondern die subjektiv wahrgenommene Umwelt (Unternehmen, Produkte, Einkaufsstätten etc.) wird erlebt. Die komplexe Umwelt wird in eine vereinfachte, subjektive Umwelt transformiert und durch subjektive Interpretation und Bewertung entstehen Abweichungen zwischen Realität und wahrgenommener Umwelt sowie bspw. inneren Bildern von Gegenständen, Vorgängen oder Personen.
- Wahrnehmung ist nicht nur eine passive Aufnahme von Reizeindrücken, sondern ein *aktiver Vorgang* der Informationsaufnahme und -verarbeitung, durch die sich der Einzelne seine subjektive Umwelt selbst konstruiert.
- In engem Zusammenhang mit der Subjektivität steht die *Selektivität* der Wahrnehmung (Behrens 1991, S. 14 ff.), denn aus der Vielzahl der auf die Sinnesorgane einwirkenden Reize wird bzw. muss ein bestimmter, kleiner Teil herausgefiltert werden. Ohne diesen Auswahlvorgang wäre das Informationsverarbeitungssystem überfordert. Welche Reize ausgewählt werden, ist von den reaktiven und bewusst gesteuerten Formen der Informationsaufnahme abhängig. Dabei werden verschiedene Selektionsformen angewendet, bspw. die auf der biologischen Entwicklung des Menschen, speziell seiner Sinnesorgane, beruhen. Dies gilt für die Selektion bzw. Konzentration auf die bspw. für den Einzelnen wichtigen Reizarten und Bandbreiten der verschiedenen Reizarten (Schiffman/Kanuk 2004, S. 168 ff.).

Die menschliche Wahrnehmung ist ein bevorzugter Gegenstand kognitiver Theorien, die meistens die Informationsverarbeitung anhand eines mehrstufigen Gedächtnismodells erklären (siehe Abschnitt 2.2.3.1). D. h., dass die von der Umwelt, bspw. beim Ladenbesuch ausgelösten Sinneseindrücke, zunächst eher passiv und kurz im sensorischen Speicher festgehalten werden, wobei nur ein kleiner Teil dieser Sinneseindrücke ins Kurzzeitgedächtnis, die zentrale Verarbeitungseinheit gelangt und unter Rückgriff auf im

Langzeitspeicher vorhandene Erfahrungen verarbeitet wird. Ein zentraler Vorgang liegt dabei in der Entschlüsselung der äußeren und inneren Reize, d. h. diese müssen identifiziert, dechiffriert und als relevant erkannt werden (Mowen/Minor 2001, S. 47 f.). Übersicht 58 zeigt mehrdeutige Reize (Stimuli) und Wahrnehmungstäuschungen. Bspw. kann der Rubin'sche Becher entweder als ein weißer Gegenstand mitten auf einem schwarzen Grund gesehen werden oder als zwei schwarze Gegenstände, zwischen welchen sich eine weiße Fläche befindet. In der Müller-Lver´schen Täuschung werden gleich lange Linien und in der Ebbinghaus´schen Täuschung gleich große Kreise subjektiv unterschiedlich wahrgenommen. Das Hermann´sche Gitter erzeugt die Wahrnehmung kleiner Quadrate in den Zwischenräumen zwischen den großen, schwarzen Quadraten.

Übersicht 58: ***Subjektivität der Wahrnehmung***

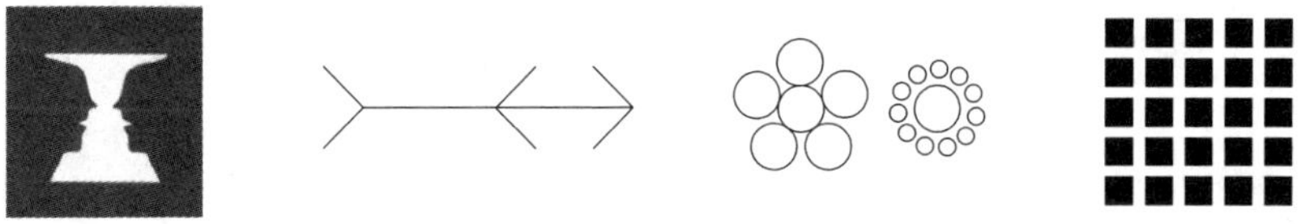

„Rubin'scher Becher" | Müller-Lyer'sche Täuschung | Ebbinghaus'sche Täuschung | Hermann'sches Gitter

Quelle: In Anlehnung an Felser 2001; Mayer 2000; Rosenstiel/Kirsch 1996, S. 82.

Eine der grundlegenden Eigenschaften des Wahrnehmungsprozesses besteht also darin, Mehrdeutigkeiten und Ungewissheiten über die Umgebung in eine subjektiv klare Interpretation zu übersetzen (Zimbardo/Gerrig 1999, S. 110 f.). Da es sich letztlich um einen komplexen Vorgang der Aufnahme, Zusammenführung und Interpretation externer und interner Informationen, Reize, Eindrücke, Einstellungen/Images usw. handelt, ist es kaum möglich, die menschliche Wahrnehmung als einen eigenständigen Vorgang abzugrenzen und zu untersuchen. Dies würde nach Kroeber-Rier/Weinberg (2003, S. 272 ff.) in letzter Konsequenz die Untersuchung des gesamten menschlichen Verhaltens bedeuten. Sie schlagen zur Analyse der vielfachen in der Wahrnehmung aufgehenden psychischen Teilprozesse die Unterscheidung in aktivierende und kognitive Bestimmungsgrößen vor und heben dabei v. a. emotionale und motivationale Aspekte hervor. Dabei spielt die Aufmerksamkeit eine große Rolle, denn nur solche Reize, die Aufmerksamkeit erzeugen, werden bewusst wahrgenommen und effizient verarbeitet. Ferner werden solche Reize wahrgenommen, die den Bedürfnissen und Wünschen der Konsumenten entsprechen.

Produktbeurteilung

Wie hervorgehoben, steht in engem Zusammenhang mit der Wahrnehmung der *Prozess des Produktbeurteilung* bzw. des Entscheidens. So sind die allgemeinen Ansätze bezogen auf das Konstrukt der Wahrnehmung auch für die Produktbeurteilung von Bedeutung, die besonders aufgrund ihrer praktischen Relevanz zu beachten ist (siehe Abschnitt 2.2.3.2).

Entscheiden bedeutet, eingeschränkt auf den Bereich der (Produkt-) Beurteilung, das Ordnen und Bewerten von aufgenommenen Produktinformationen, sodass daraus ein Qualitätsurteil entsteht.

Gestaltpsychologie

Die Gestaltpsychologie, begründet Anfang des 20. Jahrhunderts, hob die Rolle angeborener Strukturen (Anlagen) des Menschen bei der Wahrnehmung bzw. der sog. Wahrnehmungsorganisation hervor. Die Vertreter der Gestaltpsychologie waren überzeugt, dass gewisse Phänomene nur zu verstehen sind, wenn sie als organisierte, strukturierte Ganzheit betrachtet werden, nicht aber, wenn sie in die Grundeinheiten der Wahrnehmung zerlegt werden. Gestalt steht in diesem Zusammenhang für „Form", „Ganzes", „Konfiguration" oder „Wesen". Sie bauten ihre Implikationen auf der Aussage auf, dass „das Ganze mehr als die Summe seiner Teile ist" bzw. „eine Gestalt ist mehr als die Summe der Einzelteile", wie bspw. in der Musik, in der ganze Melodien wahrgenommen werden, obwohl diese aus einzelnen Noten bestehen. Sensorische Informationen werden so strukturiert, dass es sich dabei um die ökonomischste und einfachste Art handelt, Sinnesreize zu strukturieren.

Auf diesem Ansatz basieren unterschiedliche weitere Prinzipien der Wahrnehmung (-sorganisation):

- Ähnlichkeiten und Nähe (ähnlich Beschaffenes und Benachbartes gehört zusammen)
- Prägnanz (einfache Muster, stabile Strukturen)
- Geschlossenheit (fehlende Elemente werden ergänzt)
- Figur-Grund-Wahrnehmung (visuelle Stimuli werden zu Figur-Informationen und zu Hintergrund-Informationen organisiert)
- Fortsetzung und Richtung (fortlaufende Konturen werden bevorzugt) (Zimbardo/Gerrig 1999, S. 113, S. 130 ff.).

Das Prinzip der Geschlossenheit, d. h., dass der Mensch versucht, fehlende Elemente zu ergänzen, macht sich folgende Anzeige zu nutze.

Übersicht 59: ***Anwendungsbeispiel in der Print-Kommunikation***

Quelle: Hoyer/MacInnis 1997, S. 81.

I. e. S. ist die Produktbeurteilung als ein Unterbegriff zur Wahrnehmung zu sehen, zumal die Wahrnehmung die Prozesse von der Entschlüsselung von Reizen und ihre gedankliche Weiterverarbeitung bis hin zur Beurteilung des wahrgenommenen Gegenstands umfasst. Entsprechend ist die *Produktwahrnehmung* als ein aktueller, meist durch Reizdarbietung ausgelöster Prozess zu begreifen und die Einstellung zu einem Produkt repräsentiert ein verfestigtes (gelerntes) Ergebnis von vorausgegangenen Wahrnehmungsvorgängen (Schiffman/Kanuk 2004, S. 179 ff.). Die Produktdarbietung, definiert als komplexe Reizkonstellation, gliedert sich in:

- *unmittelbare Produktinformation*, so die wahrgenommenen physikalisch-technischen Eigenschaften des Produkts (Farbe, Form, Design) oder die wahrgenommenen sonstigen Merkmale des Produktangebots (Preis, Garantieleistungen) und
- die *Produktumfeldinformationen*, so die wahrgenommene Angebotssituation der jeweiligen Produktdarbietung (Layout, Ladenausstattung, die Präsentation des Produkts im Laden, Verkaufspersonal) oder die wahrgenommene sonstige Situation, die in keinem direkten Zusammenhang mit der Produktdarbietung steht (z. B. Einkauf in Begleitung eines Kindes oder alleine).

In beiden Fällen können die Informationen aus der Umwelt (aktuelle Informationen) und aus dem Gedächtnis (gespeicherte Information) stammen.

Übersicht 60: ***Einflussfaktoren auf die Produktbeurteilung***

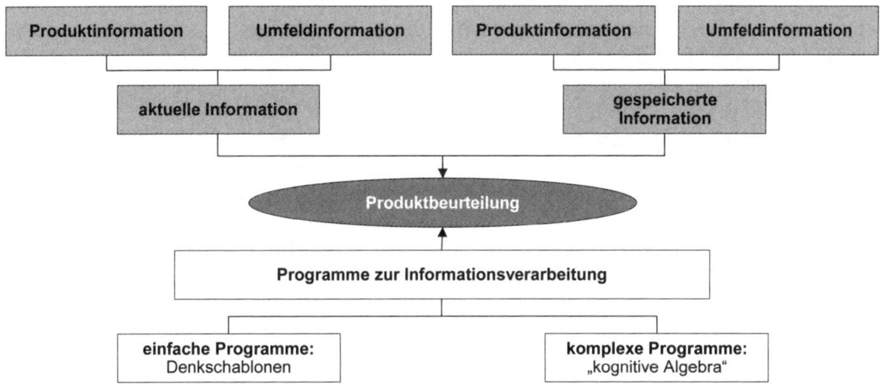

Quelle: Kroeber-Riel/Weinberg 2003, S. 280.

Von diesen direkt wahrgenommenen Informationen über die Produktdarbietung und ihr Umfeld schließt der Konsument auf weitere Informationen über das Produktangebot, sog. abgeleitete Informationen über das Produkt. Z. B. schließt der Konsument von der Darbietungsart auf die Qualität, Nützlichkeit, Lebensdauer etc. Wichtig bei der Produktbeurteilung ist der Begriff der *Schlüsselinformationen*. Darunter sind Informationen zu verstehen, die für die Produktbeurteilung besonders wichtig sind und mehrere Informationen bündeln oder substituieren können. Sie werden wie auch die einfachen sowie komplexen psychologischen (Entscheidungs-) Programme, d. h. Denkschablonen und „kognitive Algebra", im folgenden Abschnitt in Verbindung mit der praktischen Bedeutung und Messung behandelt (siehe auch Abschnitt 4.3).

Unterschwellige Wahrnehmung/Werbung

In den fünfziger Jahren des 20. Jahrhunderts behauptete James Vicary, Eigentümer eines privaten Forschungsunternehmens in den USA, er habe eine Möglichkeit entdeckt, Konsumenten zu Ausgaben zu bewegen, ohne dass sich die Personen diesbezüglich einer Beeinflussung bewusst sind. Er berichtete, er habe kurze Anzeigen für Popcorn und Coca-Cola auf einer Kinoleinwand so schnell eingeblendet, dass sie von den Betrachtern nicht bewusst wahrgenommen wurden, d. h., dass sich die gegebenen Reize in Form der Slogans „drink coke" und „eat popcorn" unterhalb der absoluten Reizschwelle befanden. Nach einem Zeitraum von sechs Wochen führten diese unterbewussten Werbungen nach Vicary's Aussagen dazu, dass sich die Verkaufszahlen von Popcorn um 18 %, die von Coca-Cola um 58 % erhöht hatten.

Es entstand ein großes allgemeines Interesse an Vicary's Befunden. Sogar der US-Kongress diskutierte die Möglichkeit, unterschwellige Werbung zu untersagen, da diese als eine Form des „brainwashing" angesehen werden könnten. Wissenschaftler versuchten, die Ergebnisse Vicary's unter kontrollierten Bedingungen zu wiederholen. Dies gelang nicht. Vicary selber war herausgefordert, seine eigene Untersuchung zu wiederholen; seine ursprünglichen „bahnbrecherischen" Ergebnisse konnte er jedoch ebenfalls nicht bestätigen. Dies war insofern nicht verwunderlich, als Vicary später gestand, seine ursprünglichen Ergebnisse gezielt „fabriziert" zu haben, um Werbung für sein scheiterndes Unternehmen zu machen.

Dennoch ist die Existenz der unterschwelligen Beeinflussung nicht ganz auszuschließen. So gibt es Befunde, die zeigen, dass die Häufigkeit, mit der eine Person einem bestimmten Reiz ausgesetzt wird, sich positiv auf die Bewertung des Reizes auswirkt. Dasselbe scheint auch für Reize auf einem unterbewussten Niveau zu gelten, aber in einem schwächeren und weniger zuverlässigeren Umfang. Grundsätzlich sind verschiedene Möglichkeiten denkbar, Reize unterhalb des für die bewusste Wahrnehmung nötigen Niveaus zu setzen. Dazu gehören die Präsentation visueller Reize für eine sehr kurze Dauer, die Präsentation akustischer Nachrichten in sehr schneller Sprechweise und bei geringer Lautstärke oder das Verstecken von Bildern in bildhaftem Material. Es ist z. B. möglich, dass ein Konsument durstiger wird, nachdem er – ohne dies wahrzunehmen – dem Wort „coke" ausgesetzt wurde. Die Nachricht „drink coke" wird ein Verhalten aber nicht wahrscheinlicher machen. Heute kann gesagt werden, dass die Effekte unterschwelliger Wahrnehmung nicht sehr groß oder spezifisch sind, gleichwohl aber ein gewisser Einfluss nicht auszuschließen ist. Die Forschung legt nahe, dass der Einfluss eines Reizes umso stärker ist, je bewusster der entsprechende Reiz wahrgenommen wird (Statt 1997, S. 56; Loudon/ Della Bitta 1993, S. 379; Hoyer/MacInnis 1997, S. 78 f.).

2.2.3.2 Bedeutung und Messung

Für das Marketing hat die Wahrnehmung eine enorme Bedeutung, denn sie steht in Wechselwirkung sowohl zu den aktivierenden als auch den kognitiven Prozessen.

Bspw. ist es wichtig, wie lang die durchschnittliche Betrachtungszeit einer Anzeige (einer Homepage etc.) ist, worauf aufbauend Anzeigen darauf zu untersuchen sind, welche Anzeigenelemente die Chance haben, wahrgenommen zu werden, d. h. welche minimale Expositionszeit gegeben sein muss. Entsprechend sind die Anzeigenelemente (Werbebanner auf einer Homepage) zu platzieren. In diesem Zusammenhang ist ferner die begrenzte Fähigkeit der Konsumenten bedeutsam, gleichzeitig über verschiedene Sinne Informationen aufzunehmen. Wie ebenfalls erwähnt beeinflussen aktivierende Prozesse wie Emotion und Motivation (aber auch das Involvement) bewusst und unbewusst insb. die Intensität und Selektivität der Wahrnehmung. So wird bspw. die Aufmerksamkeit aufgrund eines starken Bedürfnisses (siehe Abschnitt 2.1.3) auf bestimmte Reize gelenkt. Nur solche Reize, die Aufmerksamkeit erzeugen, werden bewusst wahrgenommen und effizient weiterverarbeitet, d. h. der Aufmerksamkeit folgt die Bereitstellung von kognitiver Verarbeitungskapazität für einen Reiz. Für die Aufmerksamkeit bzw. Wahrnehmung sind nicht nur das Aktivierungspotenzial der Reize, sondern auch Richtung und Qualität der von den Reizen angesprochenen Antriebskräfte entscheidend. Der Konsument nimmt primär die Reize wahr, die seinen Bedürfnissen und Wünschen entsprechen (Schiffman/Kanuk 2004, S. 171). Unangenehme Reize werden gemieden oder schlechter wahrgenommen (*Wahrnehmungsabwehr*).

Nicht deutlich genug kann die Bedeutung der Subjektivität, Aktivität und Selektivität der Wahrnehmung für das Marketing hervorgehoben werden. Daraus folgt, dass nicht das objektive, sondern das subjektiv wahrgenommene Angebot eines Unternehmens entscheidend für seinen Erfolg ist. Entscheidend sind die subjektiv wahrgenommenen Preise (Bolton/Warlop/Alba 2003, S. 475), Qualitäten, Einkaufsbedingungen oder letztlich Images. Es genügt folglich nicht, objektive Leistungen anzubieten, sondern es muss dafür gesorgt werden, dass die Leistungen von der Umwelt wahrgenommen werden.

Die Produktdarbietung beeinflusst die Wahrnehmung und über die Wahrnehmung die Produktbeurteilung. Dabei kommt es aus verhaltenswissenschaftlicher Sicht nicht darauf an, ob eine Information tatsächlich richtig oder relevant ist, sondern vielmehr darauf, wie die Information von Konsumenten subjektiv wahrgenommen wird. Durch Produktdarbietung ist es möglich, die Wahrnehmung in einer bestimmten Richtung zu lenken (Solomon 2004, S. 65 ff.). Ein typisches Wahrnehmungsproblem bildet in diesem Zusammenhang die Irreführung der Konsumenten. Diese kann auftreten, wenn im Gedächtnis gespeicherte Informationen aus früheren Erfahrungen und daraus abgeleitete Erwartungen in Verbindung mit neu aufgenommenen Reizen – die in Abhängigkeit von den gespeicherten Erfahrungen (vorhandenes Wissen, Einstellungen) entschlüsselt und verarbeitet werden – Widersprüche erzeugen. Aus diesem Prozess sind zwei Sozialtechniken im Marketing ableitbar, um die Konsumentenwahrnehmung zu beeinflussen.

- Es werden die angebotenen Reize auf vorhandenen Voraussetzungen für ihre Interpretation abgestimmt, d. h. man stellt auf die stereotypen Erwartungen beim Konsumenten ab (z. B. stellen sich Konsumenten einen Manager auf eine bestimmte Weise vor, folglich wird er in der Kommunikation genau so dargestellt).
- Es werden selbst die Voraussetzungen geschaffen, d. h. ein für die Produktwahrnehmung subjektiv günstiger Interpretationsrahmen. Man stellt nicht auf das vorhandene Wahrnehmungsmuster ab, sondern versucht, ein solches zu formen.

Die Verarbeitung der Informationen erfolgt mit Hilfe kognitiver Programme im Kurzzeitgedächtnis. Hier geht es also um die internen Infoverarbeitungsprogramme des Konsumenten, wobei dabei im Rahmen einer Entscheidung zwei Programmarten wirksam werden (Kroeber-Riel/Weinberg 2003, S. 297):

- *Beurteilungsprogramme* zur Informationsverarbeitung bei der Beurteilung eines einzelnen Produkts
- *Auswahlprogramme* zur Wahl eines Produkts aus mehreren Alternativen

Nicht selten wird bei den kognitiven Programmen eine mathematisch-logische Form unterstellt, die als „kognitive Algebra" bezeichnet wird (siehe hierzu Bettman 1979). Dies darf aber nicht dazu führen, dass geglaubt wird, menschliche Informationsverarbeitung folge generell den Regeln objektiver mathematischer Logik. Vielmehr ist die Logik der menschlichen Informationsverarbeitung stets eine subjektive Psycho-Logik. Die Programme zur Informationsverarbeitung unterscheiden sich in einfache Programme (Denkschablonen) und komplexe Programme („kognitive Algebra").

Die *einfachen Programme* sind dadurch gekennzeichnet, dass der Konsument in vereinfachter, aber nur schwer „objektiv" nachvollziehbarer Weise zu einem Urteil gelangt. Er folgt seinen subjektiven Denkgewohnheiten und -präferenzen und vereinfacht den Vorgang mit den folgenden Beurteilungsmustern, die nicht formalisierbar i. S. einer kognitiven Algebra sind (vgl. nachfolgend Kroeber-Riel/Weinberg 2003, S. 303 ff.):

- EP: von einem einzelnen Eindruck (E) wird auf die gesamte Produktqualität (P) geschlossen. Die einzelnen Eindrücke übernehmen die Funktion von *Schlüsselinformationen*, die dem Konsumenten die Verarbeitung weiterer Informationen ersparen. Beispiele für Schlüsselinformationen sind:
  - *Preis-Qualitäts-Assoziationen*, d. h. vom Preis wird auf die Qualität geschlossen
  - aus der hochstiligen *Form des Layouts* wird auf die Qualität geschlossen
  - *Testurteile*, d. h. durch ein positives Urteil werden Detailinformationen substituiert
  - *Marken* bzw. *Markennamen*, d. h. war eine frühere Erfahrung positiv, so wird die Wahrnehmung des Markennamens zur positiven Schlüsselinformation, obwohl der Konsument noch keine Erfahrung mit einem neuen Produkt der Firma gemacht hat
- E1E2: Von einem Eindruck (E1) wird auf einen anderen Eindruck (E2) geschlossen. Der Schluss kann entweder auf logischen Ableitungen beruhen (Analogieschluss) oder er kann aufgrund von subjektiven Eindrucksverknüpfungen auf logisch nicht nachvollziehbare Weise zustande kommen. Diese subjektiven Eindrucksverknüpfungen werden als Irradation (Hineinwirken von einem Bereich der Wahrnehmung in einen anderen), Ausstrahlungs- oder Übertragungseffekt bezeichnet. Bspw. wird sich das emotionale Erleben eines neben einem Auto abgebildeten Mädchens auf die Wahrnehmung der Eigenschaften des Autos auswirken. Aus einer Eigenschaft des Produkts wird auf eine andere Eigenschaft geschlossen.
- PE: Von der gesamten Produktqualität (P) wird auf einen einzelnen Eindruck (E) geschlossen. Ist einmal ein Qualitätsurteil vorhanden, so beeinflusst es auch retrograd die Wahrnehmung anderer Eigenschaften (Markenartikel-Effekt).

Die *komplexen Programme* beschäftigen sich in einer systematischen und eher rational durchschaubaren Weise mit der Informationsbeurteilung. Dazu gehören Beurteilungen und Entscheidungen, denen der Konsument mehr Mühe und Aufmerksamkeit zuwendet und bei denen er relativ vernünftig vorgeht.

Bedeutung von Marken bei der Produktbeurteilung

Überragende Bedeutung für die Wahrnehmung des Konsumenten haben die Erwartungen, die aus der Kenntnis einer bekannten Marke (eines Markennamens oder auch einer Herkunftsbezeichnung) abgeleitet werden. Dies wurde anhand mehrerer Marketingexperimente belegt:

- Makens (1965, S. 262) legte den Testpersonen Putenfleisch vor, das objektiv die gleiche Qualität besaß, markierte es jedoch mit unterschiedlichen Markenschildern (Marke A war den Personen sehr bekannt, Marke B jedoch unbekannt). Die bekannte Marke A wurde von 56 Prozent der Testpersonen vorgezogen, die Marke B lediglich von 34 Prozent (10 Prozent waren indifferent).
- Das wohl bekannteste Experiment (DeChernatony/McDonald 1998, S. 11) bezieht sich auf den Vergleich der Blindverkostung der beiden Marken Pepsi und Coca-Cola und der anschließenden Verkostung mit Darbietung des Markennamens. Hierbei wird die „Macht“ der Marke deutlich.

Übersicht 61: ***Blindverkostung vs. Verkostung mit Darbietung der Marken***

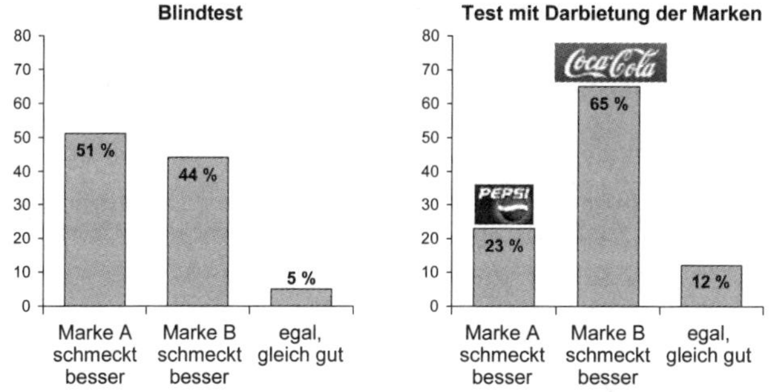

Die Basis hierfür bildet der sog. *Halo-Effekt*: Ist ein Urteil über das Gesamte gebildet worden (das gute Image einer Marke), so beeinflusst dieses wiederum die Wahrnehmung von einzelnen Eigenschaften (Geschmack eines koffeinhaltigen Getränks) (Esch 2003, S. 10). Dahinter steht das Streben nach kognitiver Konsistenz der Konsumenten. Dies ist in allen Bereichen der menschlichen Urteilsfindung zu beobachten. So wird das gleiche Lächeln einer Person bei einer grundsätzlich negativen Einstellung zu dieser als „gemein“ oder „arrogant“, jedoch bei einer positiven Einstellung als „freundschaftlich“ oder „gewinnend“ wahrgenommen.

Die Darstellung erfolgt in Modellen, wobei die Basishypothese lautet: Die wahrgenommene Produktqualität bildet sich aufgrund einer systematischen Wahrnehmung von einzelnen Produkteigenschaften, d. h. die Beurteilung setzt sich aus mehreren Teilen zusammen. Es kommen klassische Typen der *Multiattributmodelle* zum Einsatz, die auch im Rahmen der Ermittlung von Einstellungen verwendet werden, wobei sie in der Einstellungsforschung die gespeicherte Produktbeurteilung („verfestigte Wahrnehmung“) und nicht den aktuellen Vorgang bei der Darbietung eines Produkts wiedergeben. Ein Beispiel für ein solches komplexes Programm bzw. ein Multiattributmodell sind die *Tests der Stiftung Warentest*:

Vergleichende Warentests der Stiftung Warentest

Seit der Gründung im Jahre 1964 hat die Stiftung Warentest in rund 3.300 Warenuntersuchungen etwa 66.000 Produkte geprüft. Darüber hinaus hat sie aber auch rund 900 Dienstleistungsuntersuchungen durchgeführt, sodass die Testobjekte von Bügeleisen über Ferienparks bis hin zu Versicherungen reichen.

Der Gesamtablauf eines Warentests ist in Übersicht 66 dargestellt, in der sowohl die einzelnen Bearbeitungsstufen zu erkennen sind als auch Einflüsse, die bei der Abwicklung dieser Stufen berücksichtigt werden müssen, bspw. das Einholen von Informationen beim Handel bzw. den entsprechenden Herstellern oder auch frühere Testergebnisse.

Übersicht 62: ***Bearbeitungsstufen beim vergleichenden Warentest***

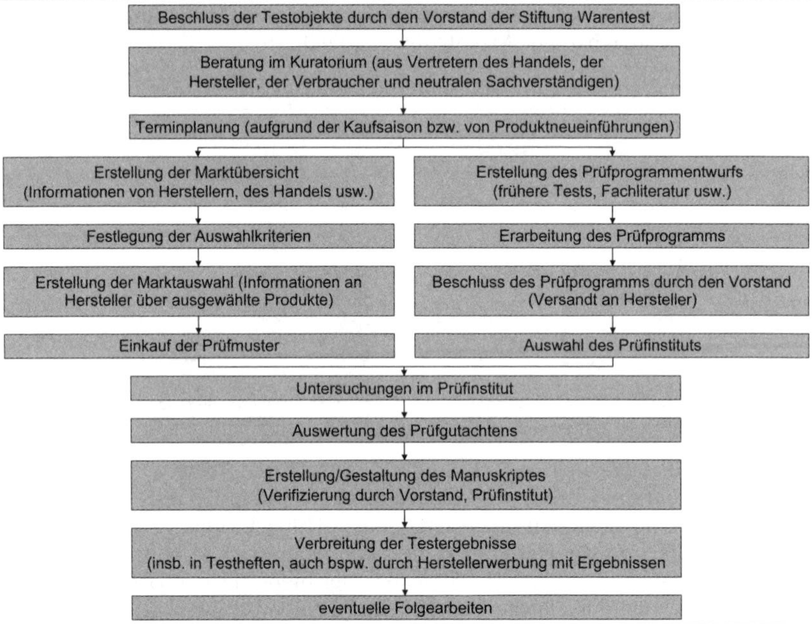

Quelle: In Anlehnung an Hüttenrauch 1986, S. 24.

Der Test beginnt mit der Auswahl des Testobjekts. Anregungen für Untersuchungsvorhaben ergeben sich u. a. aus Bevölkerungsumfragen oder Vorschlägen der Verbraucher-Beratungsstellen. Wegen des vielfältigen Produktangebots müssen die Tester anschließend für nahezu jeden Warentest eine Marktauswahl treffen. Sie suchen die Prüfprodukte nach „objektiven" Gesichtspunkten wie Marktbedeutung, technischen Merkmalen und Preisklasse aus. Sobald die Auswahl feststeht, kaufen Mitarbeiter der Stiftung die Prüfmuster wie gewöhnliche Verbraucher ein – als anonyme Kunden in ganz normalen Geschäften. Eine Ausnahme von diesem Verfahren wird bspw. bei Saisonartikeln gemacht, die bei Prüfbeginn noch nicht im Handel sind. Anschließend ist ein Prüfprogramm zu entwickeln, welches festlegt, welche Eigenschaften zu untersuchen sind und mit welchem Gewichtungsfaktor diese in das „test-Qualitätsurteil" einfließen. Die Bewertung dieser Eigenschaft geschieht auf Basis einer fünfstufigen Beurteilungsskala. Das Gesamtqualitätsurteil ergibt sich somit aus der Addition der gewichteten Beurteilungen der einzelnen Eigenschaften. Ein Testbericht stellt abschließend die einzelnen Ergebnisse der Waren- oder Dienstleistungsuntersuchungen gegenüber. Weiterhin nutzen viel Unternehmen, die ein positives Testergebnis vorzuweisen haben, dieses für ihre Kommunikation, wovon wiederum auch die Stiftung Warentest profitiert (Hüttenrauch 1986, S. 13 ff.; www.stiftung-warentest.de).

Es ist kritisch anzumerken, dass die Auswahl der zur Beurteilung herangezogenen Eigenschaften und die Festlegung der Gewichtungsfaktoren bei den Gutachtern der Stiftung Warentest liegt und damit prinzipiell deren subjektive Meinung darstellt. So spiegelt dieses Qualitätsmaß nicht unbedingt auch die Auffassung der Konsumenten wider. Ferner bleiben hier zumeist subjektiv erlebbare Produktmerkmale wie Design, Schönheit, soziale Auffälligkeit in den meisten Fällen unberücksichtigt. So kann bei der Beurteilung eines Handys der Markename und das Design von Relevanz sein, die technischen Funktionen jedoch ziemlich irrelevant.

Messung von Wahrnehmungsprozessen

Um feststellen zu können, anhand welcher Produktinformationen ein Konsument zu dessen Produktbeurteilung gelangt, ist es vonnöten, zu bestimmen, wie viele und welche Produktinformationen vom Konsumenten wahrgenommen und zur Produktbeurteilung überhaupt herangezogen werden. So ist die Auseinandersetzung mit den Messverfahren unumgänglich. Neben der Blickaufzeichnung sind hier mehrere Verfahren relevant, wobei im Folgenden der Fokus auf den visuell wahrgenommenen Reizen, also einem Ausschnitt des gesamten sensorischen Systems liegt.

Bei *aktualgenetischen Wahrnehmungstests* wird mit einem *Tachistoskop* gearbeitet. Dies ist eine Apparatur, die z. B. an einem Diaprojektor, Beamer usw. angebracht werden kann und durch die die Zeitdauer des dargebotenen Materials (Expositionszeit) gesteuert wird. Durch die Verkürzung der Darbietungszeit tritt eine Wahrnehmungserschwerung ein und ermöglicht eine Aussage darüber, ab wann ein Reiz wahrgenommen wird. Zwei Stufen der Wahrnehmung in der Aktualgenese sind hier hervorzuheben:

- Expositionszeit 1-10 msec: nur gefühlsmäßige Interpretation von Anzeigen. Die Interpretation der aufgenommenen Reize stellt eine Anmutung dar.
- Größere Expositionszeit: Genaues Erkennen und Verstehen der Anzeige ist möglich. Indem die Expositionszeit sequenziell gesteuert wird, ist erforschbar, welche Elemente der Anzeige erkannt bzw. verstanden werden.

Die Standardisierung der Wahrnehmungssituation, die Darbietung von visuellem Wahrnehmungsmaterial etc. wirken beim Tachistoskop vorteilhaft. Besonders die zeitliche Begrenzung erscheint wichtig, da sich die Wahrnehmung von Produkten und Werbemitteln unter den heute häufig anzutreffenden Low-Involvement-Bedingungen im Bereich weniger Sekunden abspielt und die sehr schnell entstehenden ersten Eindrücke einen erheblichen Einfluss auf die Informationsverarbeitung haben.

Die *Informations-Display-Matrix* (IDM) dient dazu, den Konsumenten dazu zu bringen, aus einem Informationsangebot durch direkt beobachtbares Verhalten bestimmte Informationen auszuwählen, die er benötigt, um zu einer Produktbeurteilung zu kommen. Die Matrix lehnt sich an die Struktur des Entscheidungsfeldes der Entscheidungstheorie an. Die dargebotenen Informationen geben alle Kategorien von möglichen Produkteigenschaften (Informationsdimensionen) in den entsprechenden konkreten Ausprägungen (Informationswerte) wieder, die zur Produktunterscheidung beitragen (siehe Übersicht 63). Die konkrete Umsetzung ist in verschiedener Weise denkbar, wobei ursprünglich der Ablauf folgendermaßen aussieht: Der Proband steht vor einer IDM, bei der die Produkteigenschaften und -alternativen aufgelistet, die Informationswerte aber verdeckt sind. Der Proband kann gegen Entgelt die Informationswerte aufdecken. Er wird so lange Informationswerte aufdecken, bis er eine Entscheidung treffen kann. Hierauf baut die Kritik an der IDM auf: Die dargebotenen Produktinformationen werden nicht in dem konkreten, realen Kontext dargeboten, sondern in einer abstrakten Art und Weise. Außerdem wird eine Vielzahl von Informationen dem Konsumenten zur Verfügung gestellt, was in der Realität so nicht der Fall ist. Es kommt zu einer „Überrationalisierung" des Entscheidungsverhaltens.

Übersicht 63: ***Formale Informations-Display-Matrix***

Produkteigenschaften	Produktalternativen						
	A_1	A_2	A_3	.	.	A_j	.	A_m
E_1	e_{11}	e_{12}	e_{13}	.	.	e_{1j}	.	e_{1m}
E_2	e_{21}	e_{22}	e_{23}	.	.	e_{2j}	.	e_{2m}
E_3	e_{31}	e_{32}	e_{33}	.	.	e_{3j}	.	e_{3m}
.	.	.	.	.	.	.	.
.	.	.	.	.	.	.	.
E_i	e_{i1}	e_{i2}	e_{i3}	.	.	e_{ij}	.	e_{im}
.	.	.	.	.	.	.	.
E_n	e_{n1}	e_{n2}	e_{n3}	.	.	e_{nj}	.	e_{nm}

Anmerkung: Die Elemente e_{ij} geben die Ausprägungen der Eigenschaften E_i (i = 1,...,n) für die Produkt-alternativen A_j (j = 1,...,m) an.

Quelle: Kroeber-Riel/Weinberg 2003, S. 282.

Die Messmethode der *direkten Beobachtung* versucht hingegen, das Vorgehen produktnäher umzusetzen: Ein Proband steht vor einem Regal und wird dabei beobachtet, wie er die für ihn nicht unmittelbar und vollständig sichtbaren Informationen aufnimmt, d. h. er nimmt unter Umständen das Produkt aus dem Regal und versucht, bestimmte Informationen auf dem Produkt bzw. auf dessen Verpackung zu erkennen. Hierbei sind jedoch nur solche Informationen zu berücksichtigen, deren Wahrnehmung unmittelbar zu beobachten sind (vgl. auch nachfolgend Kroeber-Riel/Weinberg 2003, S. 283).

Eine besonders zeitaufwändige Methode ist die des *Protokolls des lauten Denkens*, bei der verbale Auskünfte über die gerade stattfindende Aufnahme und Verarbeitung von Informationen gewonnen werden. Die Versuchspersonen sollen alle Gedanken, die ihnen beim Ablauf einer (kognitiven) Tätigkeit (bspw. beim Einkaufen bzw. bei der Betrachtung eines Produkts) in den Sinn kommen, sofort laut äußern. Für die Beobachter ist es besonders wichtig, gewisse *Schlüsselinformationen* zu erfahren bzw. welche Informationen vom Konsumenten als solche angesehen werden. „Überrationalisierung" des Entscheidungsverhaltens, die Erhebung direkt am POS und die schwierige, arbeits- und kostenintensive Auswertung sind die Kernprobleme dieser Messmethode.

2.2.4 Informationsspeicherung – Lernen und Gedächtnis

2.2.4.1 Theoretische Grundlagen und Charakteristika

Wichtige Prozesse oder Zustände im Zusammenhang mit der Informationsspeicherung sind Denken, Wissen, Lernen und Gedächtnis. Diese hängen sehr eng miteinander zusammen. So spielt bspw. das vorhandene Wissen eine Schlüsselrolle für das Lernen, da das Lernen von neuem Wissen (bzgl. Produkten, Marken, Leistungen oder generell Objekten) nur möglich ist, wenn es zu dem bereits gespeicherten Wissen in Beziehung gebracht wird.

Denken ist ein Prozess der Informationsverarbeitung, wobei dieser Prozess nicht unbedingt auf Außenreize angewiesen ist (im Gegensatz zur Wahrnehmung, die einen Prozess von Informationsaufnahme und -verarbeitung darstellt). Das Denken wird in der Literatur auf zahlreiche kognitive Aktivitäten bezogen, so gehört das Lösen von Rechenaufgaben ebenso dazu wie die Textinterpretation, die Kaufentscheidung oder bspw. das Bemühen um eine Betriebssanierung (Behrens 1991, S. 158).

Denken ist als Prozess der Beurteilung, Ordnung, Abstraktion und Weiterentwicklung von (aktuellen) Wahrnehmungen zu beschreiben, aber auch als Erinnerung, Umstrukturierung und Weiterentwicklung von Gedächtnisinhalten. So ist Denken die Verknüpfung von Wissen nach allgemeingültigen oder subjektiven Regeln zu neuem Wissen. Dieses aus dem Denkvorgang entstandene neue Wissen, kann eine verdichte Information, ein Werturteil oder ein Verhaltensanstoß sein (Trommsdorff 2002, S. 267).

Behrens (1991, S. 158) unterscheidet zwei grundsätzliche, aber sich nicht ausschließende Verständnisse des Denkens. Einerseits wird es als Erkenntnisprozess aufgefasst, d. h. es geht darum, Zusammenhänge und Strukturen zu entdecken, anderseits wird es als ein Prozess der kognitiven Informationsverarbeitung angesehen, bei dem es darum geht, abstrakte und konkrete Hindernisse systematisch zu überwinden, um einen Zielzustand zu erreichen. Die Denkforschung versucht zu erklären, unter welchen Umständen, d. h. in welcher Reizkonstellation, bei welchen Prädispositionen, Produktkategorien usw. der Konsument zu welchem Grad des Denkengagements neigt.

Wissen ist allgemein definiert als Kenntnis von bestimmten Sachverhalten (Mustern) oder als Bewusstsein entsprechender Denkinhalte.

Übersicht 64 gibt einen Eindruck über einen Prozess der Bildung von *Wissen*. Über die Unterscheidung in implizites und explizites Wissen hinaus ist für das Verständnis der Bedeutung des Wissens – in Verbindung mit v. a. Denken und Lernen – die Unterscheidung in deklaratorisches und prozedurales Wissen hervorzuheben. Das *deklaratorische (deklarierte) Wissen* bezieht sich auf Fakten, d. h. auf Gegenstände und deren Eigenschaften (Informationen i. e. S.) und elementar wahrgenommene Reize wie grafische Muster, Bildelemente usw. Es wird in semantisches und episodisches Wissen unterteilt: Unter semantischem Wissen werden Gedächtnisinhalte wie die Bedeutung von Worten, Begriffen, Eigenschaften einer Marke verstanden, bspw. bezogen auf das Produkt „Balsamico-Essig" die Inhalte „kommt aus Italien" oder „schmeckt süßlich".

Wohingegen das episodische Wissen eher auf Erkenntnisse und Erfahrungen der jeweiligen Person zurückzuführen ist, wie die Verwendung von Balsamico-Essig „schmeckt am besten mit Walnuss-Öl" (Kuss/Tomczak 2000, S. 24). Demgegenüber besteht das *prozedurale Wissen* aus Fertigkeiten, die zwar auch gelernt und gespeichert werden, häufig aber wesentlich schwerer zu verbalisieren sind als das deklaratorische Wissen. Es handelt sich um das Wissen, wie etwas getan wird. Grunert (1990, S. 83) spricht in diesem Zusammenhang von Handlungsplänen, Kuhlmann/Brünne/Sowarka (1992, S. 84) von Produktionssystemen, Erkennen-Handeln- oder Zuordnen-Ausführen-Schleifen. Solche Handlungsabläufe können nach häufiger Wiederholung auch unbewusst, mit geringer gedanklicher Kontrolle, oder automatisch ablaufen, wie das Anfahren eines Autos an einer Steigung. Die Vermittlung dieses Wissens ist teilweise recht problematisch. Prozedurales Wissen entsteht durch *Lernprozesse*, auf die im Weiteren näher eingegangen wird, und es hat im Rahmen des habitualisierten Kaufverhaltens – siehe Abschnitt 4.4 – eine Bedeutung.

Übersicht 64: ***Entstehungsprozess von Wissen und Weisheit***

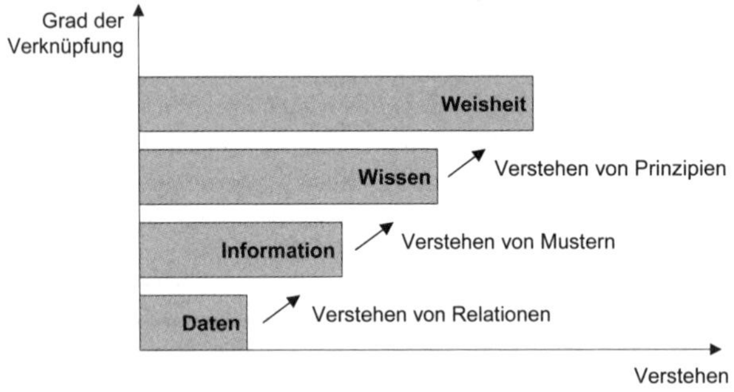

Quelle: In Anlehnung an Voß/Gutenschwager 2001, S. 10 ff.

Übersicht 65 zeigt diese Wissensstrukturen bei der multimedialen, interaktiven Kommunikation, wie im Internet. Der in Bruchteilen einer Sekunde ablaufende Vorgang, der die komplexen Regeln der Informationsaufnahme, -verarbeitung und (an dieser Stelle relevanten) -speicherung beim Konsumenten verdeutlicht, kann anhand eines plastischen Modells erklärt werden. Während der Benutzung eines Informationssystems kommen die abgerufenen Informationen bspw. als Fließtext vom Bildschirm, werden perzipiert und encodiert. Eine Informationseinheit, die im Arbeitsgedächtnis als sog. propositionale Bedeutungsstruktur aufgenommen wurde, wird mit Netzwerkstrukturen aus dem Langzeitgedächtnis auf ihre Bedeutung hin verglichen. Dazu wird formal ein deklarativer Netzwerkteil ins Arbeitsgedächtnis abgerufen und der neuen Informationseinheit zugeordnet. Entspricht dieser der Netzwerkstruktur, was als Erfüllung des Konditions- bzw. „Wenn-Teils" einer Produktion gilt, dann kommt es zur Ausführung des an diese Kondition gekoppelten Aktions- bzw. „Dann-Teils" einer Produktion. Wenn z. B. die visuelle Wahrnehmung einer Textzeile anhand des Vergleichs mit den deklarativen Wissenseinheiten verifiziert („verstanden") werden kann, ist der Konditionsteil der Produktion erfüllt. Die an sie gekoppelte Aktion, etwa das Lesen der Textzeile, kann ausgeführt werden (Leseverhalten), was wiederum bedeutet, dass die Aktion dem Arbeitsgedächtnis zugeführt und von dort ausgehend in Leseverhalten umgesetzt wird (Kuhlmann/Brünne/Sowarka 1992, S. 84). Ähnlich lassen sich Produktionen modellieren, die den Wissenserwerb oder eine weitergehende induzierte Informationssuche in anderen interaktiven Systemen nach sich ziehen.

Übersicht 65: ***Allgemeines Modell der Komponenten eines Produktionssystems der Informationsverknüpfung***

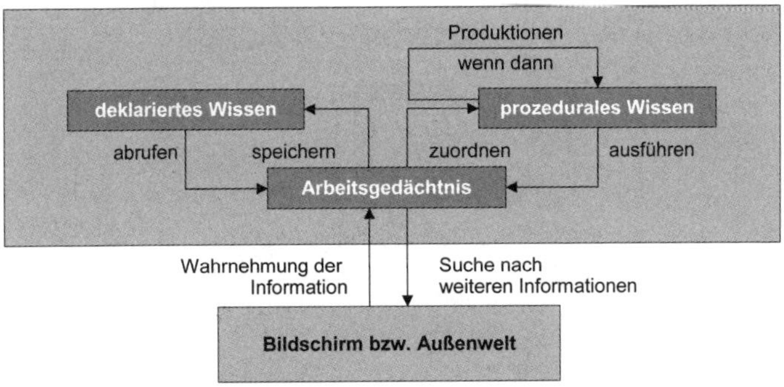

Quelle: In Anlehnung an Swoboda 1996, S. 105.

Merkmale von Weisheit

Aus der Zusammenstellung von Formen von Wissen haben Zimbardo/Gerrig (1999, S. 473) versucht, sich dem Begriff „Weisheit" zu nähern. Diese sehen sie als

- reichhaltiges Faktenwissen: Allgemeines und spezifisches Wissen über die Umstände und vielfältigen Ausprägungen des Lebens von Menschen.
- reichhaltiges prozedurales Wissen: Allgemeines und spezifisches Strategiewissen, um bei vielfältigen Lebensfragen kompetent urteilen/beraten zu können.
- lebenslange Kontextsensibilität: Wissen über Lebensumstände und ihre (temporären) Zusammenhänge.
- Relativitätswissen: Wissen um die Unterschiedlichkeit von individuellen Wertvorstellungen, Überzeugungen und Lebenszielen.
- Wissen um Unsicherheit: Wissen über die relative Unbestimmtheit und Unvorhersagbarkeit des Lebens und Verfügen über Strategien im Umgang mit Unbestimmtheit und Unvorhersagbarkeit sowie Ähnlichkeiten und Nähe (ähnlich Beschaffenes und Benachbartes gehört zusammen).

Repräsentation von Wissen

Das *gespeicherte Wissen* ist im Gedächtnis in Form von *Wissensstrukturen* repräsentiert (innere Repräsentanten von Wissen), die zumeist entweder in Form

- semantischer Netzwerke bzw.
- Schemata

abgebildet werden.

Mithilfe von semantischen Netzwerken werden vorhandene Wissensstrukturen, ihr Zustandekommen und ihre Veränderungen verdeutlicht (siehe hierzu Lawson 2002).

An dem Beispiel der Marke „Milka" in Übersicht 66 ist zu erkennen, dass unterschiedliche Arten von Wissen so gespeichert und in Verbindung gebracht werden können.

Übersicht 66: ***Semantisches Netzwerk am Beispiel von Milka***

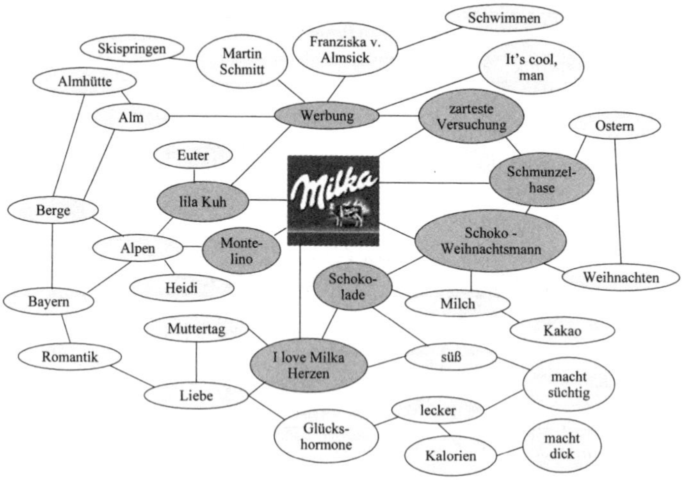

Quelle: Ergebnis einer Befragung an der Universität Trier 2003.

Zugleich zeigt Übersicht 67 rechts ein positionales Netzwerk und links ein Ebenenkonzept zur Repräsentation des Wissens bei dem, so die Annahme, die Knoten und Kanten des Netzwerks auf unterschiedlichen Ebenen im Gedächtnis präsent sind.

Übersicht 67: ***Wissensrepräsentation in Netzwerkmodellen – Gegenüberstellung eines Ebenenkonzepts und eines positionalen Netzwerkansatzes***

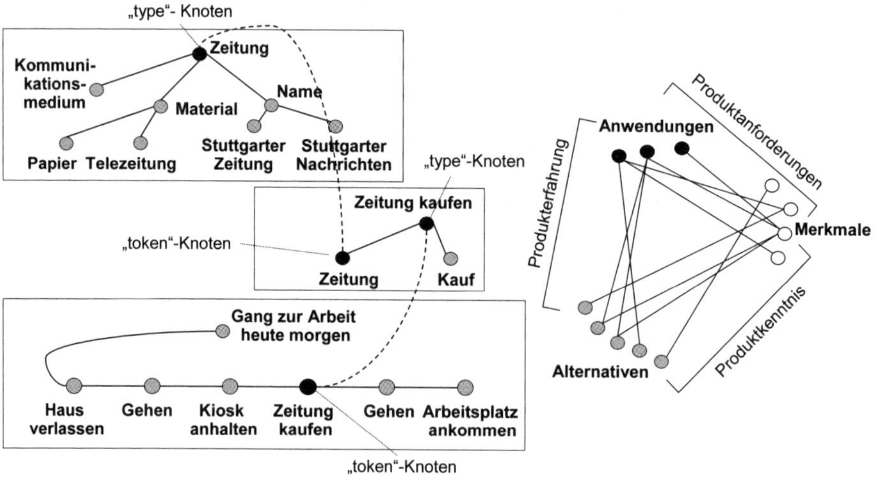

Quelle: In Anlehnung an Grunert 1990, S. 65, 71.

Eine Ebene ist ein Teil des Netzwerkes, in dem eine bestimmte kognitive Kategorie durch Assoziationen zu anderen kognitiven Kategorien definiert wird. Für die Repräsentation des Wissens in Netzwerken gehen entsprechende Theorien auf die Bedeutung der *Konten* und *Kanten* ein. In dem angeführten Beispiel wird das *Konzept* „Zeitung" definiert, welches aber auch als kognitive Kategorie „Zeitung" in anderen Ebenen zur Definition anderer kognitiver Kategorien auftreten kann (wie hier „Zeitung kaufen"). Eine kognitive Kategorie wird daher nur einmal eindeutig festgelegt (als *Type-Knoten*), kann aber im Kontext zahlreicher anderer Definitionen auftreten (als *Token-Knoten*) (Grunert 1990, S. 66). Im eher normativ aufgebauten positionalen Netzwerk wird jedem Knoten bzw. Wissenselement eine bestimmte Position innerhalb von kognitiven Kategorien (hier: Produktalternativen, Produktmerkmalen und Produktanwendungen) zugewiesen. Hierbei lassen sich entsprechend Alternativen-, Merkmals- und Anwendungsebenen unterscheiden (Grunert 1990, S. 70 f.).

Schematatheorien gehen demgegenüber davon aus, dass das Wissen aus standardisierten Vorstellungen darüber besteht, wie bestimmte Sachverhalte typischerweise aussehen (*Schemata*). Letztere zeichnen sich dadurch aus, dass sie die wichtigsten Merkmale eines Gegenstandsbereichs wiedergeben, mehr oder weniger abstrakt bzw. konkret und hierarchisch organisiert sind (Mowen/Minor 2001, S. 67). Einem Schema wird damit eine wichtige Funktion bei der Informationsverarbeitung zugesprochen. Es steuert die Wahrnehmung, vereinfacht Denkvorgänge und organisiert die Informationsspeicherung. Im Rahmen der Produktbeurteilung spielen Schemata eine wichtige Rolle, da die Präferenzen für ein Produkt u. a. davon abhängen, inwieweit das wahrgenommene Produkt den vorhandenen Schemavorstellungen entspricht (Solomon 2004, S. 69). Dass diese im Gedächtnis gespeicherten Schemata wirklich verhaltenswirksam sind, müssen nach Abelson (1981) folgende Bedingungen erfüllt werden:

- Ein Schema muss als eine stabile gedankliche Repräsentation der Ereignisfolge beim Individuum bestehen.
- Die Situation muss das entsprechende Schema ansprechen bzw. aktivieren.
- Das Individuum muss erkennen, dass sich die Handlungssituation und das Handlungsskript entsprechen.

Schemata sind im Gedächtnis mit verbalen oder visuellen Vorstellungen verbunden, woran sich die folgende Unterteilung von Schemata orientiert (siehe Übersicht 68).

Übersicht 68: ***Einteilung der gedanklichen Schemata***

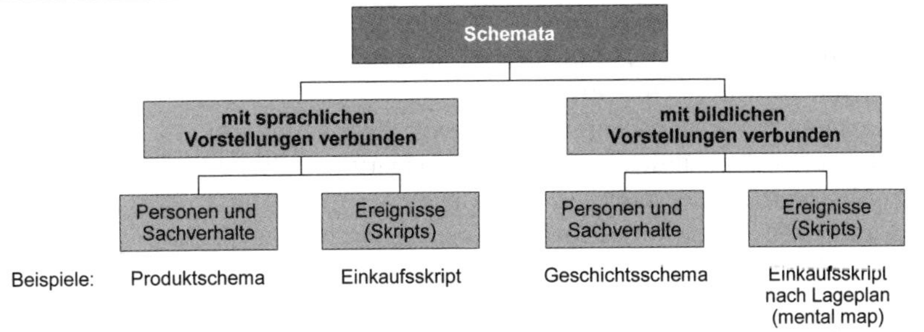

Quelle: Kroeber-Riel/Weinberg 2003, S. 235.

Wissenskompilierung beim Telefonieren

Anhand des Wählens einer Telefonnummer, die im Laufe der Zeit immer vertrauter wird, kann der Unterschied zwischen deklaratorischem und prozeduralem Wissen illustriert werden. Zunächst musste jemand praktisch jede Ziffer einer Telefonnummer erarbeiten, eine nach der anderen. Anders gesagt, es ist eine Liste *deklaratorischer Fakten* abzuarbeiten: Zuerst muss eine 0 gewählt werden, dann die 1, dann die 9 usw. Wenn die Nummer oft genug gewählt wurde, kann sie als eine Einheit produziert werden: Eine schnell ausgeführte Abfolge von Handlungen auf den Zifferntasten des Telefons. Dieser Prozess wird Wissenskompilierung genannt. Durch Übung ist man in der Lage, eine längere Sequenz von Tätigkeiten ohne bewusstes Eingreifen auszuführen; aber während dieses „automatischen" Wählens hat man keinen bewussten Zugriff zum Inhalt der zu einer Einheit zusammengestellten Ziffern. Es kann durchaus sein, dass jemand die Telefonnummern nicht erinnert, es sei denn, er stellt sich vor, dass er sie wählt.

Wissenskompilierung ist dafür verantwortlich, dass es schwierig ist, *prozedurales Wissen* mit anderen zu teilen. Bspw. können Eltern ihren Kindern das Autofahren schwer beibringen. Obwohl diese gute Autofahrer sind, haben sie große Probleme, ihnen die Inhalte des kompilierten Wissens über die Prozeduren mitzuteilen (Zimbardo/Gerrig 1999, S. 235).

Lernen

Lernen kann eine Veränderung des Verhaltens bewirken und auf Erfahrungen (Übung) beruhen; es repräsentiert im Informationsprozess insb. die Vorgänge der Informationsspeicherung (Solomon 2004, S. 83).

Lernen wird nach Hofstätter (1973, S. 214) definiert als Veränderung der Wahrscheinlichkeit für das Auftreten einer bestimmten Verhaltensweise in einer bestimmten Reizsituation. Lernen bezieht sich damit nicht nur auf konkrete Verhaltensänderungen, sondern häufig auf kognitive Veränderungen, z. B. Veränderungen im Wissensstand oder im System der Einstellungen. So können motorische und kognitive Veränderungen unterschieden werden, die sich gegenseitig beeinflussen.

Diese Begriffsauffassung orientiert sich an den *psychischen Lerntheorien*, die in Relation zu den neurobiologischen, bioelektrischen Lerntheorien eine größere Relevanz in der verhaltenswissenschaftlichen Konsumforschung haben. Zu den Erstgenannten zählen:

- die modelltheoretischen Lerntheorien, die eine Formalisierung der Erkenntnisse über den Lernprozess vornehmen,
- die (elementaren) experimentellen Theorien, die v. a. in Form von SR-Theorien und den Theorien des bildlichen Lernens (Imagery-Forschung) relevant sind (siehe auch Abschnitt 2.2.4.2) sowie
- die komplexen Theorien des sozialen Lernens am Modell, die auf die Interaktionsbeziehungen mit der sozialen Umwelt abstellen und im Rahmen der sozialen Determinanten des Kaufverhaltens (i. e. S. der Konsumentensozialisation) relevant sind (siehe Abschnitt 3.3).

(Experimentelle, empirische) ***Lerntheorien***

Experimentelle, empirische Lerntheorien lassen sich in elementare und komplexe Theorien einteilen. Die elementaren Theorien liefern grundlegende und voneinander abgrenzbare Hypothesen, wohingegen die komplexen Lerntheorien unterschiedliche Bestandteile aus den verschiedenen elementaren Theorien vereinen.

Theorien des verbalen und bildlichen Lernens widmen sich der unterschiedlichen Kodierung und Speicherung entsprechender Informationen und haben in der modernen Konsumentenverhaltensforschung eine enorme Bedeutung (zur Imagery-Forschung siehe Abschnitt 2.2.4.2). Die *SR-Theorien* konzentrieren sich auf das Verhalten bzw. die Reaktion als Folge gewisser umweltspezifischer Reizkonstellationen. Nach den *kognitiven Theorien* werden dagegen kognitive Orientierungen gelernt, insb. Erwartungen über die Umwelt. Hierbei wird das Verhalten von diesen kognitiven Orientierungen bestimmt und steht nicht direkt unter der Kontrolle der Umweltreize. Sowohl die kognitiven Theorien als auch die SR-Theorien tragen dazu bei, auch das verbale und bildliche Lernen zu erklären.

Eine fundamentale SR-Theorie, die das *Lernen nach dem Kontiguitätsprinzip* erklärt, stellt die Theorie der klassischen Konditionierung von Pawlow dar, auf die im folgenden Abschnitt eingegangen wird. Auf dem *Lernen nach dem Verstärkungsprinzip* bauen die Theorien der instrumentellen und operanten Konditionierung auf, welche die Wahrscheinlichkeit einer Verhaltensänderung anhand der Konsequenzen, die dieses Verhalten für das Individuum hat, erklären. Diese Konsequenzen bestehen aus Umweltreizen, die als Folge des Verhaltens auf das Individuum einwirken und von diesem als positiv/belohnend oder negativ/bestrafend empfunden werden.

Übersicht 69: ***Elementare experimentelle Lerntheorien***

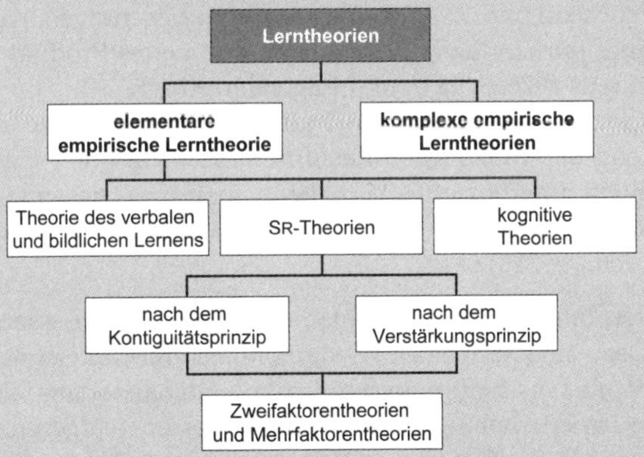

Quelle: Kroeber-Riel/Weinberg 2003, S. 334.

Im Zusammenhang ist das *Vergessen von Gedächtnisinhalten* relevant, denn es handelt sich hier um einen zum Lernen gegenläufigen Prozess. Es liegt vor, wenn ein einmal abgespeichertes Material nicht mehr aktivierbar ist. Traditionell befassen sich zwei Theorien mit der Erklärung des Vergessens (Behrens 1976, S. 47 f., S. 123):

- Nach der Theorie des autonomen Verfalls (*Decay Theory*) ist das Vergessen ein passiver Vorgang, der von der Zeit abhängig ist. Danach bauen sich Gedächtnisinhalte nach der Lernphase zeitlich bedingt wieder ab. Aus dieser Theorie ergibt sich eine typische Vergessenskurve.
- Nach der *Interferenztheorie* ist Vergessen ein aktiver Vorgang, der nicht von der Zeit abhängt, sondern vom Einfluss des vorher und nachher gelernten Materials. Nach der führenden Vergessenstheorie werden gelernte Informationen dauerhaft im Langzeitgedächtnis gespeichert. Die spätere Wiedergabe einer gelernten Information wird gehemmt, weil die Information mit der Zeit von anderen gespeicherten Informationen überlagert wird und deswegen nicht erinnert wird. Diese stetige Abnahme der Fähigkeit der Wiedergabe ist ebenfalls anhand der Vergessenskurve darstellbar.

Heute wird davon ausgegangen, dass sowohl Interferenzen als auch ein autonomer Verfall zum Vergessen von Inhalten führen.

Ein Individuum hat gelernt, wenn es wiederholt einem bestimmten Stimulus ausgesetzt wird und daraufhin häufiger als vorher in einer bestimmten Weise reagiert (Kroeber-Riel/Weinberg 2003, S. 325). Hierbei spielen die Prozesse der Reizgeneralisation und -diskrimination eine wesentliche Rolle.

- Die *Reizgeneralisation* beruht auf einer Verallgemeinerung von Reizen; d. h. eine Person reagiert aufgrund des Lernprozesses nicht nur auf die gleichen Reize mit der gelernten Reaktion, sondern die Reaktion erfolgt auch nach der Wahrnehmung vergleichbarer oder assoziierter Reize. Die Bedeutung eines Reizes wird also verallgemeinert. Je nachdem, ob sich der Prozess auf physikalische oder semantische Reize bezieht, ist eine physikalische und semantische Reizgeneralisation zu unterscheiden. Dieser Zusammenhang lässt sich im Marketing durch die Nachahmung erfolgreicher Produkte und im Wege des *Imagetransfers* nutzen, wenn etwa das positive Image eines vorhandenen Produkts auf ein neues Produkt übertragen wird (vgl. bereits Behrens 1976, S. 94 ff. und folgenden Abschnitt).
- *Reizdiskrimination* liegt vor, wenn ein Individuum lernt, Reize zu unterscheiden und entsprechend der vollzogenen Reizdifferenzierung unterschiedlich zu reagieren. Es entsteht ein differenziertes Verhaltensrepertoire. Diesen Lernprozess macht sich die Produktdifferenzierung, z. B. durch Markenzeichen, zunutze (Kroeber-Riel/Weinberg 2003, S. 328).

Die Speicherung von Informationen bedeutet, dass sie nicht nur gelernt, sondern auch behalten werden. Dazu sind zum einen Wiederholungen für das erstmalige Lernen einer Information (z. B. Werbebotschaft) notwendig; zum anderen verlangt das Behalten einer Information deren Wiederholung, um dem Vergessen entgegenzuwirken (Janiszewski/Noel/Sawyer 2003, S. 139 ff.; Braun 1999 S. 320 ff.). Die idealtypischen Lernkurven, i. S. v. Ergebnissen von Lernprozessen sind durch einen S-förmigen Verlauf gekennzeichnet (siehe Übersicht 70). Der untere, konvexe Teil der Lernkurve wird oft vernachlässigt, da von einer gewissen Lernerfahrung des Individuums ausgegangen werden kann. Der konkave Teil der Lernkurve drückt aus, dass von einer bestimmten Lernbasis aus der Umfang des behaltenen Materials bei fortlaufender Übungszeit bzw. Konfrontation mit dem Material degressiv ansteigt bis zur Beherrschung des Lernmaterials (Sättigungsniveau).

Übersicht 70: ***Behaltenes verbales Material bei wiederholter Darbietung***

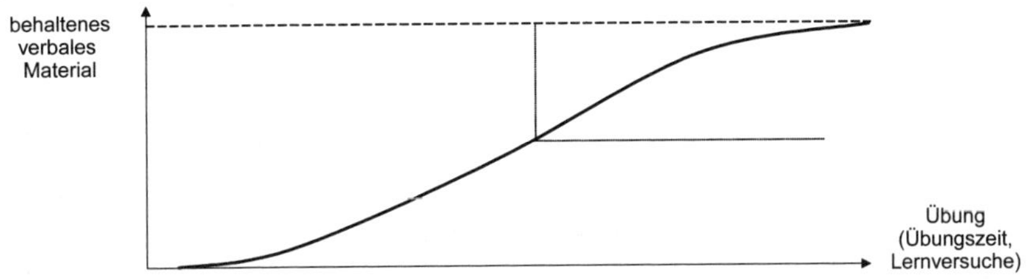

Quelle: Rosenstiel/Ewald 1979, S. 126.

Diese Aussage der Lernkurve ist allerdings nicht als generelle Gesetzmäßigkeit anzusehen, da die Lernleistung in Abhängigkeit von der Anzahl der Wiederholungen stark von der Verarbeitungstiefe des ausgelösten Lernvorgangs abhängt (Campbell/Keller 2003, S. 295 ff.). Bei der Untersuchung von Lernprozessen ist auch die sich an die Lernphase anschließende Vergessensphase zu berücksichtigen, woraus sich die Notwendigkeit kombinierter Lern- und Vergessenskurven ergibt. Kombinierte Lern- und Vergessenskurven von Werbebotschaften ermittelte bereits Zielske (1959) (siehe Übersicht 71). Er untersuchte die unterschiedliche Werbewirkung (Erinnerung) bei pulsierendem und bei massiertem Einsatz einer Werbekampagne. Der für das gesamte Jahr ermittelte durchschnittliche Recallwert lag bei der massierten Werbung bei 21 % (der höchste erreichte Wert war 63 %), bei der verteilten Werbung waren es 29 % (bzw. 48 %). Es lässt sich also sagen, dass massierte Werbung einen höheren Spitzenwert der Lernleistung erreicht, aber einen geringeren Durchschnittswert über den gesamten Zeitraum. Sie ist nur in Sonderfällen sinnvoll einsetzbar, z. B. bei einmalig, saisonalen Produkten. Pulsationsstrategien werden dann eingesetzt, wenn die Vergessenskurve einen kritischen Punkt erreicht hat, d. h. es soll an das Produkt erinnert werden (Zielske 1959, S. 242 f.).

Übersicht 71: ***Wirkung der massierten*** *(steilere Kurve)* ***und der verteilten Werbung*** *(Sägezähne)*

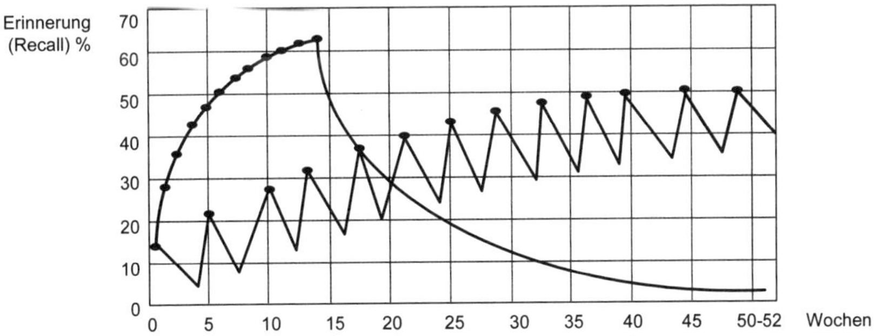

Quelle: Zielske 1959, S. 240.

2.2.4.2 Bedeutung und Messung

Die praktische Bedeutung, insb. von Lernen und Gedächtnis im Marketing, ist enorm, sodass hier nur drei Bereiche exemplarisch hervorgehoben werden können, nämlich die kognitive Werbewirkungsforschung (und in diesem Verbund die Messung von Lernprozessen), die Imagery Forschung sowie das Image/der Imagetransfer.

Kognitive Werbewirkungsforschung (Messung von Lernprozessen)

Werbewirkungen können zum einen die Aktivierung der Empfänger zum Ziel haben und zum anderen auf die kognitiven Vorgänge des Konsumenten zielen. Zu diesen kognitiven Wirkungen zählen die Wahrnehmung, die Akzeptanz und Glaubwürdigkeit sowie das Lernen und Erinnern einer Werbebotschaft. Die Werbewirkungskontrolle bezieht sich auf die Überprüfung der effektiven Durchsetzungskraft der eingesetzten Werbemittel und der eingeschalteten Werbeträger. Hierzu wird der Grad der Zielerreichung hinsichtlich verschiedener Aspekte der Werbewirkung, so der Werbeziele, durch geeignete Verfahren gemessen. Bspw. werden zur Kontrolle der Lern- und Erinnerungswirkung einer Werbebotschaft (Gedächtniswirkung der Werbung) Erinnerungs- und Wiedererkennungsverfahren (Recall- und Recognition-Tests) eingesetzt (Solomon 2004, S. 104 ff.).

Grundsätzlich unterscheidet man zwei Verfahrensformen der *Erinnerungsverfahren*:

- das ungestützte Erinnerungsverfahren (*Unaided Recall Test*)
- das gestützte Erinnerungsverfahren (*Aided Recall*)

Bei ungestützten Erinnerungsverfahren wird die Testperson gefragt, woran sie sich erinnern kann, ohne jegliche Hilfestellung. Bei den gestützten Erinnerungsverfahren wird den Versuchspersonen nicht nur die Frage gestellt, ob sie sich an eine Anzeige erinnern, sondern es werden Hilfen in Form von Werbeslogans, Markennamen u. Ä. gegeben. Als Beispiel eines *Aided Recall Tests* kann das *AdVisor-Verfahren* von NFO Infratest vorgestellt werden. Hier werden mindestens 130 Versuchspersonen durch Quotenverfahren ausgewählt; ihnen wird ein Werbespot gezeigt.

Übersicht 72: ***Werbe-Pretest Ad-Visor***

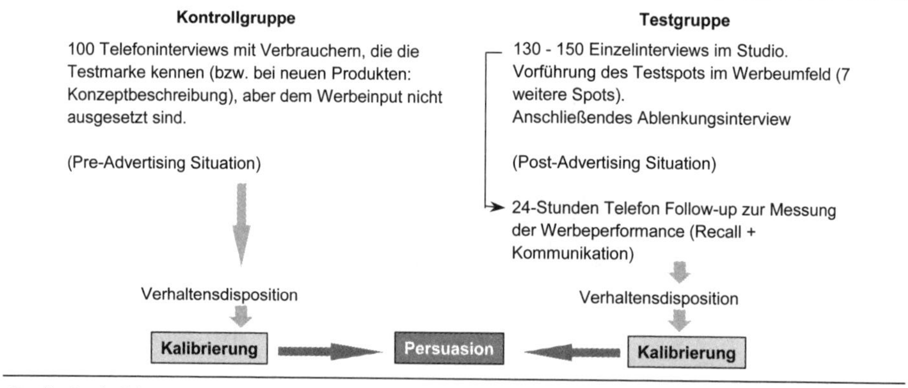

Quelle: In Anlehnung an NFO Infratest 2002.

Übersicht 72 zeigt das methodische Vorgehen. Der Befragte hat anzugeben, ob er sich an den Spot für diese Firma oder Marke erinnert. Das daran anschließende Interview soll klären, inwieweit er den Spot beschreiben kann, was er beim Ansehen des Spots gedacht und welchen Eindruck er hinterlassen hat. Ermittelt werden u. a.:

- Wie viele der Befragten sich an eine Anzeige erinnern konnten?
- Wie stark sich die Anzeige bzw. Anzeigenelemente den Befragten eingeprägt haben?
- Ob die Anzeige auch richtig verstanden wurde?
- Welche Assoziationen die Anzeige ausgelöst hat?
- Ob sie eine positive oder negative Resonanz ausgelöst hat?

Im Anschluss werden diese Ergebnisse mit einer Kontrollgruppe verglichen, welche den Werbespot nicht gesehen hat (sog. Pre-Advertising Situation).

Beim *Wiedererkennungsverfahren* (*Recognition-Tests*) wird das zu kontrollierende Werbemittel zunächst einer bestimmten Zielgruppe vorgelegt. Anschließend werden die Versuchspersonen gefragt, ob sie die entsprechenden Werbemittel, die ihnen erneut vorgelegt werden, schon einmal gesehen oder gehört haben. Ein klassisches Wiedererkennungsverfahren ist der Starch-Test für Anzeigen (Finn 1988, S. 168 ff.). Interviewer gehen dabei mit den Versuchspersonen die Seiten einer Zeitschrift durch. Der Interviewer darf nur die Seiten umblättern. Anschließend wird gefragt, ob die Versuchsperson bestimmte Anzeigen gesehen bzw. bestimmte Produkte bemerkt hat. Ermittelt wird für jede Anzeige der Prozentsatz der Leser, welche die Anzeige ganz oder teilweise wider erkannt haben. Der Starch-Test verwendet eine Reihe von Messgrößen (Solomon 2004, S. 106):

- „noted" = Prozentsatz der Leser, die angeben, eine Anzeige in der betreffenden Zeitschrift früher gesehen oder bemerkt zu haben
- „seen/associated" = Prozentsatz der Leser, die eine Anzeige gesehen, Teile davon gelesen haben und sich deutlich an den Namen des umworbenen Produkts, der Dienstleistung oder des Werbungtreibenden erinnern
- „read most" = Prozentsatz der Leser, die nicht nur die Anzeige gesehen haben, sondern auch bestätigen, dass sie mehr als die Hälfte des Texts gelesen haben

Problematisch bei der Anwendung ist die Gefahr der Verwechslung bei der Identifikation einzelner Anzeigen. Um diese Gefahr auszuschalten, wird ein kontrolliertes Wiedererkennungsverfahren vorgeschlagen. Dabei werden neben tatsächlich erschienenen Werbemitteln fiktive präsentiert. Es werden die Personen herausgefiltert, die unglaubwürdig erscheinen. Trotzdem nennt Solomon (2004, S. 106) als Fehlerursachen:

- die echte Verwechslung mit anderen Werbeanzeigen
- das Raten der Versuchspersonen bei Ungewissheit
- die bewusste Übertreibung
- die Behauptung, man kenne die Anzeige, obwohl man in Wirklichkeit nur das sie umgebende Material wieder erkennt
- die Bereitwilligkeit, dem Interviewer zu gefallen bzw. die Hemmungen, unwissend zu erscheinen
- die Missverständnisse der erhaltenen Instruktionen

Aus methodischer Sicht können die Erinnerungsverfahren und die Wiedererkennungsverfahren sowohl als Pretest als auch als Posttest durchgeführt werden. Dabei sind die Recall-Verfahren einfacher durchführbar, so in telefonischen Befragungen, während Recognition-Verfahren den Einsatz eines Interviewers bzw. Laborbedingungen voraussetzen und zugleich mit Verzerrungseffekten verbunden sind.

Messung von Lernprozessen

Grundsätzlich sind direkte und indirekte Messverfahren zu unterscheiden, wobei erstere darauf abzielen, die gespeicherten Informationen zutage zu fördern, so Recall (wobei die Testperson das Gelernte frei und ohne Hilfen wiedergeben muss) oder Recognition (wobei der Testperson das gelernte Material zusammen mit anderen Materialien vorgelegt wird und nach der Erinnerung gefragt wird), wobei die kognitive Leistung hier geringer ist. Der Ablauf kann grundsätzlich in mehrere Phasen unterteilt werden:

- Phase I: Einprägung durch Übung, d. h. das Individuum prägt sich das verbale Material, meist aufgrund wiederholter Darbietung, ein (Übungsphase). Hier kann die Messung von Eingeprägtem und von Artikulationsfähigkeit erfolgen.
- Phase II: Keine Übung i. e. S., sondern Informationsspeicherung (Gedächtnisphase).

Die Langzeitspeicherung von Informationen ist mit dem Aufbau von materiellen Gedächtnisspuren (i. Ggs. zu bio-elektrischen Prozessen im Kurzzeitgedächtnis) verbunden. Dieser führt dazu, dass man von einer Festigungszeit spricht, die etwa ¼-1 Stunde beträgt, wobei Gedächtniserinnerungen erst danach erfolgen. Vorher wird die Speicherung im Kurzzeitgedächtnis erfasst. Auch vor dem Hintergrund der Vergessenskurven bestehen Messprobleme und zwar daher, weil die gespeicherte Information objektiv nicht gemessen werden kann (siehe hierzu Bailey 1989). Wenn nämlich versucht wird, die behaltene Information durch einen Abrufprozess zu messen, ist dies selbst eine kognitive Leistung; sie stellt eine Übung und damit einen Verfälschungseffekt dar. Durch die zusätzliche kognitive Leistung des Abrufs, liegt das Niveau der Erinnerung höher als es ist.

Imagery-Forschung

Die *Imagery-Forschung* beschäftigt sich mit den internen Prozessen der nicht-verbalen, gedanklichen Entstehung, Verarbeitung und Speicherung von inneren Bildern. Solche Gedächtnisbilder lassen sich als gelernte, visuelle Eindrücke eines Menschen kennzeichnen (siehe Übersicht 73).

Übersicht 73: ***Begriffsnetz der Imagery-Forschung***

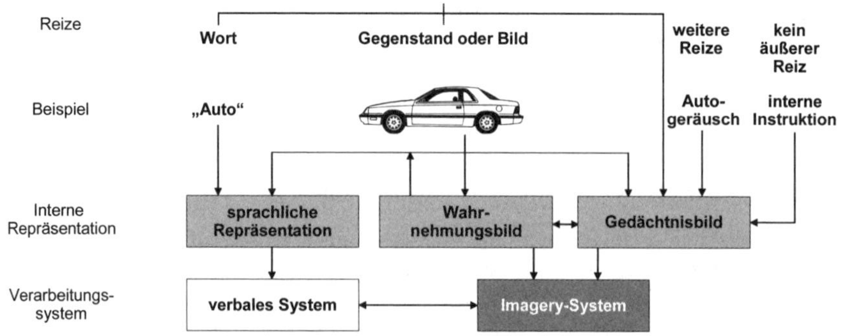

Quelle: Kroeber-Riel 1986, S. 82.

Die Imagery-Forschung basiert auf zwei grundlegenden Forschungsrichtungen,

- der psychologisch orientierten *Theorie der dualen Codierung* und
- der biologisch orientierten *Hemisphärentheorie.*

Nach der *Theorie der dualen Codierung* werden „verbale und nicht-verbale Informationen in unabhängigen, aber miteinander verbundenen Systemen repräsentiert und verarbeitet" (Paivio 1977, S. 60), d. h. in einem bildlichen und einem verbalen Code (siehe Übersicht 74). Wie angedeutet (siehe Abschnitt 2.2.1.2) stützt die Hemisphärentheorie die Ergebnisse der Theorie der dualen Codierung insofern, als sie festgestellt, dass die beiden menschlichen Gehirnhälften (Hemisphären) – obwohl untereinander verbunden – auf bestimmte Funktionen spezialisiert sind. Bei rechtshändigen Menschen ist die linke Hemisphäre für verbal-logische Aktivitäten und die rechte Hemisphäre für nichtverbal-emotionale Aktivitäten „zuständig" und die Prozesse der rechten Gehirnhälfte laufen eher „ganzheitlich" (holistisch) sowie wenig bewusst ab. Aus diesen Befunden können u. a. mit der Imagery-Forschung folgende Schlüsse über die kognitiven und emotionalen Wirkungen innerer Bilder auf das Konsumentenverhalten abgeleitet werden:

- Bilder werden ganzheitlich verstanden und weit gehend automatisch verarbeitet, was zur schnelleren Aufnahme und Verarbeitung führt. Bildinformationen werden wesentlich schneller und besser gespeichert als sprachliche Informationen.
- In emotionaler Hinsicht haben Bilder die Eigenschaft, gefühlsmäßige Inhalte besser übermitteln zu können, als es verbal möglich ist.
- Die Bildverarbeitung läuft nach einem analogen und nicht nach einem sequenziell-logischen gedanklichen Schema ab, was dazu führt, dass räumlich nah dargestellte Bildelemente auch als kausal zusammengehörig interpretiert werden.
- Konkrete Wörter (z. B. Center) können sowohl bildlich als auch verbal codiert und gespeichert werden, abstrakte Wörter (z. B. Moral) im Allgemeinen lediglich verbal. Abstrakte bildliche Informationen lassen sich nur bedingt verbal speichern (siehe Übersicht 75).

Übersicht 74: ***Schematische Darstellung einer dualen Codierungstheorie***

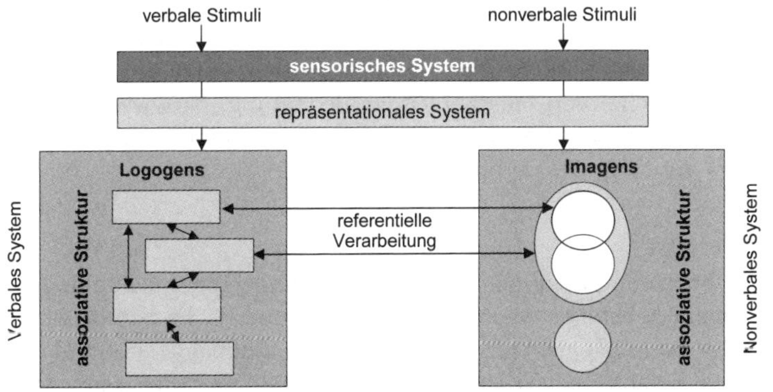

Quelle: In Anlehnung an Paivio 1986, S. 67, zitiert nach Swoboda 1996, S. 114.

Übersicht 75: Nachweis der überragenden Gedächtniswirkung von Bildinformationen

Bilder	konkrete Worte	abstrakte Worte
	Klavier	Gerechtigkeit
	Uhr	Ich
	Stern	Tapferkeit
	Haus	Moral

Quelle: In Anlehnung an Paivio 1979, zitiert nach Kroeber-Riel/Weinberg 2003, S. 354.

Für die *Anwendung im Marketing* lassen sich aus den Ergebnissen der Imagery-Forschung wichtige Schlüsse ziehen (Kroeber-Riel/Weinberg 2003, S. 352, 425 ff.; Zimbardo/Gerrig 1999, S. 211; MacInnis/Price 1987, S. 473 ff.):

- In der *Werbung* ist es infolge der Überlastung des menschlichen Informationsverarbeitungssystems und gering involvierter Konsumenten wichtig, Informationen schnell, prägnant und aktivierend zu vermitteln. Die wichtigsten zu übermittelnden Informationen sollten entsprechend der Imagery-Forschung dabei in Wort und Bild dargestellt werden, wobei Bilder eher emotionale Sachverhalte und Erlebnisse übermitteln können.
- In der *Marktforschung* gewinnen Bilderskalen an Bedeutung. Zum einen eignen sich Bilder zu Bildrecallverfahren oder -recognitionverfahren. Zum anderen werden Bilderskalen zur Messung von inneren Bildern und anderen, nur schwer verbalisierbaren Sachverhalten herangezogen. Auch gedankliche Lagepläne (mental maps) zählen zu inneren Bildern einer räumlichen Ordnung, z. B. der Warenanordnung in einem Geschäft. Sie dienen zur räumlichen Orientierung.
- Eine weitere Anwendung findet sich in der Visualisierung von Informationen in nicht verbaler oder zahlenmäßiger Form, sondern durch leicht eingängige Grafiken (Balken-, Kurven- oder Kuchendiagramme). So können die wesentlichen Informationen, z. B. Trends oder Aufteilungen, schnell erfasst werden.
- Für das Marketing ist ferner die bereits erwähnte Konditionierung – als klassische SR-Theorie – relevant (siehe Übersicht 76). Bei der klassischen Konditionierung ist die Kontiguität, die zeitliche Nähe zwischen dem unkonditionierten und dem konditionierten Reiz, von entscheidender Bedeutung. Nur wenn sie zeitlich benachbart sind, kann der Organismus diejenige Assoziation zwischen ihnen herstellen, die die Grundlage des Lernprozesses bildet.

Image und Imagetransfer

Bedeutend im Marketing ist ferner das *Image*. Es ist allgemein das Bild, das sich eine Person von einem beliebigen Meinungsgegenstand macht. Es beruht auf objektiven und subjektiven, eventuell auch falschen und stark emotional gefärbten Vorstellungen, Ideen, Gefühlen, Erfahrungen, Kenntnissen bzgl. eines Meinungsgegenstands. Kennzeichnend für das Image ist die Stabilisierung und Verfestigung im Zeitablauf.

Übersicht 76: ***Anwendung der klassischen und der instrumentellen Konditionierung***

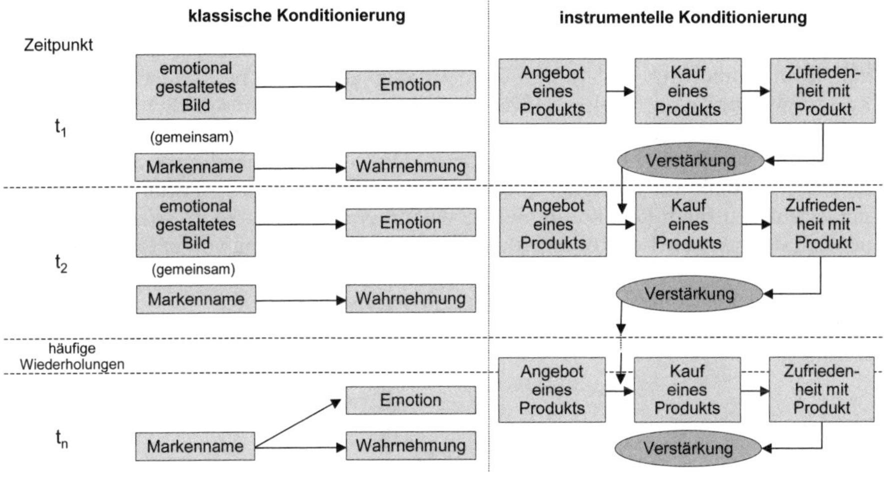

Quelle: Kuß/Tomczak 2000, S. 37

Je nach Objekt können drei Imagearten unterscheiden werden (Zentes/Swoboda 2001):

- das Generetic- oder Product-Image, d. h. Image einer ganzen Gattung oder Produktgruppe
- das Brand-Image, d. h. Image einer bestimmten Marke
- das Company- oder Corporate-Image, d. h. Image eines Unternehmens

Das Image eines Objekts und die Einstellungen von Individuen zu diesen Objekten stehen in einem engen Bedeutungszusammenhang. Grundsätzlich gilt, dass ein Image Objekten eigen ist, während Einstellungen sich auf ein Objekt beziehen und Individuen zu eigen sind. Das Image eines Objekts kann als ein mehrdimensionales Einstellungskonstrukt definiert und daher mit Methoden der Einstellungsmessung analysiert werden (siehe Abschnitt 2.1.4.2). Als Hauptaufgabe der *Imageanalyse* ist zunächst die Diagnose des bestehenden Ist-Images eines Objekts zu nennen. Dabei sind Ursachen, Prämissen, Entstehungszusammenhänge und Bestandteile des Images zu ermitteln, um aus einer solchen Analyse der Stärken und Schwächen eine „Therapie" zur Verbesserung bzw. Veränderung des Images entwickeln zu können. Darüber hinaus ist es für ein Unternehmen wichtig zu wissen, ob und eventuell aus welchen Gründen eine Divergenz zwischen dem Image verschiedener Objekte, z. B. zwischen dem Unternehmens- und Markenimage oder zwischen dem eigenen Image und dem Konkurrenzimage, zu verzeichnen ist. Für die „Image-Therapie" ist es also Voraussetzung, ein Soll- oder Ideal-Image festzulegen, an das das Ist-Image angeglichen werden soll. Eine weitere Aufgabe der Imageanalyse ist die Ermittlung von Marktnischen als Grundlage für die Entwicklung neuer Produkte. Hierzu können die Images aller auf dem Markt vorhandenen Produkte oder Marken in einem Produkt- oder Markenraum mit Hilfe bestimmter Techniken, so der Multidimensionalen Skalierung, positioniert und noch nicht besetzte Räume abgeleitet werden.

Emotionale Konditionierung

Eine der wichtigsten Techniken, um bspw. eine Marke oder ein Produkt emotional anzureichern und auf diesem Weg den Konsumenten zu erreichen, ist die emotionale Konditionierung, die auf den Gesetzmäßigkeiten der Theorie der klassischen Konditionierung von Pawlow (1928) beruht. Letztere basiert auf dem berühmten Hunde-Experiment: Die Darbietung von Futter (Stimulus) ruft beim Hund die Absonderung von Speichel hervor (Response). Dies ist eine unbedingte, angeborene, reflexartige Reaktion. Wird im Folgenden die Darbietung von Futter wiederholt mit einem neutralen Reiz kombiniert, etwa mit einem Glockenton, so ruft nach einer Zeit der neutrale Reiz (ohne Futter) auch die Absonderung von Speichel hervor.

Übersicht 77: ***Schematische Darstellung des Experimentes von Pawlow***

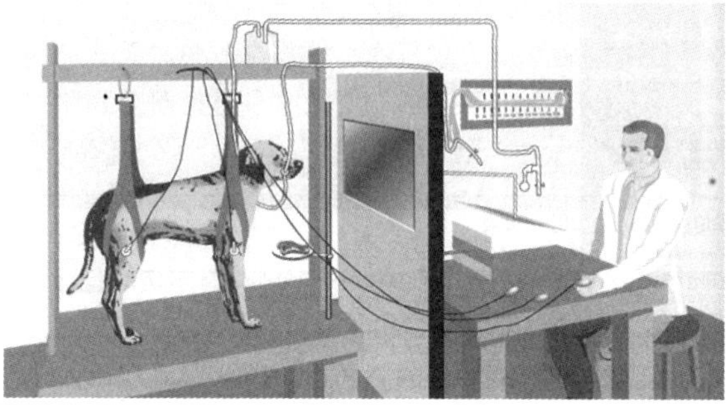

Übertragen auf das Marketing wird von emotionaler Konditionierung gesprochen, die Folgendes aussagt: Wird eine Marke bzw. ein Produkt wiederholt zusammen mit einem emotionalen Reiz dargeboten, so erhält die Marke bzw. das Produkt für die Umworbenen einen emotionalen Erlebnisgehalt (Kroeber-Riel/Esch 2000, S. 212). Somit ist es möglich, einen neutralen Produktnamen derart emotional zu belegen, dass dieser den Konsumenten zum Konsum anregt.

Die klassische Konditionierung ist in ihrer ursprünglichen Form ein Mechanismus, der unabhängig von weiteren (kognitiven) Prozessen abläuft. Da die Reflexbögen in den entwicklungsgeschichtlich älteren Teilen des Zentralnervensystems liegen, kann das Bewusstsein den Verlauf der Reaktionen nicht beeinflussen. Diese Form lässt sich in Tierexperimenten nachvollziehen. Beim Menschen gibt es diese Form der Konditionierung (Reflexkonditionierung) auch, wobei sich daneben andere Formen herausgebildet haben, denn dieser Lernmechanismus war im Laufe der phylogenetischen Entwicklung nicht isoliert, sondern hat sich mit den höheren Abschnitten des Zentralnervensystems verknüpft. Es werden Lernprozesse wirksam, die mit kognitiven Prozessen verknüpft sind, welche die Konditionierungswirkung modifizieren oder auch unterdrücken können. Daher fällt die Wirkung emotionaler Werbestimuli unterschiedlich aus (Behrens 1991, S. 279 f.).

Imagetransfer kennzeichnet die wechselseitige Übertragung und Verstärkung von Objektassoziationen zwischen Objekten unterschiedlicher Kategorien. Es handelt sich zugleich um eine Marketingstrategie, die versucht, das vorhandene positive Image einer Marke auf eine andere zu übertragen, z. B. im Zuge einer Markenerweiterung (Line-Extension). Instrumental erfolgt der Imagetransfer durch Nutzung des bekannten Markennamens und der dazugehörigen Ausstattung (Schriftzug, Symbole usw.) und es erfolgt eine vereinheitlichte Kommunikationspolitik. Neben der Partizipation am Goodwill, dem Vertrauenskapital einer etablierten Marke (Goodwilltransfer) bestehen die Vorteile einer Imagetransferstrategie v. a. in der Verminderung des Floprisikos, der besseren Akzeptanz und der Kosteneinsparung. Durch diese Strategie können ferner Markenfamilien geschaffen werden (siehe hierzu Esch 2001). Oftmals wird Imagetransfer weiter gefasst und in Zusammenhang mit Leitbildmarketing und Sponsoring genannt. Hierbei sollen die mit einem Leitbild oder bspw. einer Sportart verknüpften, positiven Assoziationen auf ein Unternehmen oder bestimmte Produkte übertragen werden.

Aus Sicht des Konsumentenverhaltens steht die Übertragung von denotativen und konnotativen Assoziationen im Mittelpunkt des Imagetransfers. Unter Denotationen versteht man die technische Beschaffenheit eines Objekts, die objektiv nachvollziehbar ist; Konnotationen bezeichnen die emotionalen Assoziationen, die ein Objekt auslöst (Mayer/Mayer 1987, S. 26). Nach dem Imagetransfermodell von Schweiger/Schrattenecker (1995, S. 178) bildet die technologische und emotionale Affinität zwischen den Objekten eine Voraussetzung für einen erfolgreichen Imagetransfer (siehe Übersicht 78). Probleme ergeben sich v. a. bei denotativen und konnotativen Unverträglichkeiten zwischen den Partnerprodukten (Mayer/Mayer 1987, S. 28 ff.).

Übersicht 78: ***Imagetransfermodell***

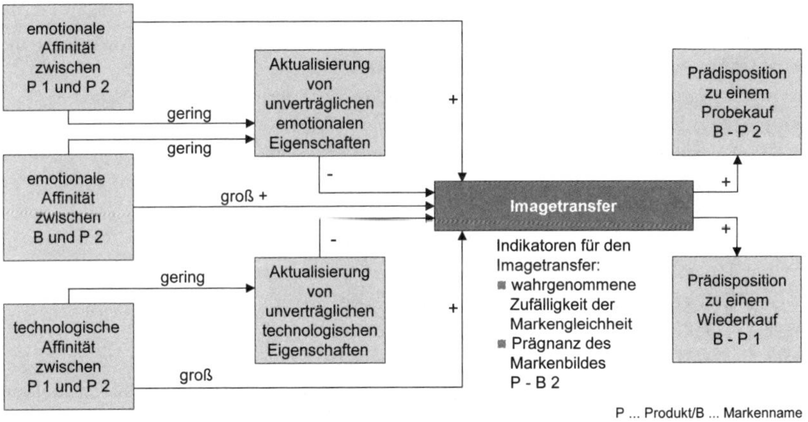

Quelle: Schweiger/Schrattenecker 1995, S. 178.

Literatur

Abelson, R. P. (1981): Psychological Status of Script Concept, in: American Psychologist, 36. Jg., Nr. 7, S. 715-729.

Adler, A. (1928): Über den nervösen Charakter, München.

Atkinson, R. C./Shiffrin, R. M. (1971): The Control of Short-Term Memory, in: Scientific American, 225. Jg., S. 82-90.

Backhaus, K./Erichson, B./Plinke, W./Weiber, R. (2003): Multivariate Analysemethoden, 10. Aufl., Berlin.

Bailey, Charles D. (1989). Forgetting And The Learning Curve: A Laboratory Study, in: Management Science, 35. Jg., Nr. 3, S. 340-352.

Balderjahn, I. (1993): Marktreaktionen von Konsumenten, Berlin.

Balderjahn, I. (1995): Einstellung und Einstellungsmessung, in: Tietz, B./Köhler, R./Zentes, J. (Hrsg.): Handwörterbuch des Marketing, Stuttgart, Sp. 542-554.

Bänsch, A. (2002): Käuferverhalten, 9. Aufl., München.

Behrens, G. (1976): Werbewirkungsanalyse, Opladen.

Behrens, G. (1991): Konsumentenverhalten, 2. Aufl., Heidelberg.

Bekmeier-Feuerhahn, S. (2001): Berner-System, in: Diller, H. (Hrsg.): Vahlens Großes Marketing Lexikon, 2. Aufl., München, S. 139-140.

Bernhard, U. (1978): Blickverhalten und Gedächtnisleistung beim visuellen Werbekontakt unter besonderer Berücksichtigung von Plazierungseinflüssen, Frankfurt a. M.

Bettman, J. R. (1979): An Information Processing Thoery of Consumer Choice, Boston.

Blackwell, J. F./Miniard, P. W./Engel, R. D. (2001): Consumer Behavior, 9. Aufl., New York.

Bleicker, U. (1983): Produktbeurteilung der Konsumenten, Würzburg.

Bolton, L. E./Warlop, L./Alba, J. W. (2003). Consumer perceptions of price (un)fairness, in: Journal of Consumer Research, 29. Jg., Nr. 4, S. 474-491.

Boucsein, W. (1992): Electrodermal Activity, New York.

Braun, K. A. (1999): Postexperience advertising effects on consumer memory, in: Journal of Consumer Research., 25. Jg., Nr. 4, S. 319-352.

Brown, S. P./Stayman, D. M. (1992): Antecedents and Consequences of Attitude Toward the Ad: A Meta-Analysis, in: Journal of Consumer Research, 19. Jg., Nr. 1, S. 34-51.

Campbell, M. C./Keller, K. L. (2003): Brand familiarity and advertising repetition effects, in: Journal of Consumer Research, 30. Jg., Nr. 2, S. 292-304.

DeChernatony, L./MacDonald, M. (1998): Creating Powerful Brands, 2. Aufl., Oxford.

Dichter, E. (1961): Strategie im Reich der Wünsche, New York.

Dichtl, E./Schobert, R. (1979): Mehrdimensionale Skalierung, München.

Diehl, S. (2002): Erlebnisorientiertes Internetmarketing, Wiesbaden.

Esch, F.-R. (2001) (Hrsg.): Moderne Markenführung, 3. Aufl., Wiesbaden.

Esch, F.-R. (2003): Strategie und Technik der Markenführung, München.

Fahrenberg, J. u. a. (1979): Psychophysiologische Aktivierungsforschung, München.

Felser, G. (2001): Werbe- und Konsumentenpsychologie, 2. Aufl., Stuttgart.

Festinger, L. (1957): A Theory of Cognitive Dissonance, Stanford.

Festinger, L. (1978): Theorie der kognitiven Dissonanz, Bern.

Festinger, L./Carlsmith, J. M. (1959): Cognitive Consequences of Forced Compliance, in: Journal of Abnormal and Social Psychology, 58. Jg, S. 203-211.

Fincham, F./Hewstone, M. (2002): Attributionstheorie und -forschung, in: Stroebe, W./Jonas, K./Hewstone, M. (Hrsg.): Sozialpsychologie, 4. Aufl., Berlin, S. 215-263.

Finn, A. (1988): Print Ad Recognition Readership Scores: An Information Processing Perspective, in: Journal of Marketing Research, 25. Jg., Nr. 2, S. 168-177.

Foscht, T. (1998): Interaktive Medien in der Kommunikation, Wiesbaden.

Freter, H. W. (1979): Interpretation und Aussagewert mehrdimensionaler Einstellungsmodelle im Marketing, in: Meffert, H./Steffenhagen, H./Freter, H. (Hrsg.): Konsumentenverhalten und Information, Wiesbaden, S. 163-184.

Freud, S. (1965): Gesammelte Werke, London.

Frey, S. (1984): Die nonverbale Kommunikation, Stuttgart.

Gröppel, A. (1991): Erlebnisstrategien im Einzelhandel, Heidelberg.

Grunert, K. (1990): Kognitive Strukturen in der Konsumforschung, Heidelberg.

Gutenberg, E. (1984): Grundlagen der Betriebswirtschaftslehre, Bd. 2: Der Absatz, 17. Aufl., Berlin.

Hanna, N./Wozniak, R. (2001): Consumer Behavior, Upper Saddle River.

Heider, F. (1958): The Psychology of Interpersonal Relationships, New York.

Hennig-Thurau, T./Hansen, U. (2001): Kundenartikulationen im Internet, in: Die Betriebswirtschaft, 61. Jg., Nr. 5, S. 560-580.

Hofstätter, P. R. (1973): Einführung in die Sozialpsychologie, 5. Aufl., Stuttgart.

Hoyer, W. D./Ridgway, N. M. (1984): Variety Seeking as an Explanation for Exploratory Purchase Behavior, in: Advances in Consumer Research, 11. Jg., S. 114-119.

Hoyer, W. D./MacInnis, D. J. (1997): Consumer Behavior, Boston.

Hoyer, W. D./MacInnis, D. J. (2004): Consumer Behavior, 3. Aufl., Boston.

Hüttenrauch, R. (1986): Zur Methodik des vergleichenden Warentests, in: Horn, N./Piepenbrock, H. (Hrsg): Vergleichender Warentest, Landsberg/Lech.

Izard, C. E. (1999): Die Emotionen des Menschen, 9. Aufl., Weinheim.

Janiszewski, C./Noel, H./Sawyer, A. G. (2003): A meta-analysis of the spacing effect in verbal learning: Implications for research on advertising repetition and consumer memory, in: Journal of Consumer Research, 30. Jg., Nr. 1, S. 138- 149.

Klammer, M. (1989): Nonverbale Kommunikation beim Verkauf, Heidelberg.

Koeppler, K.-F. (1972): Unterschwellig wahrnehmen – unterschwellig lernen, Stuttgart u.a.

Kroeber-Riel, W. (1986): Die inneren Bilder der Konsumenten – Messung, Verhaltenswirkung, Konsequenzen für das Marketing, in: Marketing-ZFP, 8. Jg., Nr. 6, S. 81-94.

Kroeber-Riel, W. (1987): Informationsüberlastung durch Massenmedien und Werbung in Deutschland, in: Die Betriebswirtschaft, 47. Jg., Nr. 3, S. 257-261.

Kroeber-Riel, W./Esch, F.-R. (2000): Strategien und Technik der Werbung, 5. Aufl., Stuttgart.

Kroeber-Riel, W./Weinberg, P. (2003): Konsumentenverhalten, 8. Aufl., München.

Kuhlmann, E./Brünne, M./Sowarka, B. H. (1992): Interaktive Informationssysteme in der Marktkommunikation, Heidelberg.

Kuß, A./Tomczak, T. (2000): Käuferverhalten, 2. Aufl., Stuttgart.

Laplanche, J./Pontalis, J.-B. (1982): Das Vokabular der Psychoanalyse, 2. Bd., Frankfurt a. M.

Lawson, R. (2002): Consumer knowledge structures: Background issues and introduction, in: Psychology & Marketing, 19. Jg., Nr. 6, S. 447-455.

Loudon, D./Della Bitta, A. (1993): Consumer Behavior, 4. Aufl., New York.

MacInnis, D. J./Price, L. L. (1987): The Role of Imagery in Information Processing: Review and Extensions, in: Journal of Consumer Research, 13. Jg., Nr. 4, S. 473-491.

Makens, J. C. (1965): Effects of Brand Preference Upon Consumers' Perceived Taste of Turkey Meat, in: Journal of Applied Psychology, 19. Jg., S. 261-263.

Martin, E./Scheer, T. (1995): Erfolgsfaktor „zufriedene Kunden", in: Kind, H. (Hrsg.): Buchmarketing, Düsseldorf, S. 27-57.

Maslow, A. (1975): Motivation and Personality, in: Levine, F. (Hrsg.): Theoretical Readings in Motivation, Chicago, S. 358-380.

Mayer, A./Mayer, R. U. (1987): Imagetransfers, Hamburg.

Mayer, H. (2000): Einführung in die Wahrnehmungs-, Lern- und Werbe-Psychologie, München.

Meyer-Hentschel, G. (1983): Aktivierungswirkung von Anzeigen, Würzburg.

Miller, N. E. (1964): On the Functions of Theory, in: Sanford, F. H./Capaldi, E. J. (Hrsg.): Research in Perception, Learning and Conflict, Belmont, S. 97-103.

Mowen, J./Minor, M. (2001): Consumer Behavior, Upper Saddle River.

Müller-Hagedorn, L. (1986): Das Konsumentenverhalten, Wiesbaden.

Neibecker, B. (1995): Beobachtungsmethoden, in: Tietz, B./Köhler, R./Zentes, J. (Hrsg.): Handwörterbuch des Marketing, Stuttgart, Sp. 200-211.

NFO Infratest (2002): Werbe-Pretest Ad-Visor, Frankfurt a. M.

Nieschlag, R./Dichtl, E./Hörschgen, H. (2002): Marketing, 19. Aufl., Berlin.

Paivio, A. (1986): Mental Representations – A Dual Coding Approach, New York.

Paivio, A. (1977): Images, Propositions, and Knowledge, in: Nicholas, J. M. (1977): Images, Perception, and Knowledge, Dordrecht u. a., S. 47-71.

Paivio, A. (1979): Imagery and Verbal Processes, New York.

Pawlow, J. (1928): Lectures on Conditioned Reflexes, New York.

Plutchik, R. (1991): The Emotions, Lanham.

Raffée H./Silberer, G. (1981) (Hrsg.): Informationsverhalten des Konsumenten. Ergebnisse empirischer Studien, Wiesbaden.

Reynolds, T./Gutman, J. (1988): Laddering Theory, Method, Analysis, and Interpretation, in: Journal of Advertising Research, 28. Jg., Nr. 1, S. 11-31.

Rosenstiel, L. v./Ewald, G. (1979): Marktpsychologie, 2. Bd.: Psychologie der absatzpolitischen Instrumente, Stuttgart.

Rosenstiel, L. v./Kirsch, A. (1996): Psychologie der Werbung, Rosenheim.

Rüdell, M. (1993): Konsumentenbeobachtung am Point of Sale, Ludwigsburg.

Schiffman, L./Kanuk, L. (2004): Consumer Behavior, 8. Aufl., Upper Saddler River.

Schweiger, G./Schrattenecker, C. (1995): Werbung, 4. Aufl., Stuttgart.

SensoMotoric Instruments GmbH (Hrsg.): Eye Tracking, http://www.smi.de, 15. Februar 2004.

Sheth, J. N./Mittal, B./Newman, B. I. (1999): Customer Behavior, Forth Worth.

Silberer, G./Jaekel, M. (1996): Marketingfaktor Stimmungen, Stuttgart.

Solomon, M. (2004): Consumer Behavior, 6. Aufl., Upper Saddle River.

Solomon, M./Bamossy, G./Askegaard, S. (2001): Konsumentenverhalten – Der europäische Markt, München.

Statt, D. (1997): Understanding the Consumer: A Psychological Approach, London.

Strothmann, K.-H. (1979): Investitionsgütermarketing, München.

Swoboda, B. (1996): Interaktive Medien am Point of Sale, Wiesbaden.

Swoboda, B. (2000): Messung von Einkaufsstättenpräferenzen auf der Basis der Conjoint-Analyse, in: Die Betriebswirtschaft, 60. Jg., Nr. 2, S. 151-168.

Thomas, L. (1979): Conjoint Measurement als Instrument der Absatzforschung, in: Marketing-ZFP, 1. Jg., S. 199-211.

Trommsdorff, V. (2002): Konsumentenverhalten, 4. Aufl., Stuttgart.

Voß, S./Gutenschwager, K. (2001): Informationsmanagement, Berlin.

Weiber, R./Meyer, J. (2002): Virtual Communities; in: Weiber, R. (Hrsg.): Handbuch Electronic Business, 2. Aufl., Wiesbaden, S. 343-361.

Weinberg, P. (1982): Entscheidungsverhalten der Konsumenten, Paderborn.

Weinberg, P. (1986): Nonverbale Marktkommunikation, Heidelberg.

Weiner, B. (1996): Human Motivation, 2. Aufl., Newbury Park.

Wiswede, G. (1973): Motivation und Verbraucherverhalten, 2. Aufl., München.

Wittink, D. R./Vriens, M./Burhenne, W. (1994): Commercial use of Conjoint Analysis in Europe, in: International Journal of Research in Marketing, 11. Jg., S. 41-52.

Zentes, J./Swoboda, B. (2001): Grundbegriffe des Marketing – Marktorientiertes globales Management-Wissen, 5. Aufl., Stuttgart.

Zielske, H. A. (1959): The Remembering and Forgetting of Advertising, in: Journal of Marketing Research, 23. Jg., S. 239-243.

Zimbardo, P. G./Gerrig, R. J. (1999): Psychologie, 7. Aufl., Berlin.

3 Weitere Determinanten und Moderatoren des Konsumentenverhaltens

3.1 Überblick

Zu weiteren Determinanten und Moderatoren des Käuferverhaltens – die im Schalenmodell die psychischen Prozesse determinieren, aber weiter vom Verhalten entfernt sind – zählen insb. die Umweltdeterminanten des Käuferverhaltens, so die psychische Umwelt, die Determinanten der näheren Umwelt, insb. Primärgruppen, Sekundärgruppen und Familie als unmittelbare nähere soziale Umwelt und die Determinanten der weiteren Umwelt, insb. Kultur, Subkultur und soziale Schicht. Im Folgenden wird dem vorne aufgezeigten Schichtmodell (siehe Abschnitt 1.4 in diesem Kapitel) gefolgt. Betrachtet werden:

- *persönliche Determinanten*, insb. Persönlichkeit, Involvement und Lebensstil
- *soziale Determinanten*, insb. Rolle/Status, Bezugsgruppe/Meinungsführer und Familie
- *kulturelle Determinanten*, insb. soziale Schicht, Subkultur und (Landes-) Kultur

Tendenziell kann davon ausgegangen werden, dass die relative Bedeutung der weiteren Determinanten für das individuelle Käuferverhalten von innen nach außen betrachtet abnimmt. Z. B. ist die Relevanz des Involvement höher als die der Familie und diese wieder höher als die der (Landes-) Kultur etc.

3.2 Persönliche Determinanten

3.2.1 Persönlichkeit

Bekanntlich sind Individuen, die u. a. durch ihre Persönlichkeitsstruktur, Erfahrungen und ihre soziale Umwelt (vor-) geprägt sind, Zielobjekte der Marketingaktivitäten, die auf eine Beeinflussung des Käuferverhaltens abzielen.

> *Als Prädisposition wird das auf unterschiedliche psychische und soziale Determinanten zurückzuführende „Vorgeprägtsein" eines Individuums bezeichnet.*

Die Prädispositionen bestehen im Wesentlichen aus einem System von *Einstellungen* und *Persönlichkeitsmerkmalen* wie Risikoneigung, persönliches *Involvement* und Informationsniveau (Kroeber-Riel/Weinberg 2003, S. 250). Diese Prädispositionen sind wesentliche Einflussgrößen des menschlichen Verhaltens.

Die Persönlichkeit stellt einen Grundrahmen dar, in welchem aktivierende und kognitive Verhaltensmuster ablaufen, wobei die grundsätzlichen Prädispositionen (z. B. Involvement, Werte) mit der Persönlichkeit in wechselseitiger Beziehung stehen.

So lassen sich bspw. *Werte* nach Raffée/Wiedmann (1987, S. 15) allgemein als grundlegende explizite und/oder implizite Konzeptionen des Wünschenswerten charakterisieren. Werte haben einerseits z. T. den Charakter von Zielen; andererseits verkörpern sie Kriterien zur Beurteilung von Zielen, Objekten und Handlungen, übernehmen mithin die Funktion von Orientierungsstandards, Leitlinien und kanalisieren das Verhalten in bestimmte Richtungen. Wertewandel oder Wertedynamik lassen sich allgemein als eine Veränderung im Wertsystem begreifen. Solche Veränderungen treten bspw. dann auf, wenn neue Werte in das Wertsystem aufgenommen bzw. in die Wertehierarchie eingeordnet werden (Werteinnovationen). Im Kern äußert sich ein Wertewandel jedoch v. a. in Werteverschiebungen, damit in der Verschiebung einzelner Werte auf einer subjektiven Bedeutungsskala innerhalb der Hierarchie des Wertesystems (Raffée/Wiedmann 1987, S. 22). Ändern sich die Werte in der Gesellschaft, so spiegelt sich dies auch im Verhalten der Konsumenten wider. Marketingrelevante Aspekte der allgemeinen Wertedynamik sind u. a.:

- stärkere Akzentuierung ökologie- und gesundheitsbezogener Werte
- zunehmende Sorge um Arbeitsplätze
- steigende Tendenz zu Kritik und Widerspruch in breiten Bevölkerungskreisen
- Wunsch nach sozialen Kontakten sowie sozialer Einbindung einerseits und Streben nach mehr Individualität andererseits

Die gesellschaftliche *Wertedynamik* bzw. der *Wertewandel* manifestiert sich auch in „Megatrends" (siehe Übersicht 79). Auch die Verschiebung der privaten Konsumausgaben zu Gunsten von Reisen und „Kulturprodukten" ist Ausdruck veränderter Werte (siehe auch Abschnitt 3.4), so dass aus dem Wertewandel beachtliche Herausforderungen an die Käuferverhaltensforschung und an das Marketing resultieren, die mit Risiken oder mit Chancen für Unternehmen verbunden sein können.

Übersicht 79: ***Entwicklung der Rocklänge als Indikator des Wertewandels***

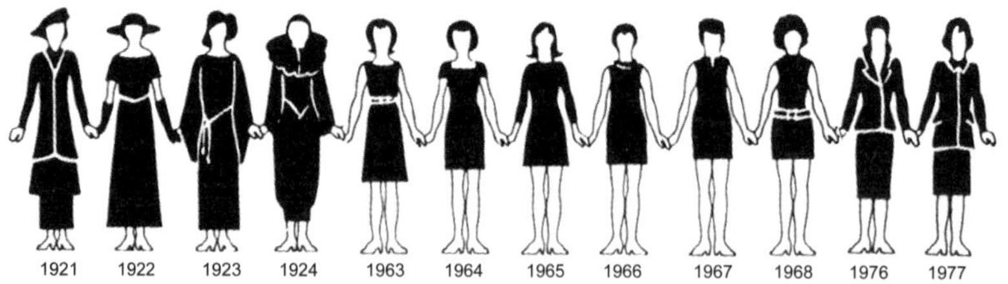

Quelle: Morris 1978, S. 332 zitiert nach Jendrosch 1995, S. 191.

Zur Bestimmung der unterschiedlichen Persönlichkeitstypen bzw. Eigenschaftsstrukturen der Personen haben sich in der Psychologie prinzipiell fünf Dimensionen durchgesetzt, die auch als „big five" bezeichnet werden (siehe Übersicht 80). Diese sind sehr breit gefasst, denn jede von ihnen fasst eine Vielzahl von Eigenschaften mit „individueller Note, aber gemeinsamen Thema" zusammen (Zimbardo/Gerrig 1999, S. 524).

Übersicht 80: ***Das Fünf-Faktoren-Modell der Persönlichkeit***

	Extraversion	
gesprächig, energiegeladen, bestimmt	⟵⟶	ruhig (»quiet«), reserviert, schüchtern
	Verlässlichkeit	
verlässlich, freundlich, mitfühlend	⟵⟶	kalt, streitsüchtig, unbarmherzig
	Gewissenhaftigkeit	
gut vorbereitet (»organisiert«), verantwortungsbewusst, vorsichtig	⟵⟶	sorglos, verantwortungslos, leichtfertig
	Emotionale Stabilität oder Neurotizismus	
stabil, ruhig (»calm«), zufrieden	⟵⟶	besorgt, labil, launenhaft
	Offenheit für Erfahrungen	
kreativ, intellektuell, offen	⟵⟶	einfach, oberflächlich, unintelligent

Quelle: Zimbardo/Gerrig 1999, S. 525.

Freuds Theorie der psychodynamischen Persönlichkeit

Freud hat die Psychoanalyse, Tiefenpsychologie und psychoanalytischen Persönlichkeitstheorie begründet bzw. grundlegend beeinflusst. Einer seiner Schwerpunkte bezog sich auf die Struktur der Persönlichkeit (u. a. Hanna/Wozniak 2001 S. 253 ff.; Schiffman/Kanuk 2004, S. 121 ff.). Persönlichkeitsunterschiede erklärt er, indem er diese auf die unterschiedlichen Arten und Weisen der Bewältigung von grundlegenden Trieben zurückführt. Er zeigt dies an einem Kampf zwischen zwei Teilen der Persönlichkeit, dem *Es* und dem *Über-Ich,* gemildert durch einen dritten Aspekt, dem *Ich*. Auf der einen Seite steht das *Es* als primitiver unbewusster Teil der Persönlichkeit (Sitz der primären Triebe, von sexueller, körperlicher und emotionaler Lust), welchem das *Über-Ich* als Sitz der Werte gegenübersteht. Zwischen den Impulsen des *Es* und den Anforderungen des *Über-Ich* vermittelt das *Ich* als realitätsorientierter Teil der Persönlichkeit (bzw. wägt dies ab) und versucht die Impulse zu befriedigen, um unerwünschte Konsequenzen zu vermeiden.

Übersicht 81: ***Freuds „psychischer Apparat"*** *(Originalskizze)*

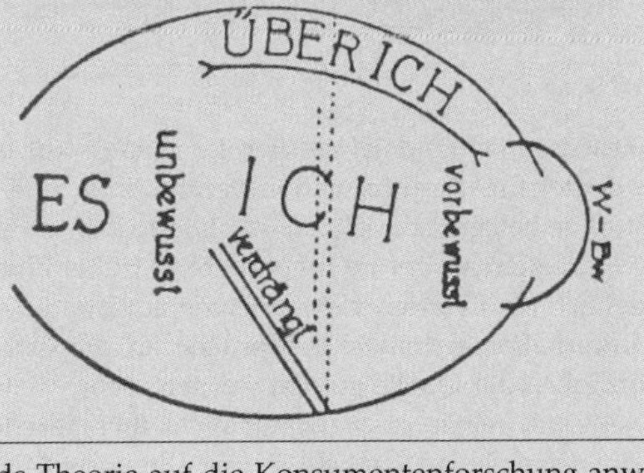

Autoren, die Freuds Theorie auf die Konsumentenforschung anwenden, sehen das Einkaufsverhalten als Reflexion der individuellen Persönlichkeit an. Dabei wird das Verhalten als Ergebnis des beschriebenen Konfliktes gesehen, wobei dem Konsumenten seine eigentlichen Hintergründe bzw. Antriebe seines Kaufs zum größten Teil nicht bewusst sind (Schiffman/Kanuk 2004, S. 123).

3.2.2 Involvement

Das Involvement-Konzept bezeichnet die Ich-Beteiligung, das innere Engagement, mit dem sich ein Individuum einem Sachverhalt oder einer Aufgabe widmet. Es wurde durch Krugman (1965, S. 349 f.) in die Theorie des Konsumentenverhaltens eingeführt.

Dabei wird (aus didaktischen Gründen) zwischen den dichotomen Ausprägungen *Low-* und *High-Involvement* unterschieden. Während bei High-Involvement-Situationen das Ausmaß der kognitiven Aktivitäten bspw. beim Lernprozess groß ist, wird unter Low-Involvement-Lernen ein absichtsloses Lernen mit geringer Aufmerksamkeit und Verarbeitungstiefe verstanden. D. h., dass das Lernen mit geringem Involvement eine häufigere Wiederholung erfordert, die gedankliche Kontrolle aber, im Gegensatz zum High-Involvement-Lernen, unterlaufen wird. Mühlbacher (1982, S. 188 ff.) und v. a. Trommsdorff (2002, S. 57 ff.) differenzieren verschiedene Faktoren des Involvements (siehe Übersicht 82). Drei Typen sind hervorzuheben:

- *Persönlichkeitsinvolvement* (oder *EGO-Involvement*) – das durch die individuelle Werthaltung des Menschen bestimmte Involvement
- *Objektinvolvement* (oft auf das *Produktinvolvement* fokussiert) – das Engagement bzgl. eines Produktes, einer Dienstleistung, einer Einkaufsstätte etc.
- *Situationsinvolvement* – Engagement in unmittelbaren Kauf-/Kommunikationssituationen

Übersicht 82: ***Allgemeines Involvementmodell***

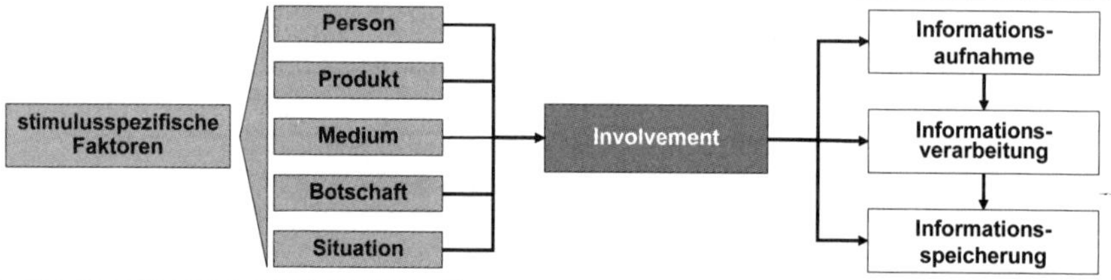

Quelle: Trommsdorff 2002, S. 57.

Das Involvement hat wesentlichen *prädispositionalen Einfluss* auf das Käuferverhalten, besonders wie angedeutet für die Informationsverarbeitung und die Einstellungsbildung. Empirische Studien belegen, dass hoch involvierte Konsumenten mehr Informationen suchen und verarbeiten als gering involvierte. Darüber hinaus müssen zur Einstellungsbildung bei hoch involvierten Konsumenten aufgrund der stärker kognitiven Verarbeitung von Informationen höhere Ansprüche an die Qualität der Argumente und die Glaubwürdigkeit der Quelle gestellt werden als bei wenig involvierten Konsumenten. Diese wiederum reagieren stark auf nicht thematische, z. B. bildliche Informationen (siehe die Beispiele in Übersicht 83 und Übersicht 84).

Von den mittlerweile vielfachen Ergebnissen zur unterschiedlich determinierenden Rolle des Involvement für das Kaufverhalten soll hier ein Beispiel herausgegriffen werden. In der Werbewirkungsforschung wurde lange Zeit einer klassischen Hierarchie der Werbewirkungen gefolgt, d. h. starke Aufmerksamkeit, affektive Haltung,

Einstellung, Kauf. Vor dem Hintergrund der Erkenntnisse der Low-Involvement-Forschung kann man dieser High-Involvement-Hierarchie eine Low-Involvement-Hierarchie gegenüberstellen. Danach ist der Konsument bei der Aufnahme von Werbung zumeist wenig involviert. Für die Werbewirkung bedeutet das, dass vor dem Kauf keine kognitive Einstellungsbildung erfolgt, sondern dass Werbebotschaften durch häufige Wiederholung lediglich die Produktwahrnehmung verändern und eine unbewusste emotionale Bindung hervorrufen. Dies geschieht ohne gedankliche (kognitive) Steuerung. Die Bildung einer produktspezifischen Einstellung erfolgt erst nach dem Kauf bzw. dem Gebrauch des Produktes. Die Low-Involvement-Lernhierarchie lautet also: schwache Aufmerksamkeit, affektive Haltung, Kauf, Einstellung (Kroeber-Riel/Weinberg 2003, S. 604 ff.).

Übersicht 83: ***Charakteristika von High- und Low-Involvement bei werblicher Kommunikation***

	Charakteristika des Marketing bei ...	
	... High Involvement	... Low Involvement
Werbeziel	▪ überzeugen	▪ oft kontaktieren
Inhalt der Botschaft	▪ alles Wichtige sagen	▪ „etwas“ sagen
Länge der Botschaft	▪ ausführlich	▪ kurz
Einstellungsänderung durch	▪ sachliche Argumente	▪ affektive Aspekte (reizgesteuert)
Kommunikationsmittel	▪ Sprache	▪ Bilder, Musik u. a.
Wiederholungsfrequenz	▪ gering	▪ hoch
Timing	▪ in Kaufsituation	▪ ständig
Interaktion wichtig mit	▪ persönlicher Verkauf	▪ Pos-Werbung

Quelle: In Anlehnung an Kroeber-Riel/Weinberg 2003, S. 372.

Übersicht 84: ***Pauschale Beispiele für Merkmale von Low- und High-Involvement-Käufen*** *(„idealtypisches“ Produktinvolvement)*

	Autokauf (High Involvement)	Kauf von Haushaltsreinigern (Low Involvement)
Art der Informationsverarbeitung	sorgfältige Abwägung von Produkteigenschaften (z. B. Preis, Benzinverbrauch, Ps), Vergleich einer größeren Zahl angebotener Autos	Vertrautheit einer stark beworbenen oder im Supermarkt häufig gesehenen Marke
Art der Informationsaufnahme	Lektüre von Autotests, Prospekten etc., Probefahrten, Gespräche mit Kollegen über deren Erfahrungen	zufälliger Kontakt zu Werbung, Verkaufsförderung, Packungsaufschrift etc.
Art der Verarbeitung von Werbebotschaften	Studium der in Anzeigen und Prospekten erläuterten technischen Daten, Ausstattung etc.	zufälliger Kontakt zu Werbung mit geringem Informationsgehalt (Tv-Spots, Plakate etc.); geringes Interesse
Auswahl der besten oder einer akzeptablen Alternative	Suche nach einem den jeweiligen Bedürfnissen und Möglichkeiten möglichst gut entsprechenden Autos	Kauf eines gängigen Produktes, das zu akzeptablem Preis im Supermarkt gerade verfügbar ist
Beziehung zu Persönlichkeit und Lebensstil	oftmals große Bedeutung des Autos im Hinblick auf Selbstimage, Möglichkeiten zur Freizeitgestaltung etc.	keine nennenswerte Relevanz für irgendeinen Aspekt des Lebensstils
Einfluss von Bezugsgruppen	Ausrichtung an Standards der sozialen Schicht, der Subkultur etc.; Selbstdarstellung durch luxuriöse oder sportliche Autos	keinerlei Relevanz hinsichtlich Bezugsgruppen, da die Markenwahl von diesen überhaupt nicht wahrgenommen wird

Quelle: Kuß/Tomczak 2000, S. 68.

Darüber hinaus gilt, dass gebildete Einstellungen bei Low-Involvement ihre verhaltenssteuernde Wirkung verlieren. Ferner sind entsprechend der EV-Hypothese (siehe Abschnitt 2.1.4 in diesem Kapitel) Einstellungen nur verhaltenswirksam, wenn das Verhalten kognitiv kontrolliert wird. Dies ist bei stärkerem Involvement der Fall, während bei Low-Involvement die Markenwahl stochastisch aus dem sog. „Evoked Set" erfolgt, auf das im Rahmen der limitierten Kaufentscheidungen (siehe Abschnitt 4.3) näher eingegangen wird. Dabei besteht keine Einstellung zur Marke, sondern es liegt nur Markenkenntnis vor. Eine Einstellung zur Marke bildet sich erst mit der Zeit durch den Gebrauch des Produktes heran, sodass hier gilt: Das Verhalten bestimmt die Einstellung (VE-Hypothese).

In neueren Forschungsbeiträgen wird auf die Unterscheidung zwischen emotionalem und kognitivem Involvement verwiesen (Kroeber-Riel/Weinberg 2003, S. 372 ff.), d. h. das Konzept des Involvement wird sowohl mit kognitiven als auch mit aktiveren Prozessen verbunden. Während in der angloamerikanischen Konsumentenforschung ein stark kognitiv-orientiertes Involvementverständnis vorherrscht, dominiert im deutschsprachigen Raum eine eher emotional geprägte Begriffsauffassung (Gröppel-Klein 2001, S. 293). Aufgrund der Relevanz der beiden Auffassungen werden sie bei der Erklärung der unterschiedlichen Kaufentscheidungstypen herangezogen (siehe Abschnitt 4.1 in diesem Kapitel).

Probleme bei der Erforschung der Wirkungen des Involvements auf das Konsumentenverhalten bereitet die Operationalisierung des Konstrukts Involvement. Zur *Messung* des Involvements ist es meist sinnvoll, grundsätzlich unterschiedliche Messverfahren in Abhängigkeit der Intensität des Involvements zu verwenden. Hierbei kommen sowohl die Indikatoren der Aktivierung in Betracht, als auch Indikatoren der abhängigen Variablen und diverse Befragungsmethoden (Trommsdorff 2002, S. 63). Die folgende Tabelle gibt einen Überblick über mögliche Messverfahren (siehe Übersicht 85).

Übersicht 85: ***Messverfahren von Involvement***

Messung bei High Involvement	Messung bei Low Involvement
■ durch Befragung mit Hilfe von Rating-Skalen ■ durch Beobachtung bzw. Beschäftigung mit dem Objekt ■ durch ein Personal Involvement Inventory i. S. standardisierter Items ■ PGR-Messung zur Aktivierungsmessung	■ Befragung mit Bilderskalen ■ Beobachtung des Verhaltens ■ Personal Involvement Inventory ■ indirekte Analyse (z. B. Einstellungsmessung)

Kapferer/Laurent (1985, S. 290 ff.) messen z. B. die Stärke des Involvements, indem sie es in fünf (nicht völlig überschneidungsfreie) Intensitätskomponenten zerlegen:

- Interesse am Produkt
- Freude und Spaß beim Kaufakt bzw. Konsum
- Bedeutung von Haupt- und Zusatznutzen
- Kosten einer Fehlentscheidung (empfundenes Risiko) sowie
- die Wahrscheinlichkeit des Risikofalls

Kapferer/Laurent basieren ihre Ergebnisse auf einer Faktorenanalyse. Ein weiteres, differenzierteres Messmodell stammt von Zaichkowsky (1985).

3.2.3 Lebensstil

Die Lebensstilforschung, die großteils soziologische Wurzeln hat, analysiert sowohl beobachtbares Verhalten (z. B. in der Freizeit, im Beruf) als auch psychische Größen (z. B. Einstellungen, Werte, Meinungen). Zur Erfassung des Lebensstils werden das Sport-, Urlaubs-, Media-, Arbeits- und Konsumverhalten sowie Einstellungen herangezogen. Anwendungen im Marketing sind häufig im Bereich der Segmentbildung (z. B. im Textilbereich) zu finden.

Der Lebensstil (Lifestyle) kennzeichnet die charakteristischen kulturellen und subkulturellen Verhaltensmuster Einzelner oder einer Gruppe von Personen. Im Lebensstil kommen die Wert- und Zielorientierung der Konsumenten zum Ausdruck (Statt 1997, S. 164).

Innerhalb eines bestimmten Spielraums können Personen ihren Lebensstil aufgrund von Wertvorstellungen, Einstellungen, Erwartungen und Überzeugungen gestalten. Dieser Spielraum wird durch Faktoren wie die Kultur, das geltende Wertsystem, die verfügbaren finanziellen Mittel, die erlaubten Handlungsmöglichkeiten und der soziale Druck bestimmt. Besondere Bedeutung für die Lebensstilforschung hat der *AIO-Ansatz* erlangt, der den Lebensstil, aber auch generell Persönlichkeitsmerkmale erfasst (Wells/Tigert 1971, S. 27 ff.). Er betrachtet drei wesentliche Formen menschlicher Lebensäußerungen:

- die beobachtbaren Aktivitäten, z. B. „activities" in der Freizeit, beim Einkauf, im Beruf und im sozialen Bereich
- das emotional bedingte Verhalten („interests"), z. B. im Hinblick auf Familie, Beruf, Essen
- die kognitiven Orientierungen („opinions"), z. B. Meinungen

Der Lebensstil kann zur Erklärung und Prognose des Konsumentenverhaltens herangezogen werden, da in den hoch entwickelten Konsumgesellschaften Güter nicht nur wegen ihres Grundnutzens gekauft werden, sondern auch wegen ihres Symbolcharakters. Dabei ist das Handeln der Konsumenten auf den Lebensstil gerichtet, d. h. die Konsumenten präferieren solche Güter, die mit ihrem Lebensstil vereinbar sind bzw. einen gewünschten Lebensstil dokumentieren. So kann der Konsum als symbolisierter Lebensstil betrachtet werden (Bebié 1978, S. 179), was im Rahmen der *Selbstkonzepttheorie* angesprochen wird.

Durch Lebensstilanalysen kann versucht werden, aus den individuellen Verhaltensweisen und -mustern Lebensstilsegmente (Marktsegmentierung) auf der Grundlage der Interessen, Werte, Einstellungen, Meinungen, Persönlichkeitsmerkmale und der demografischen Merkmale zu bilden (Lebensstiltypologien). Die Analyse der Lebensstilsegmente führt zu Erkenntnissen über die segmentspezifischen Eigenheiten und Problemstellungen der Konsumenten, über mögliche Marktlücken und über das Marktpotenzial bestimmter Produkte und Dienstleistungen (siehe hierzu Terlutter 2000). Weiterhin ergeben sich Hinweise für die Produktadoption und die Gestaltung des Kommunikationsmix (Bebié 1978, S. 179 f.). Der Lebensstil wird darüber hinaus herangezogen, um kulturelle und subkulturelle Unterschiede im Konsumentenverhalten festzustellen (Kroeber-Riel/Weinberg 2003, S. 558).

Selbstkonzepttheorie

Die Selbstkonzepttheorie gehört zu den einflussreichsten sozialpsychologischen Persönlichkeitstheorien, bei der es darum geht, wie der Mensch mit seiner subjektiven Erfahrung des eigenen Selbst bzw. der eigenen Identität umgeht. Das Selbstkonzept schließt viele Komponenten ein, dazu zählen (vgl. dazu Zimbardo/Gerrig 1999, S. 546):

- persönliche Erinnerungen
- Annahmen über Eigenschaften, Motive, Werte und Fähigkeiten
- ein persönliches Idealbild (Ideal-Ich)
- Vorwegnahme der Veränderungen in den Vorstellungen (Mögliches-Ich)
- positive und negative eigene Bewertung (Selbstwert)
- Bezeugungen über das Fremdbild

Übersicht 86: ***Selbstkonzept***

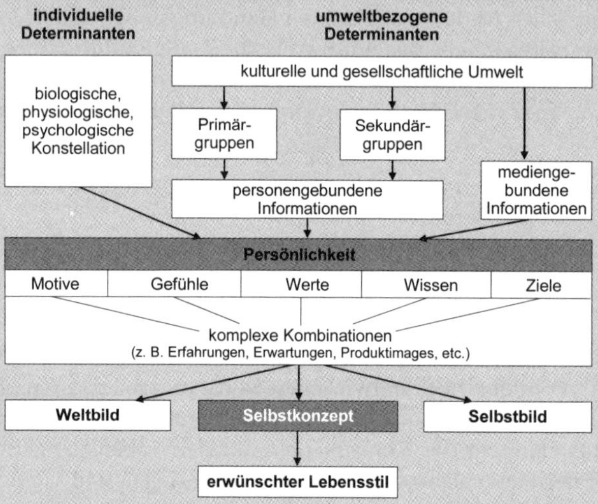

Quelle: Trommsdorff 2002, S. 225.

Banning (1987) entwickelt aus diesem theoretischen Unterbau ein eigenes Lebensstil-Modell (siehe Übersicht 86), das der Erklärung komplexer, relativ stabiler und vom Selbstkonzept gesteuerter Verhaltensmuster von Individuen (und Gruppen) dient. Dabei stehen folgende Begriffe im Zentrum (Trommsdorff 2002, S. 225):

- *Selbstbild* – Summe aller Vorstellungen in Bezug auf die eigene Persönlichkeit
- *Weltbild* – Summe aller Vorstellungen über die sie umgebende Umwelt, was erlerntes Wissen, Erfahrungen, politische Meinungen oder Markenimages umfasst
- *Selbstkonzept* – beschreibt die kognitiv geprägte Ausgestaltung der Persönlichkeit, versucht das Weltbild und das Selbstbild aufeinander abzustimmen und strebt grundsätzlich nach Kontinuität und Konsistenz

Vom Selbstkonzept geht eine starke Steuerungsfunktion für das Verhalten des Konsumenten aus. Dieser versucht, sich konsistent zu seinem Selbstbild zu verhalten.

Im Gegensatz zu den eher engeren Ergebnissen der Persönlichkeitsfaktorenforschung sind die Implikationen der Selbstkonzepttheorie fruchtbar für die Marketingforschung (Trommsdorff 2002, S. 205). Der Konsument verhält sich möglichst so, dass die eigene Wahrnehmung seines Verhaltens zum Selbstbild konsistent ist und dieses möglichst noch verstärkt. Er wählt Produkte (oder ein Produkt), deren Image zu seinem Selbstbild passen. Teilweise kommt es durch die hohe Identifikation mit dem Produkt zur Selbstverwirklichung des Konsumenten (siehe Übersicht 87).

Übersicht 87: ***Beziehung zwischen Marke, Konsum und Selbstbild***

Quelle: Solomon/Bamossy/Askegaard 2001, S. 32.

Lebensstiluntersuchungen werden von Unternehmen in den verschiedensten Branchen durchgeführt – bspw. auch im Bereich von nicht-verschreibungspflichtigen Arzneimitteln (Shufeldt/Oates/Vaught 1998, S. 113 ff.) – wobei entweder selbst entwickelte, oft heuristische oder standardisierte, wissenschaftliche Mess- bzw. Evaluationskonzeptionen wie der AIO-Ansatz zugrunde gelegt werden. Mit zunehmendem Interesse an internationalen Märkten werden ebenfalls Lebensstiluntersuchungen im Internationalen Marketing und Management angewandt, um auf deren Basis konkrete Implikationen für die interdependente Marktbearbeitung abzuleiten.

Eine praktische Umsetzung der Lebensstilforschung stellen die *„Euro-Socio-Styles"* der GfK dar, mit deren Hilfe versucht wird, aktuelle Entwicklungen in der Gesellschaft und damit die verschiedenen Lebensstile zu verfolgen sowie aufgrund dieser Erkenntnisse Handlungsempfehlungen zu generieren. Eine bevölkerungsrepräsentative Grundlagenstudie in 15 europäischen Ländern Ende der achtziger Jahre und laufende Beobachtungen des Wertewandels bilden das Fundament für die „Euro-Socio-Styles". Die Untersuchung „Socio-Waves Report 2002" beruht auf einer repräsentativen Umfrage von 2.630 Personen. Dabei wurden dieselben Werte abgefragt wie bei früheren Untersuchungen, sodass Zeitvergleiche durchgeführt werden können. Die neu entwickelte Typologie unterscheidet wie ihre Vorgänger zwischen vier Polen. Übergreifend ist festzustellen, dass die Wertvorstellungen der Deutschen aktuell auseinander driften. Einerseits gewinnen Werte wie Hedonismus an Bedeutung, andererseits wird das Vertrauen auf Gott wieder stärker betont. Das Ergebnis der Untersuchung ist in Form einer Landkarte in Übersicht 88 dargestellt. Die acht „Euro-Socio-Styles" werden folgendermaßen charakterisiert (GfK 2002, S. 5):

- *Crafty World (Die Abenteurer)* – Junge, dynamische und opportunistische Menschen einfacher Herkunft auf der Suche nach Erfolg und materieller Unabhängigkeit
- *Cosy Tech World (Die Behaglichen)* – Aktive moderne Paare mittleren Alters mit meist überdurchschnittlicher Haushaltsausstattung, die auf der Suche nach persönlicher Entfaltung sind
- *New World (Die Weltoffenen)* – Hedonistische tolerante Intellektuelle mit gehobenem Lebensstandard auf der Suche nach persönlicher Harmonie und sozialem Engagement
- *Magic World (Die Träumer)* – Intuitive junge materialistische Menschen mit Kindern und geringem Einkommen, die einem Platz an der Sonne hinterher jagen und ihrem guten Stern vertrauen
- *Secure World (Die Schutzsuchenden)* – Konformistische, hedonistische Familien aus einfachen Kreisen, die sich abkapseln, von einem einfacheren Leben träumen und sich traditionellen Rollen verbunden fühlen
- *Steady World (Die Bodenständigen)* – Traditionsorientierte, konformistische Senioren mit mittlerem Lebensstandard, die ihren Ruhestand voll und ganz ausschöpfen
- *Standing World (Die Anspruchsvollen)* – Kultivierte, pflichtbewusste und vermögende Menschen, die ihren Überzeugungen treu bleiben und an Traditionen ausgerichtet sind
- *Authentic World (Die Kritischen)* – Rationale, moralische Cocooner-Familien mit guten Einkommen, die engagiert und auf der Suche nach einem harmonischen und ausgeglichenen Leben sind

Übersicht 88: **Euro-Socio-Styles**

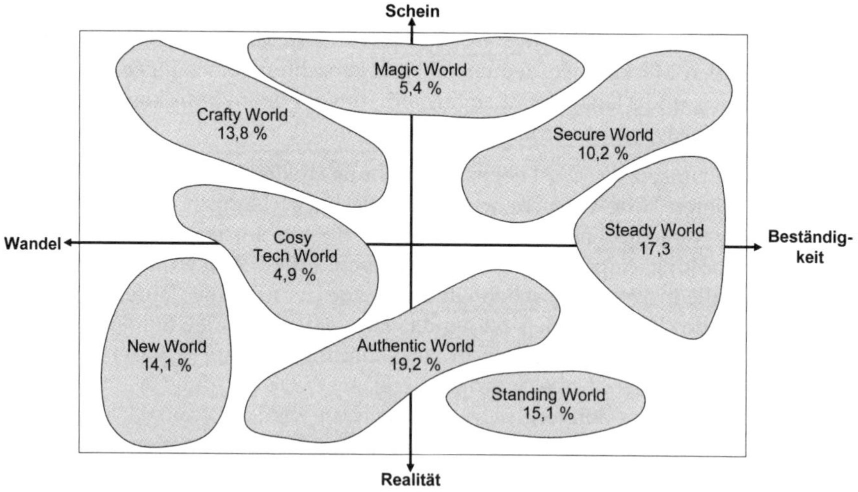

Quelle: GfK 2002, S. 5; Angaben des Unternehmens 2004.

Lebensstilkonzepte in der Textilbrache

Wie erwähnt spielen Lebensstile zur Marktsegmentierung insb. in der Textilbranche eine wichtige Rolle. Übersicht 89 stellt eine mögliche Segmenteinteilung für den Bereich der Damenoberbekleidung dar (Hachmeister & Partner Unternehmensberatung, Bielefeld). Für die Unternehmen sind insb. die potenziellen Marktanteile dieser Segmente von Interesse. Darüber hinaus werden die Stilanteile der jeweiligen Lifestyle-Segmente illustriert.

Übersicht 89: Lebensstilsegmente

Lifestyle-Segment	Stilgruppe	Leitbild-Marken	Stilanteile
Trend	Girlie	Only, Viva, Dickies, Buffalo, Miss Sixty	100 % Szene
	Young Fashion	S. Oliver Girl, Vero Moda, EDC	90 % sportiv, 10 % City
Modern Woman	Modern Woman „Mainstream"	S. Oliver Woman, My Diary, Esprit, Mexx, Street One, Cecil, T. Tailor Woman	90 % sportiv, 10 % City
	Modern Woman „Medium"	Olsen, Rosner, Mac, Lisa Campone, Taifun, Apiori	50 % sportiv, 50 % City
Classic	Modern Classic	Bianca, Gerry Weber, Brax	60 % sportiv, 40 % City
	Classic Medium	Delmod, Frankenwälder, Trumpf, Marcona, Basler	40 % sportiv, 60 % City
Design	Fashion Design	Gucci, Prada, D & G, Versace	40 % sportiv, 60 % City
	Modern Woman Design	Max Mara, Joop, DKNY, Strenesse	30 % sportiv, 70 % City
	Classic Design	Jil Sander, Escada, Laurel	20 % sportiv, 80 % City

Übersicht 90 stellt beispielhaft die Themenwelten zweier Segmente dar. Für ein solches trendabhängiges Geschäft, wie das der Textil- bzw. Modebranche, ist es unerlässlich, die wechselnden Lebensstile der Konsumenten genauesten zu beobachten, um auf Veränderungen reagieren zu können.

Übersicht 90: ***Beispiele der Lebensstilsegmente Fashion Design und Modern Woman Design***

3.3 Soziale Determinanten

3.3.1 Primär- und Sekundärgruppen

Zu den sozialen Determinanten (Determinanten der näheren Umwelt) zählen die soziale Gruppe (Primär- und Sekundärgruppe) und die Familie als unmittelbare nähere soziale Umwelt. Zugleich werden in diesem Zusammenhang die soziale Rolle und der soziale Status behandelt.

I. e. S. geht es nachfolgend um wichtige Bezugsgruppen von Konsumenten. Kennzeichnend ist, dass die Mitglieder sozialer Gruppen ein Zusammengehörigkeitsgefühl („*Wir-Bewusstsein*") aufweisen. Dies zeigt sich auch in der Verfolgung gemeinsamer Ziele. Weiterhin ist eine soziale Gruppe durch ein enges Beziehungsgefüge gekennzeichnet, in dem jedes Individuum eine Position einnimmt, an die wiederum gewisse Rollenerwartungen (soziale Rolle) geknüpft sind.

Als Gruppe wird eine Mehrzahl von Personen verstanden, die in wiederholten und nicht zufälligen wechselseitigen Beziehungen zueinander stehen. Zu unterscheiden ist zwischen

- *Primärgruppen, d. h. kleinen Gruppen, für die eine persönliche Interaktion der Mitglieder kennzeichnend ist (z. B. Familie, Nachbarschaft, sozial Gleichgestellte); häufig liegt ein „Wir-Bewusstsein" vor, und*
- *Sekundärgruppen, d. h. großen Gruppen, deren Mitglieder ein eher formal begründetes Verhältnis zueinander haben (z. B. Betriebe und Vereine); meist kennen sich nicht alle untereinander*

Eine für das Marketing wichtige Unterscheidung der sozialen Gruppe umfasst:

- *Mitgliedschaftsgruppen*, d. h. Gruppen, denen ein Individuum selbst angehört
- *Fremdgruppen*, d. h. Gruppen, denen ein Individuum nicht angehört, die aber oftmals einen Einfluss auf das Käuferverhalten haben, nämlich dann, wenn sich ein Individuum mit dieser Gruppe verbunden fühlt (Konsumentenverbände)
- *Bezugsgruppen*, d. h. Gruppen, nach denen das Individuum sich in seinem Verhalten ausrichtet. Sie können Mitgliedschafts- und Fremdgruppen umfassen und üben Einfluss auf Konsumenten aus, der zu konformen Verhaltensweisen führt (Anpassungsdruck).

Vor allem die Bezugsgruppe ist mitentscheidend dafür, wie das Individuum seine Umwelt und sich selbst wahrnimmt und beurteilt; sie liefert Normen für sein Verhalten. Der Bezugsgruppeneinfluss übt einen sozialen Anpassungsdruck auf das Individuum in Richtung Konformität aus. Zu unterscheiden ist zwischen einer *komparativen* und einer *normativen Funktion* der Bezugsgruppe (Kroeber-Riel/Weinberg 2003, S. 478 ff.). Durch ihre *komparative Funktion* liefert sie Maßstäbe, an denen die Individuen ihre Wahrnehmungen, Meinungen und Urteile messen. Diese komparative Funktion lässt sich z. B. durch die *Theorie des sozialen Vergleichs* von Festinger (1978) erklären. Die Kernaussage dieser Theorie ist die Orientierung der individuellen Meinungen und Ansichten am sozial Üblichen. In der zweitgenannten *Funktion* liefert sie Normen für das Verhalten und sorgt durch soziale Sanktionen für die Einhaltung dieser Normen (so in Mitgliedschaftsgruppen). Die Marketingrelevanz beider Funktionen liegt v. a. im sozialen Vergleich und wird in diesem Zusammenhang zur wichtigen Determinante des Verhaltens, denn die Bezugsgruppe setzt nicht nur Verhaltensnormen, sondern auch *Konsumnormen*. Unmittelbar deutlich wird dies in der Werbung in den Werbeappellen umgesetzt und auf Konsumnormen hin konzipiert werden. Übersicht 91 zeigt Beispiele für den Einfluss der Bezugsgruppen auf die Kaufentscheidung.

Übersicht 91: ***Arten von Bezugsgruppen***

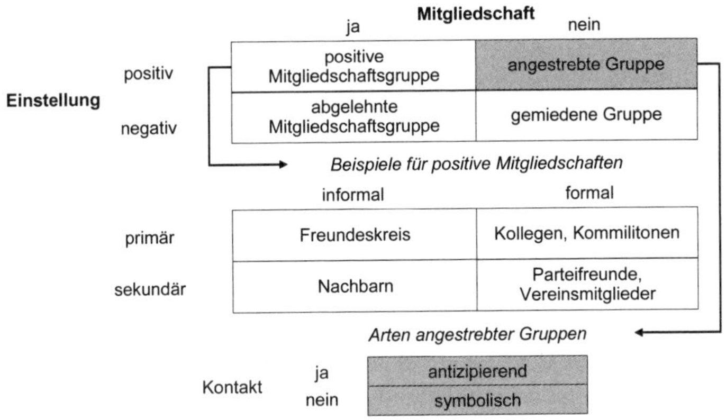

Quelle: Kuß/Tomczak 2000, S. 201.

Ein weiterer für das Marketing relevanter Bereich, in dem der Bezugsgruppeneinfluss wirksam wird, ist die *Produktbeurteilung*. Der Einfluss ist in der Lage, individuelle Prädispositionen zu kompensieren und zu gruppenkonformen Beurteilungen zu führen. Der Bezugsgruppeneinfluss wirkt besonders bei Produkten, deren Prestigewert und Demonstrationseffekt von großer Bedeutung sind (Foscht/Angerer/Swoboda 2004).

Übersicht 92: ***Einfluss von Bezugsgruppen auf die Kaufentscheidung***

Quelle: Bearden/Etzel 1982, S. 185.

In der *normativen Funktion* von Bezugsgruppen beruht die marketingrelevante Wirkung von Konsumnormen bspw. darauf, dass bei Konsumentscheidungen von vornherein von allen möglichen Alternativen diejenigen ausgeschlossen werden, die sozialen *Normen* widersprechen (Kroeber-Riel/Weinberg 2003, S. 490 ff.). Wiswede (1972, S. 85) bezeichnet den verbleibenden Entscheidungsraum als soziale Konsumfreiheit. Übersicht 92 systematisiert an dieser Stelle die denkbaren Einflüsse von Bezugsgruppen auf die Kaufentscheidung. Aufgrund ihrer praktischen Bedeutung soll nachfolgend ein Fokus auf die Kommunikation in kleinen Gruppen gelegt werden.

Persönliche Kommunikation in kleinen Gruppen

> *Die Kommunikation kann allgemein als Austausch von Informationen verstanden werden, sodass durch Kommunikation ein Mensch auf einen anderen einwirkt (Interaktion). Die bekannte Lasswell-Formel (Lasswell 1967, S. 178) beschreibt den Kommunikationsprozess, WER (Kommunikator, Sender) sagt WAS (Kommunikationsinhalt) über WELCHEN KANAL zu WEM (Kommunikat, Empfänger) mit WELCHER WIRKUNG (Kommunikationseffekt)?*

Unter persönlicher Kommunikation ist eine direkt von Person zu Person gerichtete Kommunikation („face to face") zu verstehen. Für die Kommunikation in Primärgruppen sind zwar unterschiedliche Formen der Informationsübermittlung, z. B. sprachlich, bildhaft, musikalisch, nonverbal (Mimik, Gestik) etc. relevant. Zu den zentralen Determinanten der Kommunikationswirkung zählen aber (Kroeber-Riel/Weinberg 2003, S. 130):

- *Merkmale des Kommunikators*: Das Ergebnis einer Kommunikation wird von der Glaubwürdigkeit des Kommunikators beeinflusst. Die beiden wichtigsten Komponenten der Glaubwürdigkeit sind das Ansehen, das der Kommunikator als Experte genießt und seine Vertrauenswürdigkeit. Mit steigender Glaubwürdigkeit steigt die Wirksamkeit, dass Informationen vom Kommunikanten übernommen werden.
- *Merkmale des Kommunikanten*: Die Übernahme der Information hängt ab von der allgemeinen Beeinflussbarkeit und den Einstellungen des Kommunikanten gegenüber der Kommunikation. Je stärker die Übereinstimmung, desto größer die Übernahmewirksamkeit.
- *Merkmale der Kommunikationssituation*: Hierunter sind alle Bedingungen zusammen zu fassen, unter denen Kontakte zwischen Personen zustande kommen. Die Wirksamkeit, dass es zu einem Kontakt zwischen Personen kommt, ist umso größer, je kleiner die räumlichen und sozialen Distanzen zwischen den Personen sind.

Die Konsequenzen für die Anwendung im Marketing sind zweifach. Zum einen soll durch die betriebliche Kommunikationspolitik die persönliche Kommunikation gefördert werden. Es sollen Kommunikationsanstöße geliefert werden. Zum anderen wird in der Massenkommunikation versucht, die persönliche Kommunikation nachzuahmen, etwa durch Einsatz bekannter Persönlichkeiten in der Werbung, sofern ihnen Glaubwürdigkeit unterstellt werden kann. Dieser Persönlichkeit soll Expertenwissen unterstellt werden können und sie soll Vertrauenswürdigkeit ausstrahlen. Sogar die Kommunikationssituation an sich wird bspw. bezogen auf gewisse Medikamente oder Haushaltsmittel in der Werbung nachempfunden und soll somit die eigentliche persönliche Kommunikation substituieren (Schiffman/Kanuk 2004, S. 515).

Viral Marketing

Als Viral Marketing wird eine Vielzahl von Techniken bezeichnet, die es ermöglichen, eine Werbebotschaft exponentiell anwachsend (einem Virus nahe kommend) und kostengünstig zu verbreiten. Grundlage ist das Prinzip der „Mund-zu-Mund Propaganda" („Word of Mouth-communication" (WOM), d. h. Prinzip der Weiterempfehlung), welches durch die Kommunikationsmöglichkeiten des Internets einen Aufschwung erlebt. Die Herausforderung beim Viral Marketing besteht darin, den Prozess geschickt anzustoßen. Das wohl erfolgreichste und bekannteste Viral Marketing Projekt des Internets ist der kostenlose E-Mail-Dienst Hotmail (hotmail.com). Hotmails Verbreitung ist gerade in der Gründerzeit fast ausschließlich auf Techniken des Viral Marketing zurückzuführen. Im Mai 2001 wurde die Grenze von 100 Millionen registrierten Nutzern des mittlerweile zum Microsoft-Konzern gehörenden Dienstes überschritten. Jeder versandten E-Mail wird eine Werbebotschaft angefügt, die auf die Vorteile des Diensts hinweist und zum Anmelden anregt. Das Prinzip wurde in Deutschland u. a. von den E-Mail-Anbietern GMX und web.de nachgeahmt (Solomon 2004 S. 335).

Meinungsführer

Bei der Kommunikation in kleinen Gruppen hat nicht jedes Mitglied das gleiche Gewicht. Häufig üben einige Mitglieder einen stärkeren persönlichen Einfluss aus als andere (Meinungsführer). Im Sinne der Theorie der zweistufigen Kommunikation treten Meinungsführer als aktiver Teil der Bevölkerung auf, die aus den Massenmedien Informationen aufgreifen und diese in persönlichen Gesprächen weiterverbreiten.

Meinungsführer („opinion leader") sind Personen mit großem persönlichen Einfluss auf die Meinungsbildung ihrer Mitmenschen und nehmen damit eine Schlüsselposition innerhalb einer kleinen Gruppe ein. Sie sind Mitglieder einer sozialen Gruppe, die für den Meinungsbildungsprozess eine besondere Stellung einnehmen (Böcker/Helm 2003, S. 185 ff.).

Tendenzielle Charakteristika von Meinungsführern sind: hoher Informationsstand, anhaltend hohes Involvement, starke soziale Interaktion, höhere Innovationsfreude, höheres Einkommen, höherer Berufsstatus, höheres Bildungsniveau usw. Die Meinungsführer unterscheiden sich nicht markant hinsichtlich sozioökonomischer Merkmale von anderen Konsumenten. Innerhalb ihrer Bezugsgruppe aber kommt ihnen eine gewisse Schlüsselstellung zu. Dies kommt auch darin zum Ausdruck, dass sie gesellig und besonders stark sozial integriert sind bzw. ein entsprechend komplexes Kommunikationsverhalten aufweisen. Sie interessieren sich zunächst stark für den Meinungsgegenstand und suchen aktiv und geplant nach Informationen. Dabei neigen sie weniger zu anbieterorientierten als vielmehr zu technisch-neutralen Informationen (z. B. Testzeitschriften, Ausstellungen). Darüber hinaus sind Meinungsführer durch Innovationsfreudigkeit und Risikobereitschaft gekennzeichnet. Zwei Funktionen von Meinungsführern sollen nachfolgend betrachtet werden, nämlich ihre Brückenstellung im zweistufigen Kommunikationsprozess und ihre Rolle im Diffusionsprozess.

Im Marketing wird häufig eine zweistufige Form der Kommunikation angestrebt, deren Aufgabe darin liegt, dass durch Massenkommunikation initiierte Inhalte in persönlichen Gesprächen aufgegriffen werden. Zwar liegt die Kernbedeutung der Massenkommunikation für das Marketing weiterhin im Bereich der Werbung, sie wird aber mittels dieser Form ergänzt. Wichtig ist die Unterscheidung zwischen

- der *einstufigen Kommunikation*, die vorliegt, wenn ein Kommunikator den Empfänger unmittelbar anspricht und ihm seinen Kommunikationsinhalt vermittelt, und
- der *zweistufigen Kommunikation*, bei der zuerst die Massenkommunikation auf die Meinungsführer einwirkt und dann diese auf das übrige Publikum einwirken, das von der Massenkommunikation nicht berührt wird (siehe Übersicht 93).

Übersicht 93: ***Verbindung von Massen- und persönlicher Kommunikation***

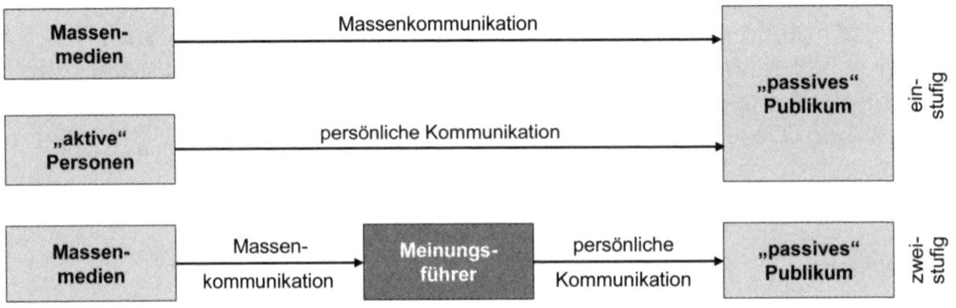

Meinungsführer haben – neben einer Relaisfunktion (Übermittlung von Informationen) – auch eine Verstärkerfunktion mittels ihrer Autorität und Glaubwürdigkeit in der Gruppe. Da sie häufig mit den Innovatoren einer Gruppe identisch sind, kommt ihnen aus der Sicht des Marketing, z. B. bei der Einführung bzw. Diffusion neuer Produkte, besondere Bedeutung zu. Unter *Diffusion* wird die Ausbreitung einer Neuigkeit bzw. eines neuen Produkts (*Innovation*) in einem sozialen System von der Quelle bis zum letzten Übernehmer (Adopter), verstanden (Kroeber-Riel/Weinberg 2003, S. 675). Übersicht 94 illustriert den Diffusionsprozess bei einer Produktneueinführung und macht deutlich, dass Meinungsführer durch ihr Verhalten in der ersten Phase der Produktneueinführung die Diffusion massiv beeinflussen können.

Übersicht 94: ***Idealtypischer Verlauf der Diffusions- bzw. Adoptionskurve***

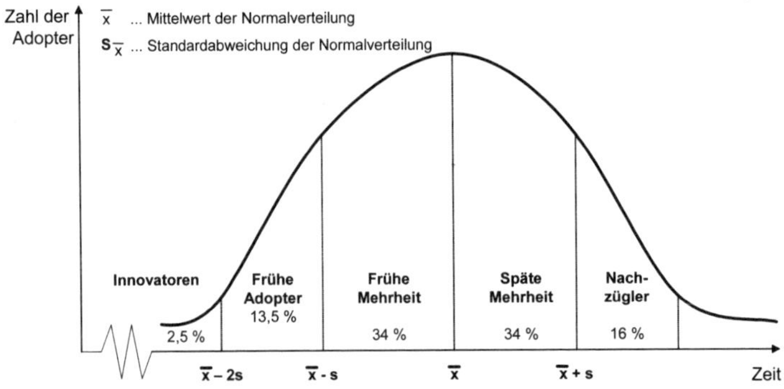

Quelle: In Anlehnung an Rogers 2003, S. 247.

Die Kritik am Modell der zweistufigen Kommunikation liegt darin, dass es dem Konsumenten eine weitgehend passive Rolle zuordnet, während Konsumenten auch Bedürfnisse haben, die sie aktiv zu erfüllen trachten (z. B. Lesen von Zeitschriften), d. h. sie suchen aktiv nach Kommunikation. Deshalb wird im Marketing eine differenziertere Betrachtung des Modells der zweistufigen Kommunikation benötigt.

Zudem gibt es keinen „Raster", mit dem ein Meinungsführer identifiziert werden könnte, denn in einer Gruppe ist eine Person der Meinungsführer, in der anderen nicht. Die Problematik liegt also darin, ob es gelingt, Appelle an die Meinungsführer zu richten, um dann auf die kommunikative Kraft der Meinungsführer zu setzen. Aufgrund der fehlenden typischen allgemeinen Persönlichkeitsmerkmale wird das Kommunikationsverhalten auch bei der Messung der Meinungsführerschaft als Indikator herangezogen (Soziometrie). Als Alternative dazu kann die Selbsteinschätzung durch Befragung herangezogen werden. Die Meinungsführerschaft ist aber als ein graduelles Phänomen zu betrachten. Je nach Umfang des persönlichen Einflusses spricht man von einer mehr oder weniger ausgeprägten Meinungsführerschaft. Die Kompetenz eines Meinungsführers ist nicht durchgängig. Sie bezieht sich eher auf einige Produkt- oder weitergehend auf Funktionsbereiche (Mode, Kosmetik). Durch die Überschneidung von Meinungsführerschaften für verschiedene Funktionsbereiche kann es allerdings zur Kompetenzgeneralisierung kommen; die wahrgenommene Kompetenz eines Meinungsführers wird dann verallgemeinert und auf größere Sachbereiche übertragen. Letztlich kann es so zu genereller Meinungsführerschaft kommen. Es besteht die Möglichkeit der Nachahmung von Meinungsführern in der Massenkommunikation, so in Form der symbolischen Meinungsführer in der Werbung.

Werbung mit Prominenten am Beispiel von Tiger Woods

Tiger Woods' Anfänge als Golf-Profi im August 1996 wurden von den Medien beachtet. Während viele der „Tigermania" gegenüber skeptisch eingestellt waren, bewährte er sich schnell. Seit seinem Start hat er einen bemerkenswerten Aufstieg hinter sich. Er gewann vielfach Turniere auf der PGA Tour. Mit 22 Jahren war er der jüngste Masters-Sieger aller Zeiten. Woods hat mit seiner Leistung nicht nur angefangen, den Golfsport zu prägen, er hat die Herzen Amerikas gewonnen. Durch die intensive Medienberichterstattung wurde bei vielen jungen Menschen aller Herkunftsschichten Enthusiasmus und Interesse für das Spiel geweckt. Werbefachleute haben schnell das Potenzial von Woods als Werbeträger erkannt. Unternehmen wir Nike, Titleist, American Express, Rolex und General Mills machten sich dieses Potenzial zu Nutze, indem sie den Golfspieler für die Promotion ihrer Produkte engagierten (*Testimonial*). So ziehen Produkte wie Nike Schuhe, Titleist Golf Ausrüstung und auch Wheaties Cerealien ihren Nutzen aus Woods' Engagement als Werbeträger. Sein Alter macht Tiger Woods für junge Leute interessant. Neben entsprechenden Erfolgen im Produktmarketing profitiert somit auch der Golfsport als solcher vom steigenden Interesse unter Jugendlichen.

Es wird deutlich, wie die Einstellungen gegenüber einer Branche oder Sportart durch die Leistung nur einer Person beeinflusst werden können. Die Popularität Tiger Woods' trägt dazu bei, ursprünglich negative und gleichgültige Einstellungen gegenüber der Sportart zu verändern (Hanna/Wozniak 2001, S. 173 f.).

3.3.2 Rolle und Status

Die soziale Rolle ist eng mit der sozialen Position – d. h. einem Ort in einem Feld von sozialen Beziehungen einer Person – verknüpft. Sie bezeichnet Ansprüche der Gesellschaft an die Träger von Positionen (Zimbardo/Gerrig 1999, S. 410).

Zu jeder Position gehören bestimmte Verhaltensweisen, die man vom Träger dieser Position erwartet. Das ist die Rolle, die er so zusagen zu spielen hat. Es gibt Rollen, die das gesamte Verhalten einer Person durchdringen (z. B. Rolle des Priesters, die all sein Tun überlagert) und Rollen, die nur eine begrenzte Reichweite für das Verhalten haben (z. B. Rolle des Clubvorsitzenden). Ferner gibt es objektive Rollen (die objektiv im Kaufprozess eingenommen werden) und subjektive Rollen (wie schätzt jemand seine Bedeutung ein). Die Ansprüche der Gesellschaft können von zweierlei Art sein (Bänsch 2002, S. 96 ff.):

- Ansprüche an das Verhalten der Träger von Positionen (*Rollenverhalten*)
- Ansprüche an ihr Aussehen und ihren Charakter (*Rollenattribute*)

Zugleich kann jedes Individuum mehrere Positionen einnehmen, etwa die des Vaters, eines Wissenschaftlers, eines Unternehmensberaters usw. Zu jeder dieser Positionen in einem sozialen System gehört eine bestimmte Rolle (Dahrendorf 1977, S. 30 f.). Die sozialen Rollen üben Zwänge auf die Individuen aus – sie haben Weisungscharakter. Je nach Stärke der Sanktionen unterscheidet man Muss-, Soll- und Kann-Erwartungen. Die Nichterfüllung von Muss-Erwartungen zieht gerichtliche Konsequenzen nach sich. Auch Soll-Erwartungen haben eine fast zwingende Verbindlichkeit; die negative Sanktion liegt im sozialen Ausschluss. Positive Sanktionen bei Erfüllung der Erwartungen sind Sympathien. Das Erfüllen von Kann-Erwartungen bringt die Wertschätzung durch andere Menschen ein. Die Stärke bzw. Wirkung der möglichen negativen Sanktionen ist geringer. Mit diesem System von Sanktionen üben die Gesellschaft bzw. die Mitglieder von Gruppen sozialen Druck aus (Dahrendorf 1977, S. 36 ff.).

Als Beispiele für die Einwirkung der sozialen Rolle auf das Käuferverhalten können die genannten Wirkungen der Bezugsgruppe, die Entstehung von Familienentscheidungen (siehe folgender Abschnitt) und der Kauf sozial auffälliger Produkte erwähnt werden. Aus dieser Perspektive handelt es sich also um eine Subkategorie. Die Wirkung der sozialen Rolle auf das marketingrelevante Verhalten von Personen ist bedingt durch ihre Einbindung in ein soziales System. Konsumenten treffen ihre Kaufentscheidungen nicht unabhängig von den Erwartungen anderer Menschen; teilweise orientieren sie sich sogar daran. Jeder Käufer handelt auch als Träger verschiedener Positionen und unterliegt somit sozialem Einfluss. Durch unterschiedliche Rollenerwartungen, die an eine Person gestellt werden, können Rollenkonflikte entstehen.

Während die soziale Rolle die funktionale Einordnung von Personen in ein *soziales System* wiedergibt, kennzeichnet der *soziale Status* eine Bewertung dieser Position i. S. einer Wertschätzung des Inhabers einer Position oder ein mit einer sozialen Position verbundenes Wertbewusstsein. Dabei kommt es häufig vor, dass zwischen Position und Status Unterschiede bestehen (Böcker/Helm 2003, S. 181). Im Marketing findet der soziale Status als ein Kriterium der Marktsegmentierung Anwendung. Hier wird davon ausgegangen, dass Personen mit gleichem sozialen Status tendenziell einer Schicht angehören (zur sozialen Schicht siehe Abschnitt 3.4.2 in diesem Kapitel).

3.3.3 Familie

> *Zu den sozialen Determinanten des Konsumentenverhaltens zählt der Einfluss von Familien, Wohngemeinschaften, Kommunen usw. Verbreitet ist die Trennung in Kernfamilie (bestehend aus gemeinsam lebenden Eltern und Kindern), Netzwerkfamilie (mit Verwandtschaft, die gemeinsam Verantwortung tragen), Freundesfamilie (mit Ersatzfunktion).*

Aufgrund vieler Entwicklungstrends ist die Familie heute weiter zu fassen, so aufgrund zeitweise dezentral lebender Kernfamilien, der zunehmenden Anzahl von Singlehaushalten, der Überalterung der Bevölkerung, des wachsenden Einflusses von Bezugsgruppen außerhalb der Familie. Auch aufgrund dieser Tendenzen bildet das familiäre Kaufverhalten einen Forschungszweig des kollektiven Kaufverhaltens.

Zu differenzieren sind sozioökonomische und psychographische Analysen der familiären Interaktion.

Die sozioökonomischen Faktoren kommen im Familienzyklus zum Zuge, der einen Unterbegriff zum Lebenszyklus (den in einzelne Phasen eingeteilten Lebenslauf) darstellt. Der Familienzyklus wird zur Analyse des Verhaltens von Familien und deren Mitgliedern herangezogen. Er gibt den simultanen Einfluss mehrerer sozioökonomischer Einflussgrößen wieder (Kroeber-Riel/Weinberg 2003, S. 450) und ermöglicht eine spezifische Betrachtung der Konstellation eines Haushalts und dessen Kaufverhaltens in einzelnen Phasen. Die Phasen des Familienzyklus sind bspw.

- Phase I – unverheiratet, jung (bis 27 Jahre)
- Phase II – verheiratet mit jungen Kindern (bis 37 Jahre)
- Phase III – verheiratet mit älteren Kindern (bis 47 Jahre)
- Phase IV – verheiratet ohne Kinder (bis mittlere Lebenserwartung 71 Jahre)

Bspw. ist in Phase I das Einkommen aufgrund der Berufstätigkeit von Mann und Frau hoch, während es danach einen Einbruch durch die Geburt der Kinder erleidet. Das Verhalten in Phase II ist dadurch geprägt, dass die Verschuldung ihr Maximum erreicht, zumal hier noch nicht das Verdienstmaximum erreicht ist, welches im Durchschnitt bei 50 Jahren vorliegt, und das Pro-Kopf-Einkommen bis zum fünften/sechsten Lebensjahr der Kinder niedrig ist, denn danach beginnt für viele Frauen wieder die Berufstätigkeit. Zugleich ist gerade in dieser Phase die Tendenz, Geld auszugeben, sehr hoch, aufgrund von Erstausstattung mit Gebrauchsgütern, Erstausstattungsbedarf für Kinder, hoher Bedarf an Konsumgütern bedingt durch die Kinder, demonstrativen Konsums (z. B. Auto, Reisen) usw. Phase III ist durch die Zahl der Kinder, Alter der Eheleute oder Einkommen beeinflusst. Diese Einteilung kann dabei helfen, die generellen Ausgaben der Haushalte, z. T. die Rollenverteilung der Haushaltsmitglieder in den einzelnen Phasen usw. zu kennzeichnen. Spezifische Einteilung müssten gewählt werden, wenn es bspw. konkret um den Kauf von Gebrauchsgütern ginge.

Neben diesem Familienzyklusmodell wurden auch andere Phaseneinteilungen vorgenommen. Übersicht 95 zeigt ein Konzept von Wells/Gubar (1966) und Übersicht 96 ein Konzept von Gilly/Enis (1982). Letzteres versucht, neuere gesellschaftliche Entwicklungen einzubeziehen und rückt dadurch vom bisherigen, soziologisch dominierten Familienbegriff ab. Es trägt bspw. der Zunahme von Singlehaushalten und gemeinsamer Haushalte mehrerer Personen, auch wenn sie unverheiratet sind, Rechnung. Das Modell von Gilly/Enis gliedert die Konsumenten nach den Kriterien Alter, Familienstand i. w. S. sowie Zahl und Alter der im Haushalt lebenden Kinder.

Übersicht 95: ***Stufen des Familienzyklus***

■ Ledige I	jung, ledig, nicht zu Hause lebend
■ Junges Paar	jung, keine Kinder
■ Volles Nest I	jüngstes Kind weniger als 6 Jahre alt
■ Volles Nest II	jüngstes Kind mindestens 6 Jahre alt
■ Volles Nest III	älteres Paar mit abhängigen Kindern
■ Leeres Nest I	älteres Paar, keine Kinder im Haus, Haushaltsvorstand berufstätig
■ Leeres Nest II	älteres Paar, keine Kinder im Haus, Haushaltsvorstand nicht mehr berufstätig
■ Ledige II	überlebender Teil des Paar, berufstätig
■ Ledige III	überlebender Teil des Paars, nicht mehr berufstätig

Quelle: Wells/Gubar 1966, S. 362, zitiert nach Böcker/Helm 2003, S. 26.

Übersicht 96: ***Fassung des Familienlebenszyklus nach Gilly und Enis***

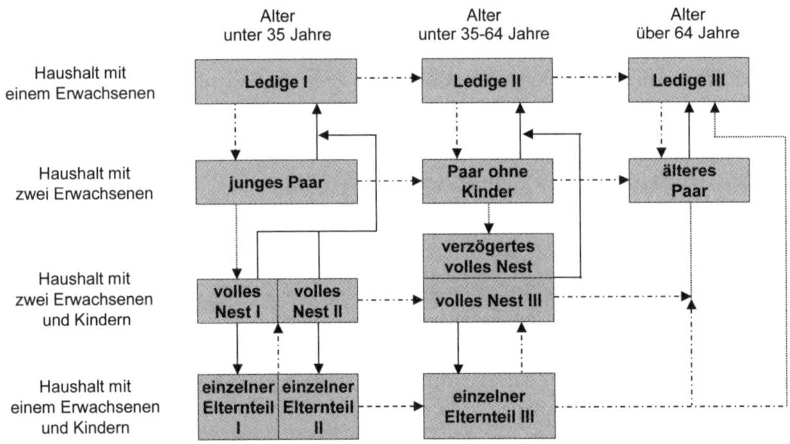

Quelle: Kroeber-Riel/Weinberg 2003, S. 452.

Den einzelnen Phasen lässt sich tendenziell ein bestimmtes Konsumentenverhalten zuordnen. Junge Erwachsene zeichnen sich durch einen verstärkten Konsum zur Befriedigung ihrer persönlichen Bedürfnisse sowie einen hohen Freizeitanteil aus. Auch die Nachfrage nach hochwertigen, längerlebigen Haushaltsgütern und Einrichtungsgegenständen nimmt verstärkt zu. Dem jungen Paar steht aufgrund der Tendenz zu doppeltem Einkommen ein hohes Familienbudget zur Verfügung. Einrichtungsgegenstände bilden den größten Teil der Ausgaben. In der Phase „volles Nest" geht aufgrund der Geburt der Kinder und Aufgabe der Berufstätigkeit der Frau das Familieneinkommen zurück, die Ausgaben steigen rasch an. Die Verwendung der knappen Mittel (Haushaltsbudget) wird bei Konsumgütern verstärkt vom Bedarf der Kinder geprägt. Bei Gebrauchsgütern werden vornehmlich Haushaltsgüter (oft auf Kredit) und erste Ersatzanschaffungen gekauft. In der späteren Nestphase mit bereits erwachsenen Kindern steigt zumeist das Familienbudget aufgrund der beruflichen Karriere des Mannes und der Wiederaufnahme der Berufstätigkeit der Frau wieder an. Die Phase des „leeren Nests" ist anfangs tendenziell durch ein hohes Einkommen und hochwertigen Konsum geprägt. Mit zunehmendem Alter werden das Einkommen, aber auch die Konsumansprüche geringer.

Bei der Umsetzung des Familienzyklus in der Marketingplanung bereitet v. a. die Einteilung und Abgrenzung der einzelnen Phasen Probleme. Daher wurden bspw. idealtypische Abläufe den empirisch feststellbaren Abläufen – auf „Umwegen" – gegenübergestellt (siehe Übersicht 97).

Übersicht 97: ***Abläufe im Familienlebenszyklus***

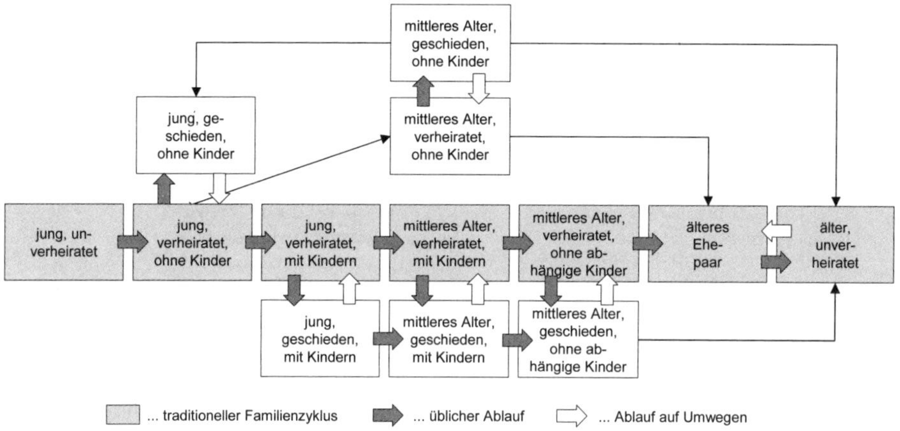

Quelle: Kuß/Tomczak 2000, S. 205.

Interaktionsfaktoren in Familien

Untersuchungen von Kaufentscheidungen in der Familie bauen i. d. R. auf einer Interaktionsanalyse auf. Dabei wird das Verhalten, durch das die Personen miteinander verkehren, analysiert. Meist stehen in diesem Zusammenhang die Kaufentscheidungen für Gebrauchsgüter im Vordergrund, da ihr Kauf umfangreichere Interaktionen auslöst als der Kauf von Konsumgütern (siehe Übersicht 98). Gegenstand der Betrachtung ist im Wesentlichen die soziale Rolle, d. h. die Menge von Verhaltensmustern, die dem Einzelnen zugewiesen werden, die die Familienmitglieder bei ihren Kaufentscheidungen spielen. Diese Zuweisung dient der funktionalen Eingliederung des Individuums in ein soziales Gebilde und ist mit Erwartungen der Umwelt (bzw. Sanktionen) verbunden. Es kann sich dabei um Muss-Erwartungen (bindende Verhaltensmuster, Strukturen, die erfüllt werden müssen), Soll-Erwartungen (Erwartungen bei denen Abweichmöglichkeiten möglich sind) und Kann-Erwartungen (Erwartungen, die eigentlich nicht zur Rolle gehören, aber mit ihr zu vereinbaren sind) handeln.

Die Erfassung von Rollen – hier eingeengt auf die Familie – erfolgt durch Beobachtung (Interaktionsanalysen, insb. das Verfahren von Bales (1971)), Befragung (Rolleninterview) und Experiment.

Übersicht 98: ***Rollenverteilung bei Kaufentscheidungen von Ehepartnern***

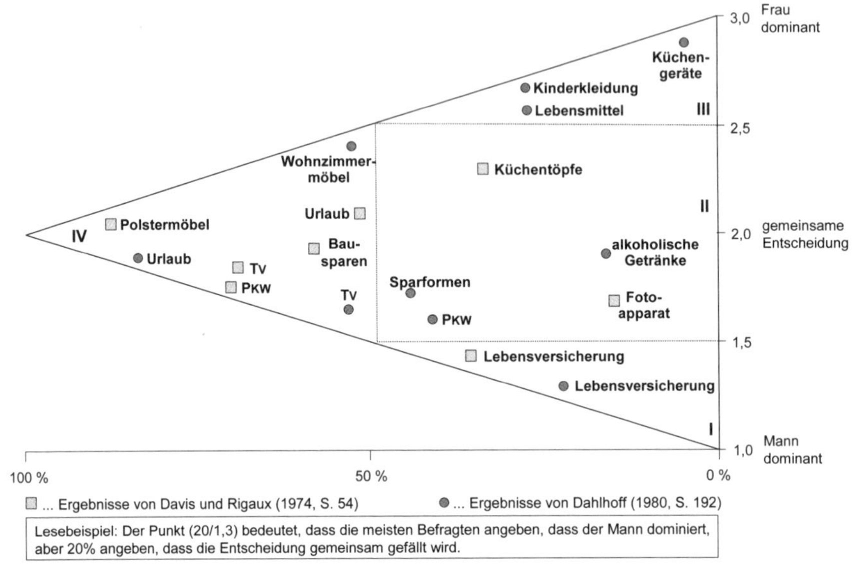

Quelle: Davis/Rigaux 1974, S. 54; Dahlhoff 1980, S. 192 zitiert nach Kroeber-Riel/Weinberg 2003, S. 465.

Das bekannteste standardisierte Beobachtungsverfahren, um das Rollenspiel und die Rollenbeziehungen in Kleingruppen zu erfassen, ist die *Interaktionsanalyse*, insb. das Verfahren von Bales (*IPA-Analyse*), das den Gruppenprozess und die ihn beeinflussenden Faktoren zum Gegenstand hat.

Entscheidungsfindung in Familien mit Kindern

Übersicht 99 illustriert die Ergebnisse einer Studie, die untersuchte, wer die Entscheidung bzgl. eines Restaurantbesuches innerhalb einer Familie trifft. Es lassen sich eindeutig zwei Gruppen unterscheiden: In traditionellen Familien trifft der Vater in mehr als der Hälfte der Fälle die Entscheidung. Demgegenüber dominiert die Mutter, gefolgt vom Kind bei nicht-traditionellen Familien.

Übersicht 99: ***Entscheidungsfindung in Familien mit Kindern***

	Kind	Vater	Mutter
traditionelle Familien	12,0 %	52,0 %	36,0 %
nicht-traditionelle Familien	25,0 %	12,5 %	62,5 %
Gewichteter Durchschnitt	15,2 %	42,4 %	42,4 %

Quelle: Labrecque/Ricard 2001, S. 175.

Es ist zu bemerken, dass 75,8 Prozent der Familien zu den traditionellen gezählt werden und somit der Einfluss der Eltern (egal ob Vater oder Mutter) im Allgemeinen noch eindeutig gewichtiger ist – bezogen auf dieses spezielle Beispiel. Bei spezifischen Produkten, so Süßigkeiten, Sportbekleidung usw. sieht es anders aus.

Zu diesem Zweck werden zwölf Kategorien genutzt, die zur Beobachtung des in kleinste Einheiten zerlegten Verhaltens dienen. Jede mögliche Handlung soll einer bestimmten Kategorie zugeordnet werden. Die Kategorien sind überschneidungsfrei und lassen sich nach verschiedenen theoretischen Bezugssystemen ordnen. Bales (1971, S. 254 ff.) gibt ein System von kognitiven und affektiven Interaktionseinheiten an (siehe Übersicht 100). Danach wird zwischen Interaktionseinheiten, die der kognitiven Bewältigung eines Problems dienen (B und C) und solchen, die mehr der emotionalen/affektiven Regelung der interpersonellen Beziehungen dienen (A und D), unterschieden. Man kann also sagen, B und C sind auf den Entscheidungsprozess ausgerichtet und A und D auf die familiäre Situation abgestimmt. Durch Zuordnung zu den Kategorien wird für jede Person ein Interaktionsprofil erstellt. Ferner berücksichtigt die IPA eine quantitative Komponente (Wie oft hat sich jemand geäußert?) und eine qualitative Komponente (Von welcher Art und Weise waren die Beiträge?). Die Kritik an der IPA-Analyse richtet sich auf die Kategorien, so hinsichtlich der Fragen, ob sie manche Verhaltensunterschiede verschleiern, heterogenes Verhalten pauschal zu einer Kategorie zusammenfassen und ob durch die Kategorien die Intensität mancher Verhaltensweisen nicht hinreichend zum Ausdruck kommt.

Übersicht 100: ***Kategoriensystem zur Klassifizierung des Verhaltens bei Interaktionen***

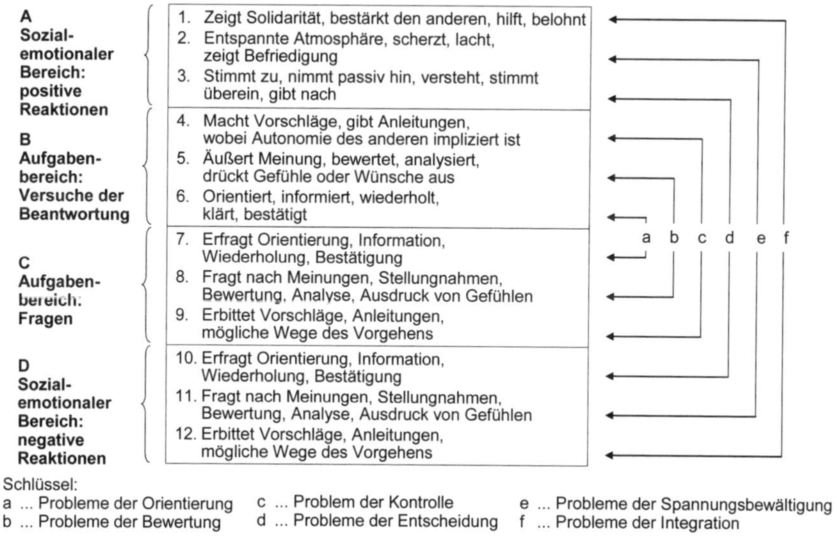

Quelle: In Anlehnung an Bales 1971, S. 255.

Beim *Interview* soll ermittelt werden, welche Rolle einzelne Familienmitglieder bei der Kaufentscheidung gespielt haben. Prinzipiell besteht hier die Gefahr eines systematischen Fehlers, denn eine Person wird nach der subjektiv eingeschätzten Rolle bei der Kaufentscheidung befragt. Die Größe des Fehlers hängt davon ab, wie weit die subjektiv wahrgenommene Rolle von der tatsächlich gespielten Rolle abweicht. Man versucht, diesen Fehler zu vermeiden, indem einzelne Familienmitglieder getrennt befragt und alle subjektiven Wahrnehmungen über die Rolle verglichen werden sowie ggf. das arithmetische Mittel gebildet wird. Abweichungen zwischen den ermittelten Rollenwahrnehmungen der einzelnen Mitglieder können folgende Ursachen haben:

- *Konfliktäre Entscheidungen* – wenn Entscheidungsprozesse Konflikte enthalten und mit einem Kompromiss enden, entstehen für den Einzelnen Interpretationsspielräume (z. B. jemand stellt seine Rolle als größer dar als sie wirklich ist)
- *Methodologische Unzulänglichkeiten* bei der Erhebung (z. B. Suggestivfragen)

Für eine Erweiterung des *Rolleninterviews* durch andere Verfahren spricht auch, dass sich ein erheblicher Teil der Familieninteraktion auf nonverbaler Ebene abspielt. Dieses Verhalten erfolgt gewohnheitsmäßig und ist nicht durch verbale Aussagen zu erfassen. Relativ selten werden Familienentscheidungen über experimentelle Bedingungen geprüft, da die Künstlichkeit der Laborbedingungen zu einer Beeinträchtigung der Validität der Ergebnisse führt. Andererseits ermöglichen Experimente kausale Überprüfungen und eine Anwendung von sonst nicht herangezogen Messmethoden.

Als Fazit bleibt festzuhalten, dass sich die Rollenverteilung wandelt. Das familiäre Kaufverhalten wird zunehmend von Faktoren geprägt wie Gleichberechtigung der Partner, Trend zur Partnerschaftsfamilie oder zunehmender Einfluss von Bezugsgruppen außerhalb der Familie. Insofern ist es sinnvoll, idealtypische Familien zu unterscheiden: matriarchalische, patriarchalische und Kooperations-/Partnerschaftsfamilien.

3.4 Kulturelle Determinanten

3.4.1 Soziale Schicht

Die kulturellen Determinanten bilden den weitesten Gürtel an Einflussfaktoren auf das Konsumentenverhalten, was die Hierarchie der sozialen Gruppierungen in Übersicht 101 zum Ausdruck bringt. Hier wird deutlich, dass die behandelten Gruppeneinflüsse eine größere Intensität der Beeinflussung des Konsumentenverhaltens haben als die nun zu betrachtende soziale Schicht, Subkultur und Kultur.

Übersicht 101: ***Schichtmodell der Umfelddifferenzierung – Hierarchien von sozialen Gruppen***

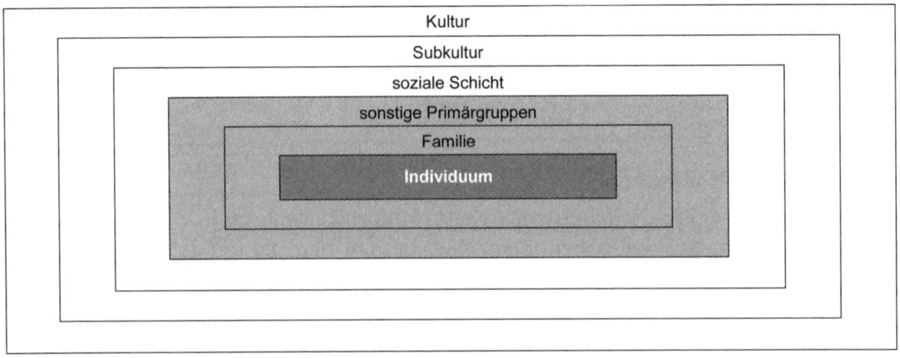

Quelle: In Anlehnung an Böcker/Helm 2003, S. 183.

Grundsätzlich kann in diesem Zusammenhang auch vom *sozialen System* gesprochen werden, also der Gesamtheit aller Gruppen und Personen, die einen Einfluss auf das Verhalten anderer Personen ausüben. Da der Einzelne als Element eines sozialen Systems handelt, ist dieses eine relevante Determinante des Käuferverhaltens (Böcker/Helm 2003, S. 180 ff.). Die Rolle und der Status wurden bereits angesprochen. Die Betrachtung der sozialen Schicht geht einen Schritt weiter.

Die soziale Schicht umfasst Personen mit gleichem Status. Diese Personen sind durch gleiche Merkmale wie Beruf, Herkunft, Einkommen, Besitz u. a. gekennzeichnet (Nieschlag/Dichtl/Hörschgen 2002, S. 620 ff.).

Die Relevanz der Schichtzugehörigkeit für das Marketing ist in einem schichtspezifischen Konsumverhalten bzw. dem Streben von Personen, sich durch einen entsprechenden Konsum zu einer Schicht zugehörig zu fühlen, begründet. Das schichtspezifische Verhalten äußert sich darin, dass Personen aus der „Unterschicht" aufgrund ihres geringen Einkommens ein größeres Kaufrisiko wahrnehmen, während etwa die Mitglieder der „Oberschicht" das Einkaufen auch als gesellschaftliche Veranstaltung und demonstrative Selbstdarstellung ansehen (Kroeber-Riel/Weinberg 2003, S. 567 ff.).

Kritische Betrachtung der Aussagekraft der Sozialen Schicht als Indikator für das Konsumentenverhalten

In der Vergangenheit wurde häufig ein Zusammenhang zwischen der Zugehörigkeit eines Individuums zu einer sozialen Schicht und dem Käuferverhalten hergestellt. Einzelne Verhaltensweisen wurden auf die Zuordnung des Käufers zur Unter-, Mittel- oder Oberschicht zurückgeführt. Für Personen aus der Unterschicht wurde dabei bspw. der Einkauf bei Discountern als typisch angesehen, während die „sozialen Aufsteiger" der Mittelschicht annahmegemäß das Käuferverhalten der Oberschicht nachzuahmen versuchten. Mitglieder der Oberschicht wiederum befriedigten ihre Bedürfnisse hauptsächlich in exklusiven Fachgeschäften.

Entgegen dieser Annahme zeigt sich heute jedoch, dass es oft nicht möglich ist, einen eindeutigen Zusammenhang zwischen dem Käuferverhalten und der Schichtzugehörigkeit eines Käufers herzustellen. In allen sozialen Schichten tritt sowohl „geiziges" als auch „verschwenderisches" Kaufverhalten auf, was bspw. darin zum Ausdruck kommt, dass in einem Feinkostladen oder einem Lebensmitteldiscounter Mitglieder aller sozialen Schichten einkaufen. Hierbei spielt das Phänomen des hybriden Käuferverhaltens eine wichtige Rolle, das schichtenübergreifend anzutreffen ist. Es ist dadurch charakterisiert, dass das Individuum im gleichen Produktfeld einmal viel Geld ausgibt, sich in anderen Kaufanlässen jedoch als Schnäppchenjäger fühlt und äußerst preiswert einkauft. Er ist also ein differenziertes Verhalten in Abhängigkeit von der Situation. Aufgrund dieser Entwicklung ist ersichtlich, dass die soziale Schicht eines Konsumenten zur Erklärung des Käuferverhaltens zunehmend an Bedeutung verliert, was durch die Weiterentwicklung des hybriden hin zu einem multioptionalen Käuferverhalten, bei dem ein Konsument mehreren Handlungsprinzipien gleichzeitig folgt (siehe Abschnitt 2.1 im ersten Kapitel), verstärkt wird (Liebmann/Zentes 2001, 134 ff.).

Als *Statuskriterien* und damit als *Schichtungskriterien* können allgemeine Kriterien herangezogen werden wie Beruf, Ausbildung, Einkommen (i. S. des erworbenen Status), Vermögen und Abstammung (i. S. des übernommenen Status) sowie die Macht und Interaktion als Verhaltenskonsequenzen des Status. Für die *Messung der sozialen Schichten* ist es notwendig, die subjektive Einschätzung der befragten Person über ihre eigene Schichtzugehörigkeit – und die anderer – und ihre „tatsächliche" Schichtzugehörigkeit auseinander zu halten. Die Messung erfolgt entweder direkt durch Befragung über die Einschätzung der eigenen Schichtzugehörigkeit und der anderer Personen oder indirekt mit Hilfe von Indikatoren, z. B. Einstellungen, Interaktionsmustern oder Statuskriterien. Zur Sicherung werden meist ein- oder mehrdimensionale Indizes gebildet. Blackwell/Minard/Engel (2001, S. 347) nennen sechs Kriterien, die die Bevölkerung in verschiedenen Schichten unterteilen:

- Beruf, Einkommen, Vermögen (ökonomische Kriterien)
- Persönliches Prestige, Sozialisierung, Verbindungen (interaktive Kriterien)
- Macht/Einfluss, Klassenbewusstsein, Mobilität (politische Kriterien)

3.4.2 Kultur und Subkultur

Während sich die soziale Schicht auf die Position eines Individuums bezieht, umfasst Kultur einen intergesellschaftlichen Begriff. Der Begriff setzt sich zusammen aus Merkmalen und Gebräuchen, die von den Mitgliedern einer Gesellschaft geteilt werden und umfasst z. B. Werte, Sprache und Überzeugungen. *Subkultur* als intragesellschaftlicher Begriff hat die Funktion, Verhaltensweisen von sozialen Gruppierungen innerhalb einer Gesellschaft zu analysieren.

Kultur wird als Hintergrundphänomen bezeichnet, das unser Verhalten prägt, ohne dass wir uns dieses Einflusses bewusst sind. Kultur besteht aus expliziten und impliziten Denk- und Verhaltensmustern, die durch Symbole erworben und weitergegeben werde. Sie bilden eine spezifische, abgrenzbare Errungenschaft menschlicher Gruppen (Kroeber/Kluckhohn 1952, S. 181; Holzmüller 1995, S. 35).

Bei den in der Definition genannten Gruppen kann es sich um Unternehmen, Länder, Regionen oder auch andere Gruppen handeln. Elemente einer Kultur sind *Werte*, Grundannahmen, Normen und Einstellungen. Daran orientiert sich auch das Verhalten der Personen, die der Kultur angehören. Wesentliche Faktoren, die als Medien von Kultur dienen, sind Helden, Symbole, Riten und Rituale (Deal/Kennedy 1982, S. 13 ff.; Hofstede 1993, S. 22; Holzmüller/Schuh, 1995, S. 98). Dabei sind kulturelle Unterschiede sehr bedeutsam, so im internationalen Bereich, wo auch subkulturelle Unterschiede eine Rolle spielen. Subkulturen können bspw. nach religiösen, altersbezogenen, örtlichen, rassischen und weiteren Gesichtspunkten gegliedert werden.

Neben der Sichtweise der Kultur als Hintergrundphänomen, die das Verhalten lediglich prägt, wird Kultur ebenfalls als Umwelt des Konsumenten gesehen, die dessen Verhalten unmittelbar bestimmt (Kroeber-Riel/Weinberg 2003, S. 553). Die kulturellen Muster werden dem Konsumenten einerseits durch die *Erfahrungs-*, anderseits durch die *Medienumwelt* vermittelt (siehe hierzu Jäckel 2002).

Durch die *Erfahrungsumwelt* lernt der Einzelne die Kultur im direkten Kontakt kennen. Dies geschieht bspw. durch die Kommunikation mit Menschen des gleichen Kulturkreises oder durch gewisse Eindrücke kulturspezifischer Gegenstände, wie besondere Einrichtungen oder Gebäude. Insb. in den hoch entwickelten Industrieländern konstruieren die Konsumenten ihre Wirklichkeit, ihre Umwelt bzw. ihre Kultur in zunehmendem Maße aufgrund von Eindrücken, die sie aus den Medien erfahren. Heutzutage sind es auch die elektronischen Medien, die Aufschluss über die Gesellschaft und deren Kultur geben. Diese direkten und medialen Einflüsse zeigen dem Konsumenten, welche Verhaltensweisen in seiner kulturellen Umwelt verbreitet und damit akzeptiert bzw. toleriert sind. Diese Vorgabe bestimmt unmittelbar sein Verhalten, da es dieses auf ein bestimmtes (teilweise äußerst enges) Verhaltensspektrum reduziert. Übersicht 102 visualisiert den Zusammenhang zwischen Kultur und Verhalten.

Übersicht 102: ***Zusammenhang zwischen Kultur und Verhalten***

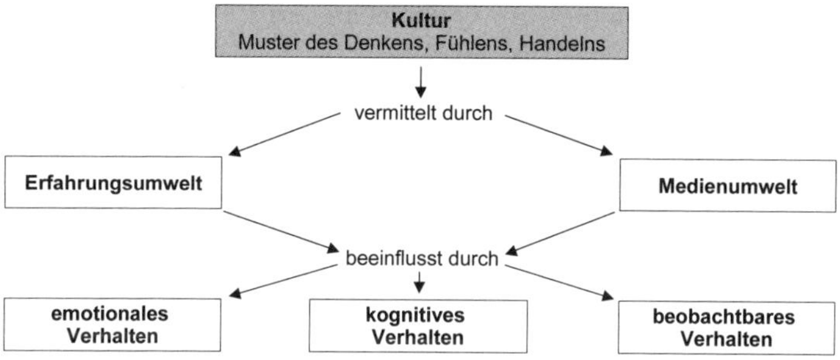

Quelle: Kroeber-Riel/Weinberg 2003, S. 554.

Die Kultur hat für das Marketing eine besondere Relevanz, wenn es um internationale Märkte geht. Hervorzuheben sind zwei Ebenen (vgl. dazu Zentes/Swoboda 2001):

- Einerseits müssen Managementtechniken auf ihre interkulturelle Anwendbarkeit überprüft werden (*kulturvergleichende Managementforschung*),
- andererseits muss auch das Internationale Marketing Kulturunterschiede beachten und dabei die Frage der Standardisierung oder Differenzierung beantworten (*interkulturelle Konsumentenforschung*).

Als Forschungsfeld beschäftigt sich letztere als Teilbereich der Konsumentenforschung mit der interkulturellen Gültigkeit von Aussagen über psychische und soziale Determinanten des Käuferverhaltens (Holzmüller 1989, Sp. 1143 f.; Holzmüller/Berg 2002). Die Ergebnisse interkultureller bzw. grenzüberschreitender Konsumentenstudien bilden eine wertvolle Grundlage für die Planung internationaler Marketingstrategien und wirken in sämtliche Marketing-Entscheidungsfelder hinein (siehe hierzu Trompenaars/Hampden-Turner 1993; Müller/Kornmeier 2002). Eine Problematik ergibt sich jedoch dadurch, dass in mehreren fremden sozialen Systemen Daten erhoben werden, diese Daten jedoch über die Kulturgrenzen hinaus vergleichbar sein müssen (Holzmüller/Sinkovics/Salzberger 1998, 269 ff.). In der interkulturellen Psychologie wurden zweckmäßige Methoden zur Übersetzung von Fragebögen entwickelt, die auf die Gleichwertigkeit (Äquivalenz) in den jeweiligen nationalen Bedeutungsinhalten abstellen. Die Übersetzungsqualität wird dabei z. B. durch Rückübersetzungen überprüft. Auch die Erhebungsverfahren an sich

(z. B. Telefoninterview, persönliche Befragung, Experiment) sowie die Anwendung von verschiedenen Skalen können nur in Abhängigkeit von kulturabhängigen Einflüssen erworben werden (vlg. hierzu Wong/Rindfleisch/Burroughs 2003).

Kulturelle Einflussfaktoren auf das Verhalten in einer Makrokultur bzw. in einer gesamten Kultur am Beispiel des Aberglaubens

Aberglaube hat immer starke Einflüsse auf das menschliche Verhalten ausgeübt und mitunter zu gesamtwirtschaftlichen Auswirkungen geführt. Ein Beispiel für den Einfluss des Aberglaubens ist die Geburtenrate in Japan in den Jahren von 1960 bis 1990. Grundsätzlich ist auch in Japan in den letzten Jahren ein Rückgang der Geburtenraten offensichtlich. Aus dieser Entwicklung fällt jedoch der Rückgang um 25 Prozent allein im Jahr 1966 heraus. Der plötzlicher Einbruch und die anschließende „Erholung" hatten im Jahr 1966 viele Probleme für Unternehmen, die z. B. Kinderbetten verkauften, im Jahr 1972 für solche, die z. B. Fahrräder verkauften, z. B. für Schulen und Universitäten im Jahr 1984 und z. B. für die Arbeitgeber im Jahr 1988 zur Folge. Was war nun die Ursache des Geburtenrückgangs?

In vielen Ländern Asiens (in denen der chinesische Einfluss groß ist) wird jedes Jahr mit einem von 12 Tieren assoziiert. 2003 war bspw. das Jahr des Schafes, 2004 ist das Jahr des Affen. Alle zwölf Jahre tritt auch das Jahr des Pferdes auf. In der japanischen Kultur herrscht darüber hinaus ein traditioneller Glaube an „heigo", oder das Jahr des Feuerpferdes, das einmal alle 60 Jahre auftritt, zuletzt im Jahr 1966. Gemäß dem alten Aberglauben ist ein Mädchen, das in einem Jahr des Feuerpferdes geboren wurde, dazu bestimmt, ein unglückliches Leben zu führen und – im Falle einer Hochzeit – den Ehemann zu töten. Aus der Geburtenrate des Jahres 1966 kann geschlossen werden, dass der Aberglaube die Menschen in diesem Jahr des Feuerpferdes davon abgehalten hat, Kinder zu bekommen.

Ein interessanter Aspekt in diesem Zusammenhang besteht darin, dass sich Aberglaube auf das Verhalten in industrialisierten Ländern und zwar in gesamtwirtschaftlichem Umfang auswirken kann (Blackwell/Miniard/Engel 2001, S. 315).

Untersuchungsrelevante Bereiche der interkulturellen Konsumentenforschung sind bspw. das Risiko- und Informationsverhalten der Konsumenten, Werte, Einstellungen sowie der Einfluss von Familienmitgliedern auf die Kaufentscheidung. Ebenso zählt hierzu die Wirkung gesamter Marketingkonzepte oder die Notwendigkeit eines differenzierten – oder die enormen Potenziale eines standardisierten – Einsatzes einzelner Marketinginstrumente in verschiedenen Kulturkreisen. Die Kenntnis von kulturellen Besonderheiten gibt dem Marketing – auch im nationalen Bereich – die Möglichkeit, sich auf diese einzustellen. Zwei Punkte sind zu beobachten:

- Unterscheidung rassischer Subkulturen (bspw. Einwanderer) mit ggf. anderer Kommunikationsansprache. Ein Beispiel ist das fundamental andere Konsumverhalten der Gastarbeiter, ein Markt, der oft noch nicht voll erschlossen ist, mit der Folge, dass sich Subkulturen einen eigenen Handel gebildet haben, bis hin zur Gettoisierung, bei der die Zielgruppe eine eigene Subkultur bildet.

- Zunehmende Homogenisierungstendenzen der Konsumenten in unterschiedlichen Ländern, die etwa im Zuge der interkulturellen Konsumentenforschung betrachtet werden.

Zur *Messung* von Kultur kann auf unterschiedlichen Ebenen angesetzt werden. Einerseits kann eine Kultur über die Sprache erforscht werden, denn kulturelle Verhaltensweisen spiegeln sich häufig in der Sprache wider (Kroeber-Riel/Weinberg 2003, S. 555 ff.). Andererseits bietet z. B. die Lebensstilforschung weitere Möglichkeiten der Erforschung von Kultur.

Literatur

Atkin, C. K. (1978): Observation of Parent-Child Interaction in Supermarket Decision Making, in: Journal of Marketing, 42. Jg., Nr. 4, S. 41-45.

Bales, R. F. (1971): Interaction Process Analysis, in: Hollander E. P./Hunt, R. G. (Hrsg.): Current Perspectives in Social Psychology, 3. Aufl., New York.

Banning, T. E. (1987): Lebensstilorientierte Marketing-Theorie, Heidelberg.

Bänsch, A. (2002): Käuferverhalten, 9. Aufl., München.

Bearden, W. O./Etzel, M. J. (1982): Reference Group Influence on Product and Brand Purchase Decisions, in: Journal of Consumer Research, 9. Jg., Nr. 2, S. 183-194.

Bebié, A. (1978): Käuferverhalten und Marketing-Entscheidung, Wiesbaden.

Blackwell, R./Miniard, P./Engel, J. (2001): Consumer Behavior, 9. Aufl., Orlando.

Böcker, F./Helm, R. (2003): Marketing, 7. Aufl., Stuttgart.

Dahlhoff, H.-D. (1980): Kaufentscheidungsprozesse von Familien, Frankfurt a. M.

Dahrendorf, R. (1977): Homo Sociologicus. Ein Versuch zur Geschichte, Bedeutung und Kritik der Kategorie der sozialen Rolle, 15. Aufl., Opladen.

Davis, H. L./Rigaux, B. P. (1974): Perception of Marital Roles in Decision Processes, in: Journal of Consumer Research, 1. Jg., Nr. 1, S. 51-62.

Deal, T. E./Kennedy, A. A. (1982): Corporate Cultures, Reading.

Festinger, L. (1978): Theorie der kognitiven Dissonanz, Bern.

Foscht, T./Angerer, T./Swoboda, B. (2004): Interaktives Szene-Beziehungsmanagement als Ansatz zur Internationalisierung, in: Ahlert, D./Schröder, H./ Olbrich, R. (Hrsg.): Jahrbuch Vertriebs- und Handelsmanagement, Frankfurt a. M.

GfK (2002): Euro-Socio-Styles, Nürnberg.

Gilly, M. C./Enis, B. M. (1982): Recycling the Family Life Cycle, in: Advances in Consumer Research, 9. Jg., S. 271-276.

Gröppel-Klein, A. (2001): Involvement, in: Bruhn, M./Homburg, C. (Hrsg.): Gabler Marketing Lexikon, Wiesbaden, S. 293-295.

Hanna, N./Wozniak, R. (2001): Consumer Behavior, Upper Saddle River.

Hofstede, G. (1993): Interkulturelle Zusammenarbeit, Wiesbaden.

Holzmüller, H. (1989): Interkulturelle Konsumentenforschung, in: Macharzina, K./Welge, M. (Hrsg.): Handwörterbuch Export und internationale Unternehmung, Stuttgart, Sp. 1143-1158.

Holzmüller, H. (1995): Konzeptionelle und methodische Probleme in der interkulturellen Management- und Marketingforschung, Stuttgart.

Holzmüller, H./Berg. N. (2002): Handhabung der kulturellen Heterogenität zur Erzielung von Wettbewerbsvorteilen in internationalen Unternehmen, in: Macharzina, K. (Hrsg.): Handbuch internationales Management, Wiesbaden, Sp. 881-907.

Holzmüller, H./Sinkovics, R./Salzberger, T. (1998): Assessing Measurement Equivalence in Cross-National Consumer Behaviour Research: Principles, Relevances and Application Issues, in:

Balderjahn, I./Mennicken, C./Vernette, E. (Hrsg.): New Developments and Approaches in Consumer Behaviour Research, Stuttgart, S. 269-288.

Holzmüller, H./Schuh, A. (1995): Erklärungsansätze für die Kulturgebundenheit von Konsummustern, in: Marktforschung und Management, 39. Jg., S. 97-102.

Jäckel, M. (2002): Medienwirkungen, 2. Aufl., Wiesbaden.

Jendrosch, T. (1995): Der programmierte Konsument, Darmstadt.

Kapferer, J. N./Laurent, G. (1985): Consumers' Involvement Profile, in: Advances in Consumer Research, 12. Jg, S. 290-295.

Kroeber, A. L./Kluckhohn, C. (1952): Culture: A Critical Review of Concepts and Definitions, Nr. 1 der Harvard University Peabody Museum of American Archeology and Ethnology Papers, Cambridge.

Kroeber-Riel, W./Weinberg, P. (2003): Konsumentenverhalten, 8. Aufl., München.

Krugman, H. E. (1965): The Impact of Television Advertising: Learning Without Involvement, in: Public Opinion Quarterly, 29. Jg., S. 349-356.

Kuß, A./Tomczak, T. (2000): Käuferverhalten, 2. Aufl., Stuttgart.

Labrecque, J./Ricard, L. (2001): Children's influence on Family Decision-Making, in: Journal of Business Research, 54. Jg., S. 173-176.

Lasswell, H. D. (1967): The Structure and Function of Communication in Society, in: Berelson, B./ Janowitz, M. (Hrsg): Reader in Public Opinion and Communication, 2. Aufl., New York.

Liebmann, H.-P./Zentes, J. (2001): Handelsmanagement, München.

Morris, D. (1978): Der Mensch mit dem wir leben. Ein Handbuch unseres Verhaltens, München.

Mühlbacher, H. (1982): Selektive Werbung, Linz.

Müller, S./Kornmeier, M. (2002): Interkulturelles Marketing, München.

Nieschlag, R./Dichtl, E./Hörschgen, H. (2002): Marketing, 19. Aufl., Berlin.

Raffée, H./Wiedmann, K.-P. (1987): Dialoge 2: Konsequenzen für das Marketing, Hamburg.

Rogers, E. M. (2003): Diffusion of Innovations, 5. Aufl., New York.

Schiffman, L./Kanuk, L. (2004): Consumer Behavior, 8. Aufl., Upper Saddler River.

Shufeldt, L./Oates, B./Vaught, B. (1998): Is Lifestyle an Important Factor in the Purchase of OTC Drugs by the Elderly?, in: Journal of Consumer Marketing, 15. Jg., S. 111-124.

Solomon, M. (2004): Consumer Behavior, 6. Aufl., Upper Saddle River.

Solomon, M./Bamossy, G./Askegaard, S. (2001): Konsumentenverhalten, München.

Statt, D. (1997): Understanding the Consumer: A Psychological Approach, London.

Terlutter, R. (2000): Lebensstilorientiertes Kulturmarketing, Wiesbaden.

Trommsdorff, V. (2002): Konsumentenverhalten, 4. Aufl., Stuttgart.

Trompenaars, F./Hampden-Turner, C. (2000): Riding the Waves of Culture. Understanding Cultural Diversity in Business, 2. Aufl., London.

Wong, N./Rindfleisch, A./Burroughs, J. E. (2003): Do reverse-worded items confound measures in cross-cultural consumer research? The case of the material values scale, in: Journal of Consumer Research, 30. Jg., Nr. 1, S. 72-91.

Wells, W. D. /Gubar, G. (1966): Life Cycle Concept in Marketing Research, in: Journal of Marketing Research, 3. Jg., S. 355-363.

Wells, W. D. /Tigert, D. J. (1971): Activities, Interests and Opinions, in: Journal of Consumer Research, 11. Jg., S. 27-35.

Wiswede, G. (1972): Soziologie des Verbraucherverhaltens, Stuttgart.

Zaichkowsky, J. (1985): Measuring the Involvement Construct, in: Journal of Consumer Research, 12. Jg., S. 341-352.

Zimbardo, P. G./Gerrig, R. J. (1999): Psychologie, 7. Aufl., Berlin.

Zentes, J./Swoboda, B. (2001): Grundbegriffe des Marketing – Marktorientiertes globales Management-Wissen, 5. Aufl., Stuttgart.

4 Typen von Kaufentscheidungen

4.1 Überblick

Um komplexe Verhaltensweisen bei individuellen Kaufentscheidungen zu systematisieren, können in Abhängigkeit vom Grad der kognitiven Steuerung Kaufentscheidungstypen gebildet werden. Wie hervorgehoben, erfolgt hier eine pauschalere Sicht gesamter Entscheidungsprozesse, zu ungunsten von prozessualen (siehe Abschnitt 5) und psychologisch-deterministischen Teilanalysen (siehe Abschnitte 3 und 4).

Bei den Kaufentscheidungstypen wird der Entscheidungsprozess vereinfacht als Einheit betrachtet. Der Begriff der Kaufentscheidung kann eng oder weit gefasst werden, je nachdem, ob der gesamte Kaufentscheidungsprozess (von der Angebotswahrnehmung bis zum Kauf) oder nur das Zustandekommen des Kaufentschlusses (z. B. eine bestimmte Marke zu kaufen) betrachtet wird.

Wird nun also der gesamte Kaufentscheidungsprozess zugrunde gelegt, dann kann mit Kantona (1960) zwischen echten und habitualisierten Entscheidungen unterschieden werden und mit Howard/Sheth (1969) zwischen habitualisierten, vereinfachten und extensiven Entscheidungen, also Gliederungen, denen auch Blackwell/Miniard/Engel (2001) folgen. Kroeber-Riel/Weinberg (2003, S. 366 ff.) präsentieren die weitestgehende Sicht und unterscheiden, in der Reihenfolge abnehmender kognitiver Steuerung, folgende Typen, die in Übersicht 103 im Überblick charakterisiert sind:

1. Entscheidungen mit stärkerer kognitiver Steuerung („echte Kaufentscheidungen oder kognitive Entscheidungsmuster"):
   - extensives (Kauf-) Verhalten bzw. Entscheidungen und
   - limitiertes (Kauf-) Verhalten bzw. vereinfachte Entscheidungen
2. Entscheidungen mit geringer kognitiver Steuerung:
   - habituelles (Kauf-) Verhalten bzw. Entscheidungen (Gewohnheitsverhalten) und
   - impulsives (Kauf-) Verhalten bzw. „Entscheidungen"

Übersicht 103: ***Charakteristika der Kaufentscheidungstypen***

impulsive Entscheidungen	limitierte Entscheidungen
■ ungeplant/gedanklich kaum kontrolliert ■ starke Reizsituation ■ emotionale Aufladung	■ vorhandene Erfahrungen, bewährte Entscheidungsregeln ■ „Evoked Set" (keine eindeutige Präferenzen)
habitualisierte Entscheidungen	**extensive Entscheidungen**
■ geringe kognitive Steuerung (reaktiv) ■ quasi automatischer Prozess (meist eindeutige Präferenzen)	■ hohe kognitive Beteiligung (hoher Informationsbedarf) ■ starkes Involvement

Aufgrund des kognitiven Differenzierungsansatzes bieten die Kaufentscheidungstypen einen verbreiteten Zugang für ökonomische Theorien und Ansätze zur Analyse des Käuferverhaltens (siehe Abschnitt 1.2.1 im diesem Kapitel). Dies ist nahe liegend, weil die Prämissen dieser Ansätze dem Muster extensiver und abgestufter limitierter Kaufentscheidungen entsprechen. Insofern beziehen sich die diesen Ansätzen verhafteten Arbeiten oft auf diese beiden Kaufentscheidungstypen, während sie die beiden anderen nicht oder nur in Ansätzen zu betrachten in der Lage sind. Ferner ziehen die ökonomischen Ansätze wie auch die Totalmodelle als Kriterien zur Abgrenzung der einzelnen Typen oft ohne eingehende Validitätsprüfung lediglich die Anzahl und die Intensität der durchlaufenen Phasen des Entscheidungsprozesses heran.

Demgegenüber werden aus Sicht der heutigen, psychologisch geprägten Konsumentenverhaltensforschung zahlreiche Determinanten bzw. Bestimmungsgründe für das Auftreten einzelner Kaufentscheidungstypen herangezogen, bspw. auf Konsumgütermärkten die Art des auszuwählenden Produkts, die Kaufsituation und die persönlichen Prädispositionen des Entscheidenden (Kroeber-Riel/Weinberg 2003, S. 360).

- Dabei werden als Produktarten einerseits Gebrauchs- und Verbrauchsgüter, andererseits Convenience, Shopping und Specialty Goods unterschieden.
- Hinsichtlich der Kaufsituation sind als Bestimmungsgrößen der emotionale Reizwert der Situation, der Zeitdruck und die Neuartigkeit der Situation zu nennen.
- Zu den persönlichen Prädispositionen zählen u. a. die Risikoneigung der Käufer, das persönliche Informationsniveau und v. a. das Involvement. Wichtig ist die Rückführung der Einzelgrößen – wie beim Involvement – auf aktivierende und kognitive Größen, da sonst ein Wildwuchs an Determinanten und schwer vergleichbaren Perspektiven droht.

Durch eine Kombination der Ausprägungen von Bestimmungsgründen konnte Kroeber-Riel (1984) verschiedene Verhaltenssegmente abgrenzen (siehe Übersicht 104). Hier wird unter anderem deutlich, dass klassische extensive Entscheidungen erstens insgesamt so häufig relevant sind wie die impulsiven Kaufentscheidungen oder das Gewohnheitsverhalten und zweitens bei Verbrauchsgütern praktisch keine bzw. eine nur nachgeordnete Rolle spielen.

Übersicht 104: ***Kaufentscheidungstypen***

	Verbrauchsgüter		Gebrauchsgüter	
persönliche Prädispositionen	reizstarke Situation	reizschwache Situation	reizstarke Situation	reizschwache Situation
stark engagierte Käufer (großes Involvement)	I, V	V, G	E	E, V
schwach engagierte Käufer (geringes Involvement)	I	G, V	V, I	G, E

I... impulsives Verhalten, G... Gewohnheitsverhalten, V... vereinfachtes Verhalten, E... extensives Entscheiden

Quelle: Kroeber-Riel 1984, S. 322.

Die Bedeutung des Involvement verdeutlicht die neuere Konsumentenverhaltensforschung, die einen tendenziell direkten Zusammenhang von Kaufentscheidungstypen und emotionalem/kognitivem Involvement akzentuiert (siehe Übersicht 105). Hinsichtlich der Relevanz der in Abschnitt 3 betrachteten affektiven und kognitiven sowie auch reaktiven Prozesse deutet Übersicht 106 an, dass einzelne Kaufentscheidungstypen nur in der Hälfte der Fälle durch einen dominierenden Prozess gekennzeichnet sind.

Übersicht 105: ***Zusammenhang zwischen Kaufverhalten und Involvement***

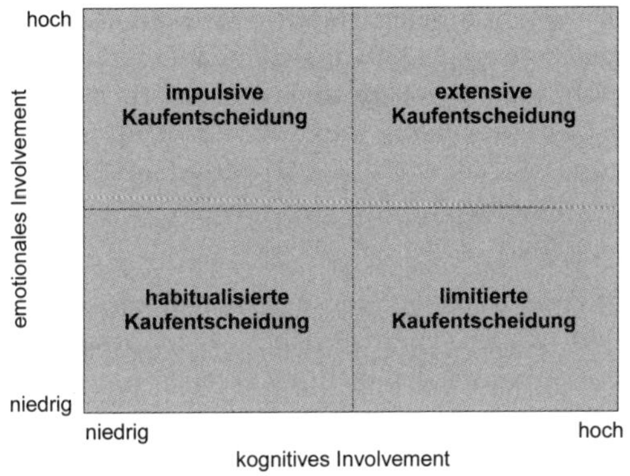

Quelle: In Anlehnung an Kroeber-Riel/Weinberg 2003, S. 373.

Nochmals ist darauf zu verweisen, dass affektive und reaktive Erklärungen in den ökonomischen Ansätzen (siehe Abschnitt 1.2.1) nicht oder selten beachtet werden.

Übersicht 106: ***Dominierte Prozesse in den Kaufentscheidungstypen***

	Dominante Prozesse		
Kaufentscheidung	affektiv	kognitiv	reaktiv
extensiv	×	×	
limitiert		×	
habitualisiert			×
impulsiv	×		×

Quelle: Weinberg 1981, S. 16.

4.2 Extensives Kaufverhalten

Bei extensiven Kaufentscheidungen ist die kognitive Beteiligung der Konsumenten groß, da die Kaufabsichten erst während des Entscheidungsprozesses präzisiert werden (*Suchkauf*). Ihre charakteristischen Merkmale sind hoher Informationsbedarf, lange Entscheidungsdauer, Wahrnehmung der Notwendigkeit Bewertungskriterien zu erarbeiten. Alle Aktivitäten dienen dazu, Kaufrisiken abzubauen. Dieses Kaufverhalten entspricht weitgehend dem Verhalten in der klassischen ökonomischen Theorie (Solomon 2004, S. 295 ff.). Es liegt tendenziell umso eher vor, je weniger der Konsument über bewährte Entscheidungsmuster verfügt, da fehlende Erfahrungen Prozesse der Informationsbeschaffung und -verarbeitung auslösen. Diese nehmen einen gewissen Zeitraum in Anspruch und führen zu einer langen Entscheidungsdauer. Da derartige Entscheidungen hohe Anforderungen an die Konsumenten stellen, wird ein extensiv begonnener Prozess oft vereinfacht. Zu den wichtigsten Restriktionen zählen:

- Jeder Konsument besitzt nur eine beschränkte kognitive Fähigkeit, komplexe Problemlösungsmuster zu beherrschen. Ferner ist ein begrenztes persönliches Informationsniveau zu berücksichtigen, d. h. die mangelnde Fähigkeit, Informationsdifferenzen aufzunehmen und zu verarbeiten.

- Situative Faktoren können in einer Handlungssituation den Handlungsspielraum eines Konsumenten einengen (z. B. mangelnde Entscheidungszeit (Druck) oder Ablenkung beim Einkauf). Dies kann zu einem Abbruch oder einer Vereinfachung des Entscheidungsprozesses (bspw. durch Rückgriff auf Erfahrungen) führen.
- Emotionale Erregungszustände, die das kognitive Entscheidungsverhalten begleiten, können derart dominieren, dass der extensiv begonnene Entscheidungsprozess eher impulsiv abläuft.

Die Struktur der extensiven Kaufentscheidungen kann zunächst anhand der Informationsaufnahme skizziert werden. Hier werden zwar Informationen auch zufällig, v. a. aber gezielt gewonnen. Dabei werden mehrere Quellen beansprucht (Hanna/Wozniak 2001, S. 295 ff.), so

- interne Informationsquellen, hier besonders die im Gedächtnis gespeicherten und als Wissen abrufbar vorangegangenen Erfahrungen.
- Relevant sind auch externe Informationsquellen, wie anbieterdominierte Quellen (Werbung, Verpackung, Verkaufsberatung), konsumentendominante Quellen (persönliche Kommunikation) oder neutrale Quellen (Warentesturteile). Die Betrachtung der externen Quellen dominiert im Bereich extensiver Kaufentscheidungen.

Die Prozesse der Informationsverarbeitung und die hier geltenden Entscheidungsregeln können mit *kognitiven Entscheidungsmustern* (die z. T. in Abschnitt 2.2.3.2 angesprochen wurden) verbunden werden. Kroeber-Riel/Weinberg (2003, S. 386 ff.) unterscheiden die Produktauswahl nach Alternativen und nach Produktattributen. Bei der Auswahl nach Produktalternativen werden die Alternativen ganzheitlich bewertet und in eine Reihenfolge gebracht. Bei extensiven Entscheidungen vollzieht der Käufer eine Kosten-Nutzen-Analyse und wählt die Produktalternative, deren Differenz zwischen wahrgenommener Qualität (Nutzen) und wahrgenommenem Preis (Kosten) am größten ist. Diese Ausrichtung der Entscheidung an einem Entscheidungswert aus einer Kosten-Nutzen-Analyse ist vereinbar mit der klassischen Haushaltstheorie. Zur Operationalisierung dieses Zusammenhangs verwendet Kaas (1977, S. 43 ff.) als Entscheidungswert die Differenz aus Produkteinstellung (Einstellung) und wahrgenommenem Preis. Bei der Auswahl nach Produktattributen prüft der Käufer nicht jedes Produkt ganzheitlich, sondern alle Alternativen nach einzelnen Produkteigenschaften. Es wird die Alternative ausgewählt, die die wichtigste Eigenschaft am besten erfüllt, während alle anderen, die einen bestimmten Wert nicht erreichen, eliminiert werden. Dabei verwenden die Käufer verschiedene, z. T. stark vereinfachte Auswahlmodelle (Statt 1997, S. 239):

- Nach der *konjunktiven Regel* werden mehrere wichtige Eigenschaften zur Bewertung herangezogen. Für jedes Attribut wird ein Mindestanspruchsniveau festgelegt. Werden diese von mehreren Produkten gleichzeitig oder von keinem Produkt erfüllt, so erfolgt eine Anpassung des Anspruchsniveaus nach oben bzw. unten.
- Nach der *disjunktiven Regel*, die eine geringere kognitive Steuerung bedeutet, wird jene Alternative gewählt, die bei einer wichtigen Eigenschaft einen besonders guten oder den höchsten Wert aufweist.

- Nach der *lexikografischen Regel* werden die Attribute entsprechend ihrer Bedeutung in eine Hierarchie gebracht. Es werden dann alle Alternativen in Bezug auf das wichtigste Attribut geprüft, wobei jene Alternative gewählt wird, die hier den besten Wert aufweist. Werden mehrere Alternativen gleich bewertet, so wird zur Überprüfung das zweitwichtigste Attribut herangezogen usw.

Unter Zeitdruck oder bei Low-Involvement der Käufer werden die Regeln durch weiter vereinfachte Heuristiken ersetzt, z. B. Betrachtung einer geringen Anzahl von Alternativen, Entscheidung nach einfachen Programmen, vorgefertigten Präferenzen (siehe zur Messung mittels Informations-Display-Matrizen, Protokollen lauten Denkens Abschnitt 2.2.3.2).

4.3 Limitiertes Kaufverhalten

Bei limitierten Kaufentscheidungen verfügt der Konsument bereits über Kauferfahrung, ohne eine bestimmte Alternative eindeutig zu präferieren. Die konkrete Wahl in der Kaufsituation erfolgt mit Hilfe bewährter Entscheidungskriterien. Bei kognitiver Vereinfachung des Entscheidungsverhaltens erreicht der Konsument ein Stadium, in dem er nicht mehr extensiv, jedoch noch nicht habitualisiert entscheidet. Der Prozess der Informationsaufnahme und -verarbeitung ist hier begrenzt, d. h. der Konsument strebt zwar nach Informationen, aber nicht in dem Maße wie bei extensiven Kaufentscheidungen. Die Charakteristika limitierter Kaufentscheidungen sind:

- Der Konsument berücksichtigt nur einen begrenzten Ausschnitt von Angebotsalternativen, d. h. ein *Evoked Set*, aber noch keine bestimmte Alternative, z. B. eine ganz bestimmte Marke.
- Er verfügt über bewährte Bewertungs- und Beurteilungskriterien.
- Die Auswahl einer Alternative wird wesentlich vom jeweiligen Anspruchsniveau bestimmt, d. h. sobald eine Alternative gefunden wird, die den Ansprüchen genügt, wird der Entscheidungsprozess beendet.

> *Das Evoked Set ist die individuell spontan erinnerte und für relevant erachtete Alternativenmenge in der Kaufsituation, zu der grundsätzlich eine positive Einstellung besteht und bzgl. der nichts Gravierendes gegen den Kauf spricht.*

Die Informationsaufnahme konzentriert sich auf das Evoked Set (einige Autoren, wie Mowen/Minor (2001, S. 177) sprechen auch vom *Consideration Set*), die Informationsverarbeitung wird vom Anspruchsniveau gesteuert, wobei dem Konsumenten bekannt ist, wie er bei der Kaufentscheidung vorgehen muss. Oftmals wird die Informationsverarbeitung auf die Annahme von Schlüsselinformationen, die den Entscheidungsprozess vereinfachen, reduziert. Entgegen dessen zeigt die Realität, dass Konsumenten meist verfestigte Präferenzen haben. Diese entwickeln sich über einen längeren Zeitraum, etwa durch Produkterfahrungen. Solche Präferenzen finden z. B. in dem Evoked Set, als der vom Konsumenten als kaufrelevant wahrgenommenen Alternativenmenge, ihren Ausdruck (Weinberg 1981, S. 90).

Um das Evoked Set in einer konkreten Kaufsituation zu bestimmen, empfiehlt sich folgende Vorgehensweise (siehe Übersicht 107): Grundsätzlich werden alle objektiv vorliegenden Alternativen, bspw. Marken, (*Total Set* oder *Available Set*) in unterschiedliche Arten von Sets gruppiert. Die erste Selektionsstufe ist im Anschluss der Feststellung des Total Sets die Abgrenzung in die subjektiv bewusst wahrgenommenen Alternativen, dem *Awareness Set* und dem *Unawareness Set*, dessen Alternativen vom Konsumenten nicht wahrgenommen und so überhaupt nicht bewertet werden. Einige Autoren unterteilen das Awareness Set noch in das *Processed Set*, über das der Konsument sich Wissen gebildet hat und das für den Konsumenten eher unbekannt, aber wahrgenommene *Foggy Set* (Paulssen 2000, S. 33). Die entscheidende, abschließende Differenzierung besteht in der Unterscheidung in das beschriebene *Evoked Set*, das *Inert Set* (Menge der indifferent bewerteten Alternativen) und das *Inept* bzw. *Reject Set* (abgelehnte Alternativenmenge) (Narayana/Markin 1975, S. 2 ff.)

Übersicht 107: ***Evoked Set nach Narayana/Markin***

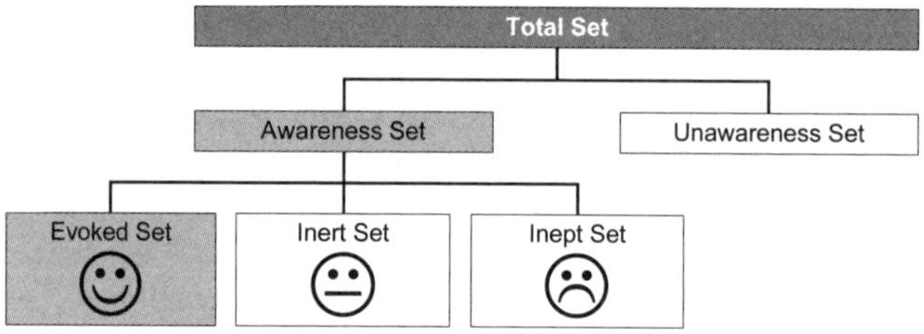

Quelle: In Anlehnung an Narayana/Markin 1975, S. 2; Mowen/Minor 2001, S. 177.

Der Umfang des Evoked Sets ist in zweierlei Sicht bedeutsam. Ein kleineres Evoked Set bedeutet eine vereinfachte Entscheidungsfindung für den Konsumenten und aus Sicht der Unternehmen einen geringeren Wettbewerb. Ein Sonderfall ist gegeben, wenn überhaupt nur eine Alternative (z. B. Marke) vom Konsumenten in Betracht gezogen wird, dies ist bspw. im Segment der „Energie-Getränke" denkbar, in dem die Marke „Red Bull" eine dominierende Rolle einnimmt. So bildet „Red Bull" ein Evoked Set vom Umfang eins bzw. es nimmt die sog. *„Top-of-mind"-Position* ein. Es lassen sich einige grundsätzliche Erkenntnisse im Zusammenhang mit der Größe des Evoked Sets hervorheben (vgl. dazu Sambandam/Lord 1995, S. 57; Shapiro/MacInnis/Heckler 1997, S. 94, Schobert 1979, S. 51):

- Je größer die Erfahrungen/Vertrautheit in einer Produktklasse sind,
- je weniger Produktmerkmale zu beachten sind (Komplexität, Homogenität),
- je zufriedener der Kunde mit einer Marke bzw. einem Produkt ist,
- je vielseitiger ein Produkt eingesetzt werden kann (Problemlösungspotenzial) und
- je reifer das Produkt ist (Lebenszyklusphase),

desto kleiner ist das Evoked Set. Übersicht 108 zeigt empirische Ergebnisse, bezogen auf die Größe des durchschnittlichen Evoked Sets in einzelnen Produktgruppen und die von den Probanden in Betracht gezogene Anzahl an Produktalternativen.

Insgesamt liegt die Struktur limitierter Kaufentscheidungen also darin, dass der Konsument über Erfahrungen verfügt, die er zur Kaufentscheidung nutzt. Vom erfolgreichen Einsatz dieser internen Information hängt es ab, ob nach externen Informationen gesucht wird. Zugleich können limitierte Kaufentscheidungen als eine spezielle Art vereinfachenden Verhaltens extensiven Kaufentscheidungen folgen.

Übersicht 108: ***Beispiele für empirisch erhobene Evoked Sets***

Produktgruppe	Individuelles Evoked Set (Median)	Aggregiertes Evoked Set	Quelle
Bier	4	27	N
Kanadisches Bier	7	15	U
Deodorant	3	20	U
Deodorant	2	15	N
Hautcreme	5	30	U
Nichtverschreibungspflichtige Arzneimittel	3	20	U
Schmerzlinderungsmittel	3	18	U
Shampoo	4	30	U
Mundwasser	1	8	N
Zahnpasta	3	14*	C
Zahnpasta	2	9	N
Waschmittel	5	24*	C

N = Narayana/Markin (1975), U = Urban (1975), C = Campbell (1969)
* ... alle im regionalen Teilmarkt verfügbaren Marken

Quelle: Schobert 1979, S. 58.

4.4 Habituelles Kaufverhalten

Unter Habitualisierung wird eine starke kognitive Entlastung von Entscheidungsprozessen bei wiederholtem Einkauf verstanden. Habituelles Verhalten beruht auf Einkaufsgewohnheiten als verfestigten Verhaltensmustern; es werden vorgefertigte Einkaufsentscheidungen in Kaufhandlungen umgesetzt (Schiffman/Kanuk 2004, S. 549). Aus einer Vielzahl von Entscheidungsvariablen, die ein Konsument als kaufrelevant ansieht, werden nur wenige in der wiederholten Entscheidungssituation explizit berücksichtigt. Der Konsument entscheidet also aufgrundlage stark reduzierter kognitiver Prozesse eher reaktiv, so dass die kognitive Steuerung von Gewohnheitskäufen gering ist. Das Ergebnis habitualisierten Entscheidungsverhaltens ist meist der Kauf gleicher Leistungen, Marken, der Besuch der gleichen Einkaufsstätte etc. Kennzeichen habitualisierter Kaufentscheidung sind (Dieterich 1986, S. 18 ff.):

- Existenz vorgefertigte Entscheidungsmuster, keine Entscheidung i. e. S.
- meist eindeutige Präferenz für eine einzige Alternative
- geringe Entscheidungszeit
- Gewährleistung schneller, risikoarmer Einkäufe (Risikominderungsstrategie)
- Relevanz v. a. bei Gütern des täglichen Bedarfs

Habitualisierte Kaufentscheidungen sind noch stärker vereinfacht als limitierte. Während es bei limitierten Kaufentscheidungen auf das Evoked Set ankommt, konzentriert sich der Konsument bei der habituellen Kaufentscheidung auf wenige Kognitionen, im Extremfall auf eine Alternative (Weinberg 1981, S. 53). Wie hervorgehoben, werden habitualisierte Kaufentscheidungen eher reaktiv gefällt, d. h. sie laufen „quasi automatisch“ ab. Sie entstehen entweder durch Beibehalten bewährter Entscheidungen, durch die Adoption von Verhaltensmustern im Rahmen des Sozialisationsprozesses (*Konsumentensozialisation*) oder als Persönlichkeitsmerkmal. Insofern kann das habituelle Verhalten eine Fortführung und Vereinfachung ursprünglich extensiver oder limitierter Entscheidungen sein. Vorstellbar ist auch, dass ein Impulskauf gewohnheitsmäßige Kaufentscheidungen einleitet, wenn nämlich eine spontane Kaufentscheidung zu einer Zufriedenheit führt und der Konsument veranlasst wird, z. B. beim gleichen Anbieter zu bleiben (siehe Abschnitt 5.5 und im Folgenden Kroeber-Riel/Weinberg 2003, S. 402).

Habitualisierung durch eigene Gebrauchserfahrungen

Die Entscheidung auf Basis von Gewohnheiten wird üblicherweise als ein Ergebnis von Lernprozessen aufgefasst. Der Beginn eines sich ausbreitenden Gewohnheitsverhaltens ist i. d. R. ein extensiver Kaufentscheidungsprozess, der bei wiederholt zufriedenen Erfahrungen mit einer Leistung zunehmend kognitiv entlastet und zu einem habitualisierten Kaufentscheidungsprozess wird. In diesem Sinne handelt es sich um ein rational entstandenes Gewohnheitsverhalten. Erfahrungen, Übung und Zufriedenheit kennzeichnen also einen derart habitualisiert einkaufenden Konsumenten. Z. B. werden vor dem erstmaligen Kauf Informationen beschafft; beim zweiten Kauf erfolgt bei Zufriedenheit eine zunehmende kognitive Entlastung und der Grad der Informationsbeschaffung nimmt ab, während sich ab der dritten Stufe ein habitualisiertes Verhalten zeigen kann.

Habitualisierung durch Übernahme von Gebrauchserfahrungen

Die kognitive Entlastung muss aber nicht das Ergebnis einer eigenen Gebrauchserfahrung sein, sondern kann auch durch Beobachtung und Übernahme von vorgegebenen Konsummustern entstehen, so Erfahrungen und Konsumnormen insb. bei preisgebundenen Produkten. Eine derartige kognitive Entlastung ohne vorherige eigene Erfahrungen liegt dann vor, wenn Empfehlungen bzw. Gebrauchserfahrungen anderer beim Erstkauf übernommen werden. Beispielhaft sind hier die von den Eltern geprägten Konsumgewohnheiten der Kinder, insb. bei Gütern des täglichen Bedarfs hervorzuheben, während bei Gebrauchsgütern oft eine Individualisierung eintritt.

Habitualisierung als Persönlichkeitsmerkmal

Habitualisierung kann als Persönlichkeitsmerkmal verstanden werden, wenn man das Bedürfnis nach Vereinfachung der Lebensführung betrachtet. Dies führt zu geringerem Engagement beim Einkauf. Habitualisierung wird ferner von der Risikoneigung beeinflusst, wenn der Käufer möglichen negativen Konsequenzen des Kaufs ausweicht, z. B. durch Markentreue (Foscht 2002, S. 50 ff.). Je ausgeprägter beim Konsument die Neigung ist, sich Gewohnheiten hinzugeben, umso mehr sucht dieser Konsument nach einem problemlosen, risikoarmen Anspruchsniveau. Schließlich steigt die Habitualisierungsneigung tendenziell mit zunehmendem Alter und sinkt mit Zunahme des sozialen Status.

Das Gewohnheitsverhalten bringt für das Marketing einen Langzeiteffekt. Der Konsument folgt verfestigten Kaufplänen und entwickelt eine Marken-, Produkt- oder Unternehmenstreue (siehe hierzu die Konsequenzen der Kundenbindung in Anschnitt 5.4.3). Zur Messung des Gewohnheitsverhaltens werden besonders die Kaufhäufigkeit und die Kaufmuster, wiederholter Kauf einer Marke (Besuch einer Einkaufsstätte) oder Markenwechsel (Einkaufsstättenwechsel), als Indikatoren herangezogen.

4.5 Impulsives Kaufverhalten

Impulskäufe lassen sich durch eine hohe Aktivierung und ein rasches Handeln erkennen. Sie sind ungeplant, werden gedanklich kaum kontrolliert, unterliegen einer starken Reizsituation und zeichnen sich meist durch emotionale Aufladung aus. Es handelt sich zugleich um ein unmittelbar reizgesteuertes (reaktives) Verhalten. Der Käufer agiert nicht, sondern reagiert weitgehend automatisch auf die dargebotenen externen Reize (Weinberg 1981, S. 14). In dieser Reizabhängigkeit und geringen Kontrolle liegt der wesentliche Unterschied zu anderen Formen der Kaufentscheidung. An den Bezeichnungen Reizkauf oder Spontankauf ist zu erkennen, dass das geringe Maß an kognitiver Steuerung allein zur Charakterisierung nicht ausreicht (vgl. im Folgenden Swoboda 1996, S. 194 ff.).

Einkaufsstimulierende Reize sind die Produktplatzierung bzw. -präsentation, das Display-Material, die Gestaltung der Produkte usw. Gleichzeitig aber wird das impulsive Kaufverhalten auch durch Persönlichkeitsmerkmale wie Reflektivität und Impulsivität begünstigt, wobei hohe Impulsivität und geringe Reflektivität zu impulsivem Verhalten führen.

Klassifikationen von Impulskäufen bzw. deren Charakteristika und deren Messmöglichkeiten gehen zurück

- auf Stern (1962, S. 58 f.), mit affektiven und kognitiven Erklärungselementen für sog. reine Impulskäufe und Impulskäufe durch Überredung,
- auf unterschiedliche Studien, die sich mit dem Einfluss von Persönlichkeitsmerkmalen auf das impulsive Kaufverhalten beschäftigen sowie
- auf Studien, die ansetzend auf der Identifikation ungeplanter Käufe verbale Indizes zur Einordnung impulsiver Käufe vorschlagen (Rook 1987, S. 189 ff.).

Im Einzelnen sind die Begriffsfassungen wie folgt hervorzuheben. Das *Impulsverhalten* wird oft anhand der nicht geplanten Käufe gemessen, d. h. der Impulskauf resultiert in diesem Sinne aus der Differenz der tatsächlich getätigten Käufe abzüglich des vorher geplanten Kaufs. Hierzu werden Konsumenten vor ihren Einkäufen befragt, was sie zu kaufen beabsichtigen. Die Abweichung zwischen diesen geplanten Käufen und den im Geschäft registrierten Käufen wird als Impulskauf interpretiert. Diese Definition überwiegt in der amerikanischen Literatur. Sie hat aber erhebliche Mängel, etwa bedingt durch die Ungenauigkeit von Einkaufsplänen. Selbst wenn davon ausgegangen würde, dass tatsächlich das – wahre – ungeplante Kaufverhalten ermittelt worden wäre, so kann dieses nicht mit dem Impulsverhalten gleichgesetzt werden. Die ungeplanten Käufe umfassen neben dem durch die Einkaufssituation ausgelösten und weit gehend automatisch ablaufenden Impulsverhalten auch noch die durch die Einkaufssituation lediglich angestoßenen gewohnheitsmäßigen und entscheidungsgesteuerten Verhaltensweisen (Dahlhoff 1979, S. 22 f.).

Impulsaktivität als ein psychologischer Prozess ist nicht nur am Planungsprozess und am Ort der Kaufentscheidung festzumachen. Vielmehr sind die am Impulskauf beteiligten psychischen Prozesse zu erfassen. Merkmale impulsiver Kaufentscheidungen sind hohe emotionale Aufladung (sehr starke Aktivierung), geringe gedankliche Steuerung der Kaufentscheidung und „hohe Reaktivität" in der Kaufsituation (Rook/Fisher 1995, 305 ff.; Mowen/Minor 2001, S. 187 f.). Entsprechende Entstehungsursachen impulsiver Kaufentscheidungen sind:

- *Impulsivität als Folge der Reizsituation*, d. h. impulsives Verhalten hängt von situativen Faktoren ab und die Impulsivität ist dann die Folge externer Auslöser. Die subjektiven Wahrnehmungsprozesse dieser situativen Faktoren sind Voraussetzung für die Auslösung von Kaufprozessen.
- *Impulsivität als Folge psychischer Prozesse*, d. h. die emotionale Aufladung, die die impulsive Kaufentscheidung kennzeichnet, kann nicht nur durch die situative Reizsituation entstehen, sondern auch die Folge des Strebens nach affektivem Genuss (z. B. Erlebniskauf, Selbstgeschenke) sein. Insb. Menschen, die mit lebensnotwendigen Gütern bereits versorgt sind, streben häufig nach solch affektivem Genuss. Beim Auftreten bestehender Reize wird versucht, bekannte und signalisierte Erlebnisse, die die angestrebte Emotion ermöglichen, spontan zu realisieren.

Display-Aktion des Süßwarenherstellers Haribo

Im Einzelhandel kann direkter Einfluss auf das Kaufverhalten genommen werden, über das Store layout, die Regalplatzierung von Produkten, die Positionierung von Displays sowie Preisaktionen. Hersteller können v. a. Einfluss auf In-Store-Stimuli nehmen, indem sie die Verpackung reizstark gestalten und spezielle Displays errichten. Bspw. stellt der Süßwarenhersteller Haribo dem Handel ein sog. „Haribo-Jungen"-Display zur Verfügung (siehe Übersicht 109).

Übersicht 109: ***Display „Haribo-Junge"***

Das Display wurde im Jahre 2002 in Frankreich in über zehntausend Tankstellen, Convenience-Stores sowie kleineren Supermärkten erfolgreich zur Anregung von Impulskäufen genutzt. Die Auswertung der Abverkaufszahlen gestaltet sich zwar schwierig, da es nicht möglich ist, die aus dem Display stammende Ware von der Regalware zu unterscheiden. Gespräche mit den jeweiligen Handelspartnern bestätigen Haribo aber gestiegene Abverkaufszahlen seit der Platzierung des Displays. Sie bescheinigen dem „Haribo-Jungen" eine große Reizwirkung, die viele Kunden zu Impulskäufen aktiviert. Der Anreiz kommt durch die Größe (1,90 m), die grellen Farben sowie die Bekanntheit des Markenzeichens zustande.

Aufgrund der Messprobleme konstatieren Kroeber-Riel/Weinberg (2003, S. 415), dass die Praxis mit ihren Erfahrungen, wie man Kunden zum impulsiven Kauf anleitet, ausnahmsweise der Konsumentenforschung voraus ist, denn eine valide Messung von Impulskäufen ist bis heute kaum möglich. In der Praxis kommen demgegenüber klassische SR-Ansätze bzw. Trial-and-Error-Verfahren zum Zuge, indem etwa im Handel ein permanenter Wechsel der Standorte eines Sonderangebots bzw. Displaymaterials hinsichtlich seiner Kaufverhaltenswirkung tagtäglich vorgenommen wird und anhand der Daten der Scannerkasse die jeweilige Wirksamkeit abgelesen bzw. diese optimiert werden kann (siehe hierzu Gedenk 2002). Eine Erklärung des impulsiven Kaufverhaltens erfolgt hier induktiv, während die psychischen Wirkungsprozesse i. e. S. ausgeklammert werden.

Ökonomische vs. verhaltenswissenschaftliche Käuferverhaltensforschung

Ökonomisch orientierte Ansätze oder Arbeiten zum Käuferverhalten sind häufig auf rein extensive (z. T. auch limitierte) Entscheidungen begrenzt, d. h. zu Beginn der Arbeiten finden sich entsprechende Annahmen. Damit wird einerseits unterstellt, dass das untersuchte Käuferverhalten genau so erfolgt, was die Realität einengt. Andererseits ermöglicht diese Annahme die Nutzung traditioneller Kaufentscheidungsmodelle (z. B. Totalmodelle), nach denen der Käufer vor Kaufentscheidungen sämtliche verfügbaren Informationen aufnimmt und rational verarbeitet (siehe Abschnitte 1.2.1 und 1.2.2). Faktisch ist dies aus mehreren Gründen reduktiv.

Erstens sind Konsumenten aufgrund psychischer Restriktionen in den meisten Kaufsituationen nicht in der Lage, alle verfügbaren Informationen zu verarbeiten. Zugleich greifen Emotionen in den Entscheidungsprozess ein und bestimmen die Effizienz der Informationsverarbeitung – ähnlich wie auch soziale Einflüsse.

Zweitens werden extensive Kaufentscheidungen vereinfacht, so dadurch, dass der Käufer nur eine geringe Zahl von Alternativen prüft und sich von Prädispositionen, besonders Einstellungen etc. leiten lässt. Z. B. muss eine extensiv erscheinende Buchung des Urlaubs – der Besuch eines Reisebüros und die Suche nach Reiseinformationen – nicht extensiv sein, denn eigentlich sind Limitierungen gegeben, wie Preis (z. B. maximal 800 EUR), Reiseziel (z. B. nicht Nordeuropa), Reiseart (z. B. nur Badeurlaub) etc. Auch kann die Informationssuche schnell abgebrochen werden; vielleicht wird sogar impulsiv entschieden (wenn ein sehr günstiges Fünf-Sterne-Hotel, „all inclusive" auf Ibiza im Angebot auftaucht).

Drittens finden sich extensive Kaufentscheidungen zwar tendenziell beim Vorliegen größerer Auswahlprobleme, z. B. bei neuen, hochwertigen Produkten. Dies ist aber nicht immer so, denn eine Kundengruppe mag nach diesem Muster entscheiden, während eine andere beim gleichen Produkt vielleicht impulsiv entscheidet, sodass eine situative und auf den grundlegenden aktivierenden sowie kognitiven Betrachtungsbasis fußende Betrachtung vonnöten ist.

Viertens sind auch organisationale, stärker kognitiv gesteuerte Beschaffungsentscheidungen nicht immer extensiv, sondern limitiert, oftmals habitualisiert oder gar impulsiv. Als Einflussfaktoren für das Vorliegen eines Entscheidungstyps spielen besonders jene Faktoren eine Rolle, die als Kriterien für die Investitionsgütertypologie herangezogen werden. Es handelt sich um die Neuartigkeit der Problemdefinition, den organisatorischen Wandel beim Verwender, den Wert des Gutes usw.

Literatur

Blackwell, J. F./Miniard, P. W./Engel, R. D. (2001): Consumer Behavior, 9. Aufl., New York.

Dahlhoff, H.-D. (1979): Ungeplante und impulsive Kaufentscheidungen, Münster.

Dieterich, M. (1986): Konsument und Gewohnheit, Heidelberg.

Foscht, T. (2002): Kundenloyalität – Integrative Konzeption und Analyse der Verhaltens- und Profitabilitätswirkungen, Wiesbaden.

Gedenk, K. (2002): Verkaufsförderung, München.

Hanna, N./Wozniak, R. (2001): Consumer Behavior, Upper Saddle River.

Howard, J. A./Sheth, J. N. (1969): The Theory of Buyer Behavior, New York.

Kaas, K. (1977): Empirische Preisabsatzfunktionen bei Konsumgütern, Berlin.

Kaas, K. (1982): Consumer Habit Forming, Information Acquisition, and Buying Behavior, in: Journal of Business Research, 10. Jg., Nr. 1, S. 3-15.

Kantona, G. (1960): Das Verhalten der Verbraucher und Unternehmer, Tübingen.

Kroeber-Riel, W. (1984): Konsumentenverhalten, 3. Aufl., München.

Kroeber-Riel, W./Weinberg, P. (2003): Konsumentenverhalten, 8. Aufl., München.

Mowen, J./Minor, M. (2001): Consumer Behavior, Upper Saddle River.

Narayana, C. L./Markin, R. J. (1975): Consumer Behavior and Product Performance: An Alternative Conceptualization, in: Journal of Marketing, 39. Jg., Nr. 4, S. 1-6.

Paulssen, M. (2000): Individual Goal Hierarchies as Antecedents of Market Structures, Wiesbaden.

Rook, D. W. (1987): The Buying Impulse, in: Journal of Consumer Research, 14. Jg., Nr. 2, S. 189-199.

Rook, D. W./Fisher, R. J. (1995): Normative influences on impulsive buying behaviour, in: Journal of Consumer Research, 22. Jg., Nr. 3, S. 305-313.

Sambandam, R./Lord, K. R. (1995): Switching Behavior in Automobile Markets, in: Journal of the Academy of Marketing Science, 23. Jg., Winter, S. 57-65.

Schiffman, L./Kanuk, L. (2004): Consumer Behavior, 8. Aufl., Upper Saddler River.

Schobert, R. (1979): Die Dynamisierung komplexer Marktmodelle mithilfe von Verfahren der Mehrdimensionalen Skalierung, Berlin.

Shapiro, S./MacInnis D. J./Heckler, S. E. (1997): The Effects of Incidental ad Exposure on the Formation of Consideration Sets, in: Journal of Consumer Research, 24. Jg., Nr. 1, S. 94-104.

Solomon, M. (2004): Consumer Behavior, 6. Aufl., Upper Saddle River.

Statt, D. (1997): Understanding the Consumer: A Psychological Approach, London.

Stern, H. (1962): The Significance of Impulse Buying Today, in: Journal of Marketing, 26. Jg., S. 59-62.

Swoboda, B. (1996): Interaktive Medien am Point of Sale, Wiesbaden.

Weinberg, P. (1981): Das Entscheidungsverhalten der Konsumenten, Paderborn.

5 Konsumentenverhalten in Kundenbeziehungen

5.1 Überblick

Der Fokus der Marketingaktivitäten auf die Pflege von Kundenbeziehungen erlebt – in Abgrenzung zur Neukundenakquisition – seit einigen Jahren eine Renaissance, nachdem diese Überlegungen im Rahmen des Massenmarketing etwas aus den Augen gerieten. Ein Grund für die Wiederbelebung des Beziehungsdenkens waren die Ergebnisse von Reichheld/Sasser (1990), die andeuten, dass langfristige Kundenbeziehungen profitabler sind als kurzfristige. In Folge wurde eine Reihe von Untersuchungen zum Problemkreis des Kundenbindungsmanagements durchgeführt. Während die Vertreter der traditionellen Konsumentenverhaltensforschung sich diesem Thema oft nicht oder nur zögernd widmeten und das Feld eher den ökonomischen Theorien öffneten, fielen die Auseinandersetzungen mit Kundenbindung und -zufriedenheit in der Unternehmenspraxis auf einen zunehmend fruchtbaren Boden. Diesen praktischen Bemühungen von Unternehmen, Kunden zunehmend binden zu wollen, steht allerdings immer öfter die bewusste Suche der Kunden nach Abwechslung, die als „variety seeking" bezeichnet wird, gegenüber. Diese Suche nach Abwechslung steht dabei immer häufiger im Mittelpunkt des Konsums und stellt somit einen Selbstzweck im Konsumentenverhalten dar.

Stehen Kundenbeziehungen im Zentrum der Betrachtungen, so ist es prinzipiell möglich, die gesamte Beziehung zum Kunden zu betrachten, etwa im Zuge des Kundenlebenszyklus. Andererseits erscheint es nahe liegend, den Prozess einer Kundenbeziehung in einzelne Phasen zu differenzieren. Wie bereits ausgeführt, erscheinen in diesem Zusammenhang drei Phasen sinnvoll:

- die Vorkaufphase
- die Kaufphase
- die Nachkauf- und Nutzungsphase

Vorteilhaft erscheint dies daher, da hierdurch der Ablauf einer Transaktion, wie auch – bei wiederholter Betrachtung der Phasen – der Ablauf einer längerfristigen, mehrere Transaktionen umfassenden Kundenbeziehung analysiert werden kann. Vor allem ergibt sich hieraus die Option der phasenspezifischen Analyse des Kaufverhaltens und des darauf fußenden phasenspezifischen Einsatzes von Marketinginstrumenten. In diesem Sinne können die Phasen inhaltlich durch Zuordnung einzelner Teilprozesse ausdifferenziert werden. Exemplarisch visualisiert Übersicht 110 einen idealtypischen Prozess, bei dem die *Vorkaufphase* mit der Erkennung eines Bedürfnisses durch den Konsumenten beginnt. Abhängig davon, welche Kaufentscheidung ansteht, beginnt anschließend eine mehr oder weniger intensive Suche nach Informationen, worauf die Evaluierung von in Erwägung gezogenen Alternativen ausgelöst wird. Im Rahmen der

Kaufphase erfolgen der Kauf sowie die Abwicklung des Kaufs. Die für den weiteren Verlauf der Kundenbeziehung entscheidende Nachkauf- und Nutzungsphase beginnt mit dem Konsum oder der Nutzung des Produkts, unter Umständen erfolgt eine Beschwerde und schließlich eine Entsorgung oder Andersverwendung. In diesem Zusammenhang erfolgt v. a. eine Evaluation der Leistungen des Unternehmens. Im Idealfall ergibt sich daraus Zufriedenheit, was dazu führt, dass der Beginn einer neuen Vorkaufphase begünstigt wird.

Übersicht 110: ***Die drei Phasen des Kaufprozesses***

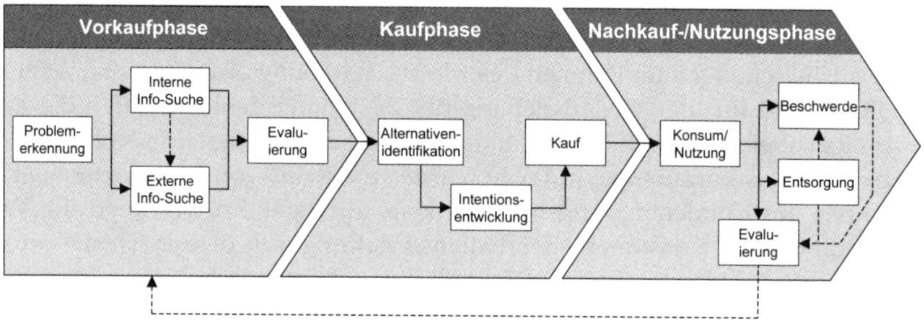

Die Struktur in Übersicht 110 erinnert an die im Abschnitt 1.3.1 dieses Kapitels behandelten Totalmodelle. Bei der Strukturierung des Kaufprozesses bzw. der Kundenbeziehung in drei Phasen handelt es sich ebenso um eine idealtypische Einteilung, insb. hinsichtlich der Teilprozesse, die in der Realität nicht in der dargestellten Form vorliegen. Vielmehr sind die Teilprozesse in den jeweiligen Phasen bei unterschiedlichen Produkten bzw. Leistungen (z. B. Gebrauchs-, Verbrauchsgüter oder Dienstleistungen), beim Vorliegen unterschiedlicher Kaufentscheidungen (z. B. extensiv, impulsiv), bei unterschiedlichen Involvementniveaus usw. unterschiedlich ausgeprägt. Die Dreiphaseneinteilung bewährt sich aber insofern, als sie einerseits die differenzierte Erklärung von unterschiedlichen Verhaltensweisen und andererseits die Erklärung der Wirkung bestimmter Marketingmaßnahmen – u. a. auch im Hinblick auf eine anzustrebende Kundenbindung – ermöglicht.

In der Unternehmenspraxis repräsentiert die Perspektive der Kundenbeziehung eine Denkhaltung, die mehr und mehr an Bedeutung gewinnt. Wenngleich in manchen Branchen und Wirtschaftssektoren die Beziehung zum Kunden traditionell im Mittelpunkt steht und auch entsprechende Informationen vorliegen (wie z. B. im Versandhandel; vgl. dazu Foscht 2002, S. 184 ff.), ist zu beobachten, dass immer mehr Unternehmen die fundiertere und systematische Analyse des Konsumentenverhaltens in den Mittelpunkt rücken. Aufbauend auf derartigen Analysen ist es möglich, sowohl phasenspezifische als auch phasenübergreifende Erkenntnisse zu gewinnen und diese dem Einsatz von spezifischen Instrumenten zugrunde zu legen. Eine Best-Practice-Analyse wurde bspw. im Bereich Handel durchgeführt, wobei im Mittelpunkt genau die Frage stand, welche Instrumente innovative Handelsunternehmen im Einzelnen einsetzen (Zentes/Kabuth/Janz/Swoboda 2002, S. 35 ff.; S. 415 ff.; Liebmann/Angerer/Foscht 2001).

Bedeutung langfristiger Kundenbeziehungen

Reichheld/Sasser stellten mit dem Konzept des Kunden- bzw. Kundenlebenswertes (Customer Lifetime Value) die wirtschaftliche Bedeutung von Kundenbeziehungen in den Vordergrund. Sie postulieren, dass ein Kunde erst einige Zeit nach der Akquisition profitabel wird und geben auf der Basis ihrer Erfahrungen aus verschiedenen Branchen Hinweise darauf, woraus sich die Gewinne einer längerfristigen Geschäftsbeziehung zusammensetzen. Relativ neu ist dabei, dass die Gewinne als Konsequenz von Kundenloyalität betrachtet werden können. Gewinne aus erhöhter Kauffrequenz und höheren Umsätzen, aufgrund von geringeren Betriebskosten, aufgrund von Weiterempfehlungen und Preiszuschlägen sind auf die Dauer einer Geschäftsbeziehung, v. a. aber auf loyales Verhalten zurückzuführen.

Übersicht 111: ***Struktur der Gewinne betrachtet über die Dauer der Kundenbeziehung***

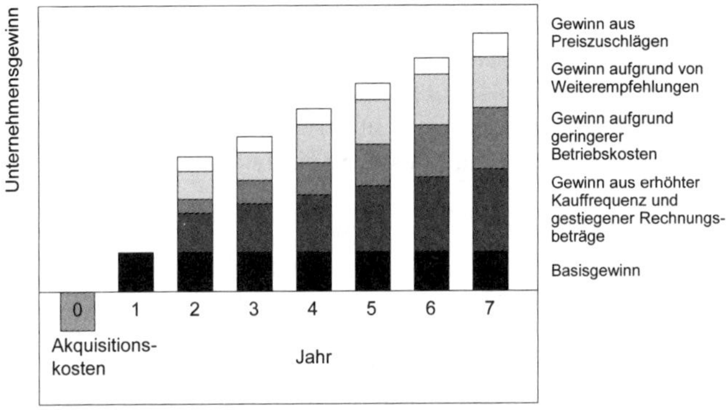

Quelle: Reichheld/Sasser 1990, S. 108 ff.; Reichheld/Sasser 1991, S. 111 ff.

Sie betrachteten darüber hinaus, wie sich eine Senkung der Abwanderungsrate auf den Kundendeckungsbeitrag bzw. den Kundenwert auswirkt und kamen zu einem positiven Ergebnis. Bei einer Senkung der Abwanderungsrate um fünf Prozent konnten Steigerungen des Kundenwertes zwischen 25 Prozent (im Bereich Kreditversicherung) und 85 Prozent (im Bereich Depotverwaltung) festgestellt werden.

Zu den Instrumenten bzw. Vorgehensweisen, die bspw. von Handelsunternehmen in den einzelnen Kaufphasen eingesetzt werden, zählen u. a. (vgl. auch Zentes/Kabuth/Janz/Swoboda 2002, S. 423 ff.; Zentes/Swoboda/Morschett 2003, S. 177 f.):

- Vorkaufphase – zielgruppenspezifische Ansprache und Werbeelemente, Informationen zu Angeboten über Mailings, Kundenzeitschriften, Kundenabende mit Produkttestmöglichkeiten, Internet-Angebote usw.
- Kaufphase – Einbindung der Filialmitarbeiter in Aktionen, Förderung persönlicher Gespräche in Filialen, POS-Terminals, Regalstopper usw.
- Nachkaufphase – Kundenabende mit Feedbackfunktion, Bonuspunkteprogramme, Kundenforen, Exklusivprämien, individualisierte Mailings usw.

Ein Kundenbeziehungs- oder Customer-Relationship-Management (CRM) basiert letztendlich auf drei Säulen, nämlich den Kundenbindungsprogrammen (Kundenkarten etc.), dem Kundenservice (Garantien etc.) und v. a. dem Kundeninformationsmanagement (als informationstechnische Grundlage, zur Generierung von Kundeninformationen und deren Nutzung zur Ansprache der Kunden in den Bindungsprogrammen und im Servicebereich) (Swoboda/Morschett 2002). Vor diesem Hintergrund kann die Evaluation des Einsatzes der Marketing-Instrumente in den einzelnen Phasen bzw. in den Teilen bzw. Säulen erfolgen. Über diesen Überlegungen sollte die Betrachtung der gesamten Kundenbeziehung stehen. D. h. die Betrachtungsperspektive ist meist eine langfristige. Daraus folgt auch, dass nicht nur bei der Abschätzung des Potenzials, das ein Kunde aufweist, z. B. die mögliche Dauer der Kundenbeziehung herangezogen wird, sondern auch, dass Marketingaktivitäten langfristig angelegt werden sollten (Foscht 2002, S. 7 ff.). Gleiches gilt für die Beurteilung des Erfolges von Marketing-Aktivitäten – auch diese muss sich an einer langfristigen Betrachtung orientieren (siehe Abschnitt 5.5 dieses Kapitels).

Es wird in der Realität viele Kaufprozesse geben, die entsprechend dem Phasenschema ablaufen, aber es sind auch eine Reihe von Verhaltensweisen zu beobachten, die weniger in dieses Schema passen. Bezieht man bspw. die unterschiedlichen Typen von Kaufentscheidungen mit in die Betrachtung ein (siehe Abschnitt 4), so stellt sich heraus, dass z. B. die impulsive Kaufentscheidung definitionsgemäß mehr oder weniger ohne Vorkaufphase auskommen wird. Zentral für diesen Typ von Kaufentscheidung ist die Betrachtung der Kaufphase. Die Nachkaufphase kann in diesem Zusammenhang hingegen wieder große Bedeutung haben, nachdem es ja erklärtes Ziel vieler Unternehmen ist, die (akquirierten) Kunden ans Unternehmen zu binden. Betrachtet man hingegen extensive Kaufentscheidungen, so kann beobachtet werden, dass sich Konsumenten laufend mit der Kaufentscheidung beschäftigen. In diesem Fall zieht sich sozusagen die Vorkaufphase auch über die Kauf- und die Nutzungsphase. Darüber hinaus ist festzustellen, dass es bspw. bei Dienstleistungen vorstellbar ist, dass der Konsument in den Leistungserstellungsprozess eingebunden ist (z. B. Friseur) und somit die Kauf- sowie die Nachkauf- und Nutzungsphase zusammen fallen können.

5.2 Vorkaufphase

5.2.1 Theoretische Grundlagen und Charakteristika

Die Vorkaufphase beginnt idealtypisch mit der Erkennung eines Bedürfnisses bzw. eines Problems durch den Konsumenten, reicht über die Informationssuche bis hin zur Evaluierung und Auswahl von Alternativen.

Die konkrete Ausgestaltung hängt von einer Reihe von Determinanten ab. Hierzu zählen u. a. das Involvement und der Typ der Kaufentscheidung, der Neuigkeitsgrad von Produkten, die Transparenz des Angebots, die Formen der (kundenindividuellen) Informationen oder Ansprache und die zeitgerechte Information. Aber auch der Umstand spielt eine Rolle, ob es sich beim bevorstehenden Kauf um den Kauf eines physischen Produktes oder um den Kauf einer Dienstleistung handelt oder etwa die Frage, ob es sich um den erstmaligen Kauf oder um einen Wiederholungskauf handelt.

Problem- und Bedürfniserkennung

> *Ein Problem enthält drei Elemente, die den sog. Problemraum bilden (Zimbardo/Gerrig 1999, S. 296):*
>
> - *einen Ausgangszustand – die unvollständige Information, mit der man anfängt bzw. der unbefriedigende Zustand, in dem man sich befindet*
> - *einen Zielzustand – die Information bzw. den Zustand der Dinge, den man erreichen möchte*
> - *eine Reihe von Operationen – die Schritte, die vom Ausgangszustand zum Zielzustand führen*

Die Erkennung eines Problems oder eines Bedürfnisses setzt grundsätzlich voraus, dass ein Mindestmaß an Aktivierung vorhanden ist. Letzteres resultiert pauschal ausgedrückt aus dem Vergleich des aktuellen Zustandes mit dem Idealzustand im Hinblick auf ein bestimmtes Problem (siehe Abschnitt 2.1.3 in diesem Kapitel). Sollte aus dem Vergleich resultieren, dass der Idealzustand vom aktuellen Zustand nicht abweicht, dass also keine Diskrepanz vorliegt, so wird ein Bedürfnis nicht erkannt. Weicht der aktuelle Zustand vom Idealzustand ab, dann hängt es vom Grad der Abweichung ab, ob ein Bedürfnis erkannt wird oder nicht (Solomon/Bamossy/Askegaard 2001, S. 252). Letzteres kann bspw. anhand der Aktivierungs- bzw. Reizschwelle erfasst werden (siehe Übersicht 112).

Übersicht 112: ***Problem-/Bedürfniserkennungsprozess***

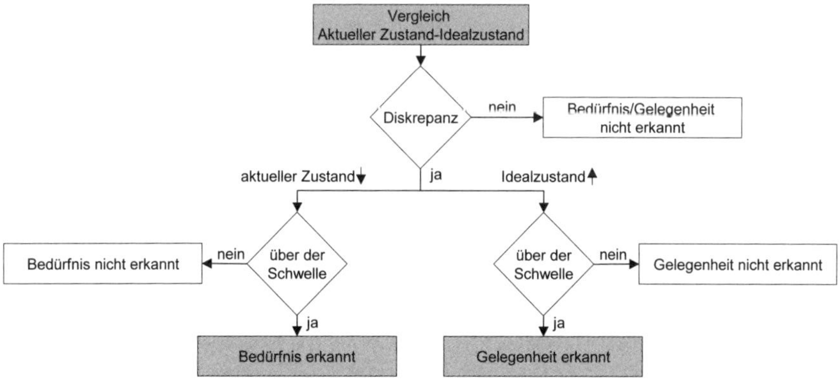

Eine *Bedürfniserkennung* liegt vor, wenn sich der aktuelle Zustand verändert, also das Zufriedenheitsniveau bei konstantem Idealniveau sinkt. Dieser Fall kann z. B. auftreten, wenn im Haushalt ein Produkt ausgeht (z. B. Geschirrspülmittel), wenn man mit einem Produkt nicht zufrieden ist (z. B. Farbe passt nicht) oder wenn neue Bedürfnisse geschaffen werden (z. B. beim Eintritt ins Berufsleben bzgl. der Kleidung) (Statt 1997,

S. 230 f.; Assael 2004, S. 32 f.). Von einer *Gelegenheitserkennung* kann dann gesprochen werden, wenn sich das angestrebte Idealzustandsniveau erhöht. Dies kann ausgelöst werden, wenn eine Person z. B. ein besseres Produkt sieht oder die soziale Umgebung neue Idealbilder impliziert. Grundsätzlich kann festgehalten werden, dass die Erkennung einer Gelegenheit oft durch Marketing- und insb. durch Kommunikationsmaßnahmen von Unternehmen angestoßen wird (Hoyer/MacInnis 2004, S. 202 ff.).

Eine weitergehende Strukturierung von Problemen kann wie in Übersicht 113 erfolgen. Charakteristisch für *offensichtliche Probleme* ist, dass diese plötzlich auftreten und somit auch plötzlich erkannt bzw. wahrgenommen werden (Verbrauch von Lebensmitteln, abgenutzte Reifen usw.). Ein offensichtliches Problem kann auch entstehen, wenn eine Situation eintritt, die für den Konsumenten neu ist, also z. B. die Änderung der Lebenssituation durch Umzug oder Heirat.

Übersicht 113: ***Problem-Typologie***

		Problem	
		offensichtlich	**latent**
Problem	**bekannt**	**Typ 1** – basierend auf ... **Abnutzung Verbrauch**	**Typ 2** – basierend auf ... **Sensibilisierungs- Marketing**
	neu	**Typ 3** – basierend auf ... **Änderung der Lebenssituation**	**Typ 4** – basierend auf ... **neue Produkte/ neue Technologien**

Quelle: In Anlehnung an Sheth/Mittal 2004, S. 434.

Latente Probleme hingegen treten langsamer zu Tage und erfordern zur Wahrnehmung auch kognitive Anstrengungen wie Information, Diskussionen. Bekannte latente Probleme wären die jährliche Überprüfung des Autos, regelmäßige Gesundheitsuntersuchungen usw. Für diese Probleme können die Konsumenten auch emotional und/oder kognitiv sensibilisiert werden (*„Sensibilisierungs-Marketing"*). Latente *neue Probleme* werden den Konsumenten oft erst dadurch bewusst, dass es für die Problemlösung neue Technologien/Produkte gibt (siehe Abschnitt 2.1.3). So hätten Konsumenten auch schon vor Jahren gerne gewusst, wer sie anruft. Als (lösbares) Problem wurde dies aber erst dadurch erkannt, dass es nun technisch möglich ist (durch Unterstützung der Netzbetreiber bzw. entsprechende Endgeräte), die Nummer des Anrufers anzeigen zu lassen. Schließlich sei darauf verwiesen, dass die Bedeutung und Tragweite eines Problems auch mit dem Ort zusammenhängt, an dem Produkte bzw. Leistungen konsumiert werden, z. B. die eigene Wohnung, der Arbeitsplatz oder öffentliche Plätze.

Informationssuche

> *Die Suche nach relevanten Informationen zur Lösung eines Problems erfolgt zunächst im Gedächtnis (intern) und danach in der Umwelt des Konsumenten (extern).*

Vor allem die interne Suche wurde bereits im Rahmen der kognitiven Prozesse behandelt (siehe Abschnitt 2.2 in diesem Kapitel). Diese basiert auf den Erfahrungen, die der Konsument im Laufe seines (Konsumenten-) Lebens gemacht hat. Grundsätzlich kann festgehalten werden, dass mit zunehmender Erfahrung das Ausmaß an Informationssuche abnimmt (Statt 1997, S. 234 ff; Sheth/Mittal 2004, S. 434).

Wahrnehmung von Unterschieden

Die Kommunikation von Argumenten zur Kaufanregung, zur Risikoreduktion oder die Kommunikation der Produkteigenschaften wird tendenziell immer schwieriger, da die Konsumenten mit Informationen überlastet sind (siehe hierzu Abschnitt 2.2.2.1 in diesem Kapitel). Dies gilt nicht nur für die Quantität (z. B. Anzahl von Werbespots), sondern auch für die Qualität von Informationen. Um das Untergehen von Informationen in der Masse zu vermeiden, müssen die Reize immer stärker werden. D. h. ein Werbespot muss noch auffälliger werden, indem er gegen bisherige Konventionen verstößt oder unterhaltsamer wird, der Geschmack von Lebensmitteln wird intensiviert usw. Den Hintergrund für diese Dynamisierung der Reize liefern die Gesetze von Weber, Fechner und Stevens (siehe Übersicht 114).

Übersicht 114: ***Die Gesetze von Weber, Fechner und Stevens***

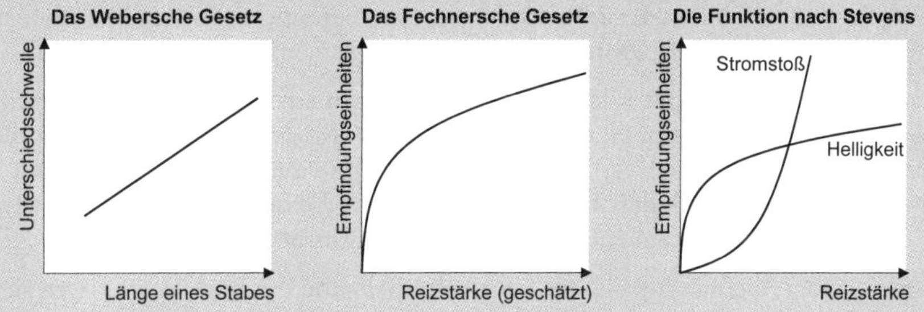

Das *Gesetz von Weber* postuliert, dass die Reizzunahme umso stärker sein muss, um unterschiedlich wahrgenommen zu werden, je größer der Standardreiz ist. Oder umgekehrt: je kleiner der Standardreiz ist, umso weniger muss dieser erhöht werden, damit jemand einen Unterschied bemerkt. Weber ging von einem linearen Zusammenhang aus. Das *Fechnersche Gesetz* geht von den gleichen Grundlagen aus, berücksichtigt allerdings, dass die gleichmäßige Steigerung eines Reizes anfangs zu einem beträchtlichen Anstieg der sensorischen Empfindungen führt – im Bereich größerer Reizstärke allerdings immer größere Zuwächse erforderlich sind, um die gleichen Empfindungsänderungen hervorzurufen. Diesen Zusammenhang hat Fechner logarithmisch dargestellt. *Stevens* setzte zur Messung der Reizstärke eine andere Methode ein, die auf einer direkten Beurteilung der Reizstärke beruht und kam so – in Abhängigkeit von der Reizdimension – teilweise zu anderen Ergebnissen. Ähnlich sind die Ergebnisse z. B. für Reize wie Helligkeit, deutlich unterschiedlich sind die Ergebnisse für Reize wie z. B. Stromstöße (Zimbardo/Gerrig 1999, S. 121 f.).

Zu den Faktoren, die besonders das Ausmaß der externen Suche beeinflussen, z. B. die Anzahl erwogener Marken, besuchter Läden, kontaktierter Freunde und/oder gelesener Fachzeitschriften, zählen Nutzen der Suche und wahrgenommenes Risiko (siehe Abschnitt 2.2.2) sowie die Art der Kaufentscheidung, zeitliche Faktoren, vorhandenes Wissen usw. (Blackwell/Miniard/Engel 2001, S. 259 ff.; Solomon/Bamossy/Askegaard

2001, S. 253 ff.). So erfolgt je nach *Art der Kaufentscheidung* eine jeweils externe Suche nach Informationen (siehe Übersicht 115).

Übersicht 115: ***Ausmaß der Informationssuche in Abhängigkeit vom Kaufentscheidungstyp***

	Entscheidungsprozess			
Gegenstand der Suche	**Extensiv**	**limitiert**	**habitualisiert**	**impulsiv**
Anzahl Marken	hoch	niedrig	eine	niedrig
Anzahl Geschäfte	hoch	niedrig	wenige	wenige
Anzahl Produktattribute	hoch	niedrig	eines	niedrig
Anzahl (externer) Informationsquellen	hoch	niedrig	keine	keine
Zeitaufwand	hoch	niedrig	minimal	minimal

Quelle: In Anlehnung an Blackwell/Miniard/Engel 2001, S. 112.

Im Wesentlichen kann festgehalten werden, dass je umfangreicher und komplexer die bevorstehende Entscheidung ist, desto umfangreicher auch die Suche nach Informationen ausfällt. D. h., dass bei umfangreicheren Entscheidungen mehrere Marken, Geschäfte, Produktattribute oder Informationsquellen herangezogen werden sowie mehr Zeit in die Suche investiert wird.

Die *verfügbare Zeit* kann die Suche nach Informationen ausdehnen; die nicht verfügbare Zeit kann die Informationssuche einschränken. D. h., dass im Extremfall für die Informationssuche keine Zeit verbleibt, weil es sich um einen Notfall handelt, wie z. B. wenn ein Tiefkühlschrank defekt wird, so dass wahrscheinlich kaum eine intensive Informationssuche nach einem entsprechenden Reparaturdienst eingeleitet wird.

Hinsichtlich der Suchhäufigkeit, des Suchzeitpunkts und der Suchdauer lassen sich im Wesentlichen zwei Fälle der externen Informationssuche unterscheiden (Bloch/Sherrell/Ridgway 1986, S. 120):

- Die einmalige Informationssuche vor dem Kauf resultiert häufig direkt aus einem zu lösenden Problem. Es geht also darum, für die unmittelbar bevorstehende Kaufentscheidung eine möglichst gute Entscheidungsbasis zu schaffen und damit letztendlich nach dem Kauf eine möglichst hohe Zufriedenheit zu erreichen.
- Für die laufende Informationssuche existiert kein unmittelbar zu lösendes Problem; sie erfolgt häufig aus intrinsischer Motivation. In diesem Zusammenhang liegt in der Suche ein Selbstzweck, da diese Spaß und Freude auslöst, d.h. das Ziel der Suche liegt im Aufbau einer Wissensbasis u. U. für künftige Kaufentscheidungen.

Das *vorhandene Wissen* geht über die vorhandenen Erfahrungen hinaus, indem es auch subjektive Wahrnehmungen, Überzeugungen von Produktattributen usw. einschließt (siehe Abschnitt 2.2.4). Es kann davon ausgegangen werden, dass mit zunehmendem Produktwissen das Ausmaß der Informationssuche bis zu einem Extrempunkt ansteigt und danach wieder abnimmt (Solomon/Bamossy/Askegaard 2001, S. 260). So wird sich ein hoch involvierter Konsument, der sich für ein Produkt interessiert (z. B. für ein Snowboard) intensiv mit dem Produkt und den damit zusammenhängenden Entwicklungen (z. B. in der Snowboard-Szene) informieren. Dies kann intrinsisch oder extrinsisch motiviert sein. Ab einem bestimmten Wissensniveau wird er unbewusst zum Experten; für eine Kaufentscheidung sinkt ab diesem Punkt der Aufwand für die Informationssuche, da der Konsument bereits mehr weiß als die Masse der Kunden und nur selektiv Informationen nachfragt.

Sehr eng mit dem Wissen hängt die *Problemlösungskompetenz* zusammen. Diese entsteht dadurch, dass eine Repräsentation des Problems gefunden wird, in der jede Operation mit den vorhandenen Verarbeitungsressourcen durchgeführt werden kann. Wenn öfters ähnliche Probleme gelöst werden müssen, können alle Teile der Lösung geübt werden, so dass im Lauf der Zeit weniger Ressourcen zur Problemlösung erforderlich sind (Zimbardo/Gerrig 1999, S. 297).

Evaluierung von Alternativen

> *Unter Evaluierung der Alternativen wird jener Prozess verstanden, in dem der Konsument aus der vorhandenen Alternativenmenge jene Alternative herausfiltert, die für ihn den höchsten persönlichen Nutzen darstellt.*

Das Ausmaß der Evaluierung von Alternativen hängt in dieser kognitiven Sichtweise davon ab, wie intensiv nach Informationen gesucht wurde – der Evaluierungsprozess ist damit auch abhängig von dem wahrgenommenen Risiko, dem Typ der Kaufentscheidung, der verfügbaren Zeit, dem Wissen etc. Grundsätzlich gilt daher, dass je umfangreicher die bevorstehende Kaufentscheidung ist (z. B. Haus- oder Autokauf), desto umfangreicher auch die Evaluierung ist. Bezüglich der Evaluierung stehen den Konsumenten grundsätzlich sämtliche Alternativen, die am Markt verfügbar sind (*available set oder total set*), zur Verfügung. Wie bereits im Zuge der limitierten Kaufentscheidungen dargestellt (siehe Abschnitt 4.3 dieses Kapitels), wird innerhalb des available sets zwischen jenen Alternativen unterschieden, die dem Konsumenten bewusst sind (*awareness set*) und jenen, die dem Konsumenten nicht bewusst sind (*unawareness set*). Die Alternativen, die ernsthaft in Erwägung gezogen werden, werden wiederum in jene unterteilt, die aktiv beurteilt werden und in die engere Wahl kommen (*evoked set*) und in jene, die nicht in Betracht gezogen werden (*inert set*). Empirische Untersuchungen belegen, dass nur eine relativ geringe Anzahl von Alternativen näher in Betracht gezogen wird.

Aus „suchstrategischer Perspektive" (insb. im Rahmen der systematischen Suche) interessant ist die Frage, wie Konsumenten bei der Evaluierung von Alternativen mit subjektiv fehlenden Informationen umgehen. Im Mittelpunkt der Betrachtung stehen dabei bspw. interattributive Inferenzen, d. h. der Konsument schließt von einigen vorhandenen Attributen auf fehlende (Sheth/Mittal 2004, S. 282 f.) (siehe dazu auch Abschnitt 2.2 in diesem Kapitel):

- Im Rahmen der konsistenten Evaluation wird aufgrund der vorhandenen Attribute auf das fehlende Attribut geschlossen. Wird ein Produkt z. B. hinsichtlich aller Kriterien positiv beurteilt, so wird hinsichtlich des fehlenden Attributs angenommen, dass dies ebenso positiv zu beurteilen sein wird. Im Fall einer Digital-Kamera wird z. B. von allen anderen positiv beurteilten Kriterien geschlossen, dass ein solches Produkt auch zu allen gängigen Software-Systemen kompatibel sein wird.
- Häufig wird ein subjektiver Mittelwert aus allen anderen Attributen zur Einschätzung des fehlenden Wertes herangezogen. Dies tritt allerdings nur dann auf, wenn

die Ausprägungen in diesem Kriterium bei den Produktalternativen gering schwanken.

- Schließlich kann die fehlende Information einfach negativ ausgelegt werden. Dies kann dazu führen, dass der Konsument das entsprechende Kriterium entsprechend niedrig einschätzt oder die Produktalternative mit fehlenden Informationen verwirft.

Urteilsheuristiken

Urteilsheuristiken sind kognitive „Eilverfahren", die bei der Reduzierung des Bereichs möglicher Antworten oder Problemlösungen nützlich sind, indem sie „Faustregeln" als Strategie anwenden. Heuristiken erhöhen im Allgemeinen die Effizienz der Denkprozesse (Zimbardo/Gerrig 1999, S. 303). Im Rahmen von Urteilsheuristiken können unterschiedliche Überlegungen von Konsumenten zum Tragen kommen. In Übersicht 116 sind einige ausgewählte Ansätze dargestellt.

Übersicht 116: ***Merkmale unterschiedlicher Wahlheuristiken***

	kompensatorisch/ nicht-kompensatorisch	attributweises/alternativenweises Vorgehen	quantitative/ qualitative Verarbeitung	Gesamturteil ja/nein
Linear kompensatorische Heuristik	kompensatorisch	alternativenweise	quantitativ	ja
Additive Differenzheuristik	kompensatorisch	attributweise	quantitativ	ja
Attribut-Dominanzheuristik	kompensatorisch	attributweise	quantitativ	ja
Konjunktive Heuristik	nichtkompensatorisch	alternativenweise	qualitativ	nein
Lexikographische Heuristik	nichtkompensatorisch	attributweise	qualitativ	nein
Sequenzielle Elimination	nichtkompensatorisch	attributweise	qualitativ	nein
Häufigkeitsheuristik	kompensatorisch	alternativenweise	quantitativ	ja

Quelle: In Anlehnung an Bettman/Johnson/Payne 1991, S. 61; Kuß/Tomczak 2000, S. 128.

Unter kompensatorischen Heuristiken sind solche zu verstehen, die die Kompensation der Nachteile hinsichtlich eines Kriteriums einer zur Wahl stehenden Alternative durch Vorteile bei anderen Kriterien zulassen (Beispiel: der Weg zum Laden ist länger (Nachteil) – die Preise im Laden sind niedriger (Vorteil)). Im Rahmen der alternativenweisen Betrachtung werden alle zur Wahl stehenden Alternativen einzeln bewertet – im Rahmen der attributiven Betrachtung hingegen werden die Alternativen jeweils paarweise hinsichtlich der relevanten Eigenschaften verglichen. Der quantitative Zugang für die Bewertung mündet meist in einer Punktbewertung, während der qualitative Zugang selektiver ausfällt. Das letzte Kriterium für die Strukturierung der Ansätze ist schließlich die Frage, ob die Heuristik ein Gesamturteil (Urteil in Form eines Wertes über alle Kriterien) zulässt oder nicht (siehe dazu auch Abschnitt 2.1.3.1 in diesem Kapitel).

Im Rahmen der Evaluierung von Alternativen und im Hinblick auf den höchsten persönlichen Nutzen wird von den Konsumenten also eine Reihe von Kriterien herangezogen, die u. a. vom Kontext der jeweiligen Kaufentscheidung abhängen und daher vielfältig sein können. So wird z. B. beim Kauf eines Feuerlöschers die Sicherheit ein zentrales Kriterium sein, beim Kauf eines Bleistifts hingegen eine untergeordnete Rolle spielen. Eine zentrale Relevanz in verschiedenen Kaufsituationen kommt u. a. der Marke, dem Preis, der Herkunft und den Eigenschaften des Produkts zu.

Übersicht 117: ***Nutzen der Marke***

Nutzen der Marke ...	
... aus Nachfragerperspektive	**... aus Unternehmensperspektive**
■ Orientierungsfunktion	■ Wertsteigerung des Unternehmens
■ Entlastungsfunktion	■ preispolitischer Spielraum
■ Qualitätssicherungsfunktion	■ Plattform für neue Produkte
■ Identitätsfunktion	■ segmentspezifische Marktbearbeitung
■ Prestigefunktion	■ Kundenbindung
■ Vertrauensfunktion	■ Differenzierung gegenüber der Konkurrenz

Quelle: In Anlehnung an Meffert/Burmann/Koers 2002, S. 10 f.

Eine *Marke* kann als ein in der Psyche des Konsumenten fest verankertes, unverwechselbares Vorstellungsbild von einem Produkt oder einer Dienstleistung definiert werden (Esch/Wicke 2001, S. 5 ff.). Dieses Markenverständnis umfasst sämtliche Arten von Marken, also nicht nur traditionelle Herstellermarken, sondern auch Handels-, Unternehmens- oder Dienstleistungsmarken. Für Konsumenten reduzieren Marken das Kaufrisiko. Markentreue kann auch als Bequemlichkeitsverhalten bzw. als Versuch, die Komplexität des Angebots zu reduzieren, interpretiert werden. Welchen Nutzen eine Marke aus Nachfragersicht und aus Unternehmenssicht repräsentiert, ist in Übersicht 117 dargestellt.

Übersicht 118: ***Determinanten der Preiswahrnehmung und -beurteilung***

Motivationale Faktoren	Kognitive Faktoren	Situative Faktoren
■ persönliche Beteiligung (Involvement) ■ Streben nach sozialer Anerkennung, Qualität, kognitiver Konsistenz ■ Bequemlichkeit beim Einkauf ■ Sparsamkeit ■ archaische Faktoren (Brot-, Milchpreis etc.)	■ Fähigkeit zur Qualitätsbeurteilung ■ Gedächtniskapazität (Preiskenntnis, Preiserinnerung) ■ geistige Fähigkeiten (Preisvergleiche, Umrechnungen etc.) ■ Erfahrungen ■ Vertrauen in Anbieter ■ Selbstvertrauen ■ Anwendung vereinfachter Entscheidungsregeln (Markentreue etc.)	■ Art der Preisdarbietung (Form, Preisstruktur, Mengenbezug etc.) ■ Beziehung von Einkauf – Gebrauch – Zahlungsvorgang ■ Zahlungsmodus ■ Zeitdruck ■ Konkurrenzangebot / -preise ■ Komplexität der Einkaufsaufgabe ■ Variabilität der Preise

Quelle: Simon 1992, S. 595.

Die Bedeutung des *Preises* bei der Evaluierung von Alternativen ist in den meisten Fällen grundsätzlich hoch, wenngleich diese über verschiedene Produktkategorien und unterschiedliche Typen von Konsumenten auch stark differieren kann. Je nachdem, worauf der Konsument den jeweiligen Preis bezieht, kann von einem *Preiswürdigkeitsurteil* oder von einem *Preisgünstigkeitsurteil* gesprochen werden. Bezieht der Konsument im Rahmen der Preisbeurteilung den Preis auf den vom Produkt zu erwartenden Nutzen, so liegt ein Preiswürdigkeitsurteil vor (z. B. Preis-Qualitätsverhältnis). Wird der Preis dagegen mit den Preisen von konkurrierenden Unternehmen verglichen, so liegt ein Preisgünstigkeitsurteil vor (z. B. bis hin zur Gegenüberstellung von Fahrtkosten). Darüber hinaus spielen auch die Preistransparenz, die Preissicherheit und die Preiskonstanz eine wichtige Rolle (Diller 2000, S. 176). Die Preiswahrnehmung und -beurteilung können von einer ganzen Reihe von Einflussfaktoren determiniert werden, die sich in drei Gruppen, nämlich in motivationale, kognitive und situative Faktoren, untergliedern lassen (siehe Übersicht 118).

Die *Herkunft eines Produktes* kann einen Einfluss auf die Kaufentscheidung ausüben. Dieses Phänomen, das auch unter dem Begriff *Country of Origin*-Effekt diskutiert wird, ist vor dem Hintergrund zu betrachten, dass manche Unternehmen die Produktion in Länder verlagern, in denen entsprechende Kostenvorteile genutzt werden können (Zentes/Swoboda/Morschett 2004). In der Wahrnehmung der Konsumenten fällt die Qualität jener im Ausland produzierten Produkte häufig niedriger aus. Teilweise haben manche Länder im Extremfall das Image, dass dort lediglich Produkte niedriger Qualität zu niedrigen Preisen produziert werden. Jene Unternehmen, die in Ländern produzieren, die mit einem bestimmten Qualitätsimage bei der entsprechenden Zielgruppe behaftet sind, versuchen daher hervorzuheben, dass ihre Produkte z. B. „Made in Germany", „Made in Austria" oder „Made in Switzerland" sind. Damit wird versucht, sich von Konkurrenz-Unternehmen zu differenzieren, indem eine höhere Qualität der Produkte angedeutet wird. Aber nicht nur hinsichtlich der Qualität kann es für Konsumenten von Bedeutung sein, woher ein Produkt kommt. So werden z. B. Parfums und Kosmetikprodukte oftmals mit Frankreich assoziiert und Designprodukte mit Italien, wenngleich es hier oft nur „Designed in Italy" heißt und die Herkunft bzw. das Land der Produktion im Verborgenen bleibt. Für manche Konsumenten ist es ferner von Bedeutung, bei einem heimischen Unternehmen zu kaufen. Vor diesem Hintergrund stellt z. B. das österreichische Lebensmittelhandelsunternehmen Spar in seiner Kommunikation in den Vordergrund, eines der wenigen rein österreichischen Einzelhandelsunternehmen zu sein.

Übersicht 119: ***Elemente eines Produktes***

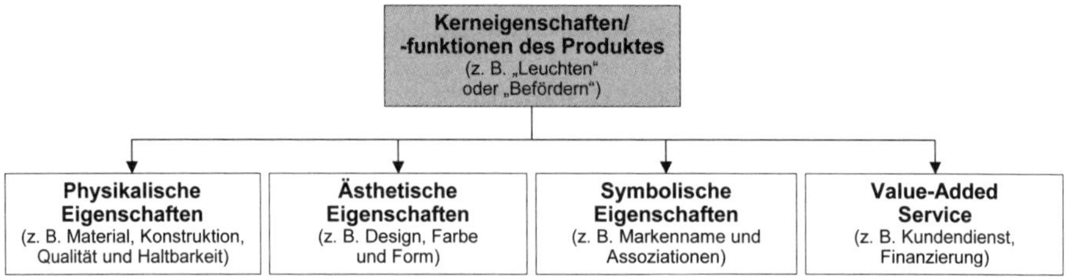

Quelle: In Anlehnung an Meffert 2000, S. 437.

Trotz der Vielzahl an möglichen denkbaren materiellen Produkten muss berücksichtigt werden, dass die Kernleistungen bzw. -funktionen eines Produktes heute nur noch in geringem Maße zur Unterscheidung von Produkten beitragen können. Immer wichtiger werden für Konsumenten daher darüber hinausgehende Charakteristika wie die physikalischen, die ästhetischen, die symbolischen *Eigenschaften des Produkts* sowie die Services. Aufgrund der Tatsache, dass sich Produkte im Bereich des Grundnutzens immer ähnlicher und damit vergleichbar werden, kommt dem Zusatznutzen der Produkte („Value Added") im Rahmen der Evaluierung zunehmend höhere Bedeutung zu (siehe Übersicht 119).

„Theorie der feinen Leute" – Der Veblen-Effekt

Grundsätzlich wird im Rahmen von unternehmerischen Preisüberlegungen von einem mehr oder weniger rational handelnden Nachfrager ausgegangen, so dass in traditionellen Preis-Absatz-Funktionen bei einer Preiserhöhung die Nachfrage zurückgeht und bei einer Preissenkung hingegen steigt. In manchen Fällen tritt der genau umgekehrte Effekt auf, d. h. trotz einer Preiserhöhung wird mehr abgesetzt. Zu erklären ist dieser Effekt, der nach seinem „Entdecker" Veblen benannt wurde und vorwiegend beim Kauf von demonstrativen Produkten beobachtet werden kann (also z. B. bei Automobilen, Kleidung, Schmuck, Uhren, etc.), damit, dass Konsumenten zeigen wollen, dass sie sich das Produkt trotz des hohen Preises leisten können (siehe Übersicht 120).

Übersicht 120: ***Auswirkungen des Veblen-Effekts***

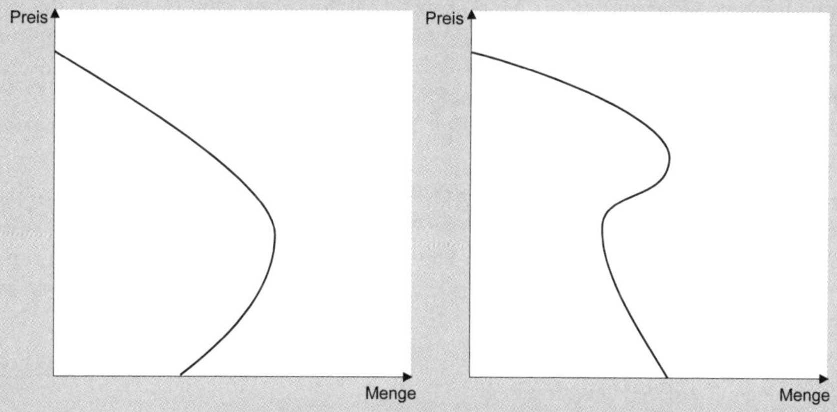

Andererseits kann beim Auftreten des Veblen-Effektes beobachtet werden, dass bei sinkenden Preisen die Nachfrage entgegen allgemeinen Erwartungen nicht ansteigt, sondern aus den genannten Gründen ebenso fällt. Analysiert und dokumentiert hat Veblen diesen Zusammenhang bereits im Jahre 1899 in seiner „Theorie der feinen Leute" (Veblen 2000).

In diesem Zusammenhang sind die Ästhetik und das Design für die Beurteilung durch Konsumenten in vielen Bereichen zentral geworden. Dabei kann die Auffassung der Begriffe sehr weit ausfallen. Peters (1995) führt in diesem Zusammenhang 142 Auffassungsmöglichkeiten an (siehe auch Schmitt/Simonson 1997, S. 20). Die Ästhetik im Marketing-Bereich bezieht sich im Wesentlichen auf drei Dimensionen, nämlich auf die Dimension Produkt und grafisches Design, auf die Dimension Kommunikation sowie auf die Dimension räumliches Design. In jeder dieser drei Dimensionen kann eine weitere dichotome Unterscheidung vorgenommen werden.

5.2.2 Bedeutung und Messung

Da sich alle Teilprozesse der Vorkaufphase gezielt gestalten lassen, bieten sich entsprechend vielfache Ansatzpunkte für unternehmerische Maßnahmen zur Gestaltung der Vorkaufphase bzw. der Teilprozesse – konkret der Problem-/Bedürfniserkennung, der Informationssuche und der Alternativenevaluierung. Marketing-Maßnahmen lassen sich pauschal danach unterscheiden, ob bestehende oder neue Kundenbeziehungen vorliegen.

- In *neuen Kundenbeziehungen* gilt es aus der Sicht von Unternehmen, (latent) vorhandene Wünsche zu wecken und somit die Vorkaufphase einzuleiten sowie die jeweils von den (potenziellen) Kunden zu Grunde gelegten (Evaluations-) Kriterien möglichst gut bzw. besser als die Konkurrenz zu erfüllen.
- In *bestehenden Kundenbeziehungen* kommt es – neben der gleichermaßen bedeutenden Bedürfnisorientierung – darauf an, die Maßnahmen zur Erhöhung der Zufriedenheit bzw. Bindung der Konsumenten in der Vorkaufphase anzusetzen.

Im Kontext des Kundenbeziehungsmanagements bildet die Vorkaufphase für Unternehmen einen Ansatzpunkt für Marketingaktivitäten; dies gilt sowohl für die Neukundengewinnung wie auch die Kundenbindung. Wenngleich die Zufriedenheit und die Loyalität im Verlauf der gesamten Beziehung bzw. nach der Nachkaufphase entstehen, müssen die Kundenbindungsmaßnahmen der Unternehmen auch auf die Vorkaufphase abzielen, da in dieser wichtige Weichen für die Kundenbeziehung gestellt werden.

Die Vielfalt an denkbaren Marketing-Aktivitäten – wie z. B. Angebotserstellung oder Kommunikation (Werbung, persönlicher Verkauf, Public Relations, Verkaufsförderung, Web-Präsenz) – kann an dieser Stelle nicht vollständig abgebildet werden. In diesem Zusammenhang besonders hervorgehoben werden sollen aber folgende zwei Instrumente:

- Gestaltung und Kommunikation der Leistungseigenschaften (wobei der Fokus vorwiegend auf der Leistung liegt)
- Individualisierung der Leistungen sowie der Kommunikation (wobei der Fokus vorwiegend auf den Kunden gelegt wird)

Die erstgenannten Instrumente werden tendenziell v. a. in der Anbahnung neuer Kundenbeziehungen eine wichtige Rolle spielen; die Zweitgenannten tendenziell in bestehenden Kundenbeziehungen.

In den folgenden Ausführungen werden ausgewählte Aspekte aufgegriffen, die in der Vorkaufphase häufig relevant sind. Konkret handelt es sich dabei um Aspekte der Gestaltung und Kommunikation der Leistungseigenschaften, um Aspekte der Preis- und Konditionengestaltung, um Aspekte von Design, Ästhetik und Attraktivität, um Markenaspekte sowie um Aspekte der Individualisierung.

Gestaltung und Kommunikation der Leistungseigenschaften

Die v. a. in Abschnitt 2 dieses Kapitels behandelten Aspekte der Bedeutung einer aktivierend und kognitiv wirkenden Gestaltung und Kommunikation von Leistungen sind in der Vorkaufphase relevant. Entsprechend den Teilprozessen sind die Ziele bspw. darauf auszurichten

- die Problem- und Bedürfniserkennung anzuregen oder zu unterstützen,
- die vorhandenen oder aktiv gesuchten Informationen zu untermauern bzw. entsprechende Informationen bereit zu stellen und
- den Konsumenten adäquate Hilfen für die Evaluation von Alternativen zu geben.

Grundsätzlich lässt sich festhalten, dass es bzgl. sämtlicher Maßnahmen im Falle der Neukundengewinnung darum geht, das Interesse der Konsumenten zu erwecken bzw. einen erstmaligen Kauf auszulösen. Im Gegensatz dazu geht es bei bereits bestehenden Kundenbeziehungen in erster Linie darum, diese einerseits zu erhalten und zu stabilisieren bzw. zu intensivieren sowie andererseits diese gezielt auszubauen. Vor diesem Hintergrund ist unter Intensivieren und Ausbauen der Kundenbeziehungen bspw. das Cross-Selling, also der Kauf von weiteren Produkten oder Zusatzprodukten, oder die Nutzung der Möglichkeit, dass zufriedene Kunden das Unternehmen weiterempfehlen (word of mouth) und damit neue Kunden ins Unternehmen bringen, zu verstehen.

In Massenmärkten dient v. a. die Massenkommunikation dazu, die Bedürfnisse von potenziellen Kunden anzuregen bzw. die intern vorhandenen Gedächtnisstrukturen über ein Produkt, eine Marke oder ein Unternehmen zu festigen, um sich aus der Masse der Produkt- bzw. Leistungsangebote, die am Markt verfügbar sind, hervorzuheben. In diesem Zusammenhang wurde die Bedeutung der aktivierenden, emotionalen und bildlichen Kommunikation behandelt.

Vor dem Hintergrund der in der Vorkaufphase relevanten Vielfalt an Kommunikations- und Informationsquellen ist hier der selten beachtete Aspekt der Kreativiät der Kommunikation eines Unternehmens erwähnenswert. Während für die Kreativität im Bereich der Käuferverhaltensforschung kaum entsprechende Ansätze vorliegen, existieren im Bereich der Psychologie Ansätze, die die Kreativität von Personen messen. Im Wesentlichen basieren diese auf projektiven Testverfahren. Beispielsweise soll im Bild links der Übersicht 121 die Testperson den Tintenklecksen Ordnung und Bedeutung verleihen. Ein kreativer Mensch wird eine eher außergewöhnliche Ordnung sehen (z. B. magnetisierte Eisenspäne), ein weniger kreativer Mensch wird eher dazu neigen, sich auf einfache, offensichtliche Züge zu konzentrieren (z. B. Flecken). Im rechten Bild findet sich ein Bilderergänzungstest, bei dem sich zeigt, dass weniger Kreative das Bild einfach so ergänzen, dass es Sinn macht. Kreativere neigen zu komplexeren und bedeutungsvolleren Varianten (Zimbardo/Gerrig 1999, S. 574 f.). Auch wenn mit diesen Verfahren die Kreativität von Kommunikation – bspw. von Werbung – kaum gemessen werden kann, so zeigen die Ergebnisse zumindest, wie unterschiedlich Kreativität ausgeprägt sein kann und wie unterschiedlich vor diesem Hintergrund „kreative“ Werbung, Produktgestaltung, Verpackungsgestaltung, Ladengestaltung usw. wahrgenommen werden können.

Übersicht 121: ***Kreativitätstests***

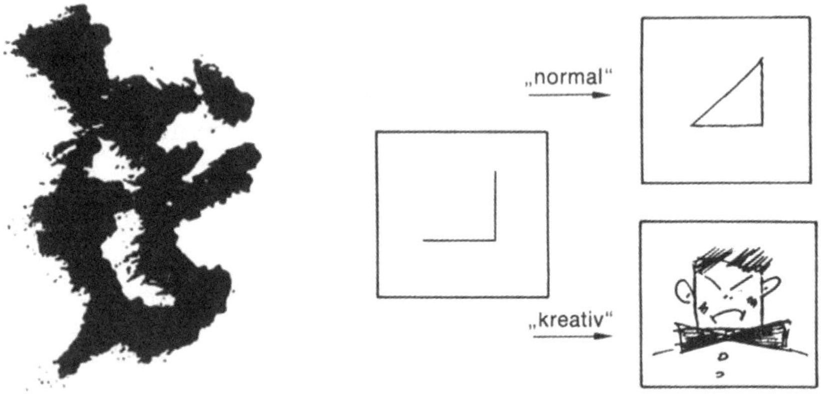

Quelle: Zimbardo/Gerrig 1999, S. 575.

Wesentlich erscheint der Hinweis, dass in der Vorkaufphase der Kommunikation nicht ausschließlich eine passive Rolle zugesprochen wird, sondern diese auch für Konsumenten als Problemlöser und Informationsquelle zu verstehen ist. Dies gilt insb. für Instrumente, die primär der Information dienen, wie bspw. für Testberichte oder Produktvergleiche (bspw. durch die Stiftung Warentest, die Zeitschrift Ökotest oder den Verein für Konsumeninformation). Da diese allerdings von den Konsumenten, v. a. im Low-involvement-Bereich, eher weniger beachtet werden, kommt in diesem Zusammenhang der (Massen-) Kommunikation nach wie vor zentrale Bedeutung zu. Diese soll im Kontext der Vorkaufphase (z. B. bei der Neueinführung von Konsumgütern) informieren und zugleich auch kaufanregend wirken.

Im Bereich der passiven Information, also jener Information, die für Konsumenten bereitgestellt wird und von diesen sozusagen abgeholt werden kann, spielt das Internet eine beachtliche Rolle (Foscht 1998, S. 16 ff.; Foscht/Jungwirth/Schnedlitz 2000, S. 27 f.; Foscht/Angerer/Swoboda 2004). In diesem Medium ist es für Unternehmen relativ kostengünstig möglich, Informationen und auch größere Datenmengen rund um die Uhr zur Verfügung zu stellen. So werden mittlerweile auf verschiedenen Unternehmens-Web-Sites nicht nur allgemeine Informationen oder neue und verbesserte Programmversionen (Updates) für Computer oder Mobiltelefone bereitgestellt, sondern auch Informationen bzgl. Produkten, deren Lieferbarkeit, dem Bestellstatus sowie vollständige Betriebsanleitungen oder Beschreibungen, wie z. B. eventuell auftretende Fehler oder Probleme behoben werden können. Anderseits ist es im Internet aber nicht nur für Unternehmen, sondern auch für Konsumenten möglich, Informationen einer breiten Öffentlichkeit zur Verfügung zu stellen. So haben sich in den letzten Jahren auch diverse Diskussions- und Beschwerdeplattformen für Konsumenten entwickelt (siehe dazu auch Abschnitt 5.4.1). Darüber hinaus zeichnet sich gerade das Internet dadurch aus, dass nicht nur Informationen bereitgestellt werden können, sondern dass eine – der persönlichen Kommunikation sehr ähnliche – interaktive Kommunikation (z. B. in Chat-Foren) ermöglicht wird (Foscht 1998, S. 18).

Kaufanregung in der Printkommunikation

In den folgenden Beispielen wird durch Kommunikation einer Problemlösung zum Kauf angeregt. Im linken Beispiel wird das Problem (zwei Telefone mit zwei Telefonnummern) dargestellt und die entsprechende Problemlösung (A1 XTRACARD PRO) angeboten. Im mittleren Beispiel wird auf die Möglichkeiten der günstigen Wohnbaufinanzierung hingewiesen. Im rechten Beispiel werden die Konsumenten hinsichtlich des Problems einer geringen Akkuleistung bei manchen Digitalfotoapparaten sensibilisiert und die Problemlösung in Form einer Pentax Kamera angeboten (siehe Übersicht 122).

Übersicht 122: ***Beispiele für die Kaufanregung in der Printkommunikation***

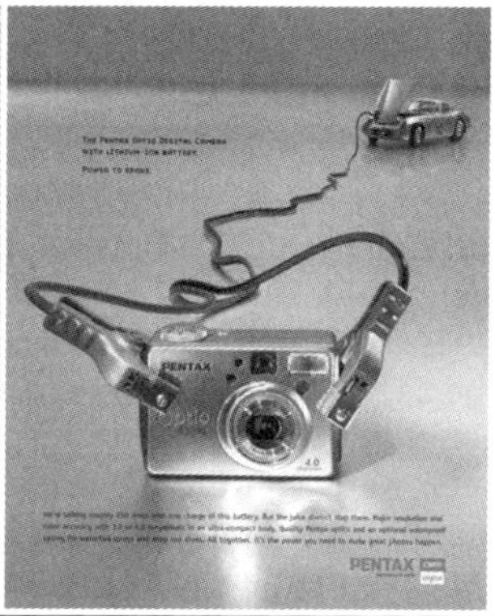

Kaufanregung am POS

Im Zusammenhang mit Schenkanlässen wie Weihnachten, Ostern oder Muttertag macht der Handel darauf aufmerksam, dass der Anlass „unmittelbar" ansteht. Unter der Annahme, dass die Konsumenten bei jenem Unternehmen ihren Bedarf decken, das zuerst auf das Ereignis aufmerksam macht, beginnen Unternehmen relativ früh Käufe anzuregen. Nachfolgend ist die Weihnachtsdekoration im New Yorker Warenhaus Macy's (nach Eigenangaben „the world's largest store") dargestellt.

Übersicht 123: ***Beispiel für die Kaufanregung am POS***

Preis und Konditionen

Dem Preis kommt im Rahmen der Evaluierung von Alternativen häufig eine große Bedeutung zu. In diesem Zusammenhang zielen Unternehmen – insb. Discounter oder Fachmärkte – in ihrer Kommunikation mit wachsendem Erfolg auf das Preisempfinden der Konsumenten ab. Demgegenüber werden von Unternehmen, die den Preis nicht im Vordergrund kommunizieren, traditionell die Qualität, die Marke, das Preis-Leistungs-Verhältnis oder das klassische Design in den Vordergrund gestellt. Dies führt u. a. dazu, dass das Konstrukt einer *Qualitätszufriedenheit* breit eingeführt und genutzt wird, während das der *Preiszufriedenheit* noch weitgehend unerforscht ist. Zu berücksichtigen ist dabei allerdings, dass im Rahmen der Qualitätszufriedenheit meist lediglich eine Steigerung der Zufriedenheit diskutiert wird (wenngleich auch diese Kosten verursacht), während im Rahmen der Preiszufriedenheit eine Optimierung im Mittelpunkt steht, da sich eine Preisänderung ja direkt auf den Profit auswirkt.

Preis als zentrale Botschaft in der Kommunikation

Insbesondere in verbrauchernahen gesättigten Märkten, wie z. B. im Bereich der Elektro-/Elektronik-Fachmärkte oder im Lebensmittelhandel, steht häufig der Preis im Mittelpunkt der Kommunikation. Saturn wendet sich an die „Schnäppchenjäger" und versucht ein an sich eher negativ besetztes Wort („Geiz") zu etablieren, indem den Konsumenten kommuniziert wird, dass es positiv („geil") ist, beim Kauf von Elektro-/Elektronik-Produkten geizig zu sein. Die österreichische Bundesbahn stellt den Preis für eine Fahrt nach Venedig in den Mittelpunkt, der Lebensmitteldiskonter Lidl informiert seine Kunden darüber, „was billig ist".

Übersicht 124: ***Beispiele für preisorientierte Kommunikation***

Im Rahmen der Kontrahierungspolitik wird klassischerweise neben dem Preis i. e. S. auch die Gestaltung von Konditionen wie Rabatte, Skonti etc. subsumiert, zu der letztendlich auch Garantien gezählt werden. Garantien spielen in verschiedenen Branchen und Wirtschaftssektoren unterschiedliche Rollen. Generell kann festgehalten werden, dass Garantien umso wichtiger sind, desto eingeschränkter für Konsumenten die

Möglichkeit besteht, ein Produkt oder eine Leistung vor dem Kauf bzw. der Inanspruchnahme zu überprüfen – wenn also aus Sicht des Konsumenten ein Risiko vorliegt. Besonders hoch ist dieses aus Sicht der Konsumenten bspw. bei diversen Dienstleistungen (z. B. Friseur), im klassischen Versandhandel oder im Bereich des E-Commerce. Unternehmen versuchen daher, das durch Kunden wahrgenommene Risiko zu minimieren bzw. zielen im Idealfall darauf ab, dass Kunden überhaupt kein Risiko wahrnehmen.

Garantien – stationärer Handel

In Branchen, in denen das Risiko für Konsumenten grundsätzlich eher gering ist, also z. B. im stationären Handel, in dem die physischen Produkte ja zumindest nach einigen Kriterien geprüft werden können, versuchen Unternehmen häufig, sich mittels Garantien zu profilieren. Dies ist insb. dann Erfolg versprechend, wenn Garantien in der jeweiligen Branche eher nicht zum Leistungsangebot gehören. Als Beispiel kann das Handelsunternehmen Globus angeführt werden, das sich u. a. durch folgende Garantien auszeichnet (HandelsMonitor 2001):

- Angebots-Garantie
- Bedienungs-Garantie
- Elektro-Garantie
- Kassenbon-Garantie
- Gastronomie-Garantie
- Frische-Garantie
- Umtausch-Garantie
- Kassen-Garantie
- Fair-Präsenz-Garantie
- Autowäsche-Garantie

Garantien – Versandhandel

Eine besondere Rolle spielen Garantien bei Unternehmen, bei denen Produkte gekauft werden, die vorher nicht physisch geprüft werden können wie bspw. bei virtuellen Unternehmen. Daher spielen Garantien insb. im Versandhandel und im Online-Handel eine zentrale Rolle. Neckermann (auch im Internet aktiver Versandhändler) bietet z. B. folgende Garantien an (www.neckermann.de):

- Bestpreis-Garantie
- Geld zurück-Garantie
- Rückgabe-Garantie
- Umtausch-Garantie
- Qualitäts-Garantie
- Liefer-Garantie
- Sicherheits-Garantie
- Nachkauf-Garantie für Porzellan
- Ersatz-Garantie bei Ausfall eines Gefriergeräts

Garantien – E-Commerce

Im Bereich E-Commerce spielen ähnliche Unsicherheitsfaktoren eine Rolle wie im Versandhandel. Hinzu kommt, dass sich die Situation im Internet doch intransparenter darstellt als im klassischen Versandhandel. Für den Konsumenten ist es z. B. schwieriger zu prüfen, ob ein Unternehmen überhaupt existiert, wo es seinen Sitz hat usw. Vor diesem Hintergrund ist Vertrauen im Bereich E-Commerce eines der zentralen Themen, das sowohl Konsumenten als auch Unternehmen beschäftigt. Einige Unternehmen haben in diesem Zusammenhang sozusagen zur Selbsthilfe gegriffen und unterschiedliche Qualitätssiegel entwickelt, die dem Konsumenten bestimmte Sicherheiten garantieren sollen. So wurde z. B. vom österreichischen Handelsverband ein Logo eingeführt, das jene Unternehmen auf ihren Web-Sites führen, die entsprechende Kriterien erfüllen (www.handelsverband.at).

Design, Ästhetik und Attraktivität

Design und Ästhetik spielen im Marketing eine zentrale Rolle, wenn es um die Differenzierung von Produkten oder auch Marken geht. Besondere Bedeutung erlangen diese Gestaltungsaspekte in jenen Märkten, in denen die Kernprodukte oder Kerndienstleistungen mehr oder weniger austauschbar sind. So ist z. B. im Bereich der Mobiltelefone, deren Grundfunktionen bei Produkten verschiedener Hersteller durchaus als vergleichbar zu bezeichnen sind, zu beobachten, dass das Design der Produkte zunehmend verkaufsentscheidend wird. Ähnliche Phänomene sind im Bereich der Dienstleistungen zu beobachten. So ist bspw. die Dienstleistung, die ein Hotel anbietet, nämlich eine Übernachtungsmöglichkeit, durchaus mit der Leistung anderer Hotels vergleichbar. Mittlerweile wurde von Hotelbetreibern auch auf diese Erkenntnis reagiert und manche Hotels nennen sich daher Design-Hotels und stellen in den Vordergrund, dass der Bau oder die Einrichtung besonderen Kriterien genügt.

Design als Differenzierungsmerkmal

Die folgende Übersicht soll zeigen, wie ein Produkt mit einer einfachen Funktion (Knacken von Nüssen) durch Design doch relativ einzigartig werden kann, wobei die zehn Nussknacker-Varianten außer ihrer Kernfunktion relativ wenig gemeinsam zu haben scheinen.

Übersicht 125: ***Nussknacker-Varianten***

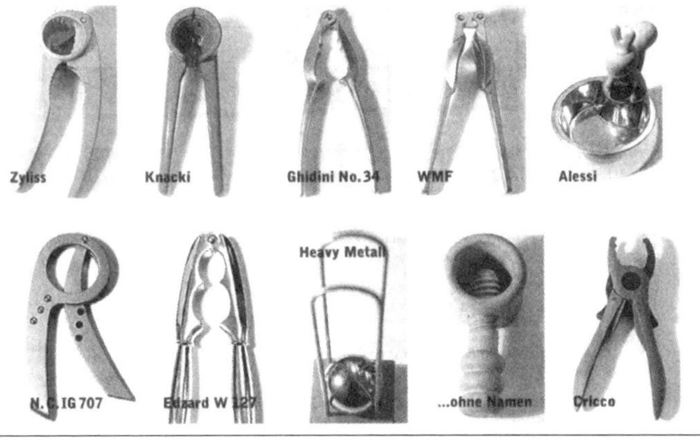

Design und Ästhetik spielen aber nicht nur im Rahmen der Gestaltung von Produkten oder Verpackungen eine zentrale Rolle, sondern auch im stationären Handel. Diesem Umstand tragen bereits viele Handelsunternehmen, aber auch Betreiber von Shopping-Centern Rechnung. Das Design spielt dabei einerseits auf der Ebene Außenarchitektur eine Rolle und andererseits auf der Ebene Innenarchitektur und damit der Ladengestaltung i. e. S. Zentrales Kriterium aus Sicht der Unternehmen ist in diesem Zusammenhang ein konsistenter Gesamtauftritt im Sinne einer *integrierten Kommunikation*. Bei der Ausgestaltung des Designs ist aber zu berücksichtigen, dass dieses nicht nur mit verschiedenen kommunikativen Maßnahmen, sondern auch mit anderen

Marketinginstrumenten wie z. B. der Preisgestaltung abzustimmen ist. So werden bspw. die Konsumenten bei einem Lebensmitteldiscounter auch hinsichtlich der Ladengestaltung andere Erwartungen haben als beim Betreten eines Feinkostladens. Letztendlich geht es für Unternehmen also darum, den Kunden ein möglichst konsistentes Gesamtbild anzubieten.

Attraktivität eines Ladens

Wenngleich bei der Evaluierung eines Ladens im Prinzip dieselben Kriterien wie bei der Produkt-Evaluierung eine Rolle spielen, existiert dennoch eine Reihe von Einflussgrößen, die in diesem Kontext hinzukommt. Übersicht 126 stellt ausgewählte Kriterien zur Evaluierung von Läden dar:

Übersicht 126: ***Kriterien für die Evaluierung eines Ladens***

Dimension	ausgewählte Kriterien
Ort	■ Verfügbarkeit von Parkplätzen ■ Erreichbarkeit mit öffentlichen Verkehrsmitteln ■ Lage (Innenstadt, Shopping Center)
Erscheinung	■ Architektur ■ Schaufenster ■ Eingangsbereich
Ladenlayout	■ Größe und Grundriss des Ladens ■ Länge und Breite der Gänge ■ Sonder-/Angebotsflächen
Preisniveau	■ Preisimage ■ Sonderangebote
Sortimentsbreite und -tiefe	■ Anzahl der Artikel insgesamt ■ Anzahl der Artikel pro Kategorie
Kompetenz und Freundlichkeit des Personals	■ Qualität der Beratung ■ Reaktion bei Beschwerden
Ladenatmosphäre	■ Farben ■ Gerüche ■ Musik
Publikum	■ Anzahl der Kunden im Laden ■ Sympathie gegenüber den anderen Kunden
Qualität der Produkte	■ Markenartikel ■ Garantien
Wartezeiten	■ Länge der Wartezeit ■ Gestaltung der Wartezeit (z. B. Verkürzung mittels Instore-Tv)
Kommunikation	■ Handzettel/Flugblätter ■ Sonder-Displays

Quelle: In Anlehnung an Antonides/van Raaij 1998, S. 416 f.

Wie die einzelnen Kriterien ausgeprägt sein müssen, um damit die Kunden zufrieden zu stellen, hängt u. a. davon ab, wie die Erwartungen der Konsumenten ausgeprägt sind. Diese werden von ihren Erfahrungen mit Unternehmen in derselben Branche, aber auch von Erfahrungen in anderen Branchen geprägt.

Evaluierung eines Ladens

Wenngleich eine ganze Fülle von Kriterien für die Wahl eines Ladens relevant sein können, sind es in vielen Fällen letztlich einige wenige Kriterien, anhand derer Konsumenten entscheiden. Gerade im Lebensmittelhandel werden zur Auswahl sehr oft die Kriterien Nähe zum Wohnort bzw. Erreichbarkeit sowie das Kriterium Preis bzw. Preisnachlässe herangezogen.

Übersicht 127: ***Entscheidungsprozess bei der Evaluierung eines Ladens***

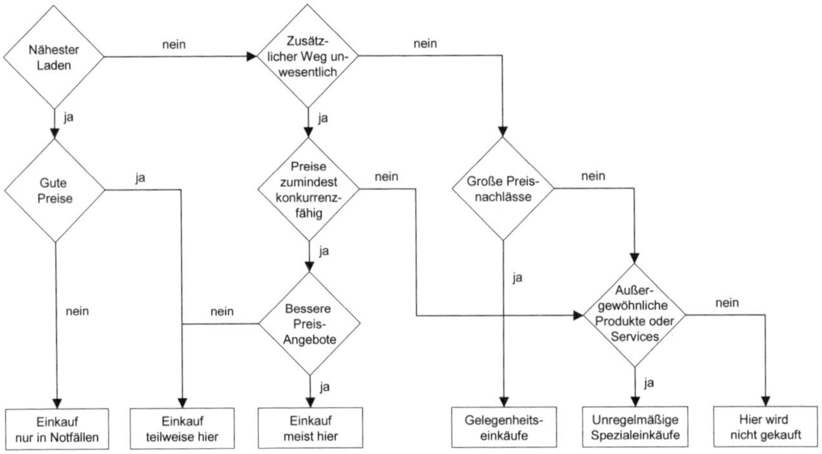

Quelle: Sheth/Mittal/Newmann 1999, S. 715.

In Übersicht 127 ist ein idealtypischer Entscheidungsprozess bzgl. der Ladenwahl dargestellt. Je nachdem, wie nahe und wie preisgünstig der Laden in der Beurteilung durch die Konsumenten ist, wird die jeweilige Einkaufsstätte für „Not-Einkäufe", für den gelegentlichen Einkauf oder für regelmäßige Einkäufe genutzt (Sheth/Mittal/Newmann 1999, S. 715).

Marke und Markenwert

Marken haben gerade im Rahmen der Vorkaufphase in mehrfacher Hinsicht große Bedeutung. Grundsätzlich können Marken dazu führen, dass das Ausmaß der Informationssuche der Konsumenten beeinflusst wird. Dabei ist der Zusammenhang zu beobachten, dass je größer die Loyalität zu einer Marke ist, desto geringer die Informationssuche ausfällt – im Extremfall bleibt die Informationssuche sogar völlig aus, da überhaupt nur eine Marke in Erwägung gezogen wird. Ein ähnlicher Zusammenhang liegt vor, wenn Konsumenten erhöhte Unsicherheit oder Risiko empfinden – z. B. beim Einkauf über das Internet. Je größer die Unsicherheit ist, desto eher wird auf vertraute Marken zurückgegriffen. Bei den Überlegungen bzgl. der Bedeutung von Marken im Rahmen der Vorkaufphase sind die zwei erwähnten Fälle – nämlich Vorkaufphase, die ein völlig neuer Kunden durchläuft und Vorkaufphase, die ein bereits bestehender Kunde durchläuft – zu unterscheiden. Im ersten Fall ist davon auszugehen, dass ein potenzieller Kunde noch keine Erfahrung mit der Marke bzw. mit Produkten dieser Marke hat, zumindest aber über eine bestimmte Einstellung zur Marke verfügt. Diese Einstellung kann z. B. durch entsprechende Kommunikationsmaßnahmen des Unternehmens oder durch Weiterempfehlungen von Freunden entstanden sein. Im zweiten Fall, wenn es also darum geht, dass ein Kunden die Marke wieder kauft, liegen zumeist neben einer Einstellung zur Marke auch Erfahrungen mit ihr vor. Es lässt sich also festhalten, dass Marken sowohl im Fall von neuen Kundenbeziehungen als auch im Fall von bestehenden Kundenbeziehungen eine wichtige Rolle spielen.

Zur Messung der Bedeutung einer Marke wurden unterschiedliche Verfahren mit unterschiedlichen Zielsetzungen entwickelt. Dabei können grundsätzlich zwischen jenen Verfahren unterschieden werden, die versuchen, die Bedeutung einer Marke – den Markenwert – aus Sicht des Markeninhabers festzustellen und jenen Verfahren, die versuchen die Bedeutung aus Sicht der Konsumenten zu messen (siehe Übersicht 128). Die erstgenannte Perspektive erfasst den Markenwert somit anhand ökonomischer Größen, die in diesem Zusammenhang interessierende zweite Perspektive erfasst den Markenwert anhand psychologischer (vorökonomischer) Größen (vgl. dazu Morschett 2002).

Übersicht 128: ***Dimensionen des Markenwerts***

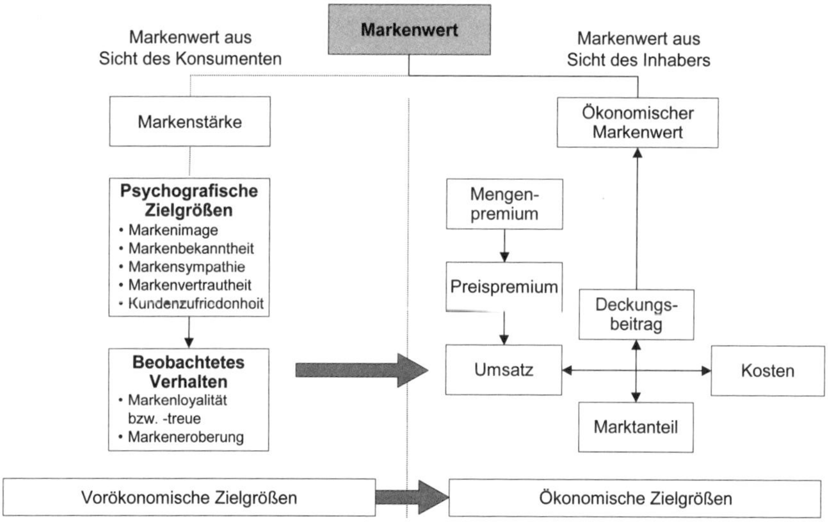

Quelle: In Anlehnung an Meffert/Koers 2002, S. 411.

Wenngleich die Berücksichtigung ökonomischer Zugänge ihre Berechtigung (z. B. beim Kauf/Verkauf von Unternehmen oder Marken sowie bei der Gestaltung von Markenportfolios) hat, sprechen gerade im Kontext des Konsumentenverhaltens einige Gründe für die Berücksichtigung psychologischer Größen und einen eher verhaltenswissenschaftlichen Zugang (Esch 2001, S. 1031):

- Der Markenwert ergibt sich demnach hauptsächlich aus Reaktionen von Konsumenten auf Marketinginstrumente.

- Der Markenwert stellt in diesem Zusammenhang einen Indikator zur Steigerung der Marketing-Produktivität einer Marke dar (im Vergleich zu jenen Werten der Konkurrenz).

Persönlichkeit einer Marke

Unter Markenpersönlichkeit versteht man die Gesamtheit menschlicher Eigenschaften, die mit einer Marke verbunden sind. Hinter diesen Überlegungen steht die Frage, inwieweit es eine Marke den Konsumenten erlaubt, ihr eigenes Ich, ihr ideales Ich oder spezifische Dimensionen ihres Ich durch die Benutzung einer Marke auszudrücken. Das Konzept der Markenpersönlichkeit wurde auf der Basis der aus der Psychologie bekannten „fünf großen Persönlichkeitstypen" mit dem Ziel gebildet, eine reliable, valide und allgemeingültige Skala zu entwickeln.

Übersicht 129: ***Messung der Markenpersönlichkeit***

Merkmal	Facette	Faktor	Merkmal	Facette	Faktor
bodenständig	bodenständig	Aufrichtigkeit	zuverlässig	zuverlässig	Kompetenz
familienorientiert			hart arbeitend		
kleinstädtisch			sicher		
ehrlich	ehrlich		intelligent	intelligent	
aufrichtig			technisch		
echt			integrativ		
gesund	gesund		erfolgreich	erfolgreich	
ursprünglich			führend		
heiter	heiter		zuversichtlich		
gefühlvoll			vornehm	vornehm	Kultiviertheit
freundlich			glamourös		
gewagt	gewagt	Erregung/ Spannung	gut aussehend		
modisch			charmant	charmant	
aufregend			weiblich		
temperamentvoll	temperamentvoll		weich		
cool			naturverbunden	naturverbunden	Robustheit
jung			männlich		
phantasievoll	phantasievoll		abenteuerlich		
einzigartig			zäh	zäh	
modern	modern		robust		
unabhängig					
zeitgemäß					

Quelle: Aaker 1997, S. 347 ff. und Aaker 2001, S. 100.

In Übersicht 129 sind die Faktoren, die Dimensionen und die Items zur Messung der Markenpersönlichkeit dargestellt.

Somit kann festgehalten werden, dass vor diesem Hintergrund der Wert einer Marke nicht im Unternehmen liegt, sondern sich in den Köpfen der Konsumenten widerspiegelt. Die Messung eines verhaltenswissenschaftlich orientierten Markenwertes zielt im Wesentlichen auf die Erfassung des Markenwissens ab, das aus den Dimensionen Markenbekanntheit und Markenimage besteht. In manchen Fällen, insb. in Fällen von geringem Involvement, reicht bereits die Markenbekanntheit aus, um positive Reaktionen der Konsumenten auszulösen. Meist spielen jedoch das Image und die Assoziationen, die mit einer Marke verbunden werden, eine wichtige Rolle. Die zentralen Faktoren der Assoziationen sind die Stärke der Assoziation, die Vorteilhaftigkeit sowie die Einzigartigkeit der Assoziation (Keller 2001, S. 1062). Eine darauf basierende erweiterte Operationalisierung des Markenwerts findet sich in Übersicht 130.

Übersicht 130: ***Operationalisierung des Markenwerts***

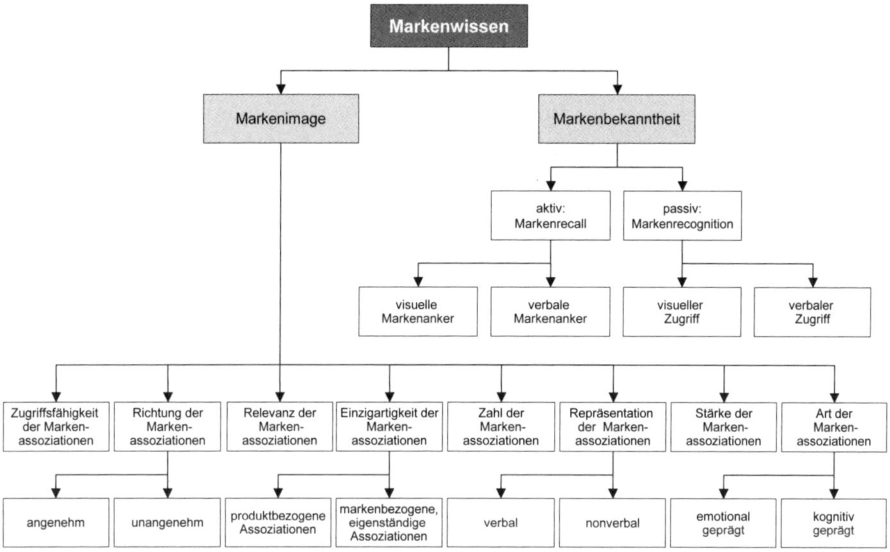

Quelle: In Anlehnung an Esch 2001, S. 1033.

Im Rahmen der Messung werden sowohl quantitative Verfahren (z. B. Messung von Bekanntheit und Image) als auch qualitative Verfahren (z. B. Assoziationstechniken oder Projektive Techniken) eingesetzt (Keller 2001, S. 1063 ff.).

Individualisierung von Leistungen und Kommunikation

Die Individualisierung von Leistungen und Kommunikation stellt einen wichtigen Ansatzpunkt zur Differenzierung von Unternehmen und damit zum Aufbau bzw. zur Intensivierung von Kundenbeziehungen dar. Auch im Bereich der Individualisierung – häufig wird in diesem Zusammenhang auch von One-to-one-Marketing gesprochen – sind die bereits erwähnten zwei Fälle, nämlich neue und bereits bestehende Kundenbeziehungen, zu unterscheiden. Bei neuen Kundenbeziehungen liegen im Regelfall keine Informationen über Präferenzen bzw. über das Verhalten des Konsumenten in der Vergangenheit vor. Somit ist es relativ schwierig, individuell zu kommunizieren oder zu informieren. Bis zu einer bestimmten Informationstiefe können bei diversen

Adressverlagen allerdings entsprechende Informationen z. B. über soziodemografische Merkmale, Beruf, Hobbys etc. zugekauft werden. Angebotene Leistungen können hingegen durchaus individualisiert werden, da in diesem Zusammenhang meist entsprechende Anfragen der Konsumenten vorliegen. Im Fall von bestehenden Kundenbeziehungen sind der Individualisierung von Leistungen, Kommunikation und Information im Prinzip keine bzw. lediglich technische und wirtschaftliche Grenzen gesetzt.

Die Bandbreite von individualisierten Kommunikationsangeboten reicht bspw. von individualisierten klassischen Mailings bis hin zu kundenindividuellen Web-Sites (Foscht/Jungwirth 1998; Zentes/Janz/Kabuth/Swoboda 2002, S. 46 ff.). So wurde bspw. auf der Titelseite der jüngsten Ausgabe des Quelle-Kataloges der Name des jeweiligen Kunden in passender Farbe (magenta) einschließlich eines Individualisierungsvermerks („Ihr persönlicher Katalog für Sie, liebe Frau ...") neben dem Foto von Claudia Schiffer eingedruckt. Im Bereich von individualisierten Kommunikationsangeboten in Form von Web-Sites sind vielfältigste Ausprägungen zu beobachten. So bieten bspw. Handelsunternehmen wie der Buchhändler Amazon kundenindividuelle Web-Sites an, deren Inhalte sich an den zuvor bekannt gegebenen Präferenzen und/oder den bis dahin getätigten Bestellungen orientieren. Der Kunde erhält z. B. sofort nachdem er sich legitimiert hat Informationen über Buch-Neuerscheinungen in den für ihn interessanten Bereichen. Ähnliche Individualisierungsmöglichkeiten werden auch im Dienstleistungsbereich angeboten. So bieten bspw. Medienunternehmen die Möglichkeit an, sich ein individuelles Informationsangebot, also sozusagen eine individuelle Zeitung, mit Inhalten aus genau jenen Bereichen, die den persönlichen Interessen entsprechen (z. B. Sportnachrichten nur aus interessierenden Sportarten), zusammen zu stellen. Es ist allerdings zu beobachten, dass viele Unternehmen die hohe Bedeutung der entsprechenden vorliegenden Informationen und das Potenzial der Individualisierung noch nicht vollständig erkannt haben.

Mass Customizing

Unter Mass Customizing („Massen-Maßproduktion") wird die preiswerte Herstellung individualisierter Produkte verstanden. Neben dem Bereich der Textilproduktion bzw. des Textilhandels erlangt Mass Customizing vermehrt auch in anderen Bereichen Bedeutung. So etwa in den Bereichen von Musik-CDs, Sportartikeln, oder Uhren.

Ein Beispiel für ein Mass Customizing-Konzept ist der Internet-Store von Nike. Dieser wird unter der Marke „Nike ID", wobei ID für individually designed steht, geführt. Im Nike-Shop können Nike-Schuhe zu Preisen ab etwa 100,- Euro bestellt werden, die individuell gestaltbar sind. So kann bspw. aus verschiedensten Modellen (spezifisch je nach Sportart) und Farben die gewünschte Kombination gewählt werden. Darüber hinaus ist es möglich, bis zu sechs Buchstaben – z. B. einen Namen – in das Design des Schuhs zu integrieren. Ähnliche Individualisierungsmöglichkeiten werden auch für andere Nike-Produkte wie z. B. für Rucksäcke angeboten. Als Serviceleistungen werden eine gebührenfreie Telefonnummer sowie ein Live Chat mit einem Mitarbeiter angeboten. Die Lieferzeit für die derartig individualisierten Produkte beträgt laut Unternehmensangaben in etwa fünf Wochen (www.nike.com).

5.3 Kaufphase

5.3.1 Theoretische Grundlagen und Charakteristika

Die Kaufphase ist durch die Alternativenidentifikation, die Intentionentwicklung und den Kauf i. e. S. – also durch die Kaufentscheidung an sich und durch die Abwicklung des Kaufs – gekennzeichnet.

Diese idealtypischen Teilprozesse können der Kaufphase zugeordnet werden, zumal der Kauf nicht nur aus der Willensäußerung gegenüber einem Verkäufer, der Warenübernahme und der Bezahlung besteht (Sheth/Mittal/Newmann 1999, S. 544 f.):

- Im ersten Schritt wird auf Basis des Evaluierungsprozesses jene Alternative identifiziert, die für den Konsumenten am besten geeignet erscheint. Der Konsument denkt sich „Ja, das ist die Alternative, die mir gefällt und die ich bevorzuge".
- Im nächsten Schritt wird dann die Intention, die Leistung auch tatsächlich zu kaufen entwickelt. Die Intention ist somit die Verhaltensabsicht. Der Konsument denkt sich „Wenn ich wieder in den Supermarkt komme, werde ich das Produkt (wieder) kaufen" und schreibt das Produkt vielleicht auf die Einkaufsliste.
- Schließlich wird im letzten Schritt der Kauf umgesetzt, d.h. das Produkt wird meist physisch übernommen und bezahlt.

Idealtypisch wird bei einem extensiven Entscheidungsprozess die Vorkaufphase fortgeführt, d. h. indem der Konsument Informationen gesammelt sowie Evaluationen durchgeführt hat und auf dieser Basis für den Einkauf verfügbare Alternativen identifiziert und umsetzt. Generell kommt der Kaufphase also eine „ausführende" Rolle zu, weshalb sie in der Literatur auch eher selten umfassend betrachtet wird. Die Kaufphase kann aber auch eher affektiv geprägt sein und z. B. durch situative Gegebenheiten am POS eingeleitet werden (z. B. beim Impulskauf) (Hoyer/MacInnis 2004, S. 224 f.).

Die Unterteilung der Kaufphase in die drei Teilprozesse und deren differenzierte Betrachtung ist von Bedeutung, da zwischen den Schritten zwei (der Bildung der Intention) und drei (dem Kauf i. e. S.) mehr oder weniger Zeit vergehen kann. In dieser Zeitspanne ist der Konsument im Regelfall vielen Einflüssen ausgesetzt (wie z. B. persönliche Kontakte, Print-Medien, TV, POS-Materialien), was im Extremfall zu einer Änderung der bereits vorhandenen Kaufintention führen kann. Mögliche Gründe für die Verzögerung des Kaufes wurden im Rahmen einer empirischen Untersuchung erhoben und sind in Übersicht 131 dargestellt. Befragt wurden Konsumenten, die kürzlich Produkte aus den Kategorien Bekleidung, Möbel, Sportartikel, Autos, Elektronikartikel und Computer gekauft hatten.

Hierbei handelt es sich allerdings primär um kognitiv geprägte (rationale) und ex post erhobene Antworten, wie sie für extensive Kaufentscheidungen typisch sind. Demgegenüber ist festzuhalten, dass in der Kaufphase speziell auf Kaufbeeinflussung gerichtete Instrumente und damit psychische Prozesse wirken und es zu einer Neuorientierung kommen kann. Man denke nur an Kaufanregungen durch den Handel am POS, der z. B. auf die Auslösung von zusätzlichen Impulskäufen oder auf einen Wechsel der vom Kunden ausgewählten Alternative zugunsten einer Alternative abzielt, die mit einem größeren Deckungsbeitrag für den Handel verbunden ist.

Übersicht 131: ***Gründe für die zeitliche Verzögerung bzw. für die Fortsetzung des Kaufprozesses*** *(Bedeutung von 1 ... sehr große Bedeutung bis 5 ... keine Bedeutung)*

Gründe für die Zeitverzögerung	Bedeutung
Zeitdruck – zu beschäftigt	2,09
Weitere Informationen waren erforderlich	2,57
Zeit war nicht verfügbar	2,81
Unsicherheit bzgl. der Notwendigkeit	3,25
Soziales- oder psychologisches Risiko bei falscher Produktwahl	3,30
Gefühl, dass es ein anderes vorhandenes Produkt „auch tut"	3,30
Funktionales oder finanzielles Risiko bei falscher Produktwahl	3,35
Erwartete Preisreduktion oder Produktmodifikation in naher Zukunft	3,48
Zustimmung weiterer Personen war erforderlich	3,59
Einkaufen wurde als unangenehm empfunden	3,66
Gründe für die Fortsetzung des Kaufprozesses	**Bedeutung**
Entscheidung für eine andere Alternative	2,16
Zeit gefunden	2,38
Bedürfnis/Problem war nur vorübergehend vorhanden	2,49
Produkt wurde zu niedrigerem Preis angeboten	2,90
Keine Lust zum weiteren Einkaufen	3,30
Gutes Geschäft gefunden	3,59
Es war möglich, die Ausgabe zu rechtfertigen	3,68
Erforderlicher Ratschlag erhalten	3,86
Positive Empfehlungen/Ratschläge	3,99

Quelle: In Anlehnung an Sheth/Mittal/Newmann (1999), S. 547.

Ferner kann es durch die zeitliche Verzögerung zwischen Bildung der Intention – also der Kaufabsicht – und Kauf auch vorkommen, dass trotzdem eine Entscheidung gefallen ist, letztendlich eine andere Alternative bevorzugt wird. Folgende Gründe können dafür ausschlaggebend sein (Sheth/Mittal/Newmann 1999, S. 547 f.):

- Das ausgewählte Produkt ist nicht lieferbar bzw. verfügbar. Diese (Out-of-Stock-) Situation ist insb. für die Hersteller von höchster Bedeutung. Wenn ein Konsument „sein" Produkt im Handel nicht vorfindet, dann wird dieser abhängig von der Loyalität zum Produkt und von der Bedeutung der Kaufentscheidung ein Ersatzprodukt kaufen, zu einem anderen Händler gehen oder warten, bis das Produkt wieder verfügbar ist. Im ersten Fall ist der Hersteller betroffen, wobei zu beachten ist, dass die so verlorenen Umsätze (aus Herstellersicht) nicht mehr nachzuholen sind, da die Konsumenten nach dem Kauf eines Ersatzproduktes ihren Bedarf bereits gedeckt haben und u. U. sogar ein neues Produkt entdeckt haben und beim nächsten Kauf auf das ursprünglich als Ersatzprodukt gedachte Produkt zurückgreifen. Im zweiten Fall kann der Kunde möglicherweise die Einkaufsstätte wechseln, was kontraproduktiv auf die Einkaufsstättenbindung wirkt. Eine zeitliche Verschiebung des Kaufes tritt beim dritten Fall ein.

- Informationen am POS, die der Konsument unmittelbar vor dem eigentlichen Kauf erhält, können eine neuerliche Evaluierungsphase auslösen. Dies kann z. B. passieren, wenn ein Konsument die Evaluierung auf nicht ganz aktuellen oder nicht ganz relevanten Informationen aufgebaut hat und unmittelbar vor dem Kauf erfährt, dass es z. B. eine neue Technologie, ein neues leistungsstärkeres Modell, eine preiswertere Variante o. ä. gibt.
- Aspekte der Finanzierung werden erst beim Kauf bekannt. Dieser Fall liegt vor, wenn ein Konsument z. B. einen Kauf konkret geplant hat und davon ausgeht, dass die Bezahlung mittels Kreditkarte oder Ratenzahlung möglich ist und sich dies aber als Fehlannahme herausstellt. In einer solchen Situation ist es nicht unwahrscheinlich, dass sich der Konsument einen anderen Anbieter sucht, der eine Kreditkarten- oder eine Ratenzahlung akzeptiert.

Generell kann für die Kaufphase festgehalten werden, dass diese insb. dann im beschriebenen (idealtypischen) Sinne abläuft, wenn ein Herstellerunternehmen betrachtet wird, das seine Produkte direkt an die Endverbraucher vertreibt. Konkret kann dies bspw. über eigene Outlets, Factory Outlet Center oder das Internet erfolgen. Sind Absatzmittler zwischengeschaltet, dann verfolgen diese weniger einen Produkt-, sondern vielmehr einen Sortiments- bzw. Betriebstypenfokus und damit eigene Kundenbindungs- und Profilierungsziele.

Da aber nach wie vor ein Großteil der Käufe von Konsumenten im stationären Handel erfolgt, ist für die Betrachtung der Kaufphase v. a. das Verhalten der Konsumenten in der Einkaufsstätte entscheidend. Davon ist darüber hinaus das Verhalten von Versandhandelskunden beim Betrachten von Katalogen, das Verhalten von Internet-Usern auf der Web-Site und der Kauf direkt beim Vertriebsmitarbeiter eines Herstellers zu unterscheiden. Erneut sollte dabei zwischen den beiden Fällen einer neuen Kundenbeziehung und einer bestehenden Kundenbeziehung differenziert werden.

Zu den Kriterien, die für Konsumenten in der Kaufphase von Bedeutung sein können, zählen u. a. einfache Kauf- bzw. Bestellabwicklung, Transparenz im Laden, kurze Wartezeiten, Zahlungsmöglichkeiten und Öffnungszeiten. Zugleich geht es um die Gestaltung von Verkaufsgesprächen, Verkaufstechnik usw. Nachfolgend wird zunächst auf das Verhalten in der Einkaufsstätte fokussiert

Verhalten in der Einkaufsstätte

Im Hinblick auf die Bindungswirkung der Kaufphase kommt es zunächst auf eine Vereinfachung des Einkaufs für den Konsumenten an, wobei es auf den Kernnutzen (z. B. Verfügbarkeit und schnelles Finden eines Produktes) bis hin zum Zusatznutzen (z. B. besondere Services wie Beratungsleistungen oder Erlebnis) ankommt.

Vor allem im Bereich der Produktpräsentation besteht nicht nur eine beachtliche Tradition in der Analyse des Käuferverhaltens, sondern auch ein beachtliches Potenzial in der Gestaltung der Kaufphase. Damit beschäftigen sich im Wesentlichen folgende zwei Forschungsrichtungen:

- die *kognitionsorientierte Forschung*, die sich mit der Anordnung der Ladenelemente, den Wertigkeiten der Ladenelemente oder generell den Orientierungen der Konsumenten im Laden beschäftigen
- die *emotionsorientierte Forschung*, welche die erlebnisorientierte Gestaltung des Ladens im Fokus hat und zugleich aktivierende Elemente und Einflussfaktoren betrachtet, wie die Verweildauer, die Verbundpräsentation etc.

Insbesondere im Zusammenhang mit der Orientierung im Laden spielen kognitive Ansätze eine wichtige Rolle. Dabei geht es v. a. darum, dass der Konsument seine Umwelt verstehen möchte, um sich in ihr zu orientieren. Einen wesentlichen Beitrag dazu leisten *Cognitive Maps*, die das Wissen um räumliche Anordnungen repräsentieren. Sie sind sozusagen gedankliche Lagepläne von Umwelten, die aufgrund von Erfahrungen in einem Laden entstanden sind (Esch/Billen 1996, S. 320 f.). Im Rahmen der Orientierung im Laden werden einzelne Elemente wiedererkannt und dem größeren Kontext des Ladens zugeordnet, wobei ein Zugriff auf bestehende kognitive Strukturen erfolgt. Unterstützt wird dieser Prozess durch zusätzlich wahrgenommene Informationen wie z. B. Hinweisschilder. Die Orientierung im Laden erfolgt also sowohl durch Gedächtnisleistungen, indem auf bestehende Strukturen zurückgegriffen wird, als auch durch die Nutzung von äußeren Reizen.

Im Hinblick auf das Verhalten der Konsumenten in der Einkaufsstätte kommt Erlebnissen eine besondere Bedeutung zu. Die erlebnisorientierte Einkaufsstättengestaltung ermöglicht nicht nur die Profilierung des Geschäfts, sondern auch die Einflussnahme auf das Käuferverhalten. Die Erklärung des Prinzips der Erlebnisvermittlung durch Umweltreize für das Ladenumfeld ist u. a. mit dem umweltpsycholgischen Verhaltensmodell von Mehrabian und Russell (1974) möglich (siehe Übersicht 132). Diesem Modell zufolge lösen die Umweltreize (S) in der Erlebnissphäre Gefühle (I) aus, die zusammen mit kognitiven Wirkungen als intervenierende Variable das konkrete Kaufverhalten (R) bestimmen. Persönlichkeitsunterschiede oder bestehende Prädispositionen (P) führen zu unterschiedlichen Reaktionen.

Übersicht 132: ***Umweltpsychologisches Verhaltensmodell***

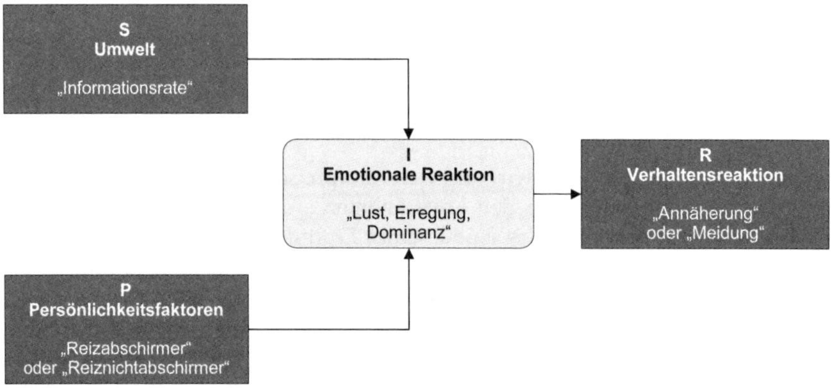

Quelle: Mehrabian/Russell 1974, S. 8.

Die *Stimulusvariablen (S)* stellen Einzelreize verschiedener Arten wie bspw. Farben, Formen, Beleuchtung (visuelle Modalität) oder Musik (akustische Modalität) dar. Die Menge an Informationen, die in der Umwelt pro Zeiteinheit enthalten ist (objektive Komponente) bzw. wahrgenommen wird (subjektive Komponente), bestimmt die sog. Informationsrate der Umwelt. „Je mehr Informationen in Form von Reizen vom Beobachter verarbeitet werden müssen, desto größer ist die Informationsrate" (Mehrabian 1978, S. 16).

Verkaufsraumgestaltung

Die Gestaltung des Verkaufsraums hat für die Zufriedenheit der Konsumenten mit der Kaufphase, aber auch für die Förderung der Verweildauer oder zur Förderung von Impulskäufen höchste Bedeutung. Der Anteil an Impulskäufen wird je nach Produktkategorie unterschiedlich, aber insgesamt hoch eingeschätzt. Untersuchungen ergaben, dass bis 85 Prozent der Süßwarenkäufe, 70 Prozent der Kosmetikartikelkäufe und 75 Prozent der Käufe von Zahnpflegeprodukten ungeplant erfolgen (Meyer 1988, S. 67). Zu den Instrumenten der Verkaufsraumgestaltung gehören (Liebmann/Zentes 2001, S. 547 ff.):

- Ladenlayout – Zu den Aufgaben des Ladenlayouts zählen einerseits die Aufteilung des Raums in unterschiedliche Funktionszonen im Rahmen der Raumaufteilung (z. B. Warenfläche, Kundenfläche und restliche Verkaufsfläche) sowie andererseits die Anordnung in Funktionszonen im Rahmen der Raumanordnung (z. B. Zwangsablauf oder Individualablauf).
- Qualitative und quantitative Raumzuteilung – Im Rahmen der qualitativen Raumzuteilung geht es um die Anordnung der einzelnen Warengruppen innerhalb des Verkaufsraums und um die qualitative Artikelplatzierung. Im Rahmen der quantitativen Raumzuteilung steht die Entscheidung, welcher Warengruppe bzw. welchem Artikel wie viel der knappen Regalfläche zur Verfügung gestellt wird.
- Atmosphärische Ladengestaltung – Hierzu zählen die visuelle Kommunikation (Beleuchtung, Farben und Dekoration), die akustische Kommunikation (Hintergrundmusik), Gerüche, Düfte und Temperatur.
- Gestaltung des Ladenumfelds – Dazu zählen die Gestaltung des Schaufensters, des Eingangsbereichs, Parkmöglichkeiten, Wege und die Erreichbarkeit mit öffentlichen Verkehrsmitteln.

Darüber hinaus wird die Informationsrate auch durch die Neuartigkeit und Komplexität der Umwelt beeinflusst. Umwelten, die selten wahrgenommen werden und daher ungewohnt, überraschend, asymmetrisch aufgebaut, bewegt oder besonders nah sind, können grundsätzlich als reizstärker eingestuft werden als Umwelten ohne diese Eigenschaften (Kroeber-Riel/Weinberg 2003, S. 429). Zur Erzielung einer gewünschten Wirkung ist auf eine einheitliche Reizkonstellation bzw. auf Verbundwirkungen von Reizen zu achten. So ist bspw. zu berücksichtigen, dass Farben Geschmackseindrücke bestimmen oder Temperaturempfindungen hervorrufen können.

Die *intervenierenden Variablen (I)*, also die durch die Stimulusvariable hervorgerufenen Gefühle, werden auf drei grundlegende Gefühlsdimensionen zurückgeführt:

- Erregung – Nichterregung
- Lust – Unlust
- Dominanz – Nichtdominanz/Unterwerfung

Die Stärke einer emotionalen Reaktion spiegelt sich in der *Erregung – Nichterregung* wider, die auch als Aktivierung interpretiert werden kann. Zur Messung dieser Dimension werden Items wie z. B. aktiv, angeregt, aufgeregt bzw. müde, träge, gelangweilt herangezogen. Bzgl. der Gestaltung von Reizen ist zu beachten, dass ein bestimmtes Reizvolumen nicht überschritten werden sollte. Es muss dem Betrachter möglich sein, Strukturen zu erkennen, die er in bereits erfahrene Schemata einordnen kann, damit dieser eine emotionale Beziehung zur Umwelt aufbauen kann (vgl. dazu Diehl 2002, S. 101). Die Gefühlsdimension *Lust – Unlust* liefert Hinweise auf die Richtung der Gefühle (positiv vs. negativ). Geeignete Mess-Items sind z. B. vergnügt, glücklich, zufrieden bzw. verärgert, unglücklich, unzufrieden. Wenn einem Konsumenten die Umwelt also gefällt, so führt dies zu positiven Gefühlen gegenüber dieser. Zu berücksichtigen ist dabei allerdings auch die Beziehung zwischen den Dimensionen Lust und Erregung im Hinblick auf die Leistungsfähigkeit, die in der Lambda-Funktion zum Ausdruck kommt (siehe Abschnitt 2.1.1 dieses Kapitels).

Das subjektive Gefühl eines Individuums, in bestimmten Situationen frei, unabhängig, überlegen oder aber kontrolliert und unterlegen zu sein, spiegelt die Dimension der *Dominanz – Nichtdominanz/Unterwerfung* wider (Kroeber-Riel/Weinberg 2003, S. 430). Zur Erfassung können Items wie überlegen oder einflussreich bzw. eingeschüchtert oder mit Vorschriften eingedeckt herangezogen werden (Gröppel 1991, S. 127). Diese Dimension hat sich allerdings in empirischen Untersuchungen kaum bewährt – sie scheint eher Ausdruck kognitiver Prozesse zu sein. Daher wurde sie auch in späteren Anwendungen des Modells ausgenommen (Kroeber-Riel/Weinberg 2003, S. 430; Russell/Pratt 1980, S. 313).

Die emotionale Reaktion (I) wird darüber hinaus von der Persönlichkeit des Konsumenten bzw. vom *Persönlichkeitstyp (P)* des Individuums bestimmt. Dies erklärt, weshalb Personen auf gleiche Reize unterschiedlich reagieren. Zur Beschreibung der Persönlichkeitstypen in diesem Zusammenhang können die drei eben erwähnten Gefühlsdimensionen herangezogen werden. So konnten der Typ Reiznichtabschirmer, der sich aufgeschlossen gegenüber Reizen verhält, sich eher diesen aussetzt und auf die Umwelt stärker, anhaltender, aber weniger selektiv reagiert und Reiz-Abschirmer, der eher versucht, das Reizvolumen zu vermindern und nur selektiv die für ihn interessanten Reize verarbeitet, identifiziert werden (Mehrabian 1978, S. 30 f.).

Ein Individuum kann sich von einer Umwelt angezogen fühlen. In diesem Fall möchte es diese näher erforschen und kennen lernen, wenn sie Erregung, Lust (und Dominanz) vermitteln kann. Dies stellt letztlich eine Ausprägung der *Reaktionsvariablen (R)* dar. Dem positiven Annäherungsverhalten steht entsprechend die negative Ausprägung, das Meidungsverhalten, gegenüber, die zu einem abweisenden Verhalten gegenüber der Umwelt führt (Mehrabian 1978, S. 11 f.). Die Reaktion des Individuums kann sich in motorischen (die Umwelt aufsuchen) und spezifischen Verhaltensweisen (wie Erkunden oder Suchverhalten) äußern (Kroeber-Riel/Weinberg 2003, S. 430 f.).

5.3.2 Bedeutung und Messung

Aus der Perspektive des Kundenbeziehungsmanagements stellt die Kaufphase eine wichtige, wenn auch häufig zeitlich kurze Phase dar. Konkret stehen in der Kaufphase häufig die Aktivitäten am POS im Mittelpunkt der Marketingüberlegungen:

- Verkaufsraumgestaltung
- Verkaufsgespräch
- Verbundkäufe sowie Cross-Buying
- Services

Zudem geht es insb. im Handel häufig darum, den Kauf zu ermöglichen oder zum (Zusatz-) Kauf anzuregen, was u. a. auch die hohe Bedeutung der Verkaufsförderung als Kommunikationsinstrument im Handel erklärt. Aus Herstellersicht ist in diesem Zusammenhang auf die Verfügbarkeit von Produkten zu achten. Im Versandhandel (klassisch oder über das Internet) geht es häufig um die Reduktion von Unsicherheiten und Risiko. Daneben sind in dieser Phase häufig spezifische Aktivitäten beobachtbar. Dazu zählen die Förderung persönlicher Gespräche in Filialen (persönlicher Verkauf), die Anregung von (Zusatz-) Käufen durch Verkaufsförderung, Regalstopper, POS-Terminals und Orientierungsleitsysteme, Maßnahmen, um Wartezeiten (subjektiv und objektiv) zu verkürzen (z. B. Getränke, Videofilme oder Spielmöglichkeiten für Kinder), aber auch (Bestell-) Statusinformationen (Order Tracking Service) im Versandhandel. Die Instrumente werden mit unterschiedlicher Ausrichtung für neue bzw. bestehende Kundenbeziehungen genutzt.

Verkaufsraumgestaltung

Im Bereich des Handels wurden zahlreiche Versuche unternommen, das umweltpsychologische Modell von Mehrabian/Russell im Rahmen der Ladengestaltung anzuwenden. Diese zielen allerdings meist auf die Erklärung einzelner ausgewählter Beziehungen ab und nicht auf das Gesamtmodell. So wird bspw. analysiert, welche Gefühle die Ladenatmosphäre als intervenierende Variable hervorrufen kann und wie dadurch das Einkaufsverhalten beeinflusst wird (I-R-Beziehung) (Donovan und Rossiter 1982). Es zeigt sich, dass die Ladenatmosphäre insb. auf die emotionalen Eindrücke „Vergnügung" und „Erregung" wirkt, wobei das Vergnügen sich wiederum in den Reaktionen „Verweildauer" und „Ausgabebereitschaft" äußert. Darüber hinaus stellt sich heraus, dass abwechslungsreiche Ladenumwelten einen positiven Einfluss auf die Stimmung haben (S-I-Beziehung) (Boost 1987).

Wird das Gesamtmodell in den Mittelpunkt der Betrachtungen gestellt, so ist es zunächst nahe liegend, Verbundpräsentationen einzusetzen, da die räumlich getrennte Produktpräsentation natürliche Assoziationen zersplittert (Mehrabian 1987, S. 178). Darüber hinaus konnte empirisch belegt werden, dass es wirkungsvoll ist, die Verbundpräsentation durch themenbezogene Dekorationsgegenstände (kontextbezogene Verbundpräsentation) zu ergänzen (Gröppel 1991, S. 232 ff.). Derartige Verbundpräsentationen führen i. d. R. zu einem positiveren emotionalen Eindruck der Einkaufsstätte, einer besseren funktionalen Beurteilung der Ware, einer größere Orientierungsfreundlichkeit, einer positiveren Stimmung und einer individuelleren Ausstrahlung des Verkaufsraums. Ähnliche Erkenntnisse konnten auch bzgl. der erlebnisbetonten Verbundpräsentation im Rahmen von Internetshops gewonnen werden (Diehl 2002, S. 285 f.).

Käuferverhalten im Laden

Aus unterschiedlichen Studien zum Käuferverhalten am POS geht hervor, dass Konsumenten (Berekoven 1995, S. 289)

- Außengänge bevorzugen, sich vorwiegend rechts halten und eher entgegen dem Uhrzeigersinn laufen;
- einen gewissen Geschwindigkeitsrhythmus haben und zwar im ersten Teil des Einkaufs eher schnell, dann langsam und gegen Ende des Einkaufs wieder schneller werden;
- Kehrtwendungen und Ladenecken so weit es geht vermeiden;
- ihren Blick vornehmlich nach rechts lenken.

Vor dem Hintergrund dieser Verhaltensweisen lassen sich für Handelsunternehmen einige Rückschlüsse für die Bedeutung einzelner Verkaufszonen ziehen.

Übersicht 133: ***Charakteristika hoch- und minderwertiger Verkaufszonen***

hochwertige Verkaufszonen	minderwertige Verkaufszonen
Hauptwege des Geschäfts	Mittelgänge
rechts vom Kundenstrom liegende Verkaufsflächen	links vom Kundenstrom liegende Verkaufsflächen
Auflaufflächen, auf die der Kunde automatisch blickt	Einlaufzonen, die schnell passiert werden
Gangkreuzungen	Sackgassen des Verkaufsraums
Kassenzonen	Räume hinter den Kassen
Zonen um Beförderungseinrichtungen (z. B. Lifte oder Treppen)	die höheren und tieferen Etagen

Im Rahmen der Ladengestaltung geht es zunehmend um eine integrierte und systematische Kombination von Reizen zu einem multisensualen Konsumerlebnis. Dies ist auch damit zu begründen, dass das Shopping mehr und mehr zu einem komplexen sozialen Prozess wird, der teilweise einen Selbstzweck darstellt und in Wohlstandsgesellschaften u. a. auch zum Vertreiben von Langeweile dient (Trommsdorff 2002, S. 73 f.). Vor diesem Hintergrund wurden in der jüngeren Vergangenheit nicht nur Läden erlebnisorientierter gestaltet, sondern es haben sich spezielle erlebnisorientierte Betriebstypen entwickelt, wie z. B. Shopping Center mit Erlebniskomponenten oder Urban Entertainment Center (Liebmann/Zentes 2001, S. 403 ff.).

Zur erlebnisbetonten Ladengestaltung eignen sich insb. die Gestaltungselemente Ladenlayout, Dekoration, Farbwahl und Umfeldgestaltung. Diese physische Umwelt beeinflusst die Ladenatmosphäre, die als emotionale Reaktion hierauf ausgelöst wird. Die Ladenatmosphäre, eine intervenierende Variable (I) im Sinne des umweltpsychologischen Modells, beeinflusst ihrerseits wiederum das Verhalten beim Einkauf. Empirische Untersuchungen (z. B. von Donovan/Rossiter 1982, Diller/Kusterer 1986, Gröppel 1991; Busch 2000) bestätigen diesen Zusammenhang, wenngleich noch offene Fragestellungen bestehen (siehe hierzu auch Kroeber-Riel/Weinberg 2003, S. 438 f.). So gestaltet sich methodisch die Messung der emotionalen Ladenatmosphäre als schwierig. Konkret werden zur Messung bspw. sog. Anmutungsprofile (Diller und Kusterer 1986) oder Bilderskalen eingesetzt (Gröppel 1991) (vgl. hierzu auch Abschnitt 2.1.1.2 in diesem Kapitel).

Erlebnisorientierung in einem Handelsunternehmen

Am Times Square in New York City betreibt das amerikanische Spielwaren-Handelsunternehmen Toys „R" Us einen Flagship-Store, der durchaus auch als „Erlebnispark mit Einkaufsmöglichkeit" betrachtet werden kann. Bereits unmittelbar nach dem Eingang werden die Besucher von einem Riesenrad überrascht, das die Höhe von drei Stockwerken hat und den ersten Blickfangpunkt beim Betreten des Ladens darstellt. Dieses Riesenrad kann kostenlos benutzt werden und während der Fahrt können Einblicke in alle drei Stockwerke des Ladens gewonnen werden.

Übersicht 134: ***Riesenrad im Toys „R" Us-Store***

Darüber hinaus finden sich themen- und markenbezogene Präsentationen, wie im Jahr 2003 z. B. das zweigeschossige Barbie-Haus, in dem Produkte von und für Barbie und Ken präsentiert werden, ein Jurassic-Park mit einem Riesen-Saurier, der sich bewegt und entsprechende Laute von sich gibt, eine großzügige Lego-Präsentation mit Lego-Bauwerken wie z. B. dem Empire State Building, ein Harry Potter-Bereich, ein Candy-Land, in dem diverse Süßigkeiten erworben werden können und last but not least ein Cafeteria-Bereich, in dem man sich (vom Einkaufen) erholen kann.

Darüber hinaus ist im Bereich der Beziehungen insb. zwischen einzelnen Reizen noch Forschungsbedarf vorhanden. In diesem Zusammenhang sollte aber auch nicht übersehen werden, dass die Ladenatmosphäre letztlich nur eine Determinante des Kaufverhaltens ist. Hinzu kommen bspw. noch Wirkungen der Preise, des Sortiments und der Käufer-Verkäufer-Interaktion, so dass bei der Ladengestaltung ein Schwerpunkt auf die Angebotsleistung zu legen ist (vgl. dazu Swoboda 1998, S. 317 ff.).

Verkaufsgespräch

Persönliche Verkaufsgespräche können in Abhängigkeit der Branche und des Erklärungsbedarfs der Produkte ein zentrales Kommunikations- und Verkaufsinstrument sein und somit in der Kaufphase eine zentrale Rolle spielen. Ein klassischer Ansatz, der ein Verkaufsgespräch in mehrere Phasen unterteilt, ist die AIDA-Formel (Attention, Interest, Desire und Action), die von Lewis bereits im Jahre 1898 entwickelt wurde.

Kommunikationselemente im persönlichen Verkauf

Im Rahmen des persönlichen Verkaufs (personal selling) spielt eine Reihe von Kommunikationselementen eine Rolle. In Übersicht 135 sind diese strukturiert.

Übersicht 135: ***Kommunikationselemente der persönlichen Kommunikation***

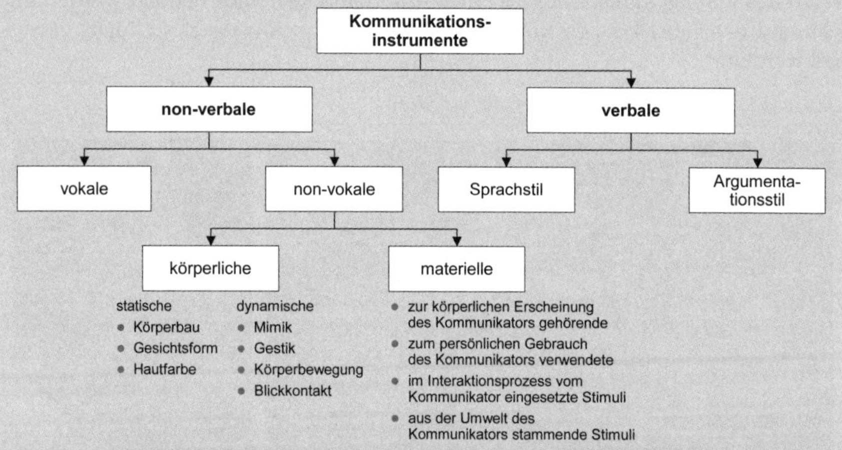

Quelle: In Anlehnung an Weinberg 1986, S. 85.

Grundsätzlich kann zwischen non-verbalen und verbalen Elementen unterschieden werden. Im Rahmen der verbalen Elemente kann zwischen Sprachstil und Argumentationsstil, im Rahmen der non-verbalen Elemente zwischen vokalen und non-vokalen Elementen unterschieden werden.

Wenngleich der AIDA-Zugang auch heute bei manchen Verkäufern zu beobachten ist, erscheint das folgende idealtypische Phasenmodell für das Verständnis von Verkaufsgesprächen eine vergleichsweise gute Strukturierung zu bieten. Ein Verkaufsgespräch kann demnach in folgende Phasen unterteilt werden (Weis 2000, S. 217 ff.):

- In der *Kontaktphase* geht es darum, dass der Verkäufer versucht, ein positives Gesprächsklima zu erzeugen. Dabei kann eine ganze Reihe von Faktoren wichtig sein, zu denen z. B. gesprächspartnerspezifisches und situationsspezifisches Sprechen, aktives Zuhören, entsprechende Gestik und Mimik sowie entsprechende Kleidung gezählt werden können.
- In der eigentlichen *Gesprächseröffnungsphase* entscheidet der Kunde, ob das Gespräch fortgesetzt wird oder nicht. Daher geht es in dieser Phase darum herauszufinden, inwieweit ein Kunde für die Fortsetzung des Gespräches bereit ist und

welche konkreten Motive dem vom Kunden erkannten Problem eigentlich zu Grunde liegen.

- In der *Analysephase* geht es darum, den konkreten Bedarf des Kunden zu erfassen. Dabei geht es aber nicht nur z. B. um die Menge, die ein Kunde von einem Produkt kaufen möchte, sondern im ersten Schritt allgemein um den Einsatzbereich für das Produkt, letztlich also um das Problem, das mit dem in Erwägung gezogenen Produkt gelöst werden soll.
- In der *Argumentations-/Diskussionsphase* geht es darum, den Kunden auf der Basis der Informationen aus den vorhergehenden Phasen davon zu überzeugen, dass man ein Produkt anbietet, das all seine Anforderungen möglichst gut erfüllen kann.
- In der *Abschlussphase*, in der der Kaufabschluss erfolgt, ist es von Bedeutung, den Wunsch des Konsumenten zu erkennen und entsprechend zu handeln. Bei einem Konsumenten, der sich entschieden hat und das Gespräch beenden will, würde man mit weiterer Argumentation Reaktanz auslösen. Dies könnte wiederum dazu führen, dass der bereits vorhandene Kaufwunsch wieder verworfen wird. Charakteristische Signale für die Abschlussbereitschaft sind sprachlich artikulierte Signale wie z. B. konkrete Kaufäußerung, Fragen nach den Garantieleistungen, Kundendienst oder Referenzen und am Verhalten erkennbare Signale wie z. B. verstärktes Kopfnicken, Ergreifen des Produktes oder tiefes Durchatmen.

Übersicht 136: ***Interpretation unterschiedlicher Körperhaltungen***

Körperhaltung	Interpretation
Kopf ruckartig zurückwerfen	Trotz, Ablehnung oder Ungläubigkeit
Kopf einziehen (Schultern hochziehen)	Angst, Nervosität oder Verkrampfung
Stirn runzeln	Entrüstung
Augenbrauen heben	Ungläubigkeit oder Arroganz
durch den Gesprächspartner hindurchschauen	Geistesabwesend
Gesprächspartner mit geradem Blick anschauen	interessiert
keinen Blickkontakt halten	Unsicherheit oder Arroganz
häufig die Lider bewegen	Nervosität
Brille hochschieben	Versuch, Zeit zu gewinnen
Brille (hastig) abnehmen	Nervosität oder Angriff
kurz an die Nase greifen	ertappt werden oder Verlegenheit
sich die Nase reiben	Nachdenklichkeit
den Mund öffnen	Erstaunen oder Wunsch nach Unterbrechung
immer leiser (langsamer) sprechen	Unsicherheit oder Unwilligkeit
Lippen zusammenpressen	verhaltener Zorn oder Starrsinn

Quelle: In Anlehnung an Weinberg 1986, S. 106 f.; Nerdinger 2001, S. 217 f.

Faktoren wie Mimik, Gestik und Körpersprache haben als Elemente der nonverbalen Kommunikation in allen Phasen eines Verkaufsgespräches höchste Bedeutung. Aus Verkäufersicht insb. deshalb, weil aus der unbewussten Körpersprache eines Kunden u. U. wichtige Hinweise auf seine Denkhaltung gewonnen werden können (vgl. hierzu auch Abschnitt 2.1.2.2 in diesem Kapitel), die der Kunde nicht bzw. nicht direkt artikulieren würde.

Aus Sicht des Kunden spielt die Körpersprache des Verkäufers eine wichtige Rolle, auch wenn diese nicht bewusst wahrgenommen wird. Sie sollte mit den verbalen Informationen übereinstimmen, um ein konsistentes und glaubwürdiges Bild des Angebots zu bekommen. Problematisch und schwerwiegend sind vor diesem Hintergrund Fehler, die ein Verkäufer in seiner non-verbalen Kommunikation macht. Während Fehler in der verbalen Kommunikation zumindest in einem gewissen Rahmen verbal wieder korrigiert werden können, können Fehler in der non-verbalen Kommunikation praktisch nicht mehr korrigiert werden. In Übersicht 136 finden sich auszugsweise Ansatzpunkte, wie bestimmte Körperhaltungen interpretiert werden können.

Zu den Konzepten, die dazu eingesetzt werden, Verkaufsgespräche und die Verhaltensweisen der handelnden Personen zu analysieren und zu erklären, zählen:

- Die *Transaktionsanalyse*, die auf Eric Berne zurückgeht, zielt darauf ab, die Kommunikation zwischen zwei Personen zu erklären. Dazu werden einerseits die Strukturanalyse und andererseits die Funktionsanalyse eingesetzt. Im Rahmen der Strukturanalyse wird analysiert, aus welchem Ich-Zustand heraus kommuniziert wird. Konkret wird zwischen drei Ich-Zuständen unterschieden, nämlich zwischen dem Eltern-Ich, dem Erwachsenen-Ich und dem Kindheits-Ich. Gegenstand der Transaktionsanalyse i. e. S. ist es dann festzustellen, ob im Rahmen der Kommunikation beide Personen im selben Ich-Zustand sind, was als Parallel-Transaktion bezeichnet wird, oder nicht (Überkreuzte Transaktion), oder aber nur scheinbar auf der Ebene derselben Ich-Zustände kommunizieren, im Hintergrund aber eine andere Absicht besteht (Verdeckte Transaktion). Die Funktionsanalyse beschäftigt sich hingegen damit, wie sich Ich-Zustände in Gesprächen zeigen und wodurch sie erkennbar bzw. beobachtbar sind. Grundsätzlich kann festgehalten werden, dass die Transaktionsanalyse theoretisch gut fundiert ist und sich im praktischen (auch therapeutischen) Einsatz bewährt hat. Sie basiert nicht nur auf einer Kommunikationstheorie, sondern enthält eine Theorie der menschlichen Persönlichkeit und beschäftigt sich auch mit allen drei Ausdrucksweisen menschlichen Verhaltens, nämlich dem Denken, dem Fühlen und den davon ausgehenden verbalen und nonverbalen Äußerungen (Schulze 1991, S. 287 f.; Angerer 2003, S. 119 ff.).
- Die *Neurolinguistische Programmierung* (NLP) geht davon aus, dass es grundsätzlich drei Typen von Menschen gibt, den visuellen Typ, den auditiven Typ und den kinästhetischen Typ. Je nach Typ drücken sich die Menschen sowohl verbal als auch in der Körpersprache anders aus. Eine der Grundideen der NLP besteht nun darin, sich auf die andere Person gemäß ihrem Typ einzustellen, was als Pacing bezeichnet wird. Durch das Pacing wird ein sog. Rapport, der gute Kontakt, erzielt und im Idealfall kann danach durch Leading das eigene Ziel besser verfolgt werden. Darüber hinaus wird im Rahmen der NLP von Ankern, das ist das Auslösen einer bestimmten Wahrnehmung z. B. durch Sprache sowie das Reframing, das ist das „in einen anderen Rahmen stellen" eines Problems, gesprochen. Generell kann festgehalten werden, dass die NLP einfache Handlungsanleitungen enthält, die aber differenziert zu betrachten wären. Hinsichtlich der theoretischen Fundierung bleibt dieser Ansatz allerdings einiges schuldig (Weis 2000, S. 195).

Übersicht 137: ***Fragetypen im Verkaufsgespräch***

	Wirkung	Beispiel
Informations-fragen	Sollen Informationen über die Situation und Ausgangslage des Gesprächspartners in Erfahrung bringen. Sie sind kurz zu halten und können offen oder geschlossen sein.	„Haben Sie schon von unserem Produkt XY gehört?“
Suggestiv-fragen	Sollen den Gesprächspartner im Sinne des Verkäufers beeinflussen. Allerdings muss darauf geachtet werden, dass die Fragen den Partner nicht negativ berühren.	„Sie als Fachmann auf dem Gebiet der ... haben sicher schon gehört, dass ...“
Alternativ-fragen	Sollen dem Gesprächspartner die Möglichkeit zwischen zwei möglichen Entscheidungen geben, die beide für den Verkäufer positiv sind.	„Möchten Sie das Auto lieber in schwarz oder in silber?“
Gegen-fragen	Sollen dem Verkäufer die Möglichkeit geben, auf eine Frage hin wieder die Initiative zurückgewinnen.	„Wann können Sie liefern?“ – „Bis wann brauchen Sie die Maschine?“
Kontroll-fragen	Bieten die Möglichkeit im Laufe des Verkaufsgesprächs festzustellen, inwieweit Übereinstimmung zwischen den Gesprächspartnern besteht – werden meist als geschlossene Fragen gestellt.	„Wir können also davon ausgehen, dass ein Bedarf von ... besteht?“
Fang-fragen	Sollen vom Gesprächspartner eine Information „herausholen“, um zu wissen, wie man einen Verkaufserfolg erreichen kann.	„Habe ich Sie richtig verstanden, dass Sie die Maschine im Januar kaufen wollen?“
Motivations-fragen	Sollen den Gesprächspartner dazu bringen, seine wahren Beweggründe zu offenbaren bzw. aktiv zu werden.	„Warum wollen Sie diesen Vorsprung der Konkurrenz gegenüber nicht wahrnehmen?“
Rhetorische Fragen	Dienen primär dazu, die Aufmerksamkeit des Gesprächspartners zu erhalten bzw. zu gewinnen.	„Sie werden sicher fragen, was kostet diese Lösung ... diese Lösung, so wie hier angeboten, kostet ...“

Quelle: In Anlehnung an Weis 2000, S. 214 ff.

Im Rahmen von zahlreichen v. a. auf Praxiserfahrung beruhenden Veröffentlichungen wurden für die Gestaltung von Verkaufsgesprächen Empfehlungen entwickelt, die unter dem Begriff „Verkaufstechnik“ diskutiert werden (vgl. dazu u. a. Nerdinger 2001, S. 180 ff.). So existieren Empfehlungen, die als Eröffnungs-, Einwandbehandlungs-, Frage-, Preisargumentations- sowie Abschlusstechnik bezeichnet werden (siehe Übersicht 137). In diesem Zusammenhang muss allerdings auch betont werden, dass die Vorstellung, durch Anwendung von Verkaufstechniken und einfachen Verkaufsformeln automatisch zum Verkaufserfolg zu gelangen, überholt ist.

Verbundwirkungen und Cross-Buying

Sowohl für die Industrie als auch für den Handel spielen bei der Produktprogrammgestaltung neben den Kriterien Kosten und Kapazität auch die Beziehungen zwischen Produkten und Produktgruppen eine Rolle. Sind diese Verbundwirkungen bekannt, so können daraus Konsequenzen für die Programmgestaltung und für die Warenpräsentation abgeleitet werden. Grundsätzlich lassen sich Verbundwirkungen in drei Gruppen strukturieren (Schnedlitz/Reutterer/Joos 2001, S. 951 f.):

- Der *Bedarfsverbund* ist durch den gemeinsamen Ge- oder Verbrauch der Produkte charakterisiert. Als Beispiele für einen Bedarfsverbund können etwa Kaffee und Kaffeefiltertüten, Computer und Drucker, Anzug und Hemd oder CDs und CD-Player angeführt werden.

- Ein *Nachfrageverbund* liegt dann vor, wenn Produkte gemeinsam nachgefragt werden. Dies kann auf einen Bedarfsverbund zurückzuführen sein, kann sich aber auch aus dem Bedürfnis der Konsumenten nach Bequemlichkeit ergeben oder auch auf situative Variablen zurückzuführen sein. Als Beispiele können Verbrauchermärkte angeführt werden, die darauf abzielen, dass ein Konsument mit einem Einkauf (one-stop-shopping) alle Produkte des täglichen Bedarfs erwerben kann.
- Der *Kaufverbund* ist schließlich jene Verbundform, die für Unternehmen am einfachsten erkennbar ist, da nur tatsächliche Käufe miteinbezogen werden.

Wenngleich alle drei Verbundarten von Bedeutung und bei Entscheidungen zu berücksichtigen sind, so ist der Kaufverbund jener Bereich, der in Unternehmen am besten erforscht ist. Im Handel lassen sich auf der Basis von Scannerdaten Warenkorbanalysen durchführen, mittels derer Verbundkäufe identifiziert werden können. Während viele Verbundwirkungen beim Kauf intuitiv nachvollziehbar sind (z. B. Katzenfutter und Katzenstreu) kann die Kaufverbundanalyse durchaus auch eher überraschende Ergebnisse liefern (z. B. die Verbundwirkung von Babywindeln und Bier).

Verbundwirkungen können für Hersteller und Handel von großer Bedeutung sein. Grundsätzlich ist die Kenntnis von Bedarfs-, Nachfrage- oder Kaufverbünden für die Gestaltung des Produktprogramms bzw. des Sortiments unerlässlich. Darüber hinaus können Verbundwirkungen im Handel weitreichende Konsequenzen für die Warenpräsentation haben (*Präsentationsverbund*). Die Grundidee besteht dabei darin, dass jene Produkte, die gemeinsam gekauft werden, auch gemeinsam präsentiert werden sollten. Der Konsument hat dadurch den Vorteil, dass er nicht zweimal suchen muss, sondern z. B. Kaffee und Kaffeefilter im selben Regal vorfindet. Aus betriebswirtschaftlicher Perspektive ist die Tatsache besonders interessant, dass zufriedene Konsumenten nicht nur ein Produkt oder eine Dienstleistung, sondern häufig mehrere beziehen. Von Interesse ist dieses Phänomen nicht nur, weil dadurch höhere Umsätze generiert werden können, sondern v. a. deshalb, weil dadurch hinsichtlich der Profitabilität von Kundenbeziehungen oftmals bessere Ergebnisse erzielt werden können. Das Phänomen kann aus Kundensicht als Cross-Buying bezeichnet werden, sehr oft wird in diesem Zusammenhang aber von der Unternehmensperspektive ausgegangen und daher von Cross-Selling gesprochen.

Übersicht 138: ***Verbundmatrix***

		Zusatzprodukt				
		Kreditkarte	**Bausparvertrag**	**Hypothek**	**Aktienfonds**	**Hausratversicherung**
Einstiegsprodukt	**Girokonto**	0,6	0,3	0,1	0,4	0,1
	Kreditkarte	---	0,5	0,3	0,5	0,2
	Bausparvertrag	0,3	---	0,7	0,5	0,2
	Hypothek	0,1	0,3	---	0,1	0,8
	Aktienfonds	0,3	0,4	0,2	---	0,3

Quelle: In Anlehnung an Homburg/Schäfer/Schneider 2002, S. 180.

Übersicht 138 gibt Auskunft darüber, welche Zusatzprodukte mit welchem Einstiegsprodukt verkauft wurden. Für das Unternehmen bedeutet dies im konkreten Fall, dass jenen Kunden, die sich bereits für ein Einstiegsprodukt entschieden haben, das u. U. für das Unternehmen weniger profitabel ist (z. B. ein Girokonto), ein Zusatzprodukt, das im Idealfall profitabel ist, mit einer entsprechenden Erfolgswahrscheinlichkeit angeboten werden kann. Für den Konsumenten hat das den Vorteil, dass er sozusagen von den Erfahrungen anderer Kunden in ähnlichen Situationen profitieren kann.

Cross-Selling im E-Commerce

Im Kontext von Cross-Selling sind auch jene Produkt-Vorschläge (recommendations) zu verstehen, die mittlerweile den Besuchern einiger Internet-Shops gemacht werden. Beispielsweise erhält man bei der Bestellung eines Buches in einem Internet-Buchshop (z. B. www.amazon.com) Hinweise darauf, welche weiteren Bücher andere Kunden des Unternehmens mit dem gewählten Buch mitgekauft haben – wie also der Warenkorb der anderen Kunden gefüllt war. Ähnlich aufzufassen sind jene Vorschläge, die den Kunden unterbreitet werden, sobald sie sich auf der jeweiligen Web-Site authentifizieren und die sich auf bisher gekaufte Produkte beziehen.

Um den Konsumenten entsprechende Vorschläge machen zu können, ist die möglichst genaue Kenntnis entsprechender Verbundbeziehungen erforderlich. Die Analyse dieser Verbundbeziehungen kann sich durchaus schwierig gestalten, wenn es sich um sehr große Datenmengen und vielfältige bzw. komplexe Beziehungen handelt. So ist es bspw. im Falle des Buchhandels aufgrund des sehr großen Sortiments und der entsprechend großen Anzahl an möglichen Verbundbeziehungen eine besondere Herausforderung, entsprechende Warenkorbanalysen durchzuführen. Häufig werden dazu Verfahren, die auch unter dem Begriff des Data-Minings diskutiert werden, wie z. B. Neuronale Netzwerke oder Genetische Algorithmen, eingesetzt.

Services

Mit zunehmender Vergleichbarkeit von Produkten oder Dienstleistungen kommt den Services eine immer größere Bedeutung zur Differenzierung im Wettbewerb zu. Wenngleich Services auch in der Vorkaufphase (z. B. Information on Demand) und insb. in der Nachkaufphase (z. B. Service-Hotline) eine wichtige Rolle spielen, können Services gerade auch in der Kaufphase ein großes Differenzierungspotenzial aufweisen. Grundsätzlich geht es in der Kaufphase v. a. darum, den Kauf für den Kunden so einfach und bequem wie möglich zu machen.

Serviceleistungen können hinsichtlich dem Leistungsinhalt in produktbezogene bzw. technische und in personenbezogene bzw. kaufmännische Serviceleistungen unterschieden werden. Darüber hinaus können Serviceleistungen hinsichtlich der Erwartungshaltung der Konsumenten differenziert werden. Zu unterscheiden sind dabei:

- *Muss-Serviceleistungen* – das sind jene Leistungen, die aufgrund von rechtlichen oder produktspezifischen Gründen zu erbringen sind. Ohne das Angebot von Muss-Serviceleistungen kann der Absatz der Kernleistung zumindest wesentlich erschwert werden. Zu diesen Serviceleistungen gehören z. B. Garantieleistungen oder die Montage.

- *Soll-Serviceleistungen* – das sind jene Leistungen, die nicht zwingend erforderlich sind, aber ergänzend zur Kernleistung erbracht werden. Das Vorhandensein von Soll-Serviceleistungen wird von den Konsumenten als angenehm und komfortabel empfunden. Zu dieser Art von Leistungen zählen etwa ein Transportservice oder Finanzierungsmöglichkeiten.
- *Kann-Serviceleistungen* – das sind jene Leistungen, die nicht erwartet werden (sog. Add-on-Leistungen), die aber die Attraktivität des Leistungsangebots erhöhen. Da mit diesen Leistungen die Erwartungen also übertroffen werden, kann gerade über diese Form von Serviceleistungen Kundenzufriedenheit erreicht und damit die Basis für eine langfristige Kundenbeziehung geschaffen werden.

In der Kaufphase wären bspw. im Handel als charakteristische Serviceleistungen kundengerechte Öffnungszeiten, Kinderbetreuungseinrichtungen, Effizienz des Checkouts oder etwa die Akzeptanz diverser bargeldloser Zahlungsmittel zu nennen (Liebmann/Zentes 2001, S. 460 ff.).

Messung von Dienstleistungsqualität – ServQual

Das bekannteste Instrument zur Messung der Servicequalität ist ServQual (ServQual steht für die Kombination aus Service und Qualität), das von Parasuraman, Zeithaml und Berry entwickelt wurde. ServQual misst die Differenz zwischen der erwarteten und der erhaltenen Leistung mittels 22 Items, die zu fünf branchenübergreifenden Dimensionen verdichtet werden. Es handelt sich dabei um die Dimensionen (Parasuraman/Zeithaml/Berry 1985, S. 47; Meyer/Ertl 1998, S. 227):

- Annehmlichkeit des tangiblen Umfeldes (Tangibles)
- Verlässlichkeit (Reliability)
- Reagibilität (Responsiveness)
- Leistungskompetenz (Assurance/Competence)
- Einfühlungsvermögen (Empathy/Courtesy)

Konkret werden bspw. für die Dimension „Tangibles" Items wie „Die technische Ausrüstung von ... sollte dem neuesten Stand entsprechen" oder „Die Geschäftsräume von ... sollten ansprechend gestaltet sein", für die Dimension „Reliability" Items wie „Wenn ... die Fertigstellung eines Auftrags bis zu einem bestimmten Zeitpunkt versprechen, sollten sie diesen auch einhalten" oder „Kundenprobleme sollten ernstgenommen und mitfühlend und beruhigend behandelt werden", für die Dimension „Responsiveness" Items wie „Man sollte von ... nicht erwarten, dass sie den Kunden genau darüber Auskunft geben, wann die Leistung ausgeführt sein wird" oder „Es ist unrealistisch, als Kunde prompten Service von den Angestellten in ... zu erwarten", für die Dimension „Assurance/Competence" Items wie „Kunden sollten einen Angestellten von ... vertrauen können" oder „Kunden sollten sich während des Kontaktes zu den Angestellten wohl fühlen können" sowie für die Dimension „Empathy/Courtesy" Items wie „Von ... sollte nicht erwartet werden, dass sie jedem Kunden individuelle Aufmerksamkeit widmen" herangezogen (Parasuraman/Zeithaml/Berry 1985, S. 47; Meyer/Ertl 1998, S. 227; Stauss/Seidel 2002).

5.4 Nachkauf- und Nutzungsphase

5.4.1 Theoretische Grundlagen und Charakteristika

Im Rahmen der Nachkauf- und Nutzungsphase erfolgt zunächst der Konsum bzw. die Nutzung oder Anwendung eines Produktes. Bevor im letzten Schritt vom Konsumenten über die Entsorgung i. w. S. entschieden wird, erfolgt die für das weitere Bestehen der Kundenbeziehung zentrale Evaluierung der bis dahin erhaltenen Leistungen bzw. gemachten Erfahrungen.

Zunächst soll nun auf den für die Nachkauf- und Nutzungsphase zentralen Konsum bzw. auf die Nutzung von Produkten und Dienstleistungen eingegangen werden.

Konsum/Nutzung

Nach dem Kauf werden Konsumgüter (wie z. B. Lebensmittel) oder auch Dienstleistungen (wie z. B. Flugreise) konsumiert und Gebrauchsgüter (wie z. B. Auto) genutzt. Hinsichtlich des Konsums nach dem Kauf stehen den Konsumenten Entscheidungsalternativen offen, wie Konsum zum nächstmöglichen Zeitpunkt, kurzfristige Lagerung mit dem Ziel eines späteren Konsums, langfristige Lagerung ohne ein bestimmtes Ziel bzgl. des Konsums (Blackwell/Miniard/Engel 2001, S. 263 f.). Grundsätzlich lassen sich entsprechend der Unterscheidung der entsprechenden Bedürfnisse folgende zwei Arten von Konsum unterscheiden (Assael 2004, S. 47):

- Utilitaristischer Konsum – diese Form des Konsums umfasst die Nutzung eines Produktes für einen funktionalen Zweck (z. B. ein Waschmittel zum Waschen von Wäsche).
- Hedonistischer Konsum – diese Form des Konsums umfasst die Nutzung eines Produktes, um Fantasien oder Emotionen zu befriedigen (z. B. Gesichtscreme um „schön" zu sein).

Bezüglich der Art des Konsums ist festzuhalten, dass diese in erster Linie von der Motivation des Konsumenten abhängt. D. h. dass ein und dasselbe Produkt sowohl utilitaristisch als auch hedonistisch konsumiert werden kann. Neben Entscheidungsmöglichkeiten bzgl. des Konsums kann es aber auch dazu kommen, dass im Konsumenten nach dem Kauf Zweifel bzgl. seiner Kaufentscheidung aufkommen (Nachkaufdissonanz). Besonders wahrscheinlich ist es, dass nach dem Kauf Dissonanzen entstehen, wenn

- die entsprechende Aktivierungs-/Reizschwelle überschritten wird,
- die Kaufentscheidung irreversibel ist,
- es andere nicht gewählte Alternativen gibt, mit qualitativen anderen aber gewünschten Eigenschaften,
- die Kaufentscheidung aus freiem eigenen Willen erfolgt (der Konsument also z. B. nicht durch sozialen Druck beeinflusst worden ist).

Tritt eine Nachkaufdissonanz auf, so existieren für den Konsumenten zwei Strategien, um diese wieder abzubauen. Die erste Strategie besteht darin, die gefällte Entscheidung zu bestätigen. Die zweite Strategie besteht darin, festzustellen, dass man die falsche Entscheidung gefällt hat und versucht, diese rückgängig zu machen. Im Rahmen der Strategie der Bestätigung der gefällten Entscheidung ist es erforderlich, dass die Konsumenten entsprechende Informationen suchen. Für die Marketing-Bemühungen von Unternehmen bedeutet dies, dass, wenn eine gewisse Wahrscheinlichkeit für Nachkaufdissonanzen besteht, dass entsprechende Informationen bereitgestellt werden, wenn nicht gar proaktiv an die Käufer herangetragen werden sollen. Typisches Beispiel für ein solches proaktives Vorgehen ist z. B. ein Brief, den man nach dem Kauf eines Autos erhält und in dem „zur richtigen Entscheidung usw." gratuliert wird. Im Rahmen der zweiten Strategie, wenn also festgestellt wurde, dass die falsche Entscheidung gefällt wurde, besteht die Möglichkeit der Auflösung der Dissonanz z. B. darin, das Produkt zu retournieren. Für das Unternehmen der ungünstigere Fall wäre jener, wenn der Konsument das Gefühl hat, die falsche Entscheidung getroffen zu haben, das Produkt aber nicht retourniert werden kann und der Konsument negativ über das Unternehmen spricht (siehe dazu auch Abschnitt 2.1.4.2 dieses Kapitels).

Der Konsum i. e. S. ist eigentlich ein entscheidender Teilprozess im Rahmen der gesamten Kaufphasensequenz. Dennoch hat die Erforschung des Konsums an sich nach wie vor eine relativ geringe Bedeutung. Zentrale Fragen, die in diesem Zusammenhang zu diskutieren wären, sind (Kuß/Tomczak 2000, S. 144):

- Konsumierte Mengen
- Häufigkeit des Konsums (regelmäßiger Konsum, gelegentlicher Konsum)
- Konsum-Situationen
- Konsum-Anlässe
- Probleme beim Gebrauch

Neben den zeitlichen Überlegungen bzgl. des Konsums und den Teilprozessen des eigentlichen Konsums sind auch jene Probleme, die beim Konsumieren auftreten Gegenstand der Betrachtung in der Nachkaufphase.

Beschwerde

> *Unter Beschwerden versteht man Artikulationen von Unzufriedenheit, die gegenüber Unternehmen oder Drittinstitutionen mit dem Zweck geäußert werden, auf ein subjektiv als schädigend empfundenes Verhalten eines Anbieters aufmerksam zu machen, Wiedergutmachung für erlittene Beeinträchtigungen zu erreichen und/oder eine Änderung des kritisierten Verhaltens zu bewirken (Stauss/Seidel 2002, S. 47).*

Im Gegensatz zu Reklamationen, bei denen der Konsument einen Rechtsanspruch auf bestimmte Leistungen hat, stellt die kundenfreundliche Behandlung einer Beschwerde grundsätzlich eine freiwillige Leistung des Unternehmens dar. Beschwerden sind genaugenommen die Folge von Unzufriedenheit mit einer Leistung des Unternehmens und wären daher eigentlich in Verbindung mit der Zufriedenheit zu behandeln. Dennoch soll an dieser Stelle das Beschwerdeverhalten und wie Unternehmen darauf reagieren können, angesprochen werden, da letztlich auch die Beschwerdebehandlung eine Unternehmensleistung darstellt und diese daher ebenso in das Zufriedenheitsurteil der Konsumenten einfließt. In Abhängigkeit davon, wie konkret oder diffus bzw. wie konfliktär oder kooperativ sich ein Konsument verhält, lassen sich neben Beschwerden noch eine Reihe von weiteren Verhaltensweisen von Kunden beobachten, die in Übersicht 139 dargestellt sind.

Übersicht 139: ***Mögliche Kundenreaktionen***

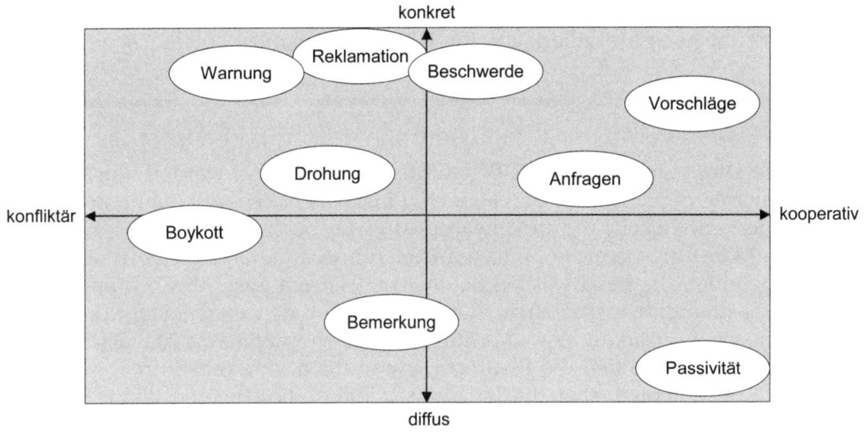

Quelle: Trommsdorff 2002, S. 138.

Grundsätzlich ist festzuhalten, dass sich nicht alle Kunden, die unzufrieden sind, beschweren. Zu den Faktoren, die diese Entscheidung beeinflussen, zählen (Stauss/Seidel 2002, S. 65 ff.):

- Beschwerdekosten (Porto- oder Telefonkosten, geschätzter Zeitaufwand, prognostizierter Ärger, Transparenz bzgl. des Beschwerdeprozesses)
- Beschwerdenutzen (Wert der Problemlösung, Erfolgswahrscheinlichkeit der Beschwerde)
- Produktmerkmale (insb. Relevanz des Ereignisses bzw. Höhe des entstandenen Schadens)
- Problemmerkmale (objektive Nachweisbarkeit und Dokumentierbarkeit des Problems)
- Eindeutigkeit der Ursachenattribuierung (kann die Ursache des Problems eindeutig einem Anbieter zugeschrieben werden)
- personenspezifische Merkmale (grundsätzlich sind Beschwerdeführer eher jünger, männlich, von gehobener Ausbildung, mit mittlerem bzw. höherem Einkommen und mit erhöhtem Selbstbewusstsein)
- situationsspezifische Merkmale (Zeitdruck, Bemerkungen und Meinungen von Begleitpersonen, Beobachtung des Vorfalls durch Dritte)

Grundsätzlich sollte es jedes Unternehmen positiv auffassen, wenn sich ein Kunde beschwert, denn indirekt gibt der Kunde damit dem Unternehmen die Chance, ein entstandenes Problem zu lösen und damit die Unzufriedenheit des Kunden abzubauen.

Jene Kunden aber, die sich nicht beschweren, obwohl sie unzufrieden sind, bilden für Unternehmen ein Gefahrenpotenzial, da diese Kunden ihre Unzufriedenheit anderen Konsumenten kommunizieren können. In verschiedenen Studien wurde festgestellt, dass je nach Branche ca. 50 bis 80 Prozent der unzufriedenen Kunden von einer Beschwerde absehen, weil sie davon ausgehen, dass die Beschwerde nichts ändert, nicht registriert wird oder kein Ansprechpartner bekannt ist (Barlow/Møller 1996, S. 84 f.). Neben den Beschwerden, die von den Kunden dem Unternehmen gegenüber überhaupt nicht artikuliert werden, stellen naheliegenderweise auch jene Beschwerden ein Problem dar, die zwar artikuliert, aber im Unternehmen nicht entsprechend registriert werden.

Beschwerde- und Diskussionsplattformen im Internet

Eine neue Dimension bzgl. ihrer Bedeutung erfahren Beschwerden von Kunden, die im Internet deponiert werden können. Einerseits haben sich zu diesem Zweck Plattformen entwickelt, die Beschwerde- und Diskussionsforen über viele Produkt- und Leistungsbereiche hinweg anbieten und andererseits haben sich Plattformen gebildet, die Beschwerden beinhalten, die sich ausschließlich auf ein bestimmtes Unternehmen beziehen. Als Beispiele für den ersten Fall können die Plattformen www.ciao.de, www.vocatus.de oder www.epinions.com und als Beispiel für den zweiten Fall die Plattform www.untied.com angeführt werden, auf der sich Konsumenten über die Fluglinie „United" beschweren können. Dieser Entwicklung versuchen bereits einige Unternehmen proaktiv entgegen zu wirken, indem diese ihren Kunden entsprechende Beschwerde- bzw. Diskussionsplattformen auf der eigenen Web-Site anbieten.

Tritt ein negatives Ereignis auf, so ist bei Betrachtung der Zufriedenheitsentwicklung davon auszugehen, dass die Zufriedenheit nach dem Auftreten des Ereignisses absinkt (siehe Übersicht 140).

Übersicht 140: ***Einfluss der Beschwerdezufriedenheit auf die globale Kundenzufriedenheit***

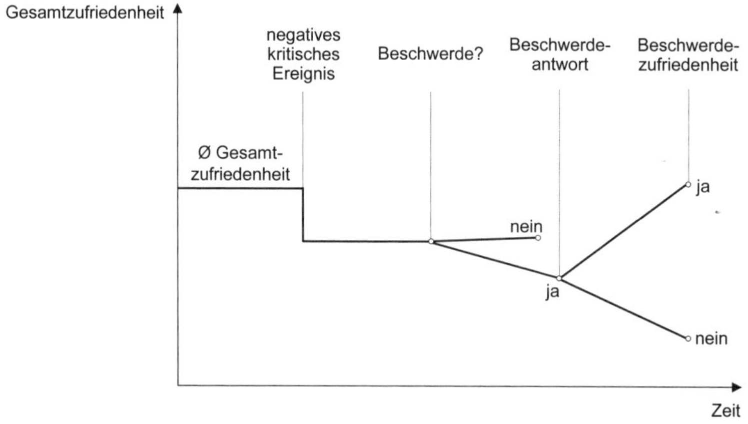

Quelle: In Anlehnung an Müller 1998, S. 207.

Entschließt sich der Kunde, sich nicht zu beschweren, kann die Zufriedenheit über die Zeit wieder ansteigen. Entschließt sich ein Kunde, eine Beschwerde abzugeben, so kann die Zufriedenheit weiter absinken, bis der Konsument eine Antwort auf seine Beschwerde bekommt. Wird die Beschwerde dann nicht zur Zufriedenheit des Kunden gelöst, fällt die Zufriedenheit deutlich. Gelingt es, die Beschwerde positiv zu behandeln, so besteht die Chance, dass die Zufriedenheit ansteigt und dies sogar auf ein Niveau, das höher liegen kann als das ursprüngliche. Für das Management von Beschwerden bedeutet dies, dass ein Unternehmen ein beschwerdefreundliches Klima schaffen muss, sodass sich möglichst viele (unzufriedene) Kunden beim Unternehmen beschweren und nicht anderen (potenziellen) Kunden von ihren negativen Erfahrungen erzählen. Die Beschwerden sollen systematisch erfasst und die Beschwerdebehandlung sollte so erfolgen, dass Kundenzufriedenheit entsteht.

Entsorgung

Das Problem, dass ein Produkt nach der Verwendung entsorgt werden muss, besteht seit jeher. Geändert hat sich aber das Bewusstsein der Konsumenten in dieser Frage. Zunehmend werden Produkte schon mit Berücksichtigung der Entsorgungsmöglichkeiten gekauft, zumindest aber wird versucht, im Rahmen der Entsorgung sorgfältiger im Hinblick auf die Umwelt vorzugehen.

Übersicht 141: ***Produktentsorgungsmöglichkeiten***

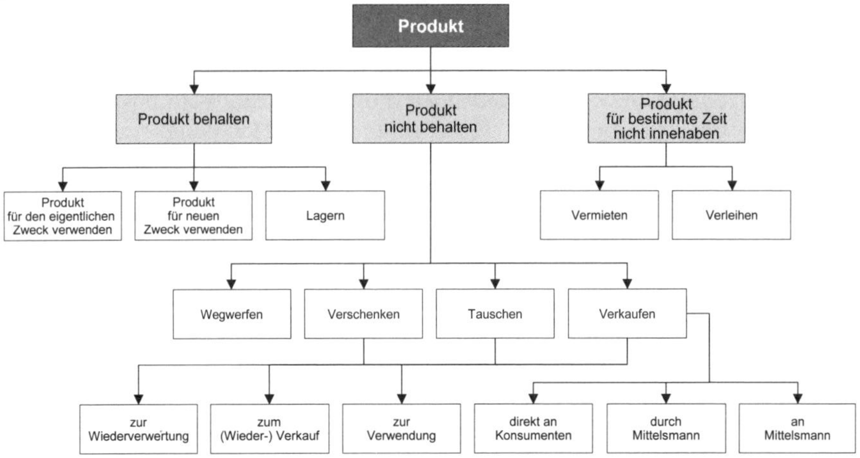

Quelle: In Anlehnung an Jacoby/Berning/Dietvorst 1977, S. 23; Solomon/Bamossy/Askegaard 2001, S. 304.

Zu unterscheiden ist in diesem Zusammenhang zwischen Gebrauchs- und Verbrauchs- (bzw. Konsum-) Gütern. Während Konsumgüter oft völlig konsumiert werden und lediglich die Produktverpackung entsorgt wird, werden Gebrauchsgüter meist über eine längere Zeit hinweg verwendet und erst entsorgt, wenn sie nicht mehr funktionsfähig sind, ein neueres Modell angeschafft wird etc. In diesem Kontext sind auch Pfandsysteme zu sehen, deren Hauptziel es ist, Konsumenten dazu zu bewegen, wieder verwendbare Verpackungen (z. B. Getränkeflaschen) zu retournieren und damit einer Wiederverwendung zuzuführen. Für die Marketing-Aktivitäten der Unternehmen bedeutet dies, dass diese Kriterien angefangen bei der Produktentwicklung über den Transport, den Verkauf bis hin zur Beratung berücksichtigt werden müssen. Eine andere Situation liegt bei Dienstleistungen vor, die üblicherweise mit dem Konsum untergehen. Grundsätzlich ist es vom jeweiligen Produkt und von der Beziehung, die ein Konsument damit aufgebaut hat, abhängig, welche Entsorgungsmöglichkeiten in Erwägung gezogen werden. Im Einzelnen gibt Übersicht 141 hier einen Überblick über die Optionen.

5.4.2 Kundenzufriedenheit

Die Kundenzufriedenheit kann als zentrales Konstrukt im Hinblick auf eine dauerhafte Beziehung zwischen Kunde und Unternehmen betrachtet werden. Sie ist das Ergebnis einer komplexen Informationsverarbeitung und entsteht letztendlich dadurch, dass eine gewählte Alternative die subjektiven Erwartungen erfüllt oder übertrifft.

Bei der Zufriedenheit handelt es sich um ein einstellungsähnliches Konstrukt (Stauss 1999, S. 12), das sich von Einstellungen im Wesentlichen dadurch unterscheidet, dass die Zufriedenheit an konkrete Erfahrungen gebunden ist, die Einstellung hingegen nicht (vgl. hierzu auch Abschnitt 2.1.4 in diesem Kapitel). Das Konstrukt der Zufriedenheit kann – im Konzept der Drei-Komponenten-Auffassung von Einstellung – i. e. S. der kognitiven Komponente der Einstellung zugeordnet werden, da der Informationsverarbeitungsprozess ein rein kognitiver Akt ist (Stauss 1999, S. 7). Es existieren aber durchaus auch Hinweise darauf, dass die Zufriedenheit eher die affektive Komponente abdeckt. So wird Zufriedenheit durchaus auch als ein positives Gefühl, das sich aus dem Ergebnis einer Entscheidung oder Handlung ergibt, definiert (Dick/Basu 1994, S. 100 ff).

Wechsel trotz Zufriedenheit

Wenngleich die Zufriedenheit von Kunden die Basisvoraussetzung für das Fortbestehen einer Kundenbeziehung sein dürfte, ist diese aber keinesfalls eine Garantie dafür. In vielen Fällen konnte beobachtet werden, dass gerade zufriedene Kunden die Marke wechseln. Die Gründe dafür können vielfältig sein. So ist es z. B. denkbar, dass die Stammmarke über einen längeren Zeitraum nicht verfügbar ist oder eine Konkurrenzmarke über einen längeren Zeitraum zu Sonderpreisen angeboten wird. Darüber hinaus ist auch in diesem Zusammenhang das Variety Seeking-Motiv – also die bewusste Suche nach Abwechslung – als möglicher Grund für einen Wechsel trotz Zufriedenheit zu nennen (Gierl 1993, S. 92 f.).

Wenngleich es hinsichtlich der Erklärung von Kundenzufriedenheit eine Reihe unterschiedlicher Ansätze gibt, kann festgehalten werden, dass das Confirmation/Disconfirmation-Paradigma oder kurz das C/D-Paradigma jener Erklärungsrahmen ist, der für die Analyse des Käuferverhaltens in endverbrauchernahen Märkten am ehesten geeignet erscheint. Erwähnt werden muss in diesem Zusammenhang, dass die Anwendung des C/D-Paradigmas eigentlich strenggenommen zwei Messungen (vorher und nachher) voraussetzt, was in bisherigen Studien aber meist unterbleibt.

Im Mittelpunkt des C/D-Konzeptes steht der Vergleich der tatsächlichen Erfahrung mit einer Leistung (Ist-Leistung) mit der wahrgenommenen Leistung (Soll-Leistung). Stellt sich bei dem Vergleich heraus, dass die wahrgenommene Leistung dem Vergleichsstandard entspricht, so werden die Erwartungen bestätigt (Confirmation) und in Folge entsteht daraus Zufriedenheit. Werden beim Vergleichsprozess die Erwartungen übertroffen, so spricht man von positiver Diskonfirmation, woraus in Folge ebenfalls Zufriedenheit entsteht. Unzufriedenheit entsteht hingegen, wenn eine negative Diskonfirmation vorliegt, was dann der Fall ist, wenn die wahrgenommene Leistung unter den Erwartungen liegt (Neal/Sirgy/Uysal 1999, S. 155).

Übersicht 142: ***Grundprinzip des C/D-Paradigmas***

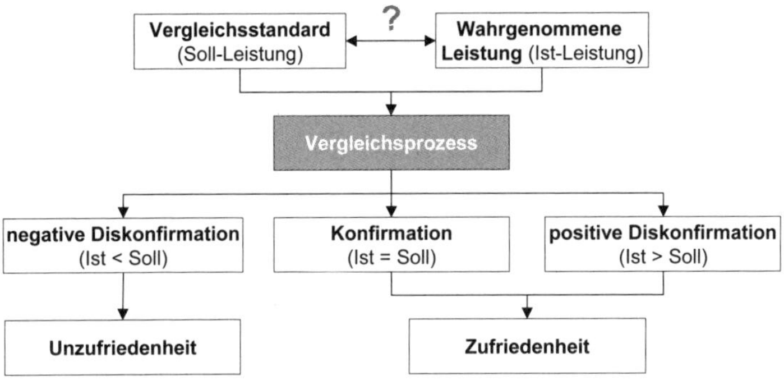

Quelle: In Anlehnung an Homburg/Giering/Hentschel 1999, S. 5.

Hinsichtlich der Soll-Komponente existieren bezüglich der Art und der Zahl der verwendeten Soll-Standards unterschiedliche Auffassungen. Meist wird jedoch explizit die Erwartung als Soll-Standard herangezogen (Stauss 1999, S. 6), wobei dabei zwischen verschiedenen Erwartungsauffassungen unterschieden werden muss. Es kann z. B. zwischen dem wahrscheinlichen Leistungsniveau („predictions") und normativen Standards, wie gewünschte Idealleistung (ideal), Verdientes („deserved expectations") sowie gerade noch Akzeptables („minimum tolerable") unterschieden werden. Das Hauptproblem, das mit unterschiedlichen Auffassungen der Soll-Komponente, aber auch mit unterschiedlichen Auffassungen von Erwartungen verbunden ist, besteht darin, dass Studien, die jeweils unterschiedliche Maßstäbe anlegen, kaum miteinander vergleichbar sind. Darüber hinaus kann es problematisch sein, dass Zufriedenheit bzw. Unzufriedenheit nur dann auftreten kann, wenn sie sich auf Aspekte einer Leistung bezieht, bezüglich derer ein Konsument schon vor dem Gebrauch eine Meinung (bzw. eine Einstellung) hat. Somit kann z. B. die Zufriedenheit eines Konsumenten mit einer Leistungseigenschaft, die ihm vorher nicht bewusst war, nicht erklärt werden. Schließlich müsste ein Kunde diesem Verständnis entsprechend auch dann zufrieden sein, wenn eine Leistung über objektiv betrachtet negative Leistungsmerkmale verfügt, der Kunde diese aber erwartet hat (Homburg/Rudolph 1998, S. 40). Neben den Erwartungen können auch noch weitere Standards als Soll-Komponente herangezogen werden, wie Erfahrungsnormen, Ideale oder die wahrgenommene Wertedifferenz. Es ist auch denkbar, dass Konsumenten mehrere verschiedene Vergleichsstandards sowohl gleichzeitig als auch sequentiell anwenden (Tse/Wilton 1988, S. 204 ff.).

Bezüglich der Ist-Komponente ist die Auffassung in der Marketingliteratur weniger vielfältig. Grundsätzlich wird davon ausgegangen, dass es sich dabei um die vom Kunden wahrgenommene Leistung handelt (Kaas/Runow 1984, S. 452). Dabei kann zwischen objektiven und subjektiven Leistungen unterschieden werden. Die objektive Leistung eines Produktes, also die tatsächliche Höhe einer Leistung, die für alle Kunden gleich ist, wird von jedem Kunden im Verhältnis zu seinen Erwartungen wahrgenommen, was die subjektive Leistung ergibt.

Der Vergleich von Soll- und Ist-Komponente führt schließlich zu Bestätigung (confirmation) oder Nicht-Bestätigung (disconfirmation). In diesem Zusammenhang spielt das Involvement eine wichtige Rolle. Das Involvement hat einen Einfluss darauf, wie viele Merkmale ein Konsument in die Beurteilung mit einbezieht (Matzler 1997, S. 222.). Bezüglich des Bestätigungsprozesses sind zwei weitere Überlegungen anzustellen. Einerseits existieren unterschiedliche Auffassungen bzgl. des Zusammenhangs zwischen wahrgenommener Leistung und Zufriedenheit. Geht man von einem linearen Zusammenhang aus, so bedeutet das, dass positiv und negativ bestätigte Erwartungen einen gleich großen Einfluss auf die Zufriedenheit haben. Andererseits wird davon ausgegangen, dass negativ bestätigte Erwartungen einen wesentlich größeren Einfluss auf die Zufriedenheit haben als positive. Darüber hinaus wird unterstellt, dass ein Sättigungsniveau existiert, bei dessen Überschreitung mittels erhöhter Leistungen keine weitere Steigerung der Zufriedenheit eintritt.

Ansätze zur Erklärung von Kundenzufriedenheit

Zur theoretischen Erklärung von Kundenzufriedenheit sind in der Literatur einige Ansätze zu finden. Einer der zentralen Zugänge zu diesem Thema ist die Theorie der kognitiven Dissonanz (siehe dazu Abschnitt 2.1.4.2 in diesem Kapitel).

Die Dissonanztheorie ist in die Gruppe der Konsistenztheorien einzuordnen, die auf dem homöostatischen Prinzip beruhen und zu der auch die Balance-Theorie von Heiden, die Kongruenz-Theorie von Osgood und Tannenbaum und die Konsistenztheorie von Rosenberg und Abelson zählen (Mayer/Illmann 2000, S. 201). Im Vergleich zu den anderen Konsistenztheorien weist die Dissonanztheorie von Festinger (1957) einen Vorteil auf, der auch zur Verbreitung der Theorie in der Wissenschaft beigetragen hat. Während sich alle anderen Theorien lediglich auf die Konsistenz von verschiedenen Einstellungen konzentrieren, bezieht Festinger jede Form der Inkonsistenz, also auch Inkonsistenz zwischen Einstellungen, Verhalten, Verhaltensentscheidungen und Commitment, in seine Überlegungen ein. Dissonanzen können grundsätzlich nicht nur im Wissens- und Einstellungsbereich auftreten, sondern auch im Emotions- und im Verhaltensbereich (Festinger 1957, S. 2). Um Dissonanzen zu vermeiden, sind vier in Abschnitt 2.1.4.2 behandelte Strategien denkbar. Nämlich Änderung der Annahme, Verhaltensänderung, Neueinschätzung des Verhaltens und Hinzufügen neuer Kognitionen.

Zusammenfassend liegen der Arbeit von Festinger somit zwei wesentliche Hypothesen zugrunde (Festinger 1957, S. 3):

- Die Existenz einer Dissonanz, die psychologisch als unbequem empfunden wird, motiviert den Menschen, diese zu reduzieren und Konsonanz zu erzeugen.

- Wenn eine Dissonanz aufgetreten ist, dann wird die betroffene Person nicht nur versuchen, diese zu reduzieren, sondern auch in Zukunft versuchen, Situationen und Informationen, die möglicherweise jene Dissonanz auslösen oder verstärken, zu vermeiden.

Aus der Kundenzufriedenheitsperspektive bedeutet dies, dass unzufriedene Kunden ihre Unzufriedenheit als unangenehm empfinden und einen Handlungsbedarf verspüren. Dieser kann von einer Beschwerde bis zur Abwanderung reichen. Zufriedene Kunden hingegen nehmen Konsonanz wahr und befinden sich in einem psychischen Gleichgewichtszustand. Da dieser Zustand als angenehm wahrgenommen wird, wird versucht, diesen beizubehalten, was letztendlich dazu führt, dass sich Konsumenten dem Unternehmen gegenüber loyal verhalten. Weitere Ansätze zur Erklärung von Kundenzufriedenheit sind in Übersicht 143 zusammengestellt.

Übersicht 143: Theoretische Ansätze zur Erklärung von Kundenzufriedenheit

Theorieansatz	Charakteristika
Kontrasttheorie (Helson 1964)	Bei einer Differenz zwischen Wahrnehmung und Erwartung korrigiert der Konsument seine Wahrnehmung nachträglich. Er neigt dazu, die Unterschiede zu übertreiben (im Gegensatz zur Dissonanztheorie).
Assimilations-Kontrast-Theorie (Sherif/Hofland 1961)	Bei einer geringfügigen Differenz gleicht (assimiliert) der Konsument seine Wahrnehmung an die Erwartungen an. Bei Überschreiten seines Toleranzbereichs setzt der Kontrasteffekt ein (höhere Erwartungen führen zu einer niedrigeren wahrgenommenen Leistung und verstärken die Unzufriedenheit).
Equity Theorie (Müller/Crott 1978)	Die Zufriedenheit des Konsumenten hängt von der Interpretation der „Gerechtigkeit" bezüglich der investierten Kosten und dem Nutzen eines Austauschvorganges ab.
Anspruchsniveautheorie	Das Anspruchsniveau eines Handlungsziels steigt, wenn eine vorausgegangene gleichartige Handlung als erfolgreich erlebt wird.
Attributionstheorie (Kelley 1967, u. a.)	Konsumenten schreiben dem Erfolg/Misserfolg eines Kaufes Gründe zu. Werden diese im Produkt/Anbieter gesehen, nicht in der Situation oder bei sich selbst, entsteht Zufriedenheit/Unzufriedenheit.

Quelle: Trommsdorff 2002, S. 143.

Im Rahmen des C/D-Paradigmas wird implizit davon ausgegangen, dass ein Konsument motiviert ist und über Fähigkeiten verfügt, eine Leistung im Vergleich zur Soll-Leistung zu evaluieren. Vor diesem Hintergrund kann man zwei Formen von Zufriedenheit, unterscheiden wobei zwischen den beiden Gegenpolen ein Kontinuum postuliert wird (Bloemer/Kasper 1995, S. 315.):

- Wird von einem Kunden explizit ein Vergleich zwischen wahrgenommener Leistung und erwarteter Leistung durchgeführt und setzt sich der Kunde somit bewusst kognitiv mit der Evaluation auseinander, so kann daraus eine *manifeste Zufriedenheit* folgen, die über einen hohen Grad an Elaboration verfügt.
- Führt ein Kunde keinen expliziten Vergleich durch, sei es mangels Motivation oder aber mangels entsprechender kognitiver Fähigkeiten, so kann daraus lediglich eine *latente Zufriedenheit* entstehen, die über einen geringeren Grad an Elaboration verfügt.

Grundsätzlich kann aber davon ausgegangen werden, dass zufriedene Kunden eine erhöhte Kaufbereitschaft aufweisen und sich letztlich treu und loyal verhalten. Abgesehen davon, dass Kundenzufriedenheit zu höherer Loyalität und einer erhöhten Resistenz gegenüber Angeboten von Konkurrenten führen kann, wurden in Untersuchungen noch die folgenden Konsequenzen von hoher Kundenzufriedenheit festgestellt (Kotler/Bliemel 2001, S. 37):

- Zufriedene Kunden kaufen tendenziell eher neue Produkte bzw. ersetzen alte Produkte durch neue.
- Zufriedene Kunden empfehlen das Unternehmen und seine Produkte weiter.
- Zufriedene Kunden sind weniger preissensibel.
- Zufriedene Kunden liefern dem Unternehmen häufig Ideen und Anregungen.
- Zufriedene Kunden verursachen geringere Kosten als neue Kunden, da Transaktionen zwischen Kunden und Unternehmen eher eingespielt sind.

Neben Auswirkungen von Kundenzufriedenheit werden im Rahmen der Zufriedenheitsforschung auch die Auswirkungen von Unzufriedenheit betrachtet (siehe Übersicht 144). Unzufriedenheit von Kunden kann grundsätzlich dazu führen, dass Kunden entweder darauf reagieren oder dass sie nicht reagieren. Reagieren Kunden auf ihre Unzufriedenheit, dann kann wiederum unterschieden werden, ob diese Reaktion in der Öffentlichkeit erfolgt oder nicht. Zu den nicht öffentlichen Reaktionen zählen die negative Weiterempfehlung etwa im Freundes- und Bekanntenkreis und die Abwanderung.

Übersicht 144: ***Auswirkungen von Kunden(un)zufriedenheit***

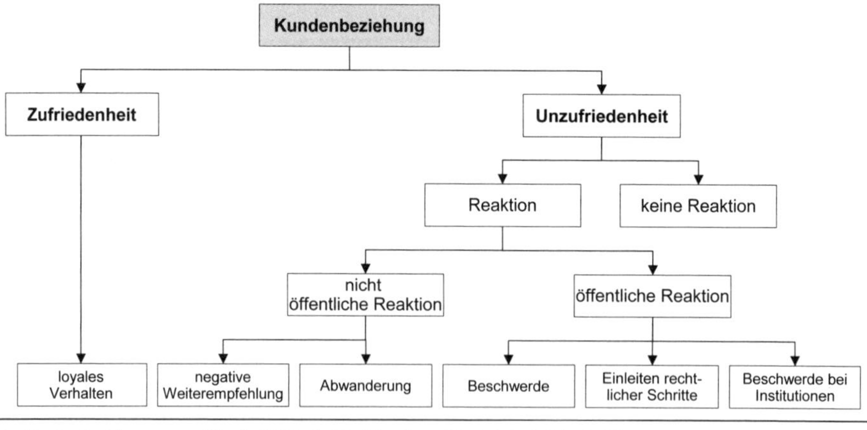

Quelle: In Anlehnung an Singh 1988, S. 95; Homburg/Rudolph 1998, S. 51.

Zu den Reaktionen in der Öffentlichkeit zählen die Beschwerde beim Unternehmen, das Einleiten rechtlicher Schritte sowie die Beschwerde bei Institutionen, wie z. B. bei Konsumentenschutzorganisationen oder aber im Rahmen entsprechender Foren im Internet (Stauss 1998, S. 138 ff.).

5.4.3 Kundenloyalität

Kundenloyalität ist ein zweidimensionales Konstrukt. Sie basiert einerseits auf dem bisherigen (loyalen) Verhalten des Kunden (Verhaltensdimension) und andererseits auf der (loyalen) Einstellung zur Geschäftsbeziehung (Einstellungsdimension).

Die Loyalität von Kunden kann sich grundsätzlich auf unterschiedliche Objekte beziehen – dementsprechend können folgende Formen unterschieden werden:

- Customer-Loyalty – bezogen auf eine Geschäftsbeziehung
- Brand-Loyalty – bezogen auf ein Marke
- Item-Loyalty – bezogen auf ein Produkt, eine Packungsgröße oder eine Leistung
- Store-Loyalty – bezogen auf ein Geschäft/einen Laden

Nachfolgend soll die umfangreichste Form von Loyalität, nämlich die Customer-Loyalty, auf Deutsch würde man i. w. S. von Kundenbeziehungsloyalität sprechen, im Mittelpunkt der Betrachtung stehen.

Grundsätzlich können Loyalitätsauffassungen in zwei Gruppen unterteilt werden. Bei der ersten Gruppe handelt es sich um jene Auffassungen, die auf der *behavioristischen Perspektive* beruhen und sich ausschließlich auf Messgrößen beziehen, die dem tatsächlich beobachtbaren Kaufverhalten zugeordnet werden können. In dieser Gruppe spielen Größen wie Kaufintensität, Zuneigung, Treue, Kundendurchdringungsrate, Zeitdauer seit dem letzten Einkauf oder die Kontaktdichte eine Rolle (Diller 1996, S. 86). Charakteristisch für die Messgrößen des tatsächlichen Verhaltens ist, dass diese direkt beobachtbar sind. Die auf einzelnen Faktoren basierenden Definitionen sind in der Literatur aber der Kritik ausgesetzt, da diesen oftmals die konzeptionelle Basis fehlt und damit die hinter dem Verhalten liegenden Faktoren nicht identifiziert werden können. So kann bspw. Wiederkaufverhalten auf situative Faktoren und geringe Wiederkaufsraten auf geänderte Käufergewohnheiten oder auf den Wunsch nach Abwechslung zurückgeführt werden (Dick/Basu 1994, S. 100).

Bei den behavioristischen Loyalitätsauffassungen wird immer wieder auf das Verhalten der Konsumenten in der Vergangenheit zurückgegriffen. Es handelt sich somit um eine reine Ex post-Betrachtung (Meyer/Oevermann 1995, Sp. 1344). Ein Grund für diese Vorgehensweise mag in der relativ einfachen Operationalisierung und im Vorteil der guten Datenverfügbarkeit liegen (Diller 1996, S. 85). Die Hypothese, die dieser Vorgehensweise unterlegt ist, bezieht sich auf den Zusammenhang zwischen bisherigem (loyalem) Verhalten und zukünftigem (loyalem) Verhalten bzw. auf die Annahme, dass bisheriges (loyales) Verhalten zukünftiges (loyales) Verhalten determiniert. Das bisherige Verhalten wird somit als „Ersatzindikator" für künftiges Verhalten herangezogen, was insb. bei relativ stabilen Kundenbeziehungen zulässig erscheint. Als Kritikpunkt kommt hinzu, dass bei der verhaltensbasierten Definition von Loyalität zirkuläre Effekte eine Rolle spielen können, wie z. B. das Phänomen, das als „double jeopardy" bezeichnet wird. Dabei kann beobachtet werden, dass Unternehmen mit sehr großen Marktanteilen dazu tendieren, eine größere Anzahl von Käufern, die öfter kaufen – und damit in diesem Verständnis als loyaler eingestuft werden – zu haben (Bhattacharya 1997, S. 422). Umgekehrt bedeutet dies, dass Unternehmen mit geringen

Marktanteilen tendenziell eher Kunden haben, die seltener einkaufen und damit als weniger loyal eingestuft werden.

Kundentreue

Auch im Bereich der Konsumentenverhaltensforschung spielt die Treue – wie in vielen anderen Lebensbereichen – eine zentrale Rolle. Das Konstrukt der Treue wird in der Literatur oft sehr ähnlich wie das Konstrukt der Loyalität definiert. Grundsätzlich wird unter Treue der wiederholte Kauf eines Produktes (Produkttreue) oder einer Marke (Markentreue) sowie der wiederholte Besuch eines Geschäftes (Geschäftstreue) verstanden. Auch bei der Treue, die grundsätzlich durch Wiederholungskaufverhalten charakterisiert wird (Kroeber-Riel/Weinberg 2003, S. 404 f.), beginnt sich die Auffassung durchzusetzen, dass die rein behavioristische Betrachtung zu kurz greift und auch psychologisch evaluative Entscheidungsprozesse eine wichtige Rolle spielen (Neo-Behaviorismus). Treue umfasst somit ähnlich wie die Loyalität eine Verhaltenskomponente und eine psychische Komponente. Ein wesentlicher Unterschied besteht allerdings, wenn zeitliche Aspekte berücksichtigt werden. Da bei der Treue Verhaltensintentionen keine Rolle spielen, handelt es sich um eine reine Ex post-Betrachtung. Die Loyalität hingegen umfasst sowohl Ex post- als auch Ex ante-Komponenten.

Es herrscht Konsens darüber, dass die isolierte Betrachtung des bisherigen Verhaltens nur über einen beschränkten Erklärungsgehalt von Loyalität verfügt. So kann z. B. aufgrund des Wiederholungskaufverhaltens nicht erkannt werden, ob es sich um Loyalität oder um Pseudoloyalität handelt („spurious loyalty"), die auf Zufälligkeiten oder situativen Faktoren beruht (Day 1969; Dick/Basu 1994). Die zweite Gruppe von Loyalitätsauffassungen konzentriert sich daher in der Tradition des Neo-Behaviorismus auf *psychische Komponenten* und bezieht Messgrößen ein, die die Verhaltensabsicht der Konsumenten charakterisieren und messen, z. B. Größen wie die Wiederkaufabsicht. Es handelt sich somit um eine Ex ante-Betrachtung. Diese Gruppe von Loyalitätsauffassungen lässt sich dadurch charakterisieren, dass sie sich auf Größen bezieht, die nicht direkt beobachtbar sind. Loyalität wird daher in diesem Kontext „als Einstellung eines Kunden zur Geschäftsbeziehung mit einem Anbieter" (Diller 1996, S. 83) definiert. Dabei handelt es sich um eine Einstellung zum künftigen Verhalten und somit zur Bereitschaft des Konsumenten zu Folgetransaktionen.

Zusammenfassend kann Loyalität also auf zwei Dimensionen basierend (Day 1969) definiert werden. Loyalität basiert demnach auf loyalem bisherigem Verhalten dem Anbieter gegenüber und auf einer loyalen Einstellung zur Geschäftsbeziehung. Dabei ist unter loyalem bisherigem Verhalten ein bewusstes Wiederholungskaufverhalten zu verstehen. Grundsätzlich wird davon ausgegangen, dass sowohl aus dem bisherigen loyalen Verhalten als auch aus der loyalen Einstellung auf die Bereitschaft zu Folgetransaktionen bzw. letztlich auf Folgetransaktionen an sich geschlossen werden kann.

Legt man diese beiden Dimensionen einem Strukturierungsversuch zu Grunde, so ergeben sich aus der Kombination von Einstellung mit den Ausprägungen positiv und negativ und Wiederkaufrate mit den Ausprägungen niedrig und hoch vier Typen von Loyalität (siehe Übersicht 145).

Übersicht 145: ***Zusammenhang zwischen loyaler Einstellung und loyalem Verhalten***

		Wiederkaufrate	
		niedrig	hoch
Einstellung	positiv	latente Loyalität	Loyalität
	negativ	keine Loyalität	Pseudo-Loyalität

Quelle: In Anlehnung an Dick/Basu 1994, S. 101 und Baldinger/Rubinson 1996, S. 32.

Keine Loyalität liegt dieser Typologie zufolge vor, wenn niedrige Wiederkaufsraten mit einer geringen positiven Einstellung zusammentreffen. Die relativ niedrige positive Einstellung kann bspw. auf Mängel in der Kommunikation (z. B. keine für den Kunden klare Positionierung) oder auf Mängel im Rahmen der Leistungen (z. B. mangelnde Qualität) zurückgeführt werden. Darüber hinaus kann dieser Fall vor allem dann auftreten, wenn es sich um Märkte mit vielen ähnlichen und grundsätzlich austauschbaren Produkten handelt, da gerade auf diesen eine klare Positionierung von hoher Bedeutung sein kann. Bei der Beurteilung der Wiederkaufraten ist gerade in diesem Fall auch das Potenzial, das der betrachtete Konsument aufweist, zu berücksichtigen. So ist es bspw. denkbar, dass ein Konsument bestimmte Produkte einmal im Jahr, ein anderer einmal wöchentlich benötigt bzw. kauft. Vor diesem Hintergrund werden Wiederkauf- und Kaufraten häufig relativ zum Potenzial betrachtet. Es wird dann vom Anteil am Budget des Konsumenten (z. B. share of wallet) gesprochen.

Pseudoloyalität kann durch eine geringe positive bzw. negative Einstellung und hohe Wiederkaufsraten charakterisiert werden. Das Wiederkaufverhalten wird dabei offensichtlich von Größen beeinflusst, die nicht in den Bereich der Einstellungen fallen, wie z. B. subjektive Normen oder situative Einflüsse. Gleichzeitig spielt dabei auch die Bequemlichkeit der Konsumenten eine zentrale Rolle. Pseudoloyalität kann z. B. vorliegen, wenn ein Konsument aufgrund der Nähe zum nächsten Lebensmittelhändler – mangels anderer Alternativen – bei diesem einkauft, mit diesem aber höchst unzufrieden ist und eine dementsprechend negative Einstellung entwickelt hat. Die Pseudoloyalität stellt insofern eine „schlummernde" Gefahr für das jeweilige Unternehmen dar, da der Konsument abwandern könnte, sobald andere Optionen verfügbar sind.

Eine relativ intensive positive Einstellung in Kombination mit niedrigen Wiederkaufsraten charakterisiert die *latente Loyalität*. Auch bei dieser Form von Loyalität können subjektive Normen und situative Einflüsse eine wichtige Rolle spielen. Denkbar ist aber auch, dass Konsumenten trotz hoher positiver Einstellung bewusst die Vielfalt suchen und daher weniger oft beim selben Unternehmen einkaufen. Dieses immer häufiger zu beobachtende Verhalten wird auch als „variety seeking behavior" bezeichnet. Latente Loyalität kann aber insb. in der langfristigen Betrachtung von höchster Bedeutung für Unternehmen unterschiedlichster Branchen sein. So etwa, wenn ein Student eine positive Einstellung bspw. zu einer Motorrad-, Auto- oder Uhrenmarke entwickelt, sich diese Produkte aber während des Studiums nicht leisten kann. Nach Abschluss des Studiums aber, bzw. sobald es die finanziellen Möglichkeiten erlauben, wird der Student genau jene Produkte kaufen, zu denen er – u. U. über Jahre – eine positive Einstellung entwickelt hat.

Kundenbindung

Wenngleich der Begriff Kundenbindung in der deutschsprachigen Literatur zur Charakterisierung jenes Phänomens verwendet wird, das auch mit dem Begriff Loyalität beschrieben wird und die beiden Begriffe oft mehr oder weniger synonym verwendet werden, ergibt eine genauere Betrachtung, dass deutliche Unterschiede vorliegen. Grundsätzlich wird Kundenbindung als ein Phänomen betrachtet, das sich auf eine Geschäftsbeziehung zwischen einem Anbieter und einem Kunden bezieht. Diese Auffassung ermöglicht zwei Betrachtungsperspektiven von Kundenbindung:

- die anbieterbezogene Sichtweise
- die nachfragerbezogene Sichtweise

Aus der Sicht des Anbieters wird Kundenbindung häufig im Sinne von Kundenbindungsmanagement aufgefasst (Meyer/Oevermann 1995, Sp. 1344). Kundenbindung umfasst dabei jene Aktivitäten, die auf die Herstellung oder Intensivierung der Bindung aktueller Kunden gerichtet sind. Ziel der Kundenbindung im Rahmen dieser Auffassung ist es daher, die Geschäftsbeziehung zu Kunden möglichst eng zu gestalten. Im Rahmen der kundenbezogenen Sicht wird Kundenbindung im Sinne von Treue aufgefasst. In diesem Sinne gebundene Kunden sind dem Anbieter gegenüber loyal. Unterschieden wird im Rahmen der Kundenbindungsdiskussion zwischen faktischer und psychologischer Kundenbindung (Meffert 1999, S. 127 f.).

- Unter *faktischer Kundenbindung* kann die vertragliche Kundenbindung (zwingende Vereinbarungen wie z. B. Service-Verträge, Abonnement- oder Mindestbezugsvereinbarungen), die technisch-funktionale Kundenbindung (bei Erweiterungen oder Ersatzteilkäufen wie z. B. bei elektrischen Zahnbürsten oder Tintenpatronensets für Tintenstrahldrucker) und die ökonomische Kundenbindung (bei einem Wechsel würden Informations- und Anbahnungskosten sowie kognitive Anstrengungen aufzuwenden sein) subsumiert werden. Eine faktische Kundenbindung zielt also grundsätzlich darauf ab, einen Kunden zumindest temporär an einem Hersteller- oder Markenwechsel zu hindern. Ein Wechsel würde materielle Kosten zur Folge haben.
- Im Rahmen der *emotionalen Kundenbindung*, bei der ein Wechsel grundsätzlich jederzeit möglich ist, wechselt ein Kunde das Unternehmen nicht, wenn er für das Unternehmen eine bestimmte Präferenz aufweist und mit dem Unternehmen zufrieden ist. Bei einem möglichen Wechsel würden daher immaterielle Wechselkosten entstehen.

Eine inhaltlich ähnliche Unterscheidung ist jene in Ge- und Verbundenheit. Im Konzept der Verbundenheit wird versucht, eine hohe Zufriedenheit zu erreichen und sicherzustellen, damit der Kunde Vertrauen zum Unternehmen gewinnt und sich diesem gegenüber loyal verhält, also nicht zur Konkurrenz wechselt, das Unternehmen weiterempfiehlt etc. Unter Gebundenheit versteht man jene Situation, in der für einen Kunden Wechselbarrieren bestehen, die den Wechsel zu einem anderen Anbieter erschweren oder praktisch unmöglich machen. Kundenbindung kann in Abgrenzung zur Loyalität als das allgemeinere Konstrukt aufgefasst werden, da es sowohl die anbieter- als auch die nachfragerbezogene Sichtweise umfasst. Loyalität stellt hingegen die Kundenperspektive in den Mittelpunkt der Betrachtung.

Im Fall der eigentlich interessierenden *Loyalität,* die gleichzeitig aus Unternehmenssicht den Idealfall darstellt, liegt also eine intensive positive Einstellung und gleichzeitig eine hohe Wiederkaufrate vor. Loyalität kann somit also als zweidimensionales Konstrukt aufgefasst werden. Als Dimensionen werden dabei einerseits das bisherige Verhalten – aus der Ex post-Perspektive – und andererseits die Einstellung des Konsumenten – aus der Ex ante-Perspektive – herangezogen.

Erklärungsansätze von Loyalität

Übersicht 146: ***Ansätze zur Erklärung von langfristigen Kundenbeziehungen***

	Theorie	Autoren	Erklärungsgegenstand
Neoklassik	Nutzentheorie	Implizite Anwendung durch eine Vielzahl von Publikationen im Marketing	Bedeutung von Qualität, Kundenzufriedenheit, wahrgenommener Wert und Beziehungsqualität im Rahmen des Relationship Marketing
Neoklassik	Gewinntheorie	Blattberg/Deighton 1996; Schleuning 1997; Bruhn et al. 2000	Bewertung von Kundenbeziehungen aus Unternehmenssicht
Neoinstitutionales Paradigma	Informationsökonomik	Klee 2000; Roth 2001; Schmitz 2001	Erklärung der Unsicherheit von Interaktionen und Ableitung von Strategien zur Unsicherheitsreduktion
Neoinstitutionales Paradigma	Informationsökonomik	Ahlert/Kenning/Petermann 2001	Vertrauen als Erfolgsfaktor für Dienstleistungsunternehmen
Neoinstitutionales Paradigma	Transaktionskostenansatz	Klee 1999; Homburg/Bruhn 1999	Voraussetzungen für die Vorteilhaftigkeit der Initiierung von Geschäftsbeziehungen
Neoinstitutionales Paradigma	Transaktionskostenansatz	Grönroos 1994	Profitabilität langfristiger Kundenbeziehungen
Neoinstitutionales Paradigma	Principal-Agent-Ansatz	Grund 1998	Erklärung des Verhaltens von Kunden und Mitarbeitern in Kundenbeziehungen
Neobehavioristisches Paradigma	**Psychologische Theorien**		
Neobehavioristisches Paradigma	Lerntheorie	Sheth/Parvatiyar 1995; Homburg/Bruhn 1999	Erklärung und Einflussfaktoren der Entstehung von Kundenbeziehungen
Neobehavioristisches Paradigma	Risikotheorie	Sheth/Parvatiyar 1995; Hentschel 1991	Erklärung und Einflussfaktoren der Entstehung von Kundenbeziehungen
Neobehavioristisches Paradigma	Risikotheorie	Fischer/Tewes 2001	Vertrauen und Commitment als vermittelnde Variablen in Dienstleistungsprozessen
Neobehavioristisches Paradigma	Dissonanztheorie	Sheth/Parvatiyar 1995; Kroeber-Riel/Weinberg 1996	Erklärung und Einflussfaktoren der Entstehung von Kundenbeziehungen
Neobehavioristisches Paradigma	**Sozialpsychologische Theorien**		
Neobehavioristisches Paradigma	Interaktions-/ Netzwerkansätze	IMP Group 1982; Grönroos 1994; Klee 1999	Strukturierung von Interaktionsprozessen
Neobehavioristisches Paradigma	Austauschtheorie	Houston/Gassenheimer 1987; Klee 2000; Homburg/Bruhn 1999	Entstehung und Beibehaltung von Kundenbeziehungen; Beurteilung, Langfristigkeit, Stabilität von Kundenbeziehungen
Neobehavioristisches Paradigma	Durchdringungstheorie	Georgi 2000	Entstehung und Entwicklung von Kundenbeziehungen

Quelle: Bruhn 2001, S. 18 f.

Übersicht 147: ***Dimensionen von Loyalität***

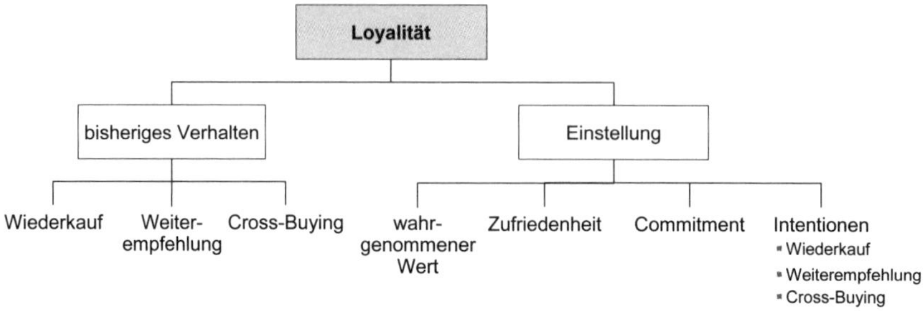

Quelle: Foscht 2002, S. 104.

Im Rahmen der Verhaltensdimension können die Faktoren Wiederkauf, Weiterempfehlung und Cross-Buying herangezogen werden. Die Einstellungsdimension besteht aus den Faktoren wahrgenommener Wert, Zufriedenheit, Commitment und den Intentionen für künftiges Verhalten. Die Intentionen, also die Verhaltensabsichten, beziehen sich in Anlehnung an das bisherige Verhalten auf den Wiederkauf, die Weiterempfehlung und das Cross-Buying (siehe Übersicht 147). Die Faktoren der Einstellungsdimension können teilweise einer Dimension, teilweise aber auch mehreren Komponenten im Rahmen der Drei-Komponenten-Auffassung von Einstellungen zugeordnet werden (vgl. dazu Foscht 2002, S. 72 ff.).

5.4.4 Bedeutung und Messung

Grundsätzlich gilt auch in der Nachkauf- und Nutzungsphase, dass die für die Kunden relevanten Kriterien wiederum möglichst gut zu erfüllen sind. In dieser Phase der Kundenbeziehung fällt aber der für eine dauerhafte Kundenbeziehung wohl sensibelste Bereich, nämlich die Evaluierung. Aus dieser geht hervor, ob ein Kunde zufrieden ist oder nicht, was das weitere Verhalten massiv determinieren kann. Ist der Kunde zufrieden, kann das eine neuerliche Vorkaufphase einleiten, ist der Kunde unzufrieden, kann das nicht nur zum Abbruch der Kundenbeziehung, sondern auch zu negativer Word-of-Mouth (WOM)-Kommunikation führen. Von Seite der Unternehmen sind daher häufig u. a. die folgenden Aktivitäten zu beobachten:

- Schulungsangebote
- Service-, Wartungs- und Reparatur-Angebote
- Kundenzufriedenheitsmonitoring
- Beschwerdemanagement
- Web-Sites mit Informationen, User-Foren, Frequently asked Questions (FAQs), Newsletter
- Werbung, Öffentlichkeitsarbeit

Wie bereits im Rahmen der Diskussion der Vorkauf- und der Kaufphase angedeutet, müssen die jeweiligen phasenspezifischen Leistungen den Anforderungen bzw. Erwartungen der Konsumenten möglichst gut entsprechen bzw. diese im Idealfall übertreffen. Werden in diesen Phasen aus Sicht des Kunden Fehler gemacht, können diese in der Nachkaufphase nicht völlig kompensiert werden, wenngleich gewisse Korrekturen von Fehlern, die in den Phasen davor wahrgenommen wurden, denkbar sind.

Kundenbindungsinstrumente

In Übersicht 148 sind ausgewählte Kundenbindungsinstrumente in den Bereichen der vier klassischen Marketinginstrumente abhängig von ihrem jeweiligen Fokus dargestellt. Je nachdem, ob ein Unternehmen versucht, die Kunden eher emotional oder eher faktisch zu binden, liegt der Fokus der Kundenbindung bei der emotionalen Kundenbindung auf dem Einsatz von interaktiven Instrumenten sowie Maßnahmen zur Steigerung der Kundenzufriedenheit und bei der faktischen Kundenbindung auf dem Aufbau von Wechselbarrieren.

Übersicht 148: ***Ansätze zur Kundenbindung im Rahmen der Marketing-Instrumente***

	Fokus Interaktion	Fokus Zufriedenheit	Fokus Wechselbarrieren
Produkt-politik	■ Gemeinsame Produktentwicklung ■ Internalisierung/ Externalisierung	■ Individuelle Angebote ■ Qualitätsstandards ■ Servicestandards ■ Zusatzleistungen ■ Besonderes Produktdesign ■ Leistungsgarantien	■ Individuelle technische Standards ■ Value-Added-Services
Preis-politik	■ Kundenkarten (bei reiner Informationserhebung)	■ Preisgarantien ■ Zufriedenheitsabhängige Preisgestaltung	■ Rabatt-/Bonussysteme ■ Preisdifferenzierung ■ Preisbundling ■ Finanzielle Anreize ■ Kundenkarten (bei Rabattgewährung)
Kommuni-kations-politik	■ Direct Mail ■ Kundenkarten ■ Event-Marketing ■ Online-Marketing ■ Proaktive Kundenkontakte ■ Servicenummern ■ Kundenforen/-beiräte	■ Kundenclubs ■ Kundenzeitschriften ■ Telefonmarketing ■ Beschwerdemanagement ■ Persönliche Kommunikation	■ Mailings, die sehr individuelle Informationen (mit hohem Nutzenwert für den Kunden) übermitteln ■ Aufbau kundenspezifischer Kommunikationskanäle
Distributions-politik	■ Internet/Gewinnspiele ■ Produkt Sampling ■ Werkstattbesuche	■ Online-Bestellungen ■ Katalogverkauf ■ Direktlieferung	■ Abonnements ■ Ubiquität ■ Kundenorientierte Standortwahl

Quelle: In Anlehung an Diller 1996, S. 82.

Es existiert eine Reihe von unterschiedlichen Möglichkeiten, um Kunden im Sinne des Kundenbindungsmanagements an das Unternehmen zu binden. Zu den wichtigsten Instrumenten zählen bspw. im Handel (Liebmann/Zentes 2001, S. 445 ff.): Kundenkarten, Kundenclubs, Bonus- und Treueprogramme, Beschwerdemanagement, Kundenzeitschriften, Rabatt-/Bonussysteme, Coupons und Events. Offen bleibt beim Einsatz dieser Instrumente häufig die Frage, ob die Kunden überhaupt an das Unternehmen gebunden werden wollen. Dies hängt naheliegenderweise einerseits vom Unternehmen und den angebotenen Leistungen ab, kann aber andererseits auch in der Persönlichkeit des jeweiligen Kunden begründet sein. In diesem Zusammenhang existieren bereits erste Ansätze, die die unterschiedliche Bindungsneigung von Konsumenten auf der Basis von Bindungstheorien berücksichtigen (Foscht/Angerer 2004).

Ikea Family

Der Ikea Family Club ist lt. Unternehmensangaben „perfekt für alle, die verrückt nach Einrichten und exklusiven Vorteilen sind". Die Mitgliedschaft kostet einmalig € 10,- und umfasst folgende Angebote für Club-Mitglieder (www.ikea.com):

- Produktangebote speziell für Mitglieder
- Ikea Family Einrichtungsmagazin Hej! (ca. 100 Seiten Umfang)
- Ikea Homecoach (Einrichtungsberater)
- Einladung zu Ikea Family Aktivitäten und Events
- 15 Prozent Preisvorteil im Restaurant
- gratis Transportversicherung
- 3 Monate Umtauschrecht (ausgenommen preisreduzierte Waren)
- Geburtstagsüberraschung für das Clubmitglied und dessen Kinder
- kostenlose Papiertragetasche
- Vorteilsangebote mit 15 Prozent Preisvorteil

Auswirkungen von Kundenzufriedenheit

Grundsätzlich herrscht Einigkeit darüber, dass ein positiver Zusammenhang zwischen Kundenzufriedenheit und Kundenbindung besteht, wobei über den tatsächlichen Verlauf des Zusammenhangs (linear, progressiv, stufenförmig etc.) noch diskutiert wird (vgl. dazu Giering 2000; Homburg/Rudolph 1998; Homburg/Giering/Hentschel 1999).

Übersicht 149: ***Zusammenhang zwischen Kundenzufriedenheit und Loyalität***

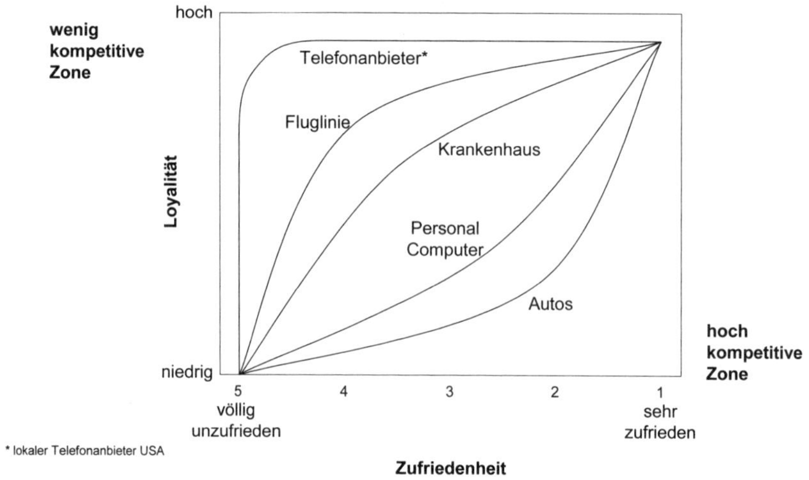

Quelle: In Anlehnung an Jones/Sasser 1995, S. 91.

Die Form des Zusammenhangs kann durch unterschiedliche Größen beeinflusst werden. Von der Branche und vom kompetitiven Umfeld hängt es bspw. ab, wie die Zufriedenheit auf die Loyalität wirkt (siehe Übersicht 149). Im Bereich der hochkompetitiven Zone herrschen niedrige Wechselkosten sowie substituierbare und kaum differenzierbare Produkte vor. Dementsprechend leicht wechseln Konsumenten den Anbieter, wenn sich die Zufriedenheit ändert. Im Bereich der wenig kompetitiven Zone herrschen meist hohe Wechselkosten, starke Marken, gute Bindungsprogramme und u. U. proprietäre Technologien oder monopolähnliche Situationen vor. In diesem Fall ist es für Konsumenten deutlich schwieriger, bei Änderung der Zufriedenheit, den jeweiligen Anbieter zu wechseln.

Neben der direkten Beziehung zwischen Kundenzufriedenheit und Kundenloyalität existieren auch noch Einflussfaktoren, die je nach ihrer Ausprägung den Zusammenhang zwischen Zufriedenheit und Loyalität verstärken oder abschwächen. Diese sog. moderierenden Variablen lassen sich, wie in Übersicht 150 dargestellt, in unterschiedliche Gruppen einteilen.

Übersicht 150: ***Mögliche Moderatoren des Zusammenhangs zwischen Kundenzufriedenheit und Kundenloyalität***

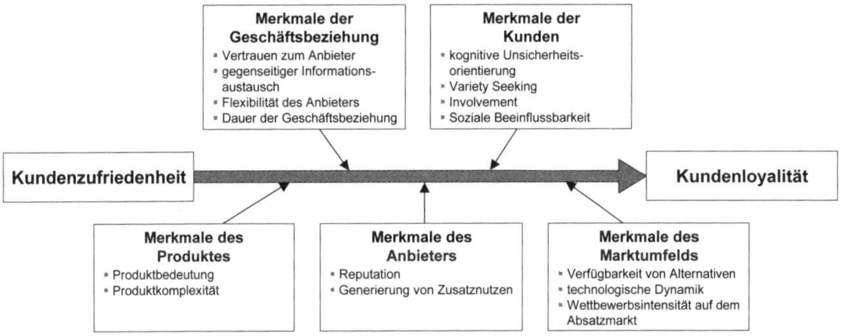

Quelle: In Anlehnung an Giering 2000, S. 103.

Die Moderatoren können konkret in die Gruppen Merkmale des Produktes, Merkmale des Anbieters, Merkmale des Marktumfeldes, Merkmale der Geschäftsbeziehung sowie Merkmale der Kunden unterteilt werden. An dieser Stelle sollen nun zwei Moderatoren exemplarisch herausgegriffen und diskutiert werden:

- Der Zusammenhang zwischen Zufriedenheit und Bindung wird durch das Produktinvolvement verstärkt, d. h. bei stark involvierten Kunden führt deren Zufriedenheit eher zu Gebundenheit als bei schwächer involvierten. Wenn bspw. das Auto für eine Person einen hohen Stellenwert hat, so ist diese, wenn sie mit einer bestimmten Automarke zufrieden ist, stärker an diese gebunden, als jemand, der einem Auto relativ wenig Bedeutung beimisst.
- Auch die Eigenschaften des betreffenden Produkts haben Auswirkungen auf die Beziehung zwischen Zufriedenheit und Bindung. So entstehen bei technologisch komplexen Produkten häufig technologische Wechselbarrieren, die auch bei geringerer Zufriedenheit eines Kunden dessen Abwanderung eher unwahrscheinlich

machen. Zudem bringt die Komplexität eines Produkts oft auch informationsbedingte Wechselbarrieren mit sich, da es hier für einen Kunden unmöglich oder mit hohem (zeitlichen oder finanziellen) Aufwand verbunden ist, sich die notwendigen Kenntnisse zur Evaluierung oder Benutzung von Konkurrenzalternativen zu besorgen.

Auswirkungen von Kundenloyalität

Aus der Marketingperspektive ist aber nicht nur die Konzeption des Konstrukts der Loyalität interessant, sondern v. a. die Frage, ob bzw. inwieweit die so konzipierte Loyalität künftiges Verhalten determinieren bzw. erklären kann und welche Auswirkungen Kundenloyalität für das Unternehmen hat. Übersicht 151 zeigt denkbare Konsequenzen.

Übersicht 151: ***Wirkungseffekte von Kundenloyalität***

	mehr Sicherheit	mehr Wachstum	mehr Gewinn/Rentabilität
Vorteile	■ mehr Stabilität der Geschäftsbeziehung • Habitualisierung • Immunisierung • Toleranz ■ mehr Feedback • Beschwerdebereitschaft • Auskunftsbereitschaft • Bereitschaft zur Mitarbeit ■ mehr Aktionsspielraum ■ mehr Vertrauen	■ bessere Kundenpenetration • Beschaffungs-konzentration • Kaufhäufigkeit • Kaufintensität • Cross Buying ■ mehr Kundenempfehlungen • Adressenvermittlung • Referenzbereitschaft • Mund-zu-Mund-Werbung • Kundenvermittlung	■ Kosteneinsparungen • bessere Amortisation von Akquisitionskosten • Opportunitätskosten der Kundengewinnung • geringere Kunden-bearbeitungskosten • effizientere Order-verfahren • geringere Streuverluste ■ Erlössteigerungen • geringere Preiselastizität • Cross-Selling-Erlöse
Nachteile	■ Commitment • Inflexibilität ■ Trägheit ■ Reaktanzgefahr	■ einseitige Kundenstruktur ■ negative WOM-Kommunikation	■ Bindungskosten • zurechenbare Kosten • zurechenbare Erlös-minderungen

Quelle: Diller 1996, S. 82.

Als Nachteile der Sicherheit bzw. stabiler Beziehungen werden eine gewisse Trägheit und Inflexibilität, als Nachteile des (einseitigen) Wachstums eine einseitige Kundenstruktur sowie damit u. U. eine entsprechende negative WOM-Kommunikation und als Nachteile im Kostenbereich schließlich die für die Kundenbindung anfallenden Kosten genannt.

Eine andere Zugangsweise ist die Strukturierung der Verhaltensweisen loyaler Kunden in direkt und indirekt profitabilitätswirksame Verhaltensweisen. Beide Verhaltensweisen können sich einerseits auf der Erlösseite und anderseits auf der Kostenseite auswirken. Daher wird in Folge weiter in erlössteigernde Verhaltensweisen und in kostensenkende Verhaltensweisen unterteilt (siehe Übersicht 152). Hervorzuheben ist in diesem Zusammenhang, dass ein und dasselbe Ereignis sowohl erlössteigernd als auch kostensenkend sein kann. So kann z. B. eine Weiterempfehlung einerseits dazu führen, dass ein Konsument, der bisher nicht Kunde des Unternehmens war, zum Kunden wird (erlössteigernde Wirkung) und andererseits dazu führen, dass aufwändige Maßnahmen zur Neukundenakquisition eingespart werden können, da aufgrund der Weiterempfehlung laufend genügend Neukunden zum Unternehmen stoßen (kostensenkende Wirkung).

Übersicht 152: ***Verhaltensweisen loyaler Kunden***

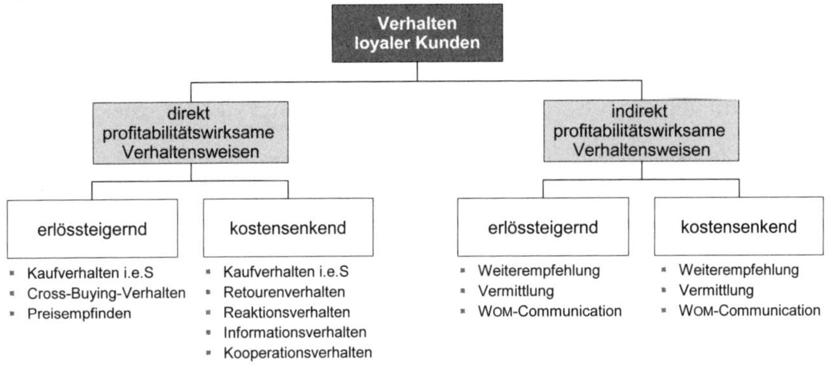

Quelle: Foscht 2002, S. 129.

Wird nun davon ausgegangen, dass Zufriedenheit, die aus der Beurteilung der Leistungen eines Unternehmens in der Vorkauf-, Kauf- und Nachkaufphase entsteht, die Basis für Loyalität ist bzw. häufig auch zu Kundenloyalität führt, dann führt dies in weiterer Folge und aus den genannten Gründen dazu, dass am Ende der Wirkungskette für das Unternehmen ein Profit entsteht (siehe Übersicht 153), der im Regelfall höher ist als jener, der mit nicht zufriedenen und nicht loyalen Kunden erwirtschaftet werden kann.

Übersicht 153: ***Wirkungskette Kundenzufriedenheit, Kundenloyalität und Profitabilität mit möglichen moderierenden Faktoren***

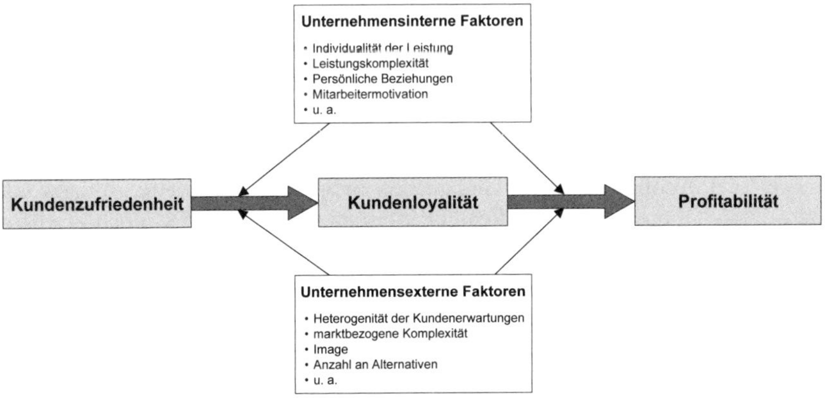

Quelle: In Anlehnung an Homburg/Bruhn 2003, S. 10.

Auch im Rahmen dieser Wirkungskette spielen moderierende Einflussgrößen, also Variablen, die die Stärke des Zusammenhangs beeinflussen, eine Rolle. Diese können in unternehmensexterne und in unternehmensinterne moderierende Größen untergliedert werden. Zu berücksichtigen bleibt bei der Betrachtung dieser Wirkungskette allerdings, dass die Zufriedenheit und Kundenloyalität aus wirtschaftlichen Gründen nicht unbegrenzt gesteigert werden können, da diese Steigerungen jeweils Kosten verursachen. Im Regelfall steigen die Kosten der Steigerung der Zufriedenheit sogar umso stärker an, desto höher das bereits vorhandene Zufriedenheitsniveau ist. Die klassische Ausnahme bildet die Freundlichkeit der Mitarbeiter. Diese kann die Zufriedenheit der Kunden steigern, führt aber im Regelfall, wenn also nicht entsprechende Schulungen durchgeführt werden müssen, nicht unbedingt zu Kostensteigerungen.

Übersicht 154: ***Zusammenhang zwischen Kosten für die Steigerung von Zufriedenheit bzw. Kundenloyalität und der Profitabilität***

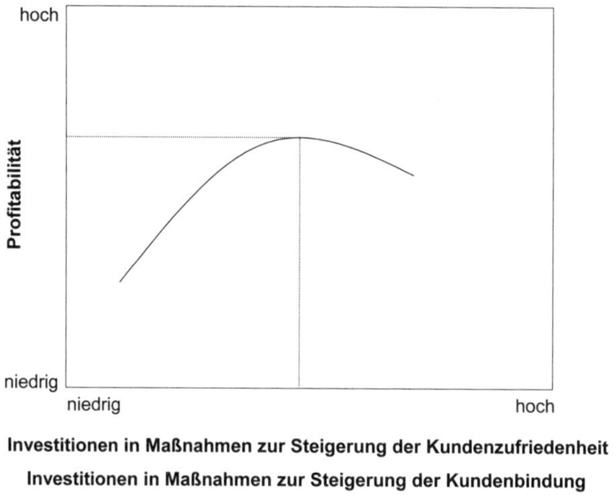

Quelle: Foscht 2002, S. 129.

Somit muss bei sämtlichen Aktivitäten des Unternehmens (bspw. bei der Verbesserung von Leistungen und Produkten, bei der Schulung der Mitarbeiter, beim Einsatz von Kundenbindungsinstrumenten etc.) berücksichtigt werden, ab welchem Punkt die dadurch verursachte Kostensteigerung nicht mehr zu einer weiteren Verbesserung des Profits beiträgt, d. h. das Optimum der Beziehung muss gefunden werden (siehe Übersicht 154). Wenngleich dieser Gedanke nachvollziehbar erscheint, ist das konkrete Finden dieses Optimums in der Realität meist nicht möglich. Dennoch erscheint es sinnvoll zu sein, diese Grundüberlegung beim Einsatz von Marketinginstrumenten im Rahmen von Kundenbeziehungen zu berücksichtigen.

Messung von Kundenzufriedenheit

Die Messung von Kundenzufriedenheit kann auf unterschiedliche Art und Weise erfolgen. In Übersicht 155 sind die wichtigsten Ansätze im Überblick dargestellt. Im Rahmen *objektiver Verfahren* werden Indikatoren wie Umsatz, Marktanteil oder Wiederkaufrate herangezogen, um von diesen auf die Zufriedenheit der Kunden zu schließen. Dies hat sich in vielen Fällen als zulässig erwiesen, muss aber nicht immer der Fall sein, da die Indikatoren nicht ausschließlich von der Zufriedenheit, sondern auch von anderen Faktoren beeinflusst werden.

Im Rahmen der *subjektiven Verfahren* wird auf die vom Konsumenten subjektiv wahrgenommene Zufriedenheit abgezielt. Dabei werden merkmalsorientierte Verfahren und ereignisorientierte Verfahren unterschieden. Im Bereich der merkmalsorientierten Verfahren kann weiter in implizite und explizite Methoden unterschieden werden. Die Methode mit der wohl größten Bedeutung im Feld der impliziten Methoden ist die Analyse von Beschwerden – zu den impliziten Methoden gehört aber auch die Erfassung von Leistungsdefiziten wie z. B. Anzahl an Reparaturen.

Übersicht 155: ***Ansätze zur Messung von Kundenzufriedenheit***

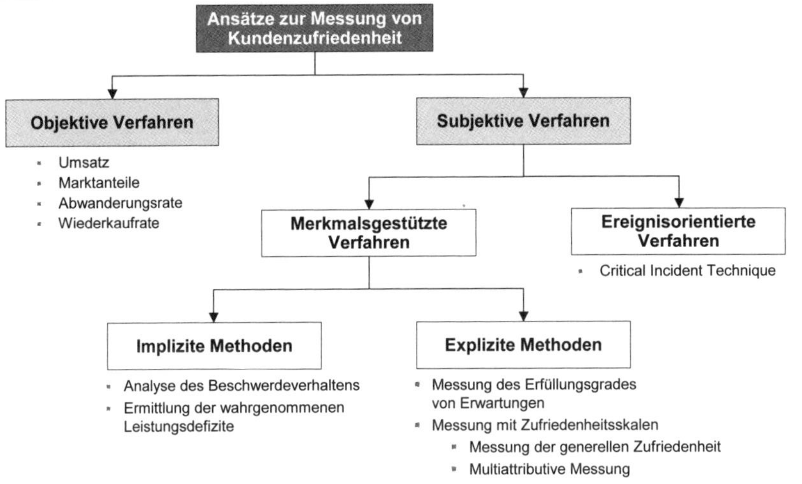

Quelle: In Anlehnung an Homburg/Rudolph 1998, S. 48.

Im Rahmen der expliziten Methoden geht es einerseits um die Messung des Erfüllungsgrades der Erwartungen von Kunden und andererseits um die Messung mittels Zufriedenheitsskalen. Bei der letztgenannten Form der Messung kann zwischen der Messung der generellen Zufriedenheit („Wie zufrieden sind Sie mit Anbieter ... im Allgemeinen?") und der multiattributiven Messung (Frage 1: „Wie zufrieden sind Sie mit dem Produkt?", Frage 2: „Wie zufrieden sind Sie mit dem Service", Frage 3: „Wie zufrieden sind Sie mit den Öffnungszeiten" usw.) unterschieden werden.

Aufgrund der Tatsache, dass sich Konsumenten häufig nicht wirklich darüber bewusst sind, wie zufrieden sie mit einzelnen Kriterien sind und daher nur unter dem „Druck" der Befragungssituation auf detaillierte Fragen antworten, entstehen fallweise Artefakte. Vor diesem Hintergrund wurden bereits Ansätze entwickelt, auch die Kundenzufriedenheit mittels Methoden des Conjoint Measurements zu messen. Zu den ereignisorientierten Verfahren zählt u. a. die Critical Incident Technique – die Methode der kritischen Ereignisse. Bei diesem Verfahren wird die Kundenbeziehung in einzelne Interaktions-Episoden zerlegt, die dann in weiterer Folge hinsichtlich der Zufriedenheit im Mittelpunkt der Betrachtung stehen (Meyer/Ertl 1998, S. 232 f.).

Messung der Kundenzufriedenheit

Zur standardisierten Messung der Kundenzufriedenheit werden häufig Fragebögen eingesetzt. In Übersicht 156 ist ein Ausschnitt eines entsprechenden Fragebogens dargestellt, mittels dem die Zufriedenheit mit dem Kauf eines Autos der Marke Peugeot gemessen werden soll. Zu berücksichtigen ist bei derartigen schriftlichen Untersuchungen, dass die Fragebögen nur von bestimmten Personen retourniert werden und somit häufig eine Verzerrung der Ergebnisse vorliegt.

Übersicht 156: ***Fragebogen zur Messung der Kundenzufriedenheit***

1. Ihre Kaufmotivation

1.1. Wie sind Sie auf Ihren neuen Peugeot aufmerksam geworden?

☐ Plakat	☐ Tagespresse	☐ Presseartikel
☐ Radio	☐ Magazin	☐ Bekannte und Freunde
☐ Personalisiertes Mailing	☐ Fernsehen	☐ Autohändler
☐ Autoausstellung	☐ Auf der Straße	☐ Sonstiges

2. Das Autohaus, bei dem Sie Ihr Fahrzeug gekauft haben

2.1. Die Bilanz Ihres Kaufs

Wie beurteilen Sie Ihr Autohaus anläßlich des Kaufs Ihres Fahrzeuges?			
☐ Sehr zufriedenstellend	☐ Zufriedenstellend	☐ Mäßig	☐ Nicht zufriedenstellend

Würden Sie dieses Autohaus an einen Ihrer Bekannten weiterempfehlen?			
☐ Ja, sicher	☐ Ja, wahrscheinlich	☐ Nein, wahrscheinlich nicht	☐ Nein, sicher nicht

2.2. Das Äußere des Autohauses (Parkplätze, Gebäude)

Wie beurteilen Sie ...	Sehr zufriedenstellend	Zufriedenstellend	Mäßig	Nicht zufriedenstellend
... die Parkmöglichkeiten	☐	☐	☐	☐
... das Äußere des Gebäudes	☐	☐	☐	☐
... die Atmosphäre	☐	☐	☐	☐
... die Präsentation der Fahrzeuge	☐	☐	☐	☐
... die Auswahl der ausgestellten Fahrzeuge	☐	☐	☐	☐
... die an den Fahrzeugen angebrachten Informationen	☐	☐	☐	☐
... die Verfügbarkeit von Prospekten	☐	☐	☐	☐

2.3. Wie beurteilen Sie Ihr Autohaus insgesamt?

☐ Sehr zufriedenstellend	☐ Zufriedenstellend	☐ Mäßig	☐ Nicht zufriedenstellend

2.4. Ihr Verkäufer

Wie beurteilen Sie ...	Sehr zufriedenstellend	Zufriedenstellend	Mäßig	Nicht zufriedenstellend
... seine Freundlichkeit beim Empfang	☐	☐	☐	☐
... den Kontakt zum Verkäufer	☐	☐	☐	☐
... seine Verfügbarkeit	☐	☐	☐	☐
... seine Fähigkeit, Sie zu beraten	☐	☐	☐	☐
Und noch etwas genauer: seine Fähigkeit ...	☐	☐	☐	☐
... genaue Informationen über die Modelle und Versionen zu geben	☐	☐	☐	☐
... die technischen Besonderheiten darzustellen	☐	☐	☐	☐
... Finanzierungsangebote zu erstellen	☐	☐	☐	☐

Messung von Kundenloyalität

Bei der Messung von Kundenloyalität sind grundsätzlich die Einstellungs- und die Verhaltensdimension zu berücksichtigen. Durch Unternehmen werden häufig eher die Größen der Verhaltensdimension isoliert herangezogen werden, da die entsprechende Datengrundlage meist vorliegt (z. B. durch Scannerkassen und den Einsatz von Kundenkarten). Deutlich schwieriger und v. a. kostenintensiver ist die Messung der Einstellungsdimension der Loyalität. Dazu sind im Regelfall Kundenbefragungen erforderlich (siehe dazu Abschnitt 2.1.4.2). Bezüglich der Messung der Verhaltensdimension von Loyalität können Ansätze zur Messung der Treue herangezogen werden. Ein Ansatz, der in die Gruppe der Scoringmodelle eingeordnet werden kann und der sich bereits über Jahrzehnte v. a. im Versandhandel etabliert hat, ist das sog. RFM-Modell.

Messung von Treue

Die Treue von Konsumenten kann mittels verschiedener Konzepte gemessen werden. Diese beziehen sich meist auf die Marken- oder die Geschäftstreue bzw. auf das Marken- oder das Geschäftswechselverhalten (Foscht 2002, S. 52 f.).

- Im traditionellen Reihenfolgenkonzept wird die Sequenz, in der eine Marke gekauft oder eine Einkaufsstätte besucht wird, untersucht. Wenn ein Konsument seinen Bedarf an Gütern ausschließlich in einem Geschäft (A) deckt (Kauffolge: AAAA), so spricht man von ungeteilter oder absoluter Geschäftstreue. Geteilte Geschäftstreue liegt beim abwechselnden Aufsuchen von Geschäften vor (z. B. ABABA), instabile Geschäftstreue z. B. bei AABB und keine Geschäftstreue bei ABCD.
- Das Anzahlskonzept geht von der Annahme aus, dass die Treue von der Anzahl der Geschäfte, die ein Konsument für den Kauf eines bestimmten Produkts besucht, ableitbar ist. Die Treue ist demnach umso niedriger, je mehr Geschäfte zur Deckung eines bestimmten Bedarfs aufgesucht wurden.
- Ein weiteres Treuekonzept ist schließlich jenes, das von der Anzahl oder vom Anteil der Einkäufe ausgeht, die in unmittelbarer Folge, also ohne Anbieterwechsel, getätigt werden. Die Betrachtung kann sich auf die letzten Einkäufe oder auf die durchschnittlichen Einkäufe je Kaufsequenz beziehen.

RFM-Modell

Das RFM-Modell entstand im Versandhandel und ist der Gruppe der Scoring-Modelle zuzuordnen. Berücksichtigt wird in der ursprünglichen Variante, wie kürzlich (*R*ecency), wie häufig (*F*requency) und um welchen Betrag (*M*onetary) ein Konsument gekauft hat. Mittlerweile existieren weiterentwickelte Varianten des Modelles wie das folgende Beispiel zeigt (Link/Hildebrand 1991, S. 49).

Übersicht 157: ***Beispiel für die Anwendung des RFM-Modells***

Start	25 Punkte					
Zeit seit der letzten Bestellung	bis 6 Monate: + 40 Pkte.	bis 9 Monate: + 25 Pkte.	bis 12 Monate: + 15 Pkte.	bis 18 Monate: + 5 Pkte.	bis 25 Monate: - 5 Pkte.	> 24 Monate: - 15 Pkte.
Anzahl der Bestellungen während der letzten 18 Monate	Anzahl der Bestellungen multipliziert mit 6					
Durchschnittlicher Bestell-Betrag der letzten drei Bestellungen	bis EUR 5: + 5 Pkte.	bis EUR 10: + 15 Pkte.	bis EUR 20: + 25 Pkte.	bis EUR 30: + 35 Pkte.	bis EUR 40: + 40 Pkte.	mehr als EUR 40: + 45 Pkte.
Anzahl der retournierten Artikel während der letzten 18 Monate	0-1: 0 Pkte.	2-3: - 5 Pkte.	4-6: - 10 Pkte.	7-10: - 20 Pkte.	11-15: - 30 Pkte.	> 15: - 40 Pkte.
Anzahl der Kontakte seit der letzten Bestellung	Haupt-Katalog: jeweils - 12 Pkte.		Spezial-Katalog: jeweils - 6 Pkte.		Mailing: jeweils - 2 Pkte.	

5.5 Integrative Betrachtung von Kundenbeziehungen

5.5.1 Theoretische Grundlagen und Charakteristika

Nachdem im vorangegangen Kapitel eine einzelne Kaufphasensequenz (also das Durchlaufen von Vorkauf-, Kauf- bis hin zur Nachkaufphase) ausführlich dargestellt und diskutiert wurde, soll im Rahmen dieses Kapitels nun darauf eingegangen werden, wie sich Konsumenten im Laufe einer Kundenbeziehung verhalten. Eine Kundenbeziehung kann aus einer einzigen oder aus mehreren Kaufphasensequenzen bestehen.

- Eine *einsequenzielle Kundenbeziehung* liegt vor, wenn ein Bedarf bei einem Konsumenten nur einmal besteht (wie z. B. beim Kauf eines Hochzeitskleides) oder wenn die Erwartungen des Konsumenten hinsichtlich der Leistung eines Unternehmens nicht erfüllt wurden, der Konsument unzufrieden ist und dieser es deshalb ablehnt, noch einmal beim selben Unternehmen zu kaufen.
- In den meisten Fällen besteht eine Kundenbeziehung aber aus einer Reihe von Kaufphasensequenzen. *Mehrsequenzielle Beziehungen* können sich über einen ganzen Bedarfslebenszyklus ziehen. D. h. ein Konsument kauft im selben Geschäft, kauft dieselbe Marke usw. solange er einen entsprechenden Bedarf hat, also z. B. einen bestimmten Sport betreibt und entsprechende Ausrüstung benötigt, ein bestimmtes Gerät betreibt und von Zeit zu Zeit Ersatzteile bzw. ein neues Gerät benötigt oder z. B. mobil telefonieren möchte und daher ein Mobil-Telefon sowie einen entsprechenden Dienstleister benötigt.

Nachdem die einsequenzielle Kundenbeziehung, auf die im klassischen Marketing fokussiert wird, eher einen Sonderfall darstellt und der einsequenzielle Fall schon dargestellt wurde, konzentrieren sich die folgenden Ausführungen ausschließlich auf die mehrsequenzielle Kundenbeziehung. Im Rahmen eines Bedarfszyklus eines Konsumenten – aus Sicht der Unternehmen spricht man auch von einem Kundenlebenszyklus (siehe Übersicht 11 in Abschnitt 1.1 in diesem Kapitel) – können eine Reihe von Ereignissen auftreten, die dazu führen, dass Konsumenten zufrieden sind, sich loyal verhalten und die Kundenbeziehung intensiver wird. In diesem Idealfall führt dies auch dazu, dass die Kundenbeziehung für das jeweilige Unternehmen profitabler wird. Auf dem Weg zu einer höheren Intensität der Kundenbeziehung kann es aber auch Phasen geben, in denen – ausgelöst z. B. durch eine Unzufriedenheit – die Kundenbeziehung gefährdet wird und die Intensität daher über einen gewissen Zeitraum nicht zunimmt – im Extremfall kann dies sogar so weit führen, dass die Beziehung überhaupt gelöst wird.

Versucht man nun in die Betrachtung des Beziehungs-Lebenszyklus die unterschiedlichen Kaufentscheidungstypen einzubeziehen, so ergibt sich, dass Kundenbeziehungen in vielen Fällen entweder mit extensiven oder mit impulsiven Kaufentscheidungen beginnen. Es ist z. B. denkbar, dass ein Konsument, der in eine neue Stadt zieht, zunächst einmal umfangreich evaluiert, wo er am günstigsten seine Lebensmittel, seine Sportartikel usw. einkaufen kann oder dass ein Konsument spontan einen Kaugummi kauft, der unmittelbar vor der Kasse präsentiert wird. Beide Fälle (es handelt sich jeweils um eine Kaufphasensequenz) können Ausgangspunkte einer Kundenbeziehung sein.

Vom Transaktions- zum Beziehungsmarketing

In den frühen 80er Jahren des vorigen Jahrhunderts wurde das Konzept des Relationship-Marketing entwickelt. Dabei wird ein Paradigmenwechsel von einem auf Transaktionen basierenden – oftmals vorwiegend auf Kundenakquisition abzielenden – hin zu einem auf Beziehungen basierenden Marketing thematisiert.

Übersicht 158: ***Transaktions- vs. Beziehungsmarketing***

	Transaktionsmarketing	Beziehungsmarketing
Betrachtungsobjekt	Einzelne Transaktion	Beziehung
Betrachtungsfristigkeit	Kurzfristigkeit	Langfristigkeit
Marketingobjekt	Leistung	Leistung und Kunde
Betrachteter Teilprozess	Vorkaufphase	zusätzlich: Kauf-, Nachkauf- und Nutzungsphase
Dominierendes Marketingziel	Kundenakquisition	Kundenakquisition, Kundenbindung, Kundenrückgewinnung
Strategiefokus	Information	Dialog
Ökonomische Erfolgs- und Steuerungsgrößen	Gewinn, Deckungsbeitrag, Umsatz, Kosten	zusätzlich: Kundendeckungsbeitrag, Kundenwert

Quelle: In Anlehnung an Bruhn 2001, S. 12; Henning-Thurau/Hansen 2000, S. 5.

Als zentrale Elemente des Relationship-Marketing werden die Konzentration auf die Kundenpflege und damit auch verstärkt auf die Kaufphase und die Nachkaufphase, ein längerer Zeithorizont sowie gegenseitiges Vertrauen betrachtet. Diese Beziehungsüberlegungen werden durch Wirtschaftlichkeitsüberlegungen auf Kundenebene (Kundendeckungsbeitrag, Kundenwert) ergänzt.

Hat eine Kundenbeziehung begonnen und haben die Leistungen des Unternehmens die Erwartungen der Konsumenten erfüllt oder sogar übertroffen, so kann davon ausgegangen werden, dass der Konsument wieder beim selben Unternehmen oder dieselbe Marke kauft. Allerdings wird in diesem Fall nicht mehr gleich umfangreich evaluiert (wie bei der ursprünglich extensiven Kaufentscheidung) bzw. nicht mehr gleich impulsiv gehandelt (wie bei der ursprünglich impulsiven Kaufentscheidung) wie im ersten Fall. D. h. in einer zweiten Phase im Kundenlebenszyklus können die Kaufentscheidungen limitiert getroffen werden (siehe Übersicht 159).

In einer dritte Phase der Kundenbeziehung, in der die Loyalität ihren Höhepunkt erreicht, denkt der Konsument nicht mehr intensiv nach, welches Produkt oder welche Marke er kaufen soll bzw. welche Einkaufsstätte er aufsuchen soll, er trifft seine Kaufentscheidung habitualisiert. D. h. der Konsument, der in eine neue Stadt gezogen ist, fährt nach einem Jahr mehr oder weniger automatisch zu Supermarkt X und der Konsument, der ursprünglich impulsiv einen Kaugummi der Marke Y gekauft hat, greift dann automatisch immer wieder zu Marke Y. Es liegt auf der Hand, dass es das Ziel jeden Unternehmens sein wird, möglichst viele Kunden zu haben, die die jeweilige Kaufentscheidung habitualisiert zu Gunsten des eigenen Unternehmens treffen bzw. Kunden zu motivieren, ihre Entscheidungen auf diese Art zu treffen.

Übersicht 159: ***Kundenbeziehungs-Lebenszyklus und Kaufphasensequenzen***

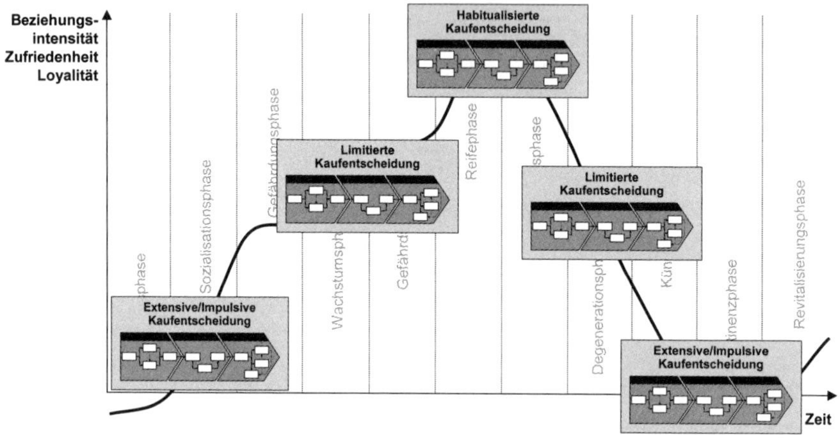

Tritt der Fall ein, dass in einer Kundenbeziehung eine bereits habitualisierte Kaufentscheidung wieder in Frage gestellt wird, so kann dies in Abhängigkeit vom Auslöser (Unzufriedenheit, Änderung der Lebensumstände etc.) dazu führen, dass weitere Kaufentscheidungen im Rahmen der bestehenden Kundenbeziehung wieder limitiert oder sogar extensiv getroffen werden.

5.5.2 Bedeutung und Messung

Vor dem dargestellten Hintergrund erscheint es grundsätzlich nahe liegend zu sein, dass jedes Unternehmen versucht, Konsumenten, die einmal im Rahmen einer extensiven oder impulsiven Entscheidung gekauft haben, zu motivieren, ihre Entscheidung lediglich limitiert oder vor allem habitualisiert zu Gunsten des Unternehmens zu treffen. Zu berücksichtigen ist allerdings, dass auch dieses Lebenszyklusmodell idealtypisch ist und dass die Art der Kaufentscheidung nicht nur von der jeweiligen Phase in der Kundenbeziehung, sondern v. a. auch von der Bedeutung der jeweiligen Kaufentscheidung abhängt. Es ist durchaus denkbar, dass Entscheidungen immer wieder extensiv fallen (z. B. die Entscheidung, ein Auto zu kaufen) und dass Käufe, die zu einem bestimmten Zeitpunkt habitualisiert erfolgen, davor noch nie extensiv oder impulsiv waren (z. B. kann die Entscheidung, eine bestimmte Milch-Marke zu kaufen, fallen, weil auch schon die Mutter oder die Großmutter dieselbe Marke gekauft haben). Im Mittelpunkt des Kundenbeziehungsmanagements steht also die Kundenorientierung und die langfristige Betrachtungsperspektive von Kundenbeziehungen. Als zentrale Mess- und Steuerungsgröße für den Einsatz von Marketing- und Kundenbindungsinstrumenten hat sich mittlerweile der Kundendeckungsbeitrag sowie der Customer-Lifetime-Value etabliert.

Übergang vom extensiven zum habitualisierten Kaufverhalten

Kaas (1982) und Dieterich (1986) untersuchten das Durchlaufen verschiedener Kaufentscheidungsphasen durch Konsumenten, innerhalb derer mittels Lernen extensive Kaufentscheidungen aufgrund von Gebrauchserfahrungen zunehmend habitualisiert werden. 1980 und 1981 wurden Mütter mit dem ersten Baby im Alter von bis zu 54 Wochen und werdende Mütter im 7. bis 9. Schwangerschaftsmonat hinsichtlich ihres Kaufverhaltens für Babywindeln befragt. Da eine Beobachtung einer Person über einen langen Zeitraum problematisch ist, wurden sog. Kohortenanalysen durchgeführt. Das grundsätzliche Ziel der Untersuchung bestand darin, das habitualisierte Kaufverhalten von Menschen zu erklären.

Die Auswahl der Versuchspersonen und der Produktgruppe erfolgte vor dem Hintergrund einer Konfrontation mit drei grundlegenden Problemen: Es galt, ein subjektiv innovatives Produkt zu finden, das zum Untersuchungszeitpunkt in den Markt eingeführt wird. Ferner musste eine phasenbegleitende Beobachtung des Habitualisierungsprozesses möglich sein und schließlich mussten einzelne Kaufphasen voneinander abgegrenzt werden können. Diesem wurde dadurch begegnet, dass lediglich Schwangere und Mütter mit dem ersten Kind befragt wurden, die mit dem Befragungsgegenstand zum ersten Mal konfrontiert wurden. Sie sahen sich vor subjektiv neue Bedarfe gestellt. Windeln erschienen als zu testende Produktgruppe optimal, da sie über einen längeren Zeitraum benötigt werden.

Die zentralen Ergebnisse der Studie können in komprimierter Form wie folgt darstellt werden: Mit zunehmendem Babylebensalter, d. h. mit zunehmender Kauferfahrung der Mütter, sinkt bei diesen sowohl die Nutzungsintensität externer Informationsquellen als auch die der interpersonellen Kommunikation. Auch die Informationszeit insgesamt gesehen nimmt im Laufe der Zeit ab, da der subjektive Informationsstand steigt und somit zunehmend auf eigene Produkterfahrungen zurückgegriffen werden kann. Das Awareness Set, d. h. alle Angebotsalternativen, die dem Nachfrager bei seiner Kaufentscheidung bewusst sind, nimmt ebenso wie das Inept Set, d. h. alle Angebotsalternativen, die negativ beurteilt werden und daher für die Kaufentscheidung nicht mehr relevant sind, zu. Für das Konsumentenverhalten im Speziellen lässt sich festhalten, dass mit zunehmendem Babyalter Sonderangebotskäufe zunehmen, größere Packungen gekauft werden und die Entscheidungszeit abnimmt.

Zusammenfassend ist festzuhalten, dass Habitualisierungsprozesse über das Informationsverhalten der Konsumenten erfasst werden können. Mit zunehmender Erfahrung mit einem bestimmten Produkt nimmt der Bedarf an Informationen und extensiven Auswahlüberlegungen ab. Nach und nach werden aus dem zur Verfügung stehenden Produktangebot einzelne Produkte akzeptiert sowie innerhalb dieser Produktgruppe bestimmte Produkte präferiert und zunehmend habitualisiert sowie schlussendlich routinemäßig gekauft. Darüber hinaus kann festgestellt werden, dass auch hinsichtlich der präferierten Einkaufsstätten ein gewisser Wandel eintritt: Sobald die Konsumenten sich in ihren Einkäufen sicherer werden, kann ein Trend der Abwanderung der Konsumenten von Fachgeschäften zu Supermärkten beobachtet werden (Kaas 1982, S. 3 ff.; Dieterich 1986, S. 188 ff.).

Die Kundenwertigkeit bzw. der Kundenwert hat einen großen Einfluss darauf, wie Kundenbeziehungen gestaltet werden. Gemäß dem Wirtschaftlichkeitsprinzip kann in wertvolle Kunden individuell mehr investiert werden als in weniger wertvolle Kunden. Dieses Mehr an Investitionen drückt sich z. B. durch spezielle und für das Unternehmen vergleichsweise kostenintensivere Angebote und Leistungen aus (z. B. Sonderkonditionen für ein Bankkonto für Studenten oder Sonderkonditionen für Meinungsführer). Basis für diese Aktivitäten des Customer Relationship Managements ist eine entsprechende Basis an Kundeninformationen sowie eine entsprechende EDV-Infrastruktur, die systematische Auswertungen ermöglicht (Zentes/Janz/Kabuth/Swoboda 2002).

Vor diesem Hintergrund können Marketinginstrumente kunden- bzw. kundengruppenindividuell eingesetzt werden. Dies gilt für jene Marketinginstrumente, die bereits in den einzelnen Phasen dargestellt und diskutiert wurden (z. B. individuelle Informationsangebote), aber auch für jene Instrumente, die erst im Rahmen einer integrativen und langfristigen Betrachtung relevant erscheinen. Konkret handelt es sich dabei bspw. um das Kundenrückgewinnungsmanagement und um die Integration von Kunden in den Wertschöpfungsprozess.

Kundenrückgewinnung

Wandert ein Kunde ab, so kann in Abhängigkeit der Stärke der Reaktion und der Dauer der Abwanderung zwischen folgenden vier Abwanderungs-Typen unterschieden werden.

Übersicht 160: ***Abwanderungstypen***

		Länge des Abwanderungsprozesses	
		kurz	**lang**
Stärke der Reaktion	**stark**	Radikal-Abwanderung	Plan-Abwanderung
	schwach	Kurzschluss-Abwanderung	Zweifel-Abwanderung

Quelle: Bruhn 2001, S. 52.

Das Kundenrückgewinnungsmanagement ist ein wesentlicher Bestandteil eines umfassenden Kundenbeziehungsmanagements. Die hohe Bedeutung dieses Instrumentes erklärt sich einerseits aus der tendenziell sinkenden Loyalität von Konsumenten und aus der Tatsache, dass immer höhere Investitionen erforderlich sind, um neue Kunden zu akquirieren. Somit ergibt sich für Unternehmen die Situation, dass in neue Kunden investiert wird, diese aber häufig wieder abwandern, bevor sich die Investitionen (wenigstens) noch amortisiert haben. Es erscheint für Unternehmen daher sinnvoll zu sein, sich zuerst an jene Personen zu wenden, die bereits Kunden des Unternehmens waren und in die bereits investiert wurde, bevor man sich an völlig fremde Personen wendet. Das Rückgewinnungsmanagement zielt also darauf ab, Kunden die eine Geschäftsbeziehung kündigen, zu halten bzw. Kunden, die die Geschäftsbeziehung bereits abgebrochen haben, zurückzugewinnen (Stauss/Friege 2001, S. 449 ff.).

Customer Lifetime Value (CLV)

Die Grundidee der Berechnung eines Kundenlebenszeitwerts oder CLV besteht in der Übertragung von Verfahren der Investitionsrechnung auf die Kundenbeziehung. Dabei stellt der Customer Lifetime Value den Vermögenswert eines Kunden oder auch eines potenziellen Kunden dar. Grundsätzlich liegt der Berechnung des CLV die Kapitalwertmethode zugrunde. Danach berechnet sich der Wert eines Kunden aus den diskontierten, dem Kunden direkt zurechenbaren Ein- und Auszahlungsströmen während einer gesamten Geschäftsbeziehung (Dwyer 1989). Es werden somit die prognostizierten Umsätze und die entsprechenden prognostizierten Kosten für die voraussichtliche Gesamtdauer einer Geschäftsbeziehung gegenübergestellt und auf den heutigen Zeitpunkt diskontiert. Der Customer Lifetime Value kann also folgendermaßen berechnet werden (Link/Hildebrand 1997, S. 165; Krafft 2002, S. 45 ff.):

$$V_{kt} = \sum_{t=0}^{T} \frac{x_t(p-k) - M_t}{(1+r)^t}$$

V_{kt} ... monetärer Wert von Kunde k zu Beginn der Periode t
T ... voraussichtliche Zahl an Perioden, in denen ein (potenzieller) Kunde ein Kunde des Unternehmens bleibt
x_t ... Abnahmeprognose für Periode t
p ... (kundenindividueller) Produktpreis
k ... Stückkosten
M_t ... kundenspezifische Marketingkosten für Periode t
r ... kalkulatorischer Zinssatz

Es wird hier also auf den langfristigen monetären Wert eines Kunden abgestellt. Dabei wird durch das Einnehmen einer langfristigen Perspektive dem Investitionscharakter von Marketingkosten Rechnung getragen, was auch den Grundsätzen des Relationship-Marketing entspricht. Konkret können mit dem Konzept des Customer Lifetime Value die Auswirkungen von Marketingkosten, die in den Kunden investiert werden oder von Preiszugeständnissen auf den Mittelrückfluss kalkuliert werden. Auf dieser Basis kann entschieden werden, welche Investitionen für einen Kunden (noch) ökonomisch sinnvoll erscheinen (Link/Hildebrand 1997, S. 164). Damit kann insb. auch der Wert von Neukunden berechnet werden, die oftmals gerade kostendeckend oder gar unter Inkaufnahme von Verlusten gewonnen werden können. Neben dem Deckungsbeitrag – dem monetären Rentabilitätswert – können in die Berechnung des Customer Lifetime Value auch noch weitere Größen einfließen. Von besonderem Interesse ist dabei jener Wert des Kunden, der dadurch entsteht, dass der Kunde mit weiteren potentiellen Kunden durch Gespräche oder Zurschaustellung seines Kaufverhaltens die Neukundenakquisition unterstützen kann. Dieser Teilwert wird auch als akquisitorischer oder kommunikativer Kundenwert bezeichnet. Darüber hinaus ist auch jener Wert des Kunden von Interesse, der dadurch entsteht, dass Kunden durch Beschwerden oder Anregungen das Unternehmen über Mängel informieren und somit die Möglichkeit bieten, die Abwanderung von Kunden zu verhindern. Dieser Teilwert wird daher auch als informatorischer Kundenwert bezeichnet (Gierl/Kurbel 1997, S. 176 ff.).

Integration des Kunden in den Wertschöpfungsprozess

Neben den phasenbezogenen und wertorientierten Ansatzpunkten zum Aufbau und Erhalt von Kundenbeziehungen wird als Idealfall der Kundenbeziehung die Integration des Kunden in die Prozesse des Unternehmens betrachtet. Gelingt es, den Kunden in die Wertschöpfungsprozesse zu integrieren, so kann davon ausgegangen werden, dass die Beziehung zwischen Unternehmen und Kunde intensiver und das Involvement der Kunden bzgl. des Produktes oder der Dienstleistung höher ist.

Die Integration des Kunden ist z. B. im Dienstleistungsbereich üblich, wenn etwa die Auftraggeber in die Planungsüberlegungen des Architekten miteinbezogen werden. Aber auch im Bereich von Automobilen scheint es en vogue zu sein, dass man seinen Neuwagen direkt im Werk abholen kann. Die Abholung wird zu einem Event gemacht, in dessen Rahmen auch das Werk, also quasi die Geburtsstätte des eigenen Autos, besichtigt werden kann. Somit wird den Konsumenten der Eindruck vermittelt, bei der Produktion dabei gewesen zu sein, was letztendlich die Beziehung zum Unternehmen und v. a. zum gekauften Produkt enger macht. Neben diesen Formen der Integration, die im Wertschöpfungsprozess relativ spät ansetzen, sind auch Formen der Kundenintegration denkbar, die am Beginn des Prozesses angesiedelt sind wie z. B. die Institutionalisierung von Kundenparlamenten oder die Integration von Lead-Usern in Planungsprozesse.

Kundenintegration

In der Autostadt von VW in Wolfsburg wird versucht, die Kunden von VW in den Wertschöpfungsprozess des Unternehmens zu integrieren. Dazu wurde für Neuwagen-Käufer die Möglichkeit geschaffen, dass sie ihr Fahrzeug direkt im Werk abholen können. Teil dieser Abholung ist aber auch eine Werksbesichtung – sozusagen eine Besichtung der Geburtsstätte des eigenen Fahrzeuges – sowie ein Besuch der gesamten Autostadt. Diese ist so gestaltet, dass der Besuch als Erlebnis für die ganze Familie in positiver Erinnerung bleibt (www.autostadt.de).

Die Konsumenten in den Wertschöpfungsprozess des Unternehmens zu integrieren gestaltet sich aber nicht immer ganz einfach. Betrachtet man z. B. den Handel, so sind deutlich weniger Optionen denkbar. Wenngleich Kunden in manchen Bereichen schon fast selbstverständlich in den Wertschöpfungsprozess des Handels eingebunden sind, z. B. durch die Selbstbedienung, durch die Selbstabholung oder durch den Selbst-Bau von Möbeln, so sind durchaus Erweiterungen, wie z. B. das Scannen der gekauften Artikel durch den Konsumenten selbst, denkbar.

Im Dienstleistungsbereich sind die Kunden traditionell in den Wertschöpfungsprozess eingebunden, da sie zumeist selbst Teil der Leistungserstellung sind. Als Beispiele können etwa der Erstellung einer Frisur oder die Erbringung einer Personen-Transportdienstleistung (z. B. Flugreise) angeführt werden. Darüber hinaus sind aber auch Dienstleistungen denkbar, bei denen dies nicht der Fall ist, wie z. B. bei der Erstellung einer Übersetzung oder beim Transport von Gütern.

Die Integration von Kunden ins Unternehmen wird zunehmend im Rahmen des Electronic Business realisiert bzw. durch dieses erst in der Form ermöglicht. Dabei kann unter Electronic Business die Anbahnung sowie die teilweise bzw. vollständige Unterstützung, Abwicklung und Aufrechterhaltung von Leistungsaustauschprozessen mittels elektronischer Netze verstanden werden (Weiber 2002).

Auch in diesem Zusammenhang sei wieder auf den Automobilbereich verwiesen. Die Auto-Hersteller bieten z. B. auf ihren Internet-Seiten die Möglichkeit an, das eigene Auto zu bauen. Neben der Auswahl diverser Ausstattungsmerkmale und der entsprechenden Preisberechnung werden auch Möglichkeiten angeboten, das Auto in der gewählten Variante bildlich darzustellen und so z. B. das Zusammenwirken der gewählten Farben o. ä. zu überprüfen.

Eine ähnliche Integration ist nunmehr auch in anderen Dienstleistungsbereichen wie z. B. beim Transport von Paketen durch den Einsatz des Internet vorstellbar. Paketdienste bieten mittlerweile sog. Order-Tracking-Systeme an, die es den Kunden ermöglichen, ihre in Auftrag gegebene Dienstleistung zu verfolgen. Der Kunde kann mit seiner Auftragsnummer zu jeder Zeit feststellen, wo sich sein Paket gerade befindet, in welchem Status es ist usw. Diese Transparenz der Prozesse und die Einbeziehung der Kunden können dazu beitragen, dass die Beziehung zum Unternehmen intensiviert wird.

Literatur

Aaker, J. L. (1997): Dimensions of Brand Personality, in: Journal of Marketing Research, 34. Jg., Nr. 8, S. 347-356.

Aaker, J. L. (2001): Dimensionen der Markenpersönlichkeit, in: Esch, F.-R. (Hrsg.): Moderne Markenführung, 3. Aufl., Wiesbaden, S. 92-102.

Angerer, T. (2003): Management von Kundenfeedback, Wiesbaden.

Antonides, G./van Raaij, W. F. (1998): Consumer Behavior – A European Perspective, Chichester.

Assael, H. (2004): Consumer Behavior, Boston.

Baldinger, A. L./Rubinson, J. (1996): Brand Loyalty – The Link Between Attitude and Behavior, in: Journal of Advertising Research, 36. Jg., Nr. 6, S. 22-34.

Barlow, J./Møller, C. (1996): Eine Beschwerde ist ein Geschenk: Der Kunde als Consultant, Wien.

Bellizzi, J. A./Hite, R. E. (1992): Environmental Color, Consumer Feelings, and Purchase Likelihood, in: Psychology & Marketing, 9. Jg., Nr. 5, S. 347-363.

Berekoven, L. (1995): Erfolgreiches Einzelhandelsmarketing, 2. Aufl., München.

Bettman, J./Johnson, E./Payne, J. (1991): Consumer Decision Making, in: Robertson, T./Kasserjian, H.: Handbook of Consumer Behavior, Englewood Cliffs, S. 50-84.

Bhattacharya, C. B. (1997): Is your brand's loyalty too much, too little, or just right?: Explaining deviations in loyalty from the Dirichlet norm, in: International Journal of Research in Marketing, 14. Jg., Nr. 5, S. 421-435.

Blackwell, R. D./Miniard, P. W./ Engel, J. F. (2001): Consumer Behavior, 9. Aufl., Mason.

Bloemer, J. M. M./Kasper H. D. P. (1995): The complex relationship between consumer satisfaction and brand loyalty, in: Journal of Economic Psychology, 16. Jg., Nr. 2, S. 311-329.

Blumenthal, D. (1988): Scenic Design for In-Store Try-Ons, in: New York Times, 9. April.

Bost, E. (1987): Ladenatmosphäre und Konsumentenverhalten, Heidelberg.

Bruhn, M. (2001): Relationship Management, München.

Bloch, P. H./Sherrell, D. L./Ridgway, N. M. (1986): Consumer Search: An Extended Framework, in: Journal of Consumer Research, 13. Jg., S. 119-126.

Busch, A. (2000): Kommunikation im Einzelhandel, St. Gallen.

Day, G. (1969): A Two-Dimensional Concept of Brand Loyalty, in: Journal of Advertising Research, 9. Jg., Nr. 3, S. 29-35.

Dick, A. S./Basu, K. (1994): Customer loyalty: Toward an integrated conceptual framework, in: Journal of the Academy of Marketing Science, 22. Jg., Nr. 2, S. 99-113.

Diehl, S. (2002): Erlebnisorientiertes Internetmarketing, Wiesbaden.

Diller, H. (1996): Kundenbindung als Marketingziel, in: Marketing – ZFP, 13. Jg., Nr. 2, S. 81-94.

Diller, H. (2000): Preispolitik, 3. Aufl., Stuttgart.

Diller, H./Kusterer, M. (1986): Erlebnisbetonte Ladengestaltung im Einzelhandel, in: Trommsdorff, V. (Hrsg.): Handelsforschung, Wiesbaden, S. 105-123.

Donovan, R./Rossiter, J. (1982): Store Atmosphere: An Environmental Psychology Approach, in: Journal of Retailing, 58. Jg., Nr. 1, 1982, S. 34-37.

Dwyer, R. F. (1989): Customer Lifetime Valuation to Support Marketing Decision Making, in: Journal of Direct Marketing, 3. Jg., Nr. 4, S. 8-14.

Eagly, A. H./Chaiken, S. (1993): The Psychology of Attitudes, Orlando.

Esch, F.-R./Geus, P. (2001): Ansätze zur Messung des Markenwertes, in: Esch, F.-R. (Hrsg.): Moderne Markenführung, 3. Aufl., Wiesbaden, S. 1025-1057.

Esch, F.-R./Wicke, A. (2001): Herausforderungen und Aufgaben des Markenmanagements, in: Esch, F.-R. (Hrsg.): Moderne Markenführung, 3. Aufl., Wiesbaden, S. 3-55.

Esch, F.-R./Billen, P. (1996): Förderung der Mental Convenience beim Einkauf durch Cognitive Maps und kundenorientierte Produktgruppierungen, in: Trommsdorff, V. (Hrsg.): Handelsforschung 1996/1997, Wiesbaden, S. 317-337.

Festinger, L. (1957): A Theory of Cognitive Dissonance, Stanford.

Foscht, T. (1998): Interaktive Medien in der Kommunikation, Wiesbaden.

Foscht, T. (2002): Kundenloyalität – Integrative Konzeption und Analyse der Verhaltens- und Profitabilitätswirkungen, Wiesbaden.

Foscht, T./Jungwirth, G. (1998): Interaktive Medien als neues Instrument der Kundenbindung, in: Trommsdorff, V. (Hrsg.): Innovationen im Handel, Wiesbaden, S. 227-246.

Foscht, T./Angerer, T./Swoboda, B. (2004): Interaktives Szene-Beziehungsmanagement als Ansatz zur Internationalisierung, in: Ahlert, D./Schröder, H./ Olbrich, R. (Hrsg.): Jahrbuch Vertriebs- und Handelsmanagement, Frankfurt a. M.

Foscht, T./Jungwirth, G./Schnedlitz, P. (2000): Konturen eines künftigen Handelsmanagements, in: Foscht, T./Jungwirth, G./Schnedlitz, P. (Hrsg.): Zukunftsperspektiven für das Handelsmanagement, Frankfurt a. M., S. 21-38.

Giering, A. (2000): Der Zusammenhang zwischen Kundenzufriedenheit und Kundenloyalität: Eine Untersuchung moderierender Effekte, Wiesbaden.

Gierl, H. (1993): Zufriedene Kunden als Markenwechsler, in: Absatzwirtschaft, 36. Jg., Heft 2, S. 90-94.

Gierl, H./Kurbel, T. M. (1997): Möglichkeiten zur Ermittlung des Kundenwertes, in: Link, J./Brändli, D./Schleuning, C./Hehl, R. E. (Hrsg.): Handbuch Database Marketing, 2. Aufl., Ettlingen, S. 174-189.

Gröppel, A. (1991): Erlebnisstrategien im Einzelhandel, Heidelberg.

Henning-Thurau, T./Hansen, U. (2000): Relationship Marketing, in: Henning-Thurau, T./Hansen, U. (Hrsg.): Relationship Marketing, Berlin, S. 3-27.

Heller, E. (1993): Wie Farben wirken, Farbpsychologie, Farbpsymbolik, kreative Farbgestaltung, 2. Aufl., Reinbek.

Homburg, C./Bruhn, M. (2003): Kundenbindungsmanagement, in: Bruhn, M./Homburg, C. (Hrsg.): Handbuch Kundenbindungsmanagement, 4. Aufl., Wiesbaden, S. 163-192.

Homburg, C./Rudolph, B. (2001): Theoretische Perspektiven zur Kundenzufriedenheit, in: Homburg, C. (Hrsg.): Kundenzufriedenheit, 4. Aufl., Wiesbaden, S. 17-50.

Homburg, C./Giering, A./Hentschel, F. (2003): Der Zusammenhang zwischen Kundenzufriedenheit und Kundenbindung, in: Bruhn, M./Homburg, C. (Hrsg.): Handbuch Kundenbindungsmanagement: Grundlagen – Konzepte – Erfahrungen, 4. Aufl., Wiesbaden, S. 81-112.

Homburg, C./Schäfer, H./Schneider, J. (2002): Sales Excellence - Vertriebsmanagement mit System, 2. Aufl., Wiesbaden.

Hoyer, W. D./MacInnis, D. J. (2004): Consumer Behavior, 3. Aufl., Boston.

Jacoby, J./Berning, C. K./Dietvorst, T. F. (1977): What About Disposition?, in: Journal of Marketing, 41. Jg., Nr. 4, S. 23-37.

Jones, T. O./Sasser, E. W. Jr. (1995): Why Satisfied Customers Defect, in: Harvard Business Review, 73. Jg., Nr. 12, S. 88-99.

Kaas, K. P./Runow, H. (1984): Wie befriedigend sind die Ergebnisse der Forschung zur Verbraucherzufriedenheit?, in: Die Betriebswirtschaft, 44. Jg., Nr. 3, S. 451-460.

Keller, K. L. (2001): Kundenorientierte Messung des Markenwerts, in: Esch, F.-R. (Hrsg.): Moderne Markenführung, 3. Aufl., Wiesbaden, S. 1059-1079.

Kotler, P./Bliemel, F. (2001): Marketing Management, 10. Aufl., Stuttgart.

Krafft, M. (2002): Kundenbindung und Kundenwert, Heidelberg.

Kroeber-Riel, W./ Weinberg; P. (2003): Konsumentenverhalten, 8. Aufl., München.

Kuß, A./Tomczak, T. (2000): Käuferverhalten, 2. Aufl., Stuttgart.

Liebmann, H.-P./Angerer, T./Foscht, T. (2001): Innovationen im Handel, HandelsMonitor Band 7, Frankfurt a. M.

Liebmann, H.-P./Zentes, J. (2001): Handelsmanagement, München.

Link, J./Hildebrand, V. G (1997): Ausgewählte Konzepte der Kundenbewertung im Rahmen des Database Marketing, in: Link. J./Brändli, D./Schleuning, C./Kehl, R. E. (Hrsg.): Handbuch Database Marketing, 2. Aufl., Ettlingen, S. 156-173.

Matzler, K. (1997): Kundenzufriedenheit und Involvement, Wiesbaden.

Mayer, H./Illmann, T. (2000): Markt- und Werbepsychologie, 3. Aufl., Stuttgart.

Meffert, H./Bruhn, M. (1981): Beschwerdeverhalten und Zufriedenheit von Konsumenten, in: Die Betriebswirtschaft, 41. Jg., Nr. 4, S. 597-613.

Meffert, H. (2000): Marketing, 9. Aufl., Wiesbaden.

Meffert, H. (2003): Kundenbindung als Element moderner Wettbewerbsstrategien, in: Bruhn, M./Homburg, C. (Hrsg.): Handbuch Kundenbindungsmanagement, 3. Aufl., Wiesbaden, S. 115-133.

Meffert, H./Burmann, C./Koers, M. (2002): Stellenwert und Gegenstand des Markenmanagement, in: Meffert, H./Burmann, C./Koers, M. (Hrsg.): Markenmanagement, Wiesbaden, S. 3-33.

Meffert, H./Koers, M. (2002): Identitätsorientiertes Markencontrolling – Grundlagen und konzeptionelle Ausgestaltung, in: Meffert, H./Burmann, C./Koers, M. (Hrsg.): Markenmanagement, Wiesbaden, S. 403-428.

Mehrabian, A. (1978): Räume des Alltags oder wie die Umwelt unser Verhalten bestimmt, Frankfurt a. M.

Mehrabian, A./Russell, J. A. (1974): An Approach to Environmental Psychology, Massachusetts.

Meyer, M. (1988): Attention Shoppers!, in: Marketing and Media Decision, 23. Jg., Nr. 5, S. 67.

Meyer, A./Ertl, R. (1998): Marktforschung von Dienstleistungs-Anbietern, in: Meyer, A. (Hrsg.): Handbuch Dienstleistungs-Marketing, Stuttgart, S. 203-246.

Meyer, A./Oevermann, D. (1995): Kundenbindung, in: Tietz, B./Köhler, R./Zentes, J. (Hrsg.): Handwörterbuch des Marketing, Stuttgart, Sp. 1340-1351.

Morschett, D. (2002): Retail Branding und Integriertes Handelsmarketing, Wiesbaden.

Müller, S. (1998): Die Unzufriedenheit der „eher zufriedenen" Kunden, in: Müller, S./Strothmann, H. (Hrsg.): Kundenzufriedenheit und Kundenbindung, München, S. 197-218.

Neal, J. D./Sirgy, M. J./Uysal, M. (1999): The Role of Satisfaction with Leisure Travel/Tourism Services and Experience in Satisfaction with Leisure Life and Overall Life, in: Journal of Business Research, 44. Jg., Nr. 3, S. 153-163.

Nerdinger, F. W. (2001): Psychologie des persönlichen Verkaufs, München.

Parasuraman, A./Zeithaml, V. A./Berry, L. L. (1985): A Conceptual Model of Service Quality and Its Implications for Future Research, in: Journal of Marketing, 49. Jg., Nr. 4, S. 41-50.

Peters, T. (1995): Design is ..., in: Design Management Journal, Nr. 4, S. 29-33.

Reichheld, F. F. (1999): Loyalität und die Renaissance des Marketing, in: Payne, A./Rapp, R. (Hrsg.): Handbuch Relationship Marketing: Konzeption und erfolgreiche Umsetzung, München, S. 49-68.

Reichheld, F. F./Sasser, W. E. (1990): Zero Defections: Quality Comes to Services, in: Harvard Business Review, 68. Jg., Nr. 5, S. 105-107.

Russell, J. A./Pratt, G. (1980): A Description of the Affective Quality Attributed to Environments, in: Journal of Personality and Social Psychology, 38. Jg., S. 311-322.

Schmitt, B./Simonson, A. (1997): Marketing Aesthetics, New York.

Schnedlitz, P./Reutterer, T./Joos, W. (2001): Data-Mining und Sortimentsverbundanalyse im Einzelhandel, in: Hippner, H./Küsters, U./Meyer, M./Wilde, K. (Hrsg.): Handbuch Data Mining im Marketing, Braunschweig, S. 951-970.

Schulze, H. S. (1991): Transaktionsanalyse als Instrument dienstleistungsorientierter Personalschulung, in: Bruhn, M./Stauss, B. (Hrsg.): Dienstleistungsqualität: Konzepte, Methoden, Erfahrungen, Wiesbaden, S. 285-307.

Sheth, J. N./Mittal, B./Newmann, B. I. (1999): Customer Behavior – Consumer Behavior and Beyond, Fort Worth.

Sheth, J. N./Mittal, B. (2004): Customer Behavior – A Managerial Perspective, 2. Aufl., Mason.

Simon, H. (1992): Preismanagement, 2. Aufl., Wiesbaden.

Singh, J. (1988): Consumer Complaint Intentions and Behavior: Definitional and Taxonomical Issues, in: Journal of Marketing, 62. Jg., Nr. 1, S. 93-107.

Solomon, M./Bamossy, G./Askegaard, S. (2001): Konsumentenverhalten: Der europäische Markt, München.

Statt, D. A. (1997): Understanding the Consumer, New York.

Stauss, B. (1998): Internet-Kunden-Kommunikation: Globale Kundenkritik im World Wide Web und Newsgroups, in: Marktforschung & Management, 42. Jg., Nr. 4, S. 139-144.

Stauss, B. (1999): Kundenzufriedenheit, in: Marketing – ZFP, 21. Jg., Nr. 1, S. 5-24.

Stauss, B./Seidel, W. (2002): Beschwerdemanagement, 3. Aufl., München.

Swoboda, B. (1998): Auswirkungen der Ladenwahrnehmung auf Kaufverhalten und Einkaufszufriedenheit, in: Trommsdorff, V. (Hrsg.): Handelsforschung – Kundenorientierung im Handel, Wiesbaden, S. 315-339.

Swoboda, B./Morschett, D. (2002): Electronic Business im Handel – Gestaltungsoptionen der marktorientierten Kernprozesse des Handelsmanagements, in: Weiber, R. (Hrsg.) Electronic Business, 2. Aufl., Wiesbaden, S. 775-807.

Tomczak, T./Dietrich, S. (1999): Kundenbindung – bestehende Kundenpotentiale langfristig nutzen, in: Hinterhuber, H. H./Matzler, K. (Hrsg.): Kundenorientierte Unternehmensführung: Kundenorientierung, Kundenzufriedenheit, Kundenbindung, Wiesbaden, S. 61-83.

Trommsdorff, V. (2002): Konsumentenverhalten, 4. Aufl., Stuttgart.

Tse, D. K./Wilton, P. C. (1998): Models of consumer satisfaction formation: An extension, in: Journal of Marketing Research, 25. Jg., Nr. 5, S. 204-212.

Veblen, T. (2000): Theorie der feinen Leute, 6. Aufl., Köln.

Weiber, R. (Hrsg.) (2002): Handbuch Electronic Business, 2. Aufl., Wiesbaden.

Weinberg, P. (1986): Nonverbale Kommunikation, Heidelberg.

Weis, H. C. (2000): Verkauf, 5. Aufl., Ludwigshafen.

Wirtz, B. W. (2001): Electronic Business, 2. Aufl., Wiesbaden.

Zentes, J./Janz, M./Kabuth, P./Swoboda, B. (2002): Best-Practice-Prozesse im Handel – Customer Relationship Management und Supply Chain Management, Frankfurt a. M.

Zentes, J./Swoboda, B./Morschett, D. (2003): Kundenbindung im vertikalen Marketing, in: Bruhn, M./Homburg, C. (Hrsg.): Handbuch Kundenbindungsmanagement, 4. Aufl., Wiesbaden, S. 163-192.

Zimbardo, P. G./Gerrig, R. J. (1999): Psychologie, 7. Aufl., Berlin.

Kapitel III

Kaufprozesse bei Organisationen

1 Bezugsrahmen zur Analyse des Käuferverhaltens

1.1 Merkmale organisationaler Kaufentscheidungen

Aufgrund besonderer Charakteristika beschränken sich traditionelle Betrachtungen des organisationalen Käuferverhaltens auf das Verhalten von Unternehmen, die Güter nachfragen, welche zur Leistungserstellung, i. e. S. Weiterbe- oder -verarbeitung (Industriegüter) und v. a. zur längerfristigen Nutzung (Investitionsgüter) eingesetzt werden. Demgegenüber bleibt bspw. das Verhalten von Unternehmen, die Güter zur Leistungserstellung beschaffen, aber diese ohne wesentliche Weiterverarbeitung vertreiben, oft ausgeklammert (Handelsware). Auch in diesem Zusammenhang liegt eine Begründung in den Charakteristika etwa von Hersteller-Handels-Beziehungen, die einer dezidierten Betrachtung in Verbindung mit dem industriellen Kaufverhalten entgegenstehen.

Historisch steht neben dem Verhalten von Konsumenten das industrielle Kaufverhalten (oft nur bei Investitionsgütern) und nicht das von Dienstleistungsunternehmen, öffentlichen Institutionen usw. Zu bedenken ist aber, dass organisationales Kaufverhalten sich nicht nur im industriellen Kaufverhalten erschöpft, wenngleich hierin – entsprechend auch der folgende Fokus – die Wurzeln der theoretischen Erklärungsansätze liegen.

Als allen den nachfolgend relevanten Gütern und Perspektiven gemeinsames Merkmal ist festzuhalten, dass die Nachfrager Organisationen und nicht Konsumenten sind. Richtungweisend sind die auf komplexe Investitionsgüter bezogenen, traditionellen Kaufverhaltensanalysen.

Freilich kann es kaum auf dem in diesem Buch für das organisationale Kaufverhalten vorgesehenen Raum gelingen alle Perspektiven zu behandeln. Insofern wird prinzipiell auf die für das Gesamtverständnis grundlegenden, industriellen (Investitionsgüter-) Ansätze rekurriert, während andere Perspektiven eingestreut werden. Bereits hierbei ist die Vielfalt der Absatz-, Beschaffungs- bzw. Geschäftsbeziehungen so enorm, dass nicht allein im Marketing die (Ur-) Quelle sprudelt, sondern auch andere Disziplinen und Autoren aus den Bereichen des Innovations-, Beschaffungsmanagements etc. die Diskussion prägen. Damit verbunden ist die Herausforderung, dass das Kaufverhalten in Organisationen eine „organisierte Aktivität" bedeutet und die Beschaffung heutig meist eine *strategisch begriffene, kooperativ gestaltete* und *international ausgerichtete Wertschöpfungsfunktion* bildet. Demgegenüber datieren die grundlegenden, für das Grundverständnis relevanten Ansätze auf die siebziger Jahre.

Zugleich verlagert sich der Fokus zunehmend. In vielen Branchen gewinnen die bei Industrieunternehmen bekannten Interaktions-/Geschäftsbeziehungsansätze (z. B. bei Systemlieferanten) an Bedeutung – zu denken ist an die u. a. durch die Handelsemanzipation bedingten Kooperationen im Konsumgüterbereich. Hinzu kommen Fragen der internationalen Konfiguration und Koordination der Beschaffung sowie deren fließende Schnittstellen zu Produktion und Logistik im Supply-Chain-Prozess. Insgesamt steht bei Organisationen nicht ein Stimulus-Response-Prozess im Vordergrund. Vielmehr sind es Interaktionen innerhalb der Anbieterseite und Nachfragerseite, zwischen beiden Seiten sowie i. w. S. zwischen allen in einem Wertschöpfungssystem/-netzwerk beteiligten Akteuren (vgl. zu Kooperationen Zentes/Swoboda/Morschett 2003a).

Vor diesem skizzierten Hintergrund erscheint es für das Gesamtverständnis sinnvoll, die in Kapitel I, Abschnitt 3.2 genannten Besonderheiten des organisationalen Kaufverhaltens in Übersicht 161 noch mal hervorzuheben.

Übersicht 161: ***Präzisierung der Besonderheiten des organisationalen** (industriellen) **Kaufverhaltens***

abgeleitete Nachfrage und Bezugsschwerpunkte	Grundsätzlich handelt es sich bei der organisationalen Nachfrage um eine *abgeleitete Nachfrage*. So zieht bspw. die wachsende Nachfrage der Konsumenten nach Lederwaren eine erhöhte Nachfrage nach Industriegütern, die zu deren Herstellung von Nöten sind, nach sich. Bei sehr komplexen Leistungen spielen neben den materiellen Leistungen *zusätzliche Dienstleistungen* (Services) eine besondere Rolle. So muss der Kunde häufig auf die (technische) Hilfe des Anbieters zurückgreifen, im Extremfall auch noch Jahre nach dem eigentlichen Kauf.
(eher) transparente Märkte	Es besteht ein hoher *Individualisierungsgrad*, da unternehmerische Nachfrager häufig einen spezifischen Problemlösungsbedarf besitzen, der in gewissen Fällen nur durch ein individualisiertes Angebot gelöst werden kann. Hierfür ist ein interaktiver Prozess zwischen Anbieter und Nachfrager von Nöten. In industriellen Geschäftsbeziehungen spielt ferner die *Reziprozität* eine Rolle, d. h. der Abnehmer wählt einen Lieferanten, der umgekehrt ebenfalls bei ihm kauft. So bezieht bspw. ein Papierhersteller die von ihm benötigten Chemikalien bei einem Chemieunternehmen, welches wiederum eine gewisse Menge des produzierten Papiers abnimmt.
Relative Langfristigkeit des Beziehungsgefüges	Eine Besonderheit liegt in der *Langfristigkeit der Geschäftsbeziehung*, die sich aus der Langlebigkeit der meisten Produkte und der Bedeutung der angesprochenen Dienstleistungen (kontinuierlicher Service) ergibt. Darüber hinaus sind teilweise zusätzliche Investitionen von Nöten, bspw. die Anpassung der Informationstechnologie an den Schnittstellen der beiden beteiligten Unternehmen zur Vereinfachung des Beschaffungsprozesses. Oftmals sind die Investitionen nur bei langfristig angelegten Geschäftsbeziehungen sinnvoll und rentabel.
Prozessorientierung	Die *Prozessorientierung* der Beschaffungsentscheidung resultiert aus in Organisationen vorhandenen Phasenschemata über den Ablauf der Beschaffung, z. B. Alternativbewertung usw.
Formalisierungsgrad	Ferner besteht tendenziell ein hoher *Formalisierungsgrad* der Entscheidungsfindung und des Beschaffungsablaufs, d. h. es existieren bspw. Verfahrensregeln bzgl. der Investitionshöhe, bis zu der ein Einkäufer frei über den Mitteleinsatz verfügen kann und über der hinaus andere, bspw. höhere Instanzen einzuschalten sind.
EDV-Unterstützung	Tendenziell besteht größere *EDV-Unterstützung* bei Beschaffungsentscheidungen, in den Ausprägungen einer computergestützten Beschaffungsentscheidung (z. B. Bedarfsprognosen, aufgrund derer dann disponiert wird) und computerisierten Beschaffungsentscheidung (z. B. unmittelbar computerisierte Entscheidungen, wie Wiederholungskäufe mit Modellen der automatischen Disposition, i. S. einer automatisierten Beschaffungsentscheidung).
Anreiz-/Sanktionsmechanismen	Es liegt eine hohe Bedeutung von *Anreiz- und Sanktionsmechanismen* in Organisationen vor, etwa in Form von Prämissensystemen als Anreiz, aber auch in Form von Versetzung, Sanktionen usw.
Fremddeterminiertheit	Die *Fremddeterminiertheit* von Beschaffungsentscheidungen resultiert z. B. daraus, dass ein Kunde vorschreibt, welche Teile von welchen Sublieferanten zu beziehen sind.
Multipersonalität/-organisationalität	Kaufentscheidungsprozesse in Organisationen sind oft kollektiver Natur, sodass die Interaktion zu berücksichtigen ist. Unternehmensintern liegen komplexe Zuständigkeitsbereiche vor, d. h. dass an der Beschaffungsentscheidung mehrere Entscheider beteiligt sind, wie z. B. Verantwortliche aus Einkauf, Produktion, Rechtsabteilung usw. (sog. Buying Center; siehe Abschnitt 2.2.2.1), dessen Mitglieder sowohl die verschiedenen Funktionsträger der nachfragenden Organisation sind, aber auch externe Beratungsorganisationen (bspw. Banken, Unternehmensberater), die häufig hinzugezogen werden, sein können. Da auch die Anbieterseite oft eine multipersonale Struktur hat und ebenfalls Drittparteien einschalten kann, steigen diese *Multipersonalität und -organisationalität* auf der Nachfrage- und Anbieterseite die Komplexität beträchtlich.

Quelle: In Anlehnung an Kleinaltenkamp 2000, S. 193 ff; Backhaus 2003, S. 3 ff.

„Aktives" Käuferverhalten – Ziele, Strategien und Entwicklungen in der Beschaffung

Die Beschaffung i. e. S. umfasst alle Tätigkeiten zur Versorgung des Unternehmens mit Waren, Material, Dienstleistungen, Rechten sowie Maschinen und Anlagen aus „unternehmensexternen" Quellen mit dem Ziel Wettbewerbsvorteile zu erreichen. Das Beschaffungsmanagement beinhaltet die entsprechenden Planungs-, Steuerungs- und Kontrollprozesse (Kaufmann 2001, S. 39 f.). Ausgewählte Ziele sind in Übersicht 162 zusammengestellt.

Übersicht 162: ***Ausgewählte Ziele der Beschaffung***

	Betriebswirtschaftliche Ziele	Sicherungs- und Erfolgsziele	Gemeinwohlorientierte Ziele
Basisziele	■ Gewinnziele ■ Umsatzziele ■ Kostenziele	■ Potenzialerhaltungsziele ■ Unabhängigkeitsziele ■ Machtziele	■ Sozialethische Ziele ■ Gesamtwirtschaftliche Ziele
	Beschaffungsziele	**Produktionsziele**	**Absatzziele**
Funktions-bereichsziele	Senkung von ■ Beschaffungskosten ■ Beschaffungsrisiko Erhöhung von ■ Beschaffungsflexibilität ■ Beschaffungsqualität	Senkung von ■ Produktionskosten ■ Produktionsrisiken Erhöhung von ■ Produktionsflexibilität ■ Produktionsqualität	Senkung von ■ Arbeitskosten ■ Arbeitsrisiko Erhöhung von ■ Absatzerlösen ■ Arbeitsflexibilität/-autonomie

	Produktziele	Serviceziele	Bezugsziele	Entgeltziele	Kommunikationsziele
Instrumentalziele	■ Einzelprodukte ■ Billigprodukte ■ Produkte ■ innovative Produkte ■ Spezialprodukte	■ Erhöhung Lieferbereitschaft ■ Verlängerung Ersatzteilever-sorgung ■ Ausweit. Garantieumfang	■ Mengeneinhaltung ■ Kosten der Kapazitätsreservierung senken ■ Zentrallagerbezug reduzieren	■ Einkaufspreise unter Marktentwicklung ■ Festpreisanteil steigern ■ Zahlungstermine verlängern	■ Know-how-Transfer ■ Anteil der Normangebote ■ Leistungswettbewerben

Quelle: In Anlehnung an Koppelmann 2000, S. 111 ff.

Die zur Zielerreichung zu wählende Beschaffungsstrategie kann mit der *Sourcing-Toolbox* als Kombination von Teilstrategien, die mindestens zwei Ausprägungen (Sourcing-Konzepte) haben, verdeutlicht werden. Aufgabe des Unternehmens ist es, für jede Teilstrategie das subjektiv leistungsfähigste Sourcing-Konzept auszuwählen und so die optimale Beschaffungsstrategie zu formulieren (siehe Übersicht 163):

Übersicht 163: ***Beispiel einer Sourcing-Toolbox zur Bestimmung einer Beschaffungsstrategie***

Beschaffungssortiment/-programm	wide		narrow	
Beschaffungsobjekt	passive		active	
Lieferant	sole	single	dual	multiple
Beschaffungszeit	stock	stock reduced	stockless	
Beschaffungssubjekt	individual		cooperative	
Beschaffungsareal	local	domestic	global	
Beschaffungsorganisation	dezentral		zentral	

Quelle: In Anlehnung an Arnold 1997, S. 93 ff.

- Innerhalb der *Beschaffungssortimentstrategie* wird die Produktauswahl festgelegt. Dabei geht es in erster Linie um den Sortimentsumfang in qualitativer Hinsicht, (noch) nicht um die zeitliche Disposition. Folgerichtig sind „narrow sourcing" (Bezug eines engen Produktprogramms) und „wide sourcing" (Bezug umfangreicher, unterschiedlichster Leistungsgruppen) zu unterschieden.
- Unter der *Beschaffungsobjektstrategie* ist die strategische Beschaffungsmarktbildung und -beeinflussung zu verstehen. Bei „active sourcing" versucht das Unternehmen, die Produktgestaltung zu beeinflussen, wie z. B. produktionspolitische, technologische Kalküle, markierungspolitische Überlegungen als auch die logistisch optimale Gestaltung von Verpackungen. Im Falle von „passive sourcing" nimmt das Unternehmen Beschaffungsobjekte aus dem Markt auf.
- Die *Lieferantenstrategie* bestimmt die Anzahl der Lieferanten, von denen bezogen wird. Im Falle von „sole sourcing" existiert nur ein Lieferant, bspw. wenn Produktinnovationen nur von einem Unternehmen angeboten werden. Im Gegensatz dazu entscheidet sich ein Unternehmen bei „single sourcing" freiwillig für einen Lieferanten. Bei „dual sourcing" wird durch die Nutzung zweier Lieferquellen die Abhängigkeit von einem Lieferanten verringert. „Multiple sourcing" sieht den Bezug einer Warenart von mehreren Lieferanten vor.
- Im Mittelpunkt der *Beschaffungszeitkonzepte* steht die Frage, wie stark Beschaffung, Produktion und Absatz zeitlich auseinander fallen. Bei „stock sourcing" wird auf eine Zeitüberbrückung fokussiert. Sollen Sortimentsteile in engen zeitlichen Spielräumen gerade noch vorhanden sein, liegt ein „stock reduced sourcing" vor. Beim „stockless sourcing" wird auf ein Lager verzichtet.
- Die *Beschaffungssubjektstrategie* wirft die Frage nach der optimalen Struktur des zu beschaffenden Subjekts auf. Dabei kann zwischen „individual sourcing" und der Einrichtung einer Einkaufskooperation mit anderen Unternehmen („collective sourcing") unterschieden werden.
- Die *Beschaffungsarealstrategie* bestimmt die räumliche Ausdehnung des Beschaffungsmarktes. Bei „local sourcing" erfolgt der Bezug von einer räumlich nahe gelegenen Beschaffungsquelle, bei „domestic sourcing" von inländischen Lieferanten und bei Global Sourcing von Lieferanten aus der ganzen Welt.
- Die zu wählende *Beschaffungsorganisation* umfasst zumindest die Entscheidungen bzgl. einer zentralen oder dezentralen Beschaffungsstruktur. Umfassender betrachtet sind die strukturellen, technokratischen und personenorientierten Koordinationsinstrumente festzulegen.

Die Bedeutung der Beschaffung für den Gesamterfolg von Unternehmen ist heute bei Fremdbezugsanteilen von über 50 Prozent der Wertschöpfung unbestritten (Arnold 1997, S. 12 f.). Sie hat eine wachsende Bedeutung, während ihr früher relativ zu Finanzierung, Produktion und Absatz eine eher operative Rolle zugesprochen wurde, oft reduziert auf den Einkauf. Zugleich liegt eine zunehmende Internationalisierung der Beschaffung vor, d. h. eine Entwicklung in Richtung einer strategischen, internationalen Beschaffung (Global Sourcing, siehe Übersicht 164). Die Bestimmungsfaktoren dieser Entwicklung fasst Eßig (1999, S. 18 ff.; aus praktischer Perspektive Krokowski 1998, S. 2 ff.) zusammen:

- zunehmende Internationalisierung der Unternehmen und auch der internationalen Beschaffungsmärkte
- wachsende (wahrgenommene) strategische Relevanz der Wertschöpfungsfunktion Beschaffung für den Unternehmenserfolg

- Lean Production, Konzentration auf Kernkompetenzen und damit verbunden ein Outsourcing nicht originärer Teile der Wertschöpfungskette an Lieferanten bis hin zur Aufgabe aller Fertigungsaktivitäten
- Flexibilitätszunahme durch stärkere Einbindung von Lieferanten in die Supply-Chain-Management-Prozesse, usw.

Übersicht 164: ***Positionierung des Global Sourcing***

Quelle: In Anlehnung an Arnold 1990, S. 58.

Das Global Sourcing kann dem Ziel entspringen, den Kunden neue Produkte zugänglich zu machen („*active sourcing*") um damit gleichzeitig das Produktprogramm auszuweiten („*wide sourcing*"). Dabei kann durchaus mit anderen Unternehmen zusammengearbeitet werden („*cooperative sourcing*"), wenn geringe Erfahrungen in bestimmten Marktregionen (wie bspw. Asien) vorliegen. Die wachsende Bedeutung der Beschaffung in Unternehmen lässt sich heute anhand vielfacher Restrukturierungsmaßnahmen, der aktuellen Anpassung der Positionen, Gehälter usw. ablesen (Lindner 2002, S. 1007 ff.). Moderne Sichtweisen verstehen die Beschaffung als Bestandteil des Supply-Chain-Prozesses mit drei Entscheidungsebenen (vgl. dazu im Einzelnen Zentes/Swoboda/Morschett 2004, S. 313 ff. und 529 ff.):

- Die *Konfiguration* umfasst die Entscheidungen bzgl. der Streuung bzw. Konzentration der Aktivitäten, bspw. des Standortes der Einkaufsorganisation. Dem vorgelagert sind die Entscheidungen für oder gegen eine Beschaffung auf internationalen Märkten (bis zum Global Sourcing) oder die Wahl konkreter Beschaffungsmärkte, womit die Evaluation der Märkte verbunden ist.
- Die Entscheidungen bezüglich der *Transaktionsformen* umfassen die Optionen zwischen Markt und Hierarchie, d. h. im Wesentlichen Import und Eigenerstellung. Zugleich gewinnen kooperative Engagements an Bedeutung (Eßig 1999), wobei einerseits die vertikale Zusammenarbeit mit Lieferanten und andererseits die horizontale Zusammenarbeit im Vordergrund des Interesses stehen.
- Die Entscheidung bezüglich der *Koordination* bezieht sich auf strukturelle, technokratische und personenorientierte Parameter, zur Abstimmung der interdependenten Aufgaben und Prozesse bzw. zur Harmonisierung und Steuerung der Organisationseinheiten, im Hinblick auf die Beschaffungsziele. Im Einzelnen sind es Strukturen (zentral vs. dezentral), Verantwortungszuweisung, Aufgabendefinition für die Einkäufer, Abstimmung und Harmonisierung des Beschaffungsinstrumentariums und des Einkaufs, Informationstransfers, usw. Koordination ist vor allem in der internationalen Beschaffung enorm wichtig, weil es zu vielfachen Arbeitsteilungen kommt, mit Tochtergesellschaften, internationalen Lieferanten und horizontalen Beschaffungspartnern.

1.2 Güterkategorien und Geschäftstypen

Zur Analyse des Kaufverhaltens bei Investitionsgütern werden traditionell Gütertypologien bzw. Geschäftstypen gebildet, in denen ungleiche Rahmenbedingungen für das Marketing vorliegen.

Wie angedeutet bilden Investitionsgüter materielle und immaterielle Wirtschaftsgüter, die von gewerblichen Unternehmen oder sonstigen Organisationen nachgefragt und zum Zwecke der längerfristigen Nutzung eingesetzt werden. Im engeren Sinne stellen sie eine Teilmenge der Produktivgüter dar und sind durch die Merkmale institutioneller Verbleib sowie zeitliche Inanspruchnahme gekennzeichnet (Wagner 1978, S. 270). Bei weiter Begriffsfassung werden zu Investitionsgütern auch Produktionsgüter gezählt (Engelhardt/Günter 1981, S. 24); Produktivgütermarketing wird dann mit Investitionsgütermarketing (i. w. S.) gleichgesetzt. Investitions- bzw. Industriegüter bilden also keine homogene Gruppe von Wirtschaftsgütern. Eine entsprechend sinnvolle und zugleich traditionelle Klassifizierung, die sich nach der *Beschaffungsentscheidung* richtet, umfasst drei Faktoren (vgl. bereits Kirsch/Kutschker 1978, S. 56 ff.):

- Grad der Neuartigkeit des Gutes für das nachfragende Unternehmen, wobei dabei bspw. zu unterscheiden ist, ob ein Erstkauf vorliegt, d. h. eine Entscheidung mit einem hohen Grad an Neuartigkeit, oder ein Routinekauf
- Ausmaß des organisierten Wandels, das die Beschaffung im nachfragenden Unternehmen auslöst, bspw. organisationaler Wandel bei Einführung eines EDV-Systems
- Wert des Investitionsobjektes, gemessen am gesamten Investitionsvolumen des nachfragenden Unternehmens

Aus der Kombination dieser drei Faktoren der Beschaffungsentscheidung beim Investitionsgut resultieren drei Güterkategorien (Kirsch/Kutschker 1978, S. 60):

- Güter bzw. Beschaffungsentscheidungen vom Typ A sind durch geringe Ausprägungen der drei Merkmale gekennzeichnet. Sie werden eher von Einzelpersonen beschafft, besitzen für diese Routinecharakter und laufen relativ rasch und unkompliziert ab. Es handelt sind um ein wenig komplexes Beschaffungsvorhaben.
- Im Gegensatz dazu stellen Güter vom Typ C eine Kaufentscheidung mit einer großen Wertdimension dar. Am komplexen Entscheidungsprozess sind mehrere Personen unterschiedlicher hierarchischer und fachlicher Ebenen beteiligt und aufgrund des Informationsbedarfs zieht sich diese über einen längeren Zeitraum hin.
- Beschaffungsentscheidungen vom Typ B werden alle Zwischenformen subsumiert.

Die Relevanz dieses Ansatzes liegt darin, dass sich die Marketingaufgaben und -strategien bezogen auf die unterschiedlichen Güter voneinander unterscheiden. Weiterhin besteht für den Anbieter die Herausforderung, dass das gleiche Produkt als Typ A und gleichzeitig als Typ C nachgefragt werden kann. Wagner (1978, S. 274 f.) nutzt die „Auftragsbezogenheit der Produktion" sowie die „Verwirklichung des Massenprinzips" als Gliederungskriterien und kommt in einer Kombination zu den im Übersicht 165 dargestellten Gütertypen. Erstens werden die Güter dahingehend unterschieden, ob sie für einen Kunden, d. h. in Folge eines konkreten Auftrags gefertigt werden, oder für den Markt. Das zweite Kriterium führt zur Differenzierung zwischen Einzel-, Serien- und Massenfertigung und den damit verbundenen Besonderheiten in Bezug auf die Produkt- und Produktionsplanung. Die beiden Blöcke A und C werden in Fälle der Einzel- oder Kleinserienfertigung bei Kundenproduktion sowie in Fälle der Großserien oder Massenfertigung bei Marktproduktion unterteilt.

Übersicht 165: ***Klassifizierung von Investitionsgütern***

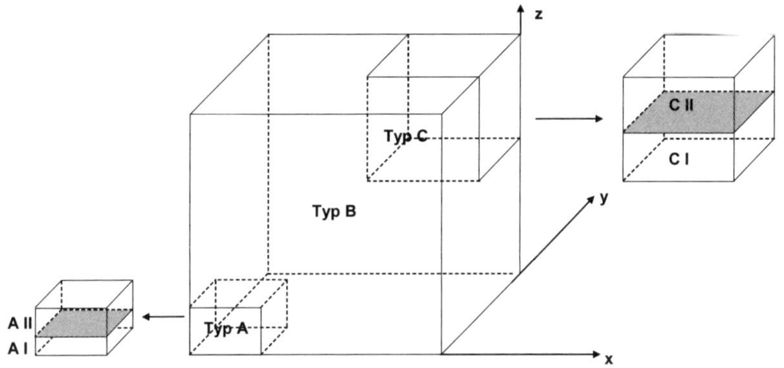

x = Neuartigkeit der Problemdefinition für den Verwender des Investitionsgutes
y = organisatorischer Wandel beim Verwender des Investitionsgutes
z = Wert des Investitionsgutes für dessen Verwender

A I = auftragsunabhängige Investitionsgüter der Großserien- und Massenfertigung vom Typ A
AII = auftragsabhängige Investitionsgüter der Einzel- und Kleinserienfertigung vom Typ A
C I = auftragsunabhängige Investitionsgüter der Großserien- und Massenfertigung vom Typ C
CII = Auftragsabhängige Investitionsgüter der Einzel- und Kleinserienfertigung vom Typ C

Quelle: Wagner 1978, S. 275.

Zur Differenzierung von *Geschäftstypen* werden bspw. in Übersicht 166 vier komplexe Kriterien herangezogen (vgl. im Folgenden Backhaus 2003, S. 316 ff.). Grundlegend für das Verständnis ist die Differenzierung zwischen Geschäften ohne erhebliche Ex-post-Unsicherheit und Geschäften mit Ex-post-Unsicherheit nach dem Vertragsabschluss jeweils auf Anbieter- und Nachfragerseite. Besteht eine Abhängigkeit nach dem Vertragsabschluss, wird von einer Ex-post-Unsicherheit gesprochen. Die faktische Bindung entsteht durch spezifische Investitionen in den Vertragspartner; bspw. Schulung des Nachfragers an einem Softwaresystem. Falls er dieses System ausbauen möchte, ist er bis zum gewissen Grade auf den gleichen Anbieter angewiesen, um gleiche technische Standards etc. zu sichern. Andererseits ist denkbar, dass ein Anbieter eine vollkommen kundenspezifische Lösung entwickelt, welche er nicht oder nur stark eingeschränkt weiter vertreiben kann. In diesem Zusammenhang wird von der *Quasirente* gesprochen, d. h. sie ist der Ertrag auf den Teil des Kapitals, der spezifisch gebunden ist. Auf der Nachfragerseite wird auch von einer Quasirente gesprochen, welche sich aus der aufgrund der engen Bindung zum Anbieter ergebenden Folgetransaktionen ableitet. Die weiteren Kriterien beziehen sich darauf, ob es sich um einen auf eine Einzeltransaktion beschränkten Prozess handelt oder ob ein Kaufverbund vorliegt. Ferner wird unterschieden, ob der Anbieter sich mit seinem Angebot auf Einzelkunden fokussiert oder ob es sich an einen anonymen Markt richtet. Im letzteren Fall kann sich somit auf Anbieterseite keine Quasirente bilden, da sein Angebot nicht kundenspezifisch ist (vgl. alternative Systematiken bei Meyer/Kern/Diehl 1998, S. 117 ff.).

Übersicht 166: ***Abgrenzung von Geschäftstypen im Investitionsgüterbereich***

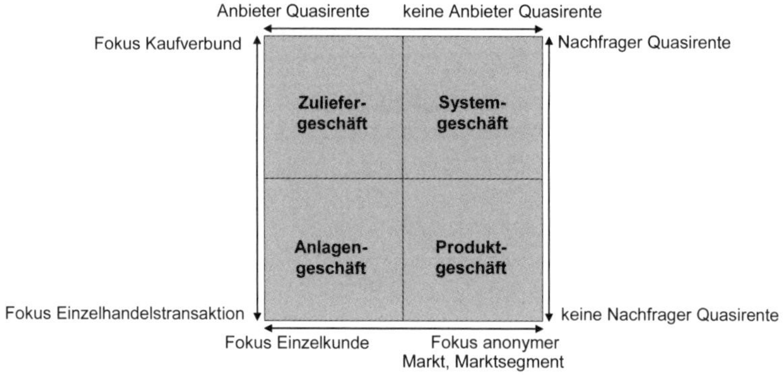

Quelle: Backhaus 2003, S. 324.

Unter diesen Annahmen sind die Geschäftstypen wie folgt zu charakterisieren:

- Beim *Produktgeschäft* handelt es sich i. d. R. um in Mehrfachfertigung erstellte Leistungen, die auf einem breiten Markt angeboten werden und die der Kunde im isolierten Einsatz verwendet, sodass keine Kaufverbundwirkungen entstehen. Zudem entfällt eine Kundenindividualisierung, sodass das Produktgeschäft weniger komplex ist. Allerdings gewinnen auch flankierende Dienstleistungen wie Beratung, Schulung und Lösungen für Schnittstellenprobleme an Bedeutung, sodass sich ein Trend zum Systemgeschäft abzeichnet (Richter 2001, S. 20 ff.).
- Das *Anlagengeschäft* ist zu definieren als vermarktete Anlagentechnik, die sich auf Funktionseinheiten aus Komponenten (also z. B. eine Maschine) bezieht, aber zugleich auch auf das Engineering für die Kombinationstechnik. Das Anlagengeschäft fokussiert auf Kunden, in dem es sich hierbei um kundenindividuelle Hardware- oder Hardware-/Software-Bündel. Aufgrund dieser Individualität der Leistung erfolgt beim Anlagengeschäft der Vermarktungs- vor dem Herstellungsprozess. Zudem ist es dadurch geprägt, dass kein zeitlicher Kaufverbund zu anderen Leistungen besteht. Charakteristika des Anlagengeschäfts sind u. a. (vgl. dazu Backhaus 2003, S. 481 ff.; Meyer/Kern/Diehl 1998, S. 144 ff.):
  - Kundenindividuelle, komplexe Leistungserstellung als Auftrags-(Einzel)fertigung
  - hoher Wert des Projektes mit Bedeutung der Auftragsfinanzierung
  - langfristige Prozesse mit starker Phasendifferenzierung
  - endgültige Ausgestaltung des Projektes im Laufe des Interaktionsprozesses
  - Zusammenarbeit in Anbieterkoalitionen und Einschaltung von Drittparteien
  - Stabilität von Marktpartnerbeziehungen
- Das *Systemgeschäft* bildet die Zusammenfassung von Funktionseinheiten zu komplexen Systemen mit Hilfe des Engineering für Kombinationstechnik und des Produktmanagements (sog. vermarktete Systemtechnik, z. B. Bau einer Fabrik mit Personalausbildung). Auch hier werden komplexe Leistungsbündel vermarktet, die aber für den anonymen Markt konzipiert und erst in der Vermarktungsphase kundenindividuell angepasst werden. Das Systemgeschäft ist geprägt durch den zeitlichen Kaufverbund i. S. einer sukzessiven Abfolge hintereinandergeschalteter

Kaufprozesse sowie durch umfangreiche, über Engineering-Leistungen hinausgehende Dienstleistungen. Dabei handelt es sich um Pre-Sales-/After-Sales-Servicedienstleistungen (Backhaus 2003, S. 599 ff.; Meyer/Kern/Diehl 1998, S. 159 ff.).

- Im *Zuliefergeschäft* sind auch Kaufverbunde bedeutend, aber es ist gezielt auf einzelne Kunden ausgerichtet. So werden im Rahmen einer Geschäftsbeziehung spezielle Leistungen für den Kunden entwickelt bzw. angepasst. Damit ist der Kunde i. d. R. in seinen Kaufprozessen längerfristig an diese einmalig entwickelte Lösung gebunden, weshalb häufig die Beschaffungsprozesse beim Anbieter und Kunden eng aufeinander abgestimmt werden (z. B. Zulieferer an Automobilhersteller). So arbeiten die Partner oft schon in der Entwicklungsphase eng zusammen.

Übersicht 167: ***Kernaufgaben in den vier Geschäftstypen bei Investitionsgütern***

	Prinzip	Beispiel	Marketing
Zuliefer-geschäft	Orientierung am Einzelkunden, langfristige Kaufverbunde, eng abgestimmte Produktions- und Beschaffungsprozesse.	Automobil-industrie	Anpassung an den Kunden, Kundenbeziehungsmanagement
System-geschäft	Durch die Entscheidung des Kunden für das gesamte System eines Lieferanten entsteht ein Abhängigkeitsverhältnis, ausgeprägter zeitlicher Kaufverbund, der Lieferanten ist dagegen nicht auf einen Einzelkunden ausgerichtet.	Computer-system	Vertrauen in das System aufbauen
Anlagen-geschäft	Erbringung stark individualisierter Leistungen des Lieferanten, ein zeitlicher Verbund über mehrere Anlagen hinweg besteht üblicherweise nicht.	Kraftwerk Fabrik Anlage	Know How und Beratung in Abstimmung an die jeweilige Phase des Beschaffungsprozesses
Produkt-geschäft	Ähnelt stark dem Konsumgütergeschäft: Vorproduzierte, weit gehend standardisierte Produkte werden auf anonymen Märkten angeboten, Kaufverbunde bestehen nicht oder kaum.	Kopierer Gabel-stapler	Informationspolitik vor dem jeweiligen Einzelkauf

Quelle: In Anlehnung an Backhaus 2003, S. 327 ff.

Die Investitionsgütersicht zeigt, dass in diesem Zusammenhang Unternehmen vor der Entscheidung stehen, welche Stellung seine Marketingstrategie zwischen den Polen der Vermarktung von Einzelaggregaten bzw. Komponenten und integrierten Anlagen (Systemen) einnehmen soll. Bspw. besteht die Ausgestaltung des Systemgeschäfts in der Vermarktung schlüsselfertiger Gesamtanlagen (Turn-Key-Verträge) durch Anbieter oder Anbieterkoalitionen (vgl. dazu Günter 1998, S. 292 ff.; Backhaus 2003, S. 484; Zentes/Swoboda 2001).

Teile-/Ersatzteilebeschaffung und -versorgung bei DaimlerChrysler

Eher dem Zuliefer- bzw. dem Produktgeschäft entspricht die Teile- und Ersatzteilebeschaffung und -versorgung von DaimlerChrysler, dessen Einkaufsvolumen an Waren und Dienstleistungen sich im Jahre 2002 auf 102,1 Mrd. EUR belief. Der größte Anteil in Höhe von 99,8 Mrd. EUR entfällt auf die Automobilgeschäftsfelder, dessen Einkauf der Bereich Global Procurement & Supply (GP&S) organisiert. Die weltweite Verantwortung der Ersatzteileversorgung erfolgt zentral durch die Global Service & Parts–Logistics (GS&P-Logistics) und zwar bezogen auf die Teile für die Marke Mercedes, die Marken Chrysler und Jeep (außer NAFTA-Raum) und Smart. Alleine Letztere – die der Politik einer zentralen Teileversorgung folgt – verfügt über 2.600 Lieferanten, fertigt täglich 285 ankommende LKW bzw. 1.500 t Warenvolumen ab (Zentes/Swoboda/Morschett 2004, S. 369 ff.).

Bis hierhin wurde ein erster Eindruck über die spezifische Sichtweise im Kaufverhalten bei Investitionsgütern gegeben, das nach Güterkategorien und Geschäftstypen strukturierbar ist. Weitere Eigenarten bilden u. a. die Vielzahl und die unterschiedlichen Rollen der Beteiligten, die Dauer der Entscheidung, die Abhängigkeit von der Kaufsituation usw. Diese können anhand von Studien nachvollzogen werden.

1.3 Charakteristika des organisationalen Kaufverhaltens

Studien zeigen, dass unterschiedliche und unterschiedlich viele Personen mit ungleichen Gewichten an der Entscheidung beteiligt sind (Spiegel-Verlag 1982, S. 11) (siehe Übersicht 168):

- In Betrieben mit weniger als 100 Beschäftigten entscheiden durchschnittlich drei Personen über die Beschaffung eines Investitionsgutes.
- In Betrieben mit 100 bis 499 Beschäftigten weitet sich das Entscheidungsgremium auf durchschnittlich sechs bis sieben Personen aus.
- In Betrieben mit 500 bis 999 Beschäftigten erhöht sich die Beteiligtenzahl auf durchschnittlich elf.
- In Großbetrieben mit über 1.000 Beschäftigten entscheiden im Durchschnitt 34 Personen.

Übersicht 168: ***Entscheidungsprozess bei Investitionsgütern – Initiierer und Entscheider***

Basis: Stelle ist im Betrieb vorhanden jeweils **Funktionen/Bereiche/Stellen**	**= 100 %**	**Anregungsphase %**	**letzte Entscheidungsphase %**
Unternehmensleitung/Leitung des Betriebes	95	57	83
kaufmännische Leitung	76	34	23
Rechnungswesen	61	13	5
Vertrieb/Verkauf	61	19	6
technische Leitung	60	55	23
Einkauf/Beschaffung	59	16	12
Verwaltung /Organisation	51	23	6
Personalwesen	51	7	2
Fertigung/Produktion	47	23	6
Betriebsrat	44	8	2
Planung/Controlling/Finanzen	41	18	14
Arbeitsvorbereitung	36	11	9
zentrale Datenverarbeitung	32	8	7
Fertigungs-/Qualitätskontrolle/Labor	27	22	7
Konstruktion	25	9	6
Marketing/Werbung/Marktforschung	23	17	4
technischer Planungsstab	15	41	6
Forschung und Entwicklung	13	18	2
Energiewirtschaft/Entsorgung/Umwelttechnik	5	23	2
zusätzlich einbezogene externe Stellen soweit genannt jeweils:	= 100		
Stellen außerhalb des Betriebes jedoch im Unternehmen/Konzern	7	14	1
externe Berater (neutrale Dritte)	6	36	7
Vertriebsberater der Anbieter/Hersteller	6	100	0

Beispiel: 15 % der Betriebe haben einen technischen Planungsstab als eigenständig organisatorische Einheit. In 41 % dieser Betriebe gibt der technische Planungsstab die erste Anregung zur Investition, in 6 % der Betriebe trifft er die endgültige Entscheidung.

Quelle: Spiegel-Verlag 1982, S. 7.

Die Dauer des Entscheidungsprozesses wird wie folgt charakterisiert:

- In Kleinbetrieben mit weniger als 50 Beschäftigten ist der Entscheidungsprozess nach durchschnittlich 15 Wochen abgeschlossen.
- Betriebe mit mindestens 50 höchstens 1.000 Beschäftigten benötigen 20 bis 22 Wochen bis zur endgültigen Entscheidung.
- In Großbetrieben mit über 1.000 Beschäftigten und der größeren Zahl der am Prozess beteiligten dauert die Entscheidungsfindung durchschnittlich 32 Wochen.

Übersicht 169: ***Buying Center-Beteiligte in verschiedenen Phasen und Branchen bei organisationalen Beschaffungsprozessen***

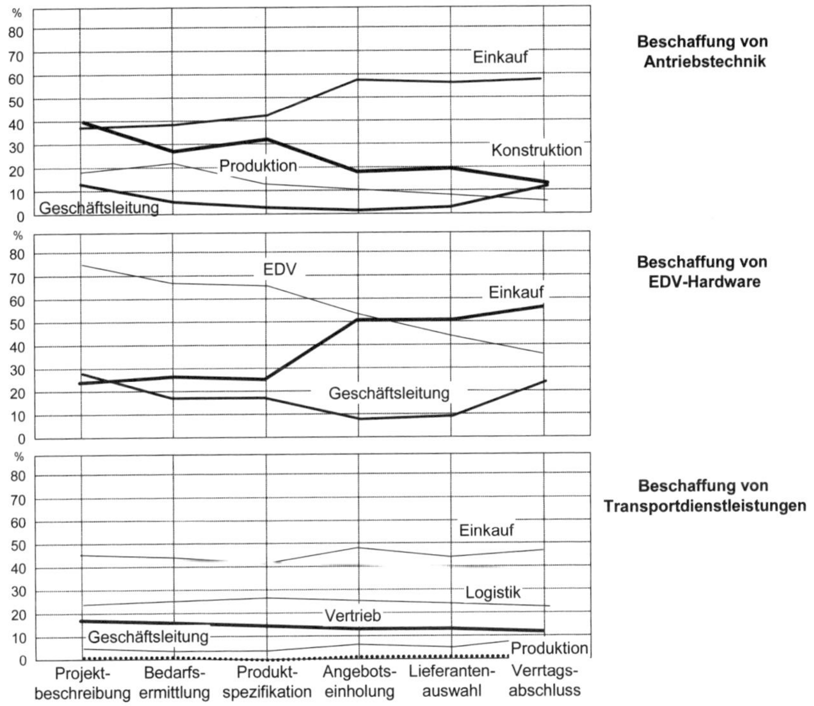

Quelle: O. V. 1997, S. 20.

Eine neuere Studie basiert auf der Befragung unter den Lesern der Zeitschrift „Beschaffung aktuell" und den Entscheidungen in Klein- (bis 99), Mittel- (100-499) und Großbetrieben (500 und mehr Beschäftigte). Übersicht 169 weist die Mittelwerte aus allen drei Betriebsgrößen aus und visualisiert die in den einzelnen Kaufphasen und Branchen variierende Einflüsse der Mitglieder des jeweiligen Buying Centers.

- *Beschaffung von Antriebstechnik* – Die Konstruktion dominiert zunächst in der Phase der Projektbeschreibung, dann übernimmt der Einkauf bis zum Vertragsabschluss das Heft. Dabei kommt es in mittelgroßen Unternehmen zu einer relativ höheren Entscheidungsbeteiligung der Konstruktion von der Projektbeschreibung bis zur

Angebotseinholung, während bei Lieferantenauswahl und Vertragsabschluss der Einkauf entscheidet. Demgegenüber ist der Einkauf in Großunternehmen schon in der Projektbeschreibung und Bedarfsermittlung stärker in den Entscheidungsprozess eingebunden. Bei Angebotseinholung, Lieferantenauswahl und Vertragsabschluss hat der Einkauf in Mittel- und Großbetrieben die Federführung.

- *Beschaffung von EDV-Hardware* – Es dominiert die EDV von der Projektbeschreibung bis hin zur Angebotseinholung und der Einkauf bei Lieferantenauswahl und Vertragsabschluss. Abweichend hierzu übt die Geschäftsleitung in Kleinunternehmen in der Projektbeschreibungsphase den maßgeblichen Einfluss mit gut 46 % aus, während in den folgenden Entscheidungen die Entscheidungsbeteiligung noch zwischen 15 und 27 % und bei Vertragsabschluss bei fast 40 % liegt.
- *Beschaffung von Transportdienstleistungen* – Es dominieren die Bereiche Einkauf vor Logistik. Dabei spielt in Kleinbetrieben der Vertrieb im Vergleich zum Einkauf eine dominierende Rolle in allen Entscheidungsstufen. Demgegenüber hat der Vertrieb in Großunternehmen praktisch keine Bedeutung, wobei die Entscheidungsdominanz des Einkaufs besonders ausgeprägt ist. Insofern stellen die Trendkurven am ehesten den Entscheidungsprozeß in Mittelbetrieben dar.

Bezüglich der Zahl der Lieferanten, auf die zurückgegriffen wird, zeigen Homburg/Kuester (2001, 10 ff.), dass die finanziellen Bedeutung des Produktes für das beschaffende Unternehmen und die Komplexität der Kaufsituation determinierend wirken (siehe Übersicht 170). Diese Angaben wurden auf Komponenten- bzw. Produktebene erhoben, lassen sich also mit diesem Charakteristikum auf den Kauf von Investitionsgütern im oben beschrieben Sinne übertragen.

Übersicht 170: ***Lieferantenportfolio in Abhängigkeit des Produkts und der Kaufsituation***

		Komplexität der Kaufsituation	
		niedrig	**hoch**
Bedeutung des Produktes	**hoch**	I Zahl der Lieferanten: **hoch** (durchschnittliche Anzahl: 4,01)	II Zahl der Lieferanten: **mittel** (durchschnittliche Anzahl: 2,62)
	niedrig	III Zahl der Lieferanten: **mittel** (durchschnittliche Anzahl: 3,50)	IV Zahl der Lieferanten: **niedrig** (durchschnittliche Anzahl: 2,16)

Quelle: Homburg/Kuester 2001, S. 21.

Insgesamt deuten die Ausführungen bis hierhin an, dass für eine Analyse der industriellen (Investitionsgüter-) Beschaffung v. a.

- die Produkte bzw. der Geschäftstyp (Art, Bedeutung usw.)
- die beteiligten Personen (Anzahl, Zusammensetzung, Rollen usw.) sowie
- die Kaufsituation (extern (z. B. Marktposition) und intern (z. B. Unternehmensgröße))

bedeutend sind. Wenngleich bisher v. a. die Beziehungen zu den Lieferanten bzw. Partnern ausgeklammert wurden, könnten die o. g. Determinanten auch beim Kauf von Nicht-Investitionsgütern und beim Kaufverhalten von Nicht-Industrieunternehmen (Dienstleistungsunternehmen, öffentlichen Institutionen) in Betracht gezogen werden. Wie angedeutet liegen bei letzteren aber einige Besonderheiten vor, die an dieser Stelle lediglich exemplarisch angedeutet und in weiterer Folge immer wieder kontrastierend angeführt werden sollen.

Neuorientierung der Beschaffung im Einzelhandel

In vielen Bereichen des Einzelhandels löst eine moderne Beschaffung zunehmend den traditionell bedeutenden klassischen Einkauf ab und verbindet Konditionenverhandlungen mit dem kundenorientierten Management der Versorgungskette (vgl. dazu Zentes/Janz/Kabuth/Swoboda 2002; Zentes/Swoboda/Morschett 2004, S. 310 f.):

- Einen Entwicklungsfaktor stellt das Bedeutungswachstum der *internationalen Beschaffung* des Handels dar. Ein zunehmender Anteil der Sortimente, insb. der Markenartikel auf europäischer – und im Non-Food-Bereich weltweiter – Ebene wird international beschafft, sodass die Internationalisierung des Handels wesentlich stärker auf der Beschaffungs- als auf der Absatzseite erfolgt.
- Eine weitere Determinante bildet das Bedeutungswachstum strategischer Allianzen bzw. *Einkaufsgemeinschaften des Handels,* die sowohl dem losen Erfahrungsaustausch, dem Austausch von Information sowie den gemeinsamen Beschaffungsaktivitäten gewidmet sind. Vor dem Hintergrund der Internationalisierung der Beschaffung und der Konzentrationstendenz im Handel werden horizontale Allianzen zunehmend zu einem Wettbewerbsfaktor.
- Weiterhin kommt der Beschaffung eine *zunehmend strategische Bedeutung* zu. Im Zuge der oft geringen Reserven in bestehenden Wertketten und dem Streben nach wertkettenübergreifenden Effizienzsteigerungspotenzialen gewinnen vertikale Partnerschaften an Bedeutung. Ferner steigt die (vertikale) Rückwärtsintegration des Handels, z. B. durch die Einflussnahme auf Forschung und Entwicklung und Produktion (z. B. bei Eigenmarken). Sie ist verbunden mit einem parallelen Outsourcing einzelner Beschaffungsfunktionen bei einer Gesamtkontrolle über die Wertschöpfungskette.
- Schließlich wird eine *Differenzierung der Beschaffungssituationen* bedeutender. Im Zuge eines situativen „Multi-Channel-Purchasing" gewinnen unterschiedliche Formen der Beschaffung – von sog. Single-Sourcing bis zum Multiple-Sourcing oder einem flexiblen Wechsel der Lieferanten – an Bedeutung. Die strategische Relevanz der zu beschaffenden Produkte bzw. Warengruppen ist in diesem Zusammenhang die Vorsteuerungsgröße.

Diese Entwicklungen stellen neue Anforderungen an die Beschaffung, v. a. auch durch die Einführung von Category (Warengruppen) Management. Best-Practice-Studien zeigen die Notwendigkeit zur differenzierten, situativ von den Anforderungen der Absatz- und Beschaffungsmärkte abhängigen Betrachtung der Beschaffungsprozesse, so hinsichtlich der Rolle der Beschaffung, der Gestaltung der Beschaffungsprozesse, den genutzten Beschaffungsquellen sowie den Anforderungen an Beschaffungsverantwortliche bzw. -teams.

1.4 Synopse theoretischer Erklärungsansätze als Bezugsrahmen

Für die Erklärung des organisationalen Käuferverhaltens können unterschiedliche theoretische Ansätze (i. S. v. Forschungsrichtungen bzw. -traditionen) differenziert werden. Eine erneut traditionelle Klassifikation beruht auf zwei Kriterien.

Besonderheiten öffentlicher Institutionen

Das Verhaltens von öffentlichen Institutionen soll – obwohl nachfolgend Unternehmen im Fokus stehen – nicht ganz außer Acht gelassen werden, denn die Ausgaben der öffentlichen Hauhalte belaufen sich in Deutschland auf rd. eine Billion Euro, was einen wesentlichen Teil der volkswirtschaftlichen Gesamtaktivitäten bildet. Die öffentliche Beschaffung bezieht sich auf eine Vielzahl unterschiedlichster Güter und Dienstleistungen (z. B. Büroeinrichtungen, Fahrzeuge oder Bauleistungen).

Die Entscheidungsträger der öffentlichen Hand (bspw. in Ämtern, Ministerien) haben sich bei der Beschaffung an eine Reihe von Gesetzen und Verordnungen zu halten. So ist die Einkaufspraxis durch formale Regulierungen und Bedarfsbeschreibungen gekennzeichnet, sodass die Beschaffung meist über öffentliche Ausschreibungen erfolgt, was den Prozess für den Anbieter komplex macht. Zugleich wird er durch unterschiedliche Faktoren beeinflusst (bspw. politische Interessen) und erfolgt unter Beobachtung von Parlament, Bundes- und Landesrechungshöfen, Bund der Steuerzahler usw. (Kotler/Bliemel 2001, S. 403 ff.). Eine Auftragsvergabe sollte auf einer vollständig öffentlichen Ausschreibung basieren, d. h. die Zahl der Anbieter ist unbegrenzt. Sie werden durch eine Ausschreibungsveröffentlichung zum Angebot angesprochen. Der Prozess einer Ausschreibung ist in Übersicht 171 dargestellt.

Übersicht 171: ***Prozess einer öffentlichen Ausschreibung***

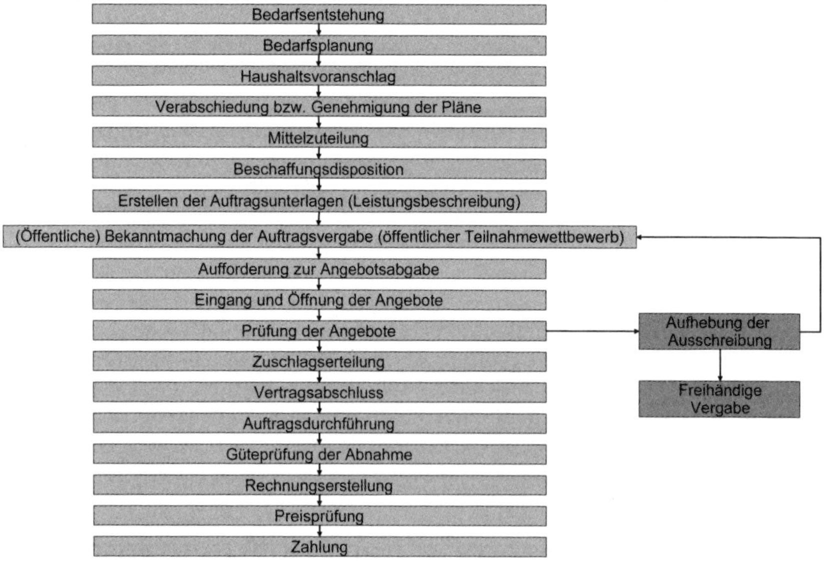

Quelle: In Anlehnung an Hammann/Lohrberg 1986, S. 61.

Der lange Instanzenweg wirkt auf die Anbieter häufig unüberschaubar und intransparent. Für den Anbieter wird häufig nicht deutlich, welche Personen an diesem Kaufprozess auf Nachfragerseite direkt bzw. indirekt beteiligt sind und welche politischen Einflüsse zusätzlich zu beachten sind.

Auf der einen Seite ist die pragmatische Erkenntniszielsetzung der jeweiligen Theorieansätze bedeutend. Danach sind normative, deskriptive und explikative Ansätze zu unterscheiden, die in der genannten Anordnung eine Steigerung – gemessen an den Erfordernissen einer wissenschaftlichen Theorie – widerspiegeln (Kirsch/Kutschker/Lutschewitz 1980, S. 92):

- Normative Ansätze geben Empfehlungen für richtiges (i. S. v. optimalem) Verhalten, d. h. sie beinhalten eine eindeutige Bewertung des untersuchten Phänomens.
- Deskriptive Ansätze enthalten sich einer solchen Bewertung, besitzen aber einen höheren empirischen Anspruch, da sie empirische Phänomene zu beschreiben versuchen.
- Explikative Ansätze als anspruchsvollste, empirisch gehaltvollste Kategorie umfassen an der Realität bestätigte, generelle Gesetzesaussagen mit prognostischer Relevanz. Diese bleiben jedoch vielfach aufgrund der Schwierigkeiten der Theoriebildung bei komplexen Erklärungssachverhalten häufig noch „Quasitheorien".

Die andere Seite der verwendeten Differenzierung der Ansätze folgt dem Kriterium des Untersuchungsbereichs. Ähnlich wie beim ersten Kriterium liegt eine Steigerung der Komplexität und des Problemgehalts vor, ausgehend vom organisationslosen über den monoorganisationalen bis zum multiorganisationalen Untersuchungsbereich. Es wird also im Wesentlichen unterschieden, ob ein expliziter Bezug auf den organisationalen Kontext erfolgt oder zunächst davon abgesehen wird (Kirsch/Kutschker/Lutschewitz 1980, S. 93):

- Organisationslose Ansätze abstrahieren von der organisatorischen und multipersonellen Umwelt, d. h. es werden fiktiv handelnde Personen losgelöst vom organisationalen Kontext unterstellt.
- Monoorganisationale Ansätze beschränken ihren Untersuchungsbereich auf einzelne Elemente der Marketing- bzw. Beschaffungssysteme, d. h. es wird nur eine Organisation bzw. eine Seite betrachtet, entweder die Anbieter- oder die Verwenderseite.
- Multiorganisationale Ansätze zeichnen sich durch die Einbeziehung aller an der Transaktion Beteiligten – i. d. R. Organisationen – aus, d. h. sowohl die Anbieter- als auch die Verwenderseite werden betrachtet.

Übersicht 172 zeigt die möglichen, unterschiedlichen Ausprägungen, die sich durch die Kombination von Pragmatik und Untersuchungsbereich ergeben.

Die verbindenden Pfeile innerhalb der Matrix geben erwarteten Entwicklungspfad eines Ansatzes des organisationalen Käuferverhaltens an. Aufgrund der Tatsache, dass die meisten explikativen Ansätze auf deskriptiven Aussagen aufbauen, sind die Grenzen zwischen deskriptiven und explikativen Ansätzen fließend (Kirsch/Kutschker 1978, S. 27). Die Pfeile in den normativ-multiorganisationalen Bereich deuten den angestrebten Verwertungszusammenhang theoretischer Erkenntnisse im Hinblick auf Empfehlungen und Handlungsanweisungen für die Praxis an. Obwohl Letzteres bei dem Erkenntnisstand der achtziger Jahre (bspw. bei Kirsch/Kutschker/Lutschewitz 1980, S. 96) nur mit Vorbehalten geleistet werden kann und dies auch in der aktuelleren Literatur (bspw. bei Arnold 1997) nicht weiter fortgeführt wird, gibt die Systematik einen guten Überblick.

Übersicht 172: ***Theoretische Erklärungsansätze des organisationalen Käuferverhaltens***

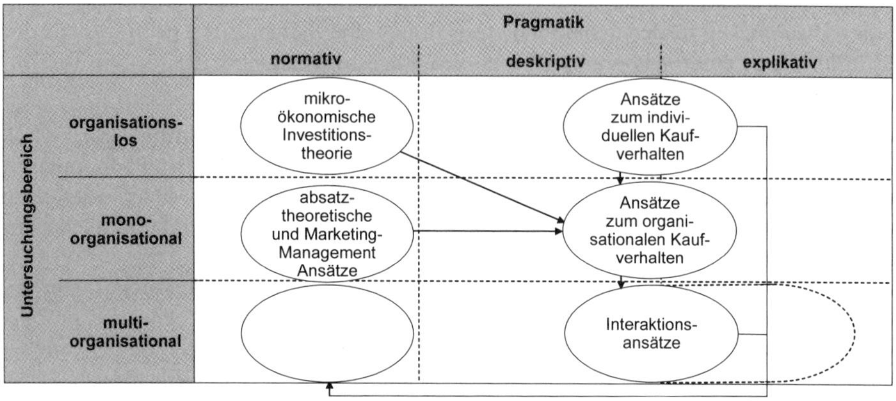

Quelle: In Anlehnung an Kirsch/Kutschker 1978, S. 26.

Die *Klassische Mikroökonomische Theorie* verfolgt eine modelltheoretische Vorgehensweise, die sich in Kalkülen der Investitionsrechnung niederschlägt und Handlungsweisen für Kaufentscheidungen geben will (z. B. Investitionen nur bei einem positiven Kapitalwert). Neben den investitionstheoretischen Modellen lassen sich hierzu ebenfalls grundlegende kostenorientierte Modelle zurechnen: Das Modell des niedrigsten Einkaufspreises sieht den Preis als alleinigen Entscheidungsmechanismus des organisationalen Nachfragers. Beim Modell der niedrigsten Gesamtkosten wird unterstellt, dass die Beschaffungsentscheidungen auf der Basis der damit verbundenen Gesamtkosten gefällt werden. Die empirische Relevanz dieses Modells ist jedoch eingeschränkt, denn nichtökonomische Beweggründe werden nicht berücksichtigt (z. B. Aspekt der sozialen Geltung oder Machtstreben). Entscheidungen über Investitionsgüter werden in der Realität also nicht nur auf der Basis rationaler Überlegungen gefällt. Dennoch ist festzustellen, dass die empirische Relevanz der Investitionstheorie größer ist als die der klassischen Haushaltstheorie (Homburg/Krohmer 2003, S. 88 ff.). Es besteht darüber hinaus eine gewisse Praxisrelevanz. So liegt in Ausschreibungssituationen (inkl. mancher Internetauktionen) üblicherweise eine sehr genau Spezifikation der erwarteten Leistung vor, womit das Ziel verfolgt wird, leistungsbezogene Differenzierungsmöglichkeiten der Anbieter auszublenden und damit zu einer rationalen Entscheidung zu gelangen. Diese Situation liegt häufig bei der Vergabe von staatlichen Bauaufträgen oder auch bei Internetauktionen vor.

Absatztheoretischen und Marketing-Management-Ansätzen sind u. a. Ansätze des *Personal-Selling* zuzuordnen, die auf eine optimale Verkaufspolitik abzielen und die Perspektive des Herstellers wählen. Mit ihrer Hilfe wird versucht, für die Verkäufer des anbietenden Unternehmens eine optimale Verkaufspolitik festzulegen. Weiterhin werden diesen Ansätzen die grundlegenden preis-, kommunikations- und produktpolitischen Ansätze zugeordnet (Kirsch/Kutschker/Lutschewitz 1980, S. 40 ff.).

Ansätze zum individuellen Käuferverhalten in Organisationen versuchen im Wesentlichen, den realen Kaufprozess zu beschreiben und verfügen damit über eine starke Affinität zu den Überlegungen zum Konsumentenverhalten. Wie im Neo-Behaviorismus wird in diesen Ansätzen versucht, die Bedeutung der psychischen und sozialen Einflüsse im Rahmen einer Kaufentscheidung zu klären, ohne die organisationale Einbindung zu betrachten. D. h. der Einkäufer wird ohne die organisationale Umwelt betrachtet, sodass faktisch auf die Eigenarten der organisatorischen Umwelt nicht abgestellt wird (Kirsch/Kutschker/Lutschewitz 1980, S. 56 ff.). Es handelt sich um ein sog. Buyer Behavior-Modell, wie das in Kapitel II, Abschnitt 1.3 dargestellte Totalmodell von Howard/Sheth (1969), welches auf der Stimulus-Organism-Response-Struktur basiert. Aufgrund einer größeren (anzunehmenden) Rationalität des Verhaltens sind diese Totalmodellierungen realistischer, wenn auch deskriptiver als im Rahmen des Konsumentenverhaltens (siehe Kapitel II, Abschnitt 1.3.1).

Ansätze zum organisationalen Käuferverhalten betrachten den Beschaffungsablauf in der Organisation und sind beschränkt auf eine Organisation. Diese Ansätze sind durch eine stärkere Fokussierung auf eine Prozessorientierung gekennzeichnet, wobei die Beschaffung in Organisationen als kollektiver Entscheidungsprozess betrachtet und analysiert wird (Buying Behaviour Modelle). Die Analyse der Interaktion beschränkt sich auf die Nachfrageseite. Ausgangspunkt der Modelle ist meistens die Annahme eines Buying Center als funktionales Subsystem einer Organisation, in dem alle an der Beschaffung beteiligten Entscheidungsträger zusammengefasst sind (z. B. Einkäufer oder Produktionsvertreter). So wird also die Einbindung des Einzelnen in die Organisation als Ganzes betrachtet. Es ist das Ziel dieser Ansätze, kollektive Kaufentscheidungen zu erklären. Wie erwähnt, wird dabei nur die Seite der nachfragenden Unternehmung betrachtet, d. h. es werden i. d. R. nur die Prozesse im Buying Center untersucht (Kirsch/Kutschker/Lutschewitz 1980, S. 66 ff.).

Interaktionsansätze gehen von der Analyse einer gemeinsamen Teilnahme von zwei oder mehreren Personen bzw. Gruppen an einem Vorgang aus. Diese Ansätze gehen über die monoorganisationalen Ansätze hinaus, denn sie berücksichtigen die Tatsache, dass sich der Beschaffungsentscheidungsprozess in der Realität in einer komplexen interorganisationalen Interaktion vollzieht, die durch ein Wechselspiel zwischen mehreren Organisationen gekennzeichnet ist. Diesem Tatbestand tragen die Interaktionsansätze Rechnung und betrachten die Interaktionen zwischen Anbieter- und Verwenderseite. Die Analyse beschränkt sich nicht auf eine Organisation wie bei den monoorganisationalen Ansätzen. Vielmehr stehen die wechselseitige Kommunikation und Beeinflussung der Interaktionsparameter im Mittelpunkt. Der Beeinflussungsprozess ist beidseitig (Kirsch/Kutschker/Lutschewitz 1980, S. 76 ff.).

Im Wesentlichen bildet diese Synopse die Grundlage der folgenden Betrachtungen zur Erklärung der einzelnen Typen von Kaufentscheidungen. Hierbei wird aber – aus semantischen Gründen – eine identische Gliederung gewählt wie im zweiten Kapitel, d. h. die Unterscheidung zwischen den individuellen und den bei Organisationen bei weitem vorherrschenden kollektiven Kaufentscheidungsansätzen, wobei Kollektivität nachfolgend pragmatisch i. S. der Beteiligung mehrere Personen bzw. Organisationen an der Kaufentscheidung verstanden wird.

Literatur

Arnold, U. (1990): Global Sourcing, in: Welge, M. K. (Hrsg.): Globales Management, Stuttgart, S. 49-71.

Arnold, U. (1997): Beschaffungsmanagement, 2. Aufl., Stuttgart.

Backhaus, K. (2003): Industriegütermarketing, 7. Aufl., München.

Engelhardt, W. H./Günter, B. (1981): Investitionsgüter-Marketing, Stuttgart.

Eßig, M. (1999): Cooperative Sourcing, Frankfurt a. M.

Günter, B. (1998): Projektkooperationen, in: Kleinaltenkamp, M./Plinke, W. (Hrsg.): Auftrags- und Projektmanagement, Berlin, S. 267-318.

Hammann, P./Lohrberg, W. (1986): Beschaffungsmarketing: Eine Einführung, Stuttgart.

Homburg, C./Krohmer, H. (2003): Marketingmanagement, Wiesbaden.

Homburg, C./Kuester, S. (2001): Towards an Improved Understanding of Industrial Buying Behaviour, in: Journal of Business-to-Business Marketing, 8. Jg., Nr. 2, S. 5-33.

Kaufmann, L. (2001): Internationales Beschaffungsmanagement, Wiesbaden.

Kirsch, W./Kutschker, M. (1978): Das Marketing von Investitionsgütern, Wiesbaden.

Kirsch, W./Kutschker, M./Lutschewitz, H. (1980): Ansätze und Entwicklungstendenzen im Investitionsgütermarketing, 2. Aufl., Stuttgart.

Kleinaltenkamp, M. (2000): Einführung in das Business-to-Business-Marketing, in: Kleinaltenkamp, M./Plinke, W. (Hrsg.): Technischer Vertrieb, 2. Aufl., Berlin, S. 171-247.

Koppelmann, U. (2000): Beschaffungsmarketing, 3. Aufl., Berlin.

Kotler, P./Bliemel, F. (2001): Marketing Management, 10. Aufl., Stuttgart.

Koppelmann, U. (2000): Beschaffungsmarketing, 3. Aufl., Berlin.

Krokowski, W. (1998) (Hrsg.): Globalisierung des Einkauf, Berlin.

Lindner, R. (2002): Aufgabenprofile und Gehaltsstrukturen im Einkauf in Deutschland, in: Hahn, D./ Kaufmann, L. (Hrsg.): Handbuch Industrielles Beschaffungsmanagement, 2. Aufl., Wiesbaden, S. 1005-1026.

Meyer, M./Kern, E./Diehl, H. (1998): Geschäftstypologien im Investitionsgütermarketing – Ein Integrationsversuch, in: Büschken, J./Meyer, A./Weiber, R. (Hrsg.): Entwicklungen des Investitionsgütermarketing, Wiesbaden, S. 117-178.

O. V. (1997): Proportionale Beteiligung verschiedener Unternehmensbereiche an Beschaffungsentscheidungen, in: Beschaffung aktuell, 25. Jg., Juli, S. 20-23.

Richter, H. (2001): Investitionsgütermarketing, München.

Spiegel-Verlag (1982) (Hrsg.): Der Entscheidungsprozess bei Investitionsgütern, Beschaffung, Entscheidungskompetenzen, Informationsverhalten, Hamburg.

Wagner, G. R. (1978): Die zeitliche Disaggregation von Beschaffungsentscheidungsprozessen aus der Sicht des Investitionsgütermarketings, in: Zeitschrift für betriebswirtschaftliche Forschung, 30. Jg., S. 266-289.

Zentes, J./Janz, M./Kabuth, P./Swoboda, B. (2002): Best-Practice-Prozesse im Handel, Frankfurt a. M.

Zentes, J./Swoboda, B. (2001): Grundbegriffe des Marketing – Marktorientiertes globales Management-Wissen, Stuttgart.

Zentes, J./Swoboda, B./Morschett, D. (2003) (Hrsg.): Kooperationen, Allianzen und Netzwerke, Wiesbaden.

Zentes, J./Swoboda, B./Morschett, D. (2004): Internationales Wertschöpfungsmanagement, München.

2 Typen von Kaufentscheidungen

2.1 Individuelle Kaufentscheidungen

Individualentscheidungen dominieren in der Beschaffung von Organisationen das Tagesgeschäft, wenngleich darin nicht der Fokus der Forschung (zu Industriegütern) liegt, da sich die Individualentscheidungen bspw. meist auf häufig eingekaufte Güter, die ggf. nach bestehenden Richtlinien gekauft werden, beziehen. Die Beschaffung ist in diesem Fall geprägt durch Einkäufer, manchmal lediglich durch Disponenten, dessen Aufgaben eher im Bereich der Ordertätigkeit liegen. Zu unterscheiden ist dabei

- das *Verhalten einzelner Einkäufer* in einem unipersonalen Einkaufsprozess und
- das Verhalten und Zusammenwirken mehrerer Einkäufer bzw. Personen in einem multipersonalen Einkaufsprozess.

Letzteres stellt eine Form der kollektiven Kaufentscheidungen im hier betrachteten Sinne dar (siehe dazu bspw. die dyadisch-interpersonellen Ansätze in Abschnitt 2.2.3.2., die sich mit der Ähnlichkeit von Einkäufern und Verkäufen beschäftigen). Nachfolgend sind also prinzipiell Einkäufer in Industrie, Handel und sonstigen Institutionen zu betrachten. Grundsätzlich könnte hierzu eine Parallele zum individuellen Verhalten von Konsumenten gezogen werden. Wesentlich erscheint aber der strukturelle Organisationsrahmen. Aus Sicht des Kunden, also des beschaffenden Unternehmens, sind hier weniger Fragen des individuellen Verhaltens, sondern der Koordination bzw. Steuerung vordringlich.

„Irrationale" Faktoren bei individuellem Investitionsgütereinkauf

Auch bei Investitionsgütern spielen Faktoren wie das Prestigedenken (Kreikebaum/Rinsche 1961, S. 31 ff.) eine Rolle, wobei Büroeinrichtungen von Chefetagen oder Dienstwagen im Außendienst klassische Beispiele sind (siehe Kapitel I, Abschnitt 3.2). Marken spielen bspw. auch eine Rolle im Käuferverhalten von Organisationen, wobei sich ähnliche Effekte wie im Verhalten der Konsumenten beobachten lassen, d. h. bekannte Marken werden vorgezogen und es liegt eine höhere Preisbereitschaft des Käufers bei präferierten Marken vor (Hutton 1997, S. 428 ff.). Da aber der Bedarf meistens determiniert ist und quantitative Ergebnisaussagen einfacher möglich sind, hat der Einkäufer eher die Möglichkeit zu nachprüfbarem Verhalten.

Wie hervorgehoben wird in der Literatur mehr auf die Grenzen einer alleinigen Betrachtung der Merkmale der (Ein-) Käufer eingegangen denn auf ihre Potenziale. Dies ist mit Blick auf den Erfolg von Interaktionen festzustellen (Kern 1990, S. 19; siehe Abschnitt 2.2.3.2), denn dabei steht bspw. die interpersonale Kommunikation von Käufer und Verkäufer im Vordergrund (Dwyer/Tanner 2002, S. 292). Einerseits ist es zwar richtig, dass, je komplexer die Einkaufssituation ist, es desto wahrscheinlicher ist, dass mehrere Personen in die Kaufentscheidung einbezogen werden (Kotler u. a. 2003, S. 350). Andererseits sind gut ausgebildete Einkäufer heute in Unternehmen nicht mehr auf den kostengünstigen Einkauf fixiert. Zudem ist es überraschend, dass bspw. zum Vertrieb, zur Vertriebssteuerung, zum Key-Account-Management oder auch zum Trade Marketing eine Fülle von Forschungsbeiträgen vorliegt, nicht allerdings so zum Einkauf, zur Einkäufersteuerung usw.

Beschaffungsaufgaben und deren Wandel für Beschaffungsmanager

Prinzipiell können strategische und operative Beschaffungsaufgaben i. S. denkbarer Verantwortlichkeiten unterschieden werden (siehe Übersicht 173).

Übersicht 173: ***Ausgewählte Beschaffungsaufgaben***

strategisch	operativ
■ Marktmonitoring (Aufspüren neuer Produkte, Innovationen, Trends) ■ Lieferantenmanagement/-entwicklung ■ Konditionenmanagement/-sicherung ■ Führung strategischer Kooperationen mit Schlüssellieferanten	■ Stammdatenerfassung/-pflege ■ Qualitätssicherung/-management (produktbezogen) ■ Einkaufscontrolling (Einkaufs-/Verkaufskalkulation, Budgetüberwachung) ■ Planung Einmalware

Bei der Entwicklung von Einkäufern steht oft die Personalqualifikation im Vordergrund. In diesem Zusammenhang ändern sich die Anforderungen eines klassischen Einkäufers in Richtung eines Beschaffungsleiters, also eines im Beschaffungsmarketing geschulten Mitarbeiters. Scholz (2002, S. 993) sieht eine generell steigende strategische Relevanz der konkreten Arbeitsinhalte; gleichzeitig steigt der Grad der notwendigen Mitbestimmung des Beschaffungsmanagers (siehe Übersicht 174). Im Kern erfordert das Berufsbild des Beschaffungsmanagers als strategischer Beziehungs- und Supply-Manager Fähigkeiten zum unternehmerischen Denken (vgl. auch Kaufmann 2001, S. 216).

Übersicht 174: ***Wandel der Arbeitsinhalte der Beschaffungsmanager***

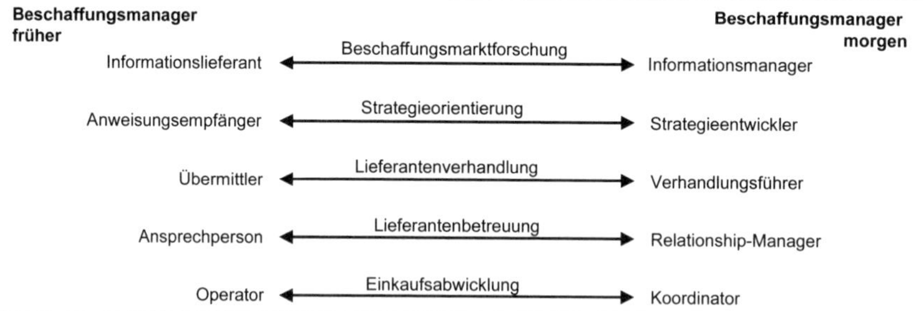

Quelle: In Anlehnung an Scholz 2002, S. 993.

Gerade in internationalen Unternehmen hat die Koordination der Personen aus unterschiedlichen Markt- und Kulturkreisen eine hohe Bedeutung, denn Mitarbeiter aus unterschiedlichen Ländern werden kulturspezifisch bzw. situativ unterschiedlich handeln. Bspw. werden Mitarbeiter aus Ländern mit größerer Umweltdynamik aufgrund von Erfahrungen tendenziell anders entscheiden (wollen) als Mitarbeiter aus Ländern, deren spezifische Umweltdynamik relativ niedrig ist.

Einer der wenigen Zugänge zum Einkäuferverhalten bildet im Investitionsgütermarketing die Frage nach dem *Informationsverhalten der Einkäufer* (vgl. dazu Strothmann 1979, S. 92 ff., der ein literarisch wissenschaftliches, ein objektiv wertendes und ein spontanes Informationsverhalten unterscheidet). Als wichtiger Zugang können *Nutzenvorstellungen* betrachtet werden, wobei zwischen Grund- und Zusatznutzen zu unterscheiden ist. Der Grundnutzen ist weitgehend rational, durch den organisatorischen Rahmen bestimmt und ergibt sich durch die Eignung eines Gutes für die ihm zugedachte Verwendung, während der Zusatznutzen z. B. in der leichten Bedienbarkeit oder im Wert des Gutes als Repräsentationsobjekt liegt. In diesem Zusammenhang werden die Steuerung der Einkäufer und die Rolle von Anreizsystemen hervorgehoben (Anderson/Chambers 1985, S. 9). Dieses steht in Verbindung mit der Annahme, dass Interaktionspartner (hier: Einkäufer) ihr Verhalten nur an Kosten-Nutzen-Überlegungen orientieren, d. h. versuchen, ihr Verhalten an der Erhöhung der Belohnung/Gratifikation auszurichten (Homans 1972). Ein dritter Zugang kann über den *organisatorischen Rahmen* erfolgen, welcher die Bedingungen für die Einkäufertätigkeit umreißt und zugleich der Koordination der Beschaffungsaufgaben dient. Zu betrachten sind dabei (vgl. dazu Arnold 1997, S. 200 ff.; Backhaus 2003, S. 114 ff.):

- Grad der Zentralisation
- Grad der Entscheidungskompetenz
- Größe der Organisation
- Zeitdruck und subjektiv empfundenes Kaufrisiko
- Erfahrungen mit bestehenden Herstellern (Lieferantentreue)

Übersicht 175 zeigt exemplarisch den Zentralisierungsgrad der Beschaffung, womit auch die Zuweisung von Verantwortlichkeiten bezüglich der Entscheidungsfindung verbunden ist.

Übersicht 175: ***Ebenen der Entscheidungs- und Verantwortungsbereiche in der Beschaffung***

Ebenen der Beschaffungsentscheidung	Kritische Erfolgsfaktoren	Verantwortung
Strategische Entscheidungen ■ Definition von Erfolgsfaktoren ■ Grundsätze der Planung von Bedarf/Beschaffungsleistung ■ Marktanalyse und -auswahl ■ Spezifikationen für Produkte und Lieferantenauswahl/-bewertung ■ Führung strategischer Lieferantenbewertung ■ Einkaufspolitik und Konditionenmanagement	■ Einkaufsmacht oder Partnerschaften ■ Größenvorteile ■ Produktrisiko ■ Lieferantenrisiko ■ Vereinbarte Ziele	Zentrale Aufgabenbereiche
Operative Entscheidungen ■ Kriterien für die Leistungsmessung, z. B. produktbezogene Qualitätssicherung ■ Einkaufscontrolling (Kalkulation, Budgetüberwachung) ■ Bestellpolitik und Disposition, z. B. Bestellungen, Abrufe, Terminierung, Terminverfolgung	■ Lieferantenzertifikat ■ Lieferzeit ■ Lieferzuverlässigkeit ■ Leistungskontrolle	Dezentrale Aufgabenbereiche

Quelle: Zentes/Swoboda/Morschett 2004, S. 352 f.

Eine *zentrale Beschaffungsorganisation* gewährleistet die Durchsetzung und Kontrolle der Beschaffungsstrategie wie auch eine einheitliche Vorgehensweise im Gesamtunternehmen. Im Gegensatz dazu ist eine *dezentrale Beschaffung* flexibler. Infolge der Parallelität ähnlicher Beschaffungsprozesse entstehen aber mehrfache Prozesskosten bzw. indirekte Beschaffungskosten. Aufgrund der Spezifika sind strategische Beschaffungsaufgaben eher in zentralen Beschaffungsorganisationen beheimatet, während operative Beschaffungsaufgaben möglichst dezentral (vielleicht von vielen Einkäufern) durchgeführt werden.

2.2 Kollektive Kaufentscheidungen

2.2.1 Arten kollektiver Kaufentscheidungen

Kollektive Kaufentscheidungen stehen im Zentrum des Investitionsgütermarketing. Sie sind dadurch gekennzeichnet, dass bei der Entscheidung mehrere aufeinander einwirkende Personen mitwirken (*Multipersonalität*) oder unterschiedliche Organisationen in einer Interaktion zueinander stehen (*Multiorganisationalität*).

Bei einer auf eine Organisation begrenzten Perspektive bilden zunächst *intraorganisationale Interaktionen* den Fokus. Neben dem grundlegenden *Buying Center Konzept* erfolgt aufgrund der Komplexität und Dauer der Kaufprozesse eine Auseinandersetzung mit Strukturen und Phasen. Die *Strukturmodelle* versuchen, die Determinanten des Verhaltens abzubilden, während *Prozessmodelle* die Kaufentscheidung mit einer Phasendifferenzierung verbinden. Diese zuerst zu betrachtenden Perspektiven können anhand von drei Fragen präzisiert werden (vgl. dazu Backhaus 2003, S. 66 f.):

- Welche Personen(-gruppen) sind wie stark an der Kaufentscheidung beteiligt?
- Inwieweit kann die Kaufentscheidung in Organisationen als ein Prozess verstanden werden, der in Phasen zerlegt und phasenspezifisch untersucht werden kann?
- Wie wird das Entscheidungsverhalten in den Phasen des Kaufprozesses durch verschiedene Kaufklassen beeinflusst?

Über die Perspektive eines beschaffenden Unternehmens in monoorganisationalen Ansätzen hinaus wird mit multiorganisationalen Ansätzen der Tatsache Rechung getragen, dass sich der Beschaffungsentscheidungsprozess in der Praxis in einer komplexen interorganisationalen Interaktion vollzieht. Wie hervorgehoben wird dabei v. a. der Interaktionsprozess zwischen mehreren Organisationen betont.

2.2.2 Struktur und Prozess monoorganisationaler Kaufentscheidungen

2.2.2.1 Buying Center-Konzept

Gemäß dem am häufigsten zu findenden Konzept (Arnold 1997, S. 33) von Webster/Wind (1972a, S. 77) umfasst das Buying Center alle Personen einer Organisation, die während des Kaufentscheidungsprozesses miteinander in Interaktionsbeziehungen stehen. Es handelt sich somit um ein funktionales Subsystem der Organisation.

Im engeren Sinne umfasst das Buying Center alle Personen einer Organisation, die während des Kaufentscheidungsprozesses miteinander in Interaktionsbeziehungen stehen. Es handelt sich also um ein funktionales Subsystem der Organisation, in dem alle an der Beschaffung Beteiligten zusammengefasst sind. D. h., das Buying Center ist keine bestimmte Abteilung, sondern es umfasst Angehörige verschiedener Abteilungen, z. B. aus Produktion, Einkauf und Finanzierung. Die Größe und Zusammensetzung des Buying Center sind wesentlich von der Kaufsituation beim Abnehmer und vom Gütertyp abhängig. Wie exemplarisch bereits verdeutlicht sind in Unternehmen Techniker/Ingenieure, Kaufleute usw. aus z. T. unterschiedlichen hierarchischen Ebenen an der Kaufentscheidung beteiligt (vgl. auch Backhaus/Büschken 1995).

Rollenkonzept nach Webster/Wind

Bei der Abgrenzung dieser Gruppe und zur Analyse der interpersonalen Beeinflussungen ist es nötig, die Funktionsträger des Buying Center konzeptionell zu differenzieren, wobei fünf Rollen unterschieden werden (Webster/Wind 1972a, S. 78 ff.):

- Benutzer/Verwender („*users*") sind diejenigen Personen, die nach dem Kauf mit dem beschafften Produkt oder der Dienstleistung im Rahmen ihres Aufgabenfeldes letztendlich arbeiten müssen, bspw. der Produktionsleiter/-mitarbeiter bei der Beschaffung einer neuen Maschine für seinen Bereich. Häufig geht der Anstoß des Beschaffungsprozesses vom Benutzer aus. Außerdem kommt ihm aufgrund seines spezifischen Wissens eine Schlüsselstellung zu, die über den Kauf hinausgeht. Nach dem Kauf bestimmt er durch sein Verhalten, ob das beschaffte Gut zweckmäßig eingesetzt und damit als erfolgreich angesehen wird. Falls bspw. der Benutzer eine von ihm nicht befürwortete Lösung aufoktroyiert bekommt, könnte er versucht sein, im Nachhinein zu beweisen, dass er im Recht war.
- Beeinflusser („*influencers*") sind diejenigen Personen, die Informationen und Kriterien/Normen (z. B. Mindestgröße, Informationspolitikbestimmung) zur Bewertung des Produkts liefern und somit direkt oder indirekt den Kaufprozess beeinflussen. Innerhalb eines Unternehmens können sehr unterschiedliche Personen diese Rolle einnehmen, bspw. Entwicklungsingenieure, Produktionsleiter oder Controller. Denkbar sind ferner „influencer", die nicht dem beschaffenden Unternehmen angehören, insb. externe Berater.
- Einkäufer („*buyers*") sind diejenigen Personen, die den formalen Auftrag haben, Lieferanten auszuwählen, Verhandlungen zu führen und Kaufverträge abzuschließen. Sie sind in den meisten Fällen der Einkaufsabteilung zuzuordnen.
- Entscheider („*deciders*") sind diejenigen Personen, die unabhängig von der formalen Kompetenzverteilung die Macht haben, über die Auftragsvergabe bzw. die Auswahl der Lieferanten zu entscheiden. Wer diese Rolle einnimmt hängt von dem zu beschaffenden Produkt ab. Bei Großinvestitionen nimmt zumeist ein Mitglied der Geschäftleitung diese Rolle ein, wobei diese Kompetenz auch bei den Nutzern (wenn die Spezifikationen des Produktes im Mittelpunkt stehen) oder bei den Einkäufern (wenn der Preis das entscheidende Kaufkriterium ist) liegen kann.
- Informationsselektierer („*gatekeepers*") sind diejenigen Personen, die den Informationsfluss im Buying Center kontrollieren und steuern (z. B. Assistenten von Entscheidungsträgern, die eine Entscheidungsvorbereitung treffen). Sie üben eher einen indirekten Einfluss auf die Kaufentscheidung aus, besitzen aber die Möglichkeit, durch die bewusste Informationsauswahl (oder die Informationsmanipulation) diesen entscheidend zu beeinflussen.

Um eine sechste Rolle, die des *Initiators*, ergänzt Bonoma (1982, S. 113) das Rollenkonzept. Dieser erkennt bspw., dass ein aktueller Zustand durch eine mögliche Investition verbessert werden kann und setzt somit den Kaufprozess in Gang.

Zwischen den Beteiligten im Buying Center bestehen formale (aufgrund der fachlichen und hierarchischen Stellung) und informale Kommunikationsbeziehungen (ungeachtet der Stellung). Die relativen Machtpositionen der Rollenträger sind dabei letztlich dafür ausschlaggebend, wie die Entscheidung fällt, was aber zugleich ein zentrales Problem darstellt. Dies besteht im Hinblick auf eine möglichst objektive, z. B. nur auf Kosten-Nutzen-Überlegungen basierenden Entscheidung. Die Rollenträgerstruktur zeigt auch, dass jede Person des Buying Centers gleichzeitig oder in verschiedenen Phasen des Beschaffungsentscheidungsprozesses mehrere Funktionen übernehmen kann; so fällt häufig die Rolle des Benutzers mit der des Beeinflussers zusammen. Weiterhin können mehrere Personen die gleiche Rolle einnehmen.

Eine Erweiterung des klassischen Buying Center Ansatzes durch die Betrachtung der Beziehung zwischen den Beteiligten des Buying Centers stellt der *Buying Network Ansatz* dar. Die Verhaltensweisen der Buying Center Mitglieder und ihr Einfluss auf den Entscheidungsprozess werden nicht isoliert betrachtet, sondern als Ergebnis der direkten und indirekten Beziehungen innerhalb des Buying Centers interpretiert (Bristor 1993, S. 64). So umfasst das Buying Network alle Beteiligten des Kaufprozesses und zusätzlich deren Beziehungen untereinander sowie direkte und indirekte Kontakte zu Dritten. Diese Beziehung kann anhand der Kommunikationsstruktur innerhalb eines Unternehmens bzw. innerhalb eines Buying Centers beschrieben werden (siehe Übersicht 176) (Johnston/Bonoma 1981a, S. 146 ff.). Sie spezifizieren die unterschiedlichen Strukturen innerhalb eines Buying Centers anhand von fünf unterschiedlichen Differenzierungsdimensionen:

- Das *vertikales Involvement* nennt die Anzahl der Hierarchiestufen, die im relevanten Buying Center vertreten sind.
- Das *laterale Involvement* zeigt auf, wie viele Abteilungen des Unternehmens an dem Beschaffungsprozess beteiligt sind.
- Der *Umfang des Buying Centers* wird anhand der Zahl der Mitglieder bestimmt.
- Die *Verbundenheit* innerhalb eines Buying Centers, beschreibt die Intensität des aufgabenbezogenen Kontaktes der Mitglieder. Bestimmt wird diese Dimension anhand des Verhältnisses zwischen der tatsächlichen Kommunikationsbeziehung der Mitglieder untereinander und aller möglichen Kommunikationsbeziehungen, was in empirischen Untersuchungen nur schwer erfassbar ist.
- Die *Zentralität* des formellen Einkäufers innerhalb des Buying Centers, d. h. es geht darum, wie der Einkäufer in den Entscheidungsprozess eingebunden ist. Dies wird anhand des Verhältnisses der Kommunikationsbeziehungen bestimmt.

Für den Anbieter ist es bedeutend, die inneren Strukturen des Buying Centers zu kennen, um eventuell auftretenden Problemen, wie bspw. eine fehlende Kommunikation zwischen den Abteilungen, entgegentreten zu können (Barclay 1991, S. 155). Eine wichtige Information, die aus den Beziehungsstrukturen nur indirekt abzulesen ist, stellt die Einflussstärke der Beteiligten dar. Diese ergibt sich einerseits aus den unterschiedlichen Machtbasen (Belohnungs-, Bestrafungs-, Legitimations-, Referenz-, Experten-, Informations- sowie Abteilungsmacht) der Mitglieder (vgl. hierzu Fließ 2000, S. 331 ff.) und anderseits aus deren Zugang zu relevanten Informationen sowie aus der Qualität und dem Umfang von persönlichen Beziehungen zu anderen Mitgliedern, welche zur Präferenz- und Verhaltensbeeinflussung zu nutzen sind (Backhaus 2003, S. 96).

Übersicht 176: ***Buying Center – Struktur und Kommunikationsbeziehungen***

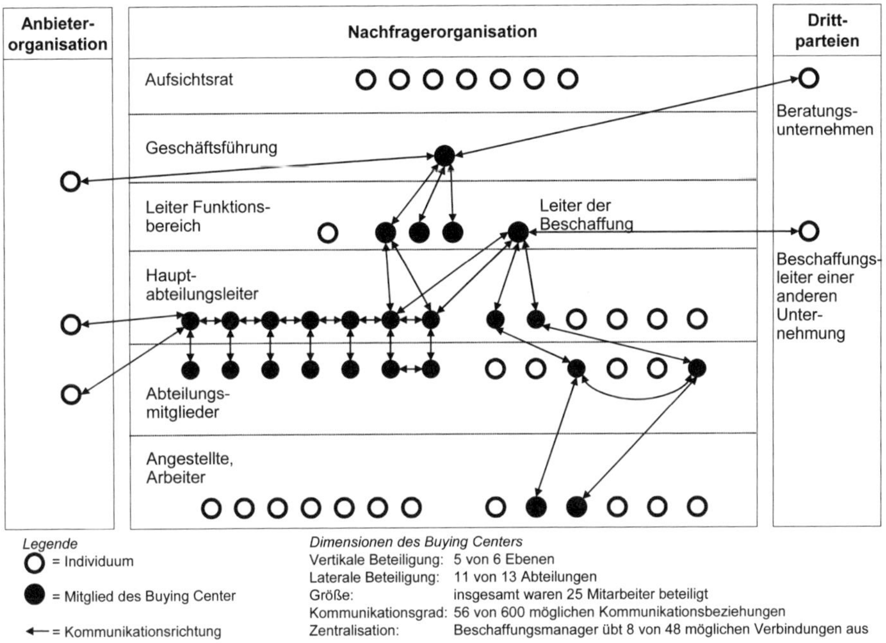

Quelle: Johnston/Bonoma 1981a, S. 147.

In diesem Kontext wären ferner die von Fließ (2000, S. 337) betrachteten unterschiedlichen Machtbasen (Merkmale, Ressourcen, Maßnahmen im Kaufprozess, Motiv des Unterlegenen) und Informationen zu Netzwerkstrukturen und -rollen (Isolierte, Liaisons, Brücken, boundary Roles, Zentrale usw.) und Verhaltensweisen (Gatekeeping, Advocacy Behavior, Bildung von Koalitionen) zu betrachten.

Promotoren-/Opponenten-Konzept

Ein traditioneller Ansatz, welcher auf die Rollenstruktur innerhalb eines Buying Centers eingeht und die Mitglieder charakterisiert, stellt das Promotoren-/Opponenten-Konzept dar, das ursprünglich für innovative Beschaffungsentscheidungen entwickelt und dann auf andere Formen von Kaufentscheidungen übertragen wurde. Das Konzept des Promotors wurde in Bezug auf unternehmenspolitische Entscheidungsprozesse entwickelt, wobei die Frage nach den bewegenden Kräften in diesen Prozessen, die gekennzeichnet sind durch multipersonale und multioperationale geistige Arbeitsabläufe, die der Anregung, Steuerung und Koordination bedürfen, den Ausgangspunkt bildete (Witte 1976, S. 319; vgl. auch Hauschildt 1998).

In Unternehmen liegen Entscheidungen, so die Beobachtung, selten rationale Strukturen zugrunde, sondern eher habituelle psychologische Verhaltensmuster. Personen neigen vielfach dazu, Entscheidungsprozesse zu verzögern oder zu vermeiden, sie zumindest aber zu vereinfachen. Insbesondere Innovationsprozesse folgen weniger einer sachlichen oder inhaltlichen Zwangsläufigkeit als dem Einfluss von Promotoren.

Promotoren sind Personen, die einen Innovationsprozess aktiv und intensiv fördern bzw. solche Mitglieder des Buying Center, die den Beschaffungsprozess aktiv fördern und von der Initiierung bis zum Kauf beeinflussen.

Innovationsentscheidungen haben i. d. R. Willens- und Fähigkeitsbarrieren zu überwinden, die sich in Form sachlicher und organisatorischer Schwierigkeiten zeigen und sich in Opponenten verkörpern (Witte 1976, S. 321 f.).

Opponenten sind Personen, die den Innovationsprozess hemmen oder verhindern wollen.

Die Promotoren lassen sich nach ihrem Prozessförderungspotenzial in Machtpromotoren und Fachpromotoren unterscheiden (Witte 1998, S. 16 ff.).

- Der *Machtpromotor* fördert den Innovationsprozess durch sein hierarchisches Potenzial, d. h. durch formalen Einfluss. Sie verfügen über Entscheidungsmacht und können aufgrund ihres hierarchischen Potenzials Entscheidungen durchzusetzen. Sie brauchen keine Experten zu sein.
- Der *Fachpromotor* dagegen verfügt über objektspezifisches Fachwissen, das er gezielt und intensiv einsetzt. Sein Mittel zur Promotion ist die Argumentation. Es sind Mitglieder eines Buying Centers, die im Bezug auf die konkrete Entscheidung als Fachexperten gelten und sich unabhängig von ihren hierarchischen Positionen durch objektbezogenes Fachwissen auszeichnen. Deshalb kommt ihnen besonderes Gewicht zu.

Innovationen werden häufig nicht von einem der beiden Promotorentypen allein, sondern von einem Promotorengespann, d. h. einer Zusammenarbeit von Macht- und Fachpromotor, durchgesetzt. Beide verbünden sich im Hinblick auf das gemeinsame Ziel bzw. eine Person nimmt zwei Rollen gleichzeitig war. Effiziente Beschaffungsmaßnahmen (schneller Ablauf und hohe Qualität der erzielten Entscheidung) kommen bei einer Mischung von Macht- und Fachpromotoren zustande. Dies wird auch von empirischen Befunden unterstrichen, wonach die einseitige Machtstruktur (nur Machtpromotor) bzw. die einseitige Fachstruktur (nur Fachpromotor) weniger effizient ist (Witte 1976, S. 323). So kommt es bei einseitiger Machtpromotorenstruktur zwar zu einer schnellen Entscheidung, die durch einen geringen Innovationsgrad und eine geringe Problemlösungsumsicht gekennzeichnet ist. Im gegensätzlichen Fall zieht sich der Entscheidungsprozess lange hin und das Ergebnis besitzt einen geringen Innovationsgrad, weist aber ob des langen Prozesses eine höhere Problemlösungsumsicht auf.

In der Folge wurde der Ansatz von Witte ergänzt (Hauschildt/Chakrabarti 1988, S. 384; Hauschildt/Kirchmann 1997, S. 96), denn die Förderung des Innovationsprozesses benötigt häufig eine dritte Art von Promotoren,

- den *Prozesspromotor*. Dieser hat die Organisationskenntnis und das Kommunikationspotenzial und stellt die Beziehung zwischen Machtpromotor und Fachpromotor her. Er muss in der Lage sein „... die Sprache der Technik in die Sprache zu übersetzen, die in der Unternehmung gesprochen und verstanden wird. Er wirbt für das Neue. Er hat diplomatisches Geschick und die Kenntnis, wie man unterschiedliche Menschen individuell anspricht und für die Innovation gewinnt" (Hauschildt/Chakrabarti 1988, S. 384).

Seinen Einsatz findet der Prozesspromotor, wenn in einem Prozess komplexe und vielfältige Informationsbeziehungen zu aktivieren, organisatorische, fachliche und sprachliche Distanzen zu überbrücken sind und weder Macht- noch Fachpromotor diese Überbrückungsfunktion ausüben können (Hauschildt/Kirchmann 1997, S. 69).

Übersicht 177 differenziert zusammenfassend die Fach-, Macht- und Prozesspromotoren dahingehend, welche Machtquellen sie besitzen, welche Leistungsbeiträge sie leisten und welche Barrieren sie überwinden helfen.

Übersicht 177: ***Rollenmodelle des Macht-, Fach- und Prozesspromotors***

	Machtquellen	Leistungsbeiträge	Barrieren
Macht-promotoren	■ hohe hierarchische Position	■ stellt organisationale Ressourcen bereit ■ legt Ziele fest ■ gewährt Anreize ■ sanktioniert Akteure ■ blockiert Opponenten	■ Willensbarrieren ■ Hierarchiebarrieren
Fach-promotoren	■ Expertenkompetenz	■ evaluiert neuartige und komplexe Probleme ■ beurteilt und entwickelt Problemlösungsvorschläge ■ realisiert Problemlösungen ■ initiiert und fördert fachspezifische Lernprozesse	■ fachspezifische Fähigkeitsbarrieren
Prozess-promotoren	■ Organisationskenntnisse ■ organisationsinterne Kommunikationspotenziale	■ sammelt, filtert, übersetzt und interpretiert Informationen und leitet diese gezielt an Akteure weiter ■ fördert Kommunikationsbeziehungen und Koalitionen	

Quelle: Walter 1998, S. 106 ff.

Neben der Komplexität der Problemstrukturen ist von den Promotoren der Widerstand von *Opponenten* zu bewältigen. Auf Seiten dieser, den Innovationsprozess hemmenden, Personen sind auch *Macht- und Fachopponenten* zu unterscheiden. Sie arbeiten z. T. als Opponentengespann, teils aktiv, teils durch passives Unterlassen, gegen die Entscheidung. Während Promotoren offen agieren, ist eine Unterscheidung in offene und stille Opponenten möglich (Witte 1998, S. 23 ff.). Dabei sind die Argumente der Opponenten unterschiedlichster Natur (Fließ 2000, S. 318 ff.). Neben technologischer Unsicherheit, bspw. die Infragestellung der Funktionsfähigkeit des Beschaffungsobjekts, und Unsicherheit bezogen auf den ökonomischen Vorteil, der durch das Objekt zu erzielen ist, werden auch ökologische Argumente herangezogen (Backhaus 2003, S. 80). Witte (1976, S. 321) betont, dass die Funktion der Opponenten nicht in der Verhinderung des Neuen besteht, sondern sie Risikobewusstsein und Sicherheitsstreben im Unternehmen verkörpern. Ihre Aktivitäten können auch positiv wirken, da die Opposition sachlich begründet sein kann und der Widerspruch bei den Promotoren produktive Kräfte freizusetzen vermag. Opponenten können als Herausforderung erscheinen und die andere Seite zu einer stärker prozessfördernden Leistung zwingen. Entscheidungsprozesse unter Zusammenwirken von Promotoren- und Opponentengespannen können demgemäß eine höhere Effizienz aufweisen als solche ohne Auftreten von Opponenten (Witte 1976, S. 325 f.).

Insgesamt kann das Promotoren-Opponenten-Konzept zur Analyse von Buying Centern herangezogen werden (zu weiteren *(Informations-) Gatekeeper*, „perönlichkeitsbasierten" *Beziehungspromotoren* siehe Gemünden/Walter 1995, S. 973 ff.). Für Anbieter ist es bedeutsam zu erkennen bzw. herauszufinden, wie die Rollenverteilung beim potenziellen Nachfrager aussieht. So sind die Opponenten gegen ein Beschaffungsvorhaben zu erkennen und deren Bedenken gegenüber der Innovation zu analysieren. Es bedarf einer Berücksichtigung beider Rollen seitens des Anbieters. Wird dem sogar organisatorisch bspw. im Selling Team bzw. Center entsprochen, dann könnte von Interaktionsbeziehungen i. e. S. ausgegangen werden (siehe Abschnitt 2.2.3).

2.2.2.2 Strukturmodelle des organisationalen Kaufverhaltens

Da die Komplexität des Kaufverhaltens nicht nur aus den Buying Centern resultiert, wurden Totalmodelle vorgestellt, die v. a. die vielfältigen (unternehmensexternen und -internen) Einflussfaktoren betrachten. Anzusprechen sind Strukturmodelle und Prozess- bzw. Phasenmodelle (letztere werden im folgenden Abschnitt behandelt).

> *Strukturmodelle des Käuferverhaltens versuchen, die verschiedenen Einflussfaktoren auf das organisationale Beschaffungsverhalten zu ordnen und in Modellen abzubilden. Der Hauptzweck eines Strukturmodells besteht in der Systematisierung der Einflussgrößen auf das organisationale Käuferverhalten.*

Webster/Wind-Modell

Das Modell von Webster/Wind (1972a; 1972b, S. 12 ff.) stellt eines der ersten Strukturmodelle dar, wobei das Buying Center das Kernelement dieses Modells bildet. Grundsätzlich lassen sich Parallelen zum SOR-Paradigma erkennen (siehe Kapitel II, Abschnitt 1.3). So wirken umweltspezifische Stimuli auf das Buying Center bzw. das Unternehmen ein. Das Buying Center wird nicht wie beim behavioristischen SR-Paradigma als „black box" verstanden, sondern beinhaltet die intra- und interpersonellen Determinanten, die unmittelbar auf die Kaufentscheidung einwirken („organism"). Als Ergebnis („response") folgt die Beschaffungsaktivität bzw. Kaufentscheidung (Arnold 1997, S. 31 f.). Im Modell werden vier Gruppen von Einflussfaktoren unterschieden (siehe Übersicht 178):

- umweltbedingte Einflussfaktoren
- organisations- bzw. unternehmensbedingte Determinanten
- interpersonelle Determinanten im Buying Center
- intrapersonelle Determinanten

Die *umweltbedingten Einflussfaktoren* sind vielschichtig und teilweise schwer eindeutig zu bestimmen. Enthalten sind etwa politische, technologische, ökonomische, kulturelle und gesetzliche Faktoren, die von den verschiedensten Arten von Organisationen (Lieferanten, Abnehmer, Konkurrenten, Staat, Verbänden und Parteien) auf den Nachfrager einwirken. Diese verschiedenen Faktoren haben Einfluss darauf,

- welche Güter und Dienstleistungen grundsätzlich erhältlich sind,
- welches generelle Geschäftsklima herrscht (u. a. konjunkturelle Lage, politische und wirtschaftspolitische Situation),

- welche elementaren Werte und Normen gelten, die sich insb. auf die interorganisationalen und -personalen Beziehungen zwischen Nachfragern und Anbietern, zwischen Konkurrenten und innerhalb des Buying Centers auswirken und
- wie gewisse Informationen in die Organisation transportiert werden und somit Einfluss auf das Käuferverhalten besitzen (Webster/Wind 1972b, S. 14).

Übersicht 178: ***Webster/Wind-Modell***

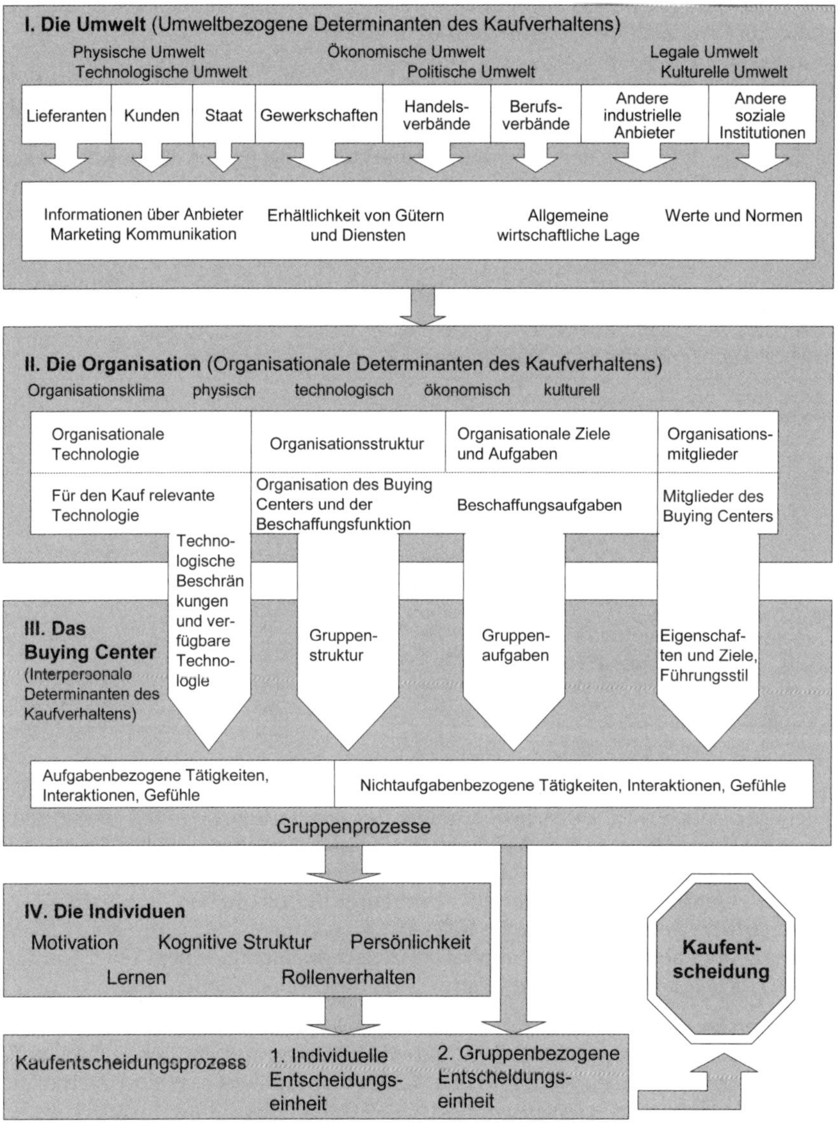

Quelle: In Anlehnung an Webster/Wind 1972b, S. 15.

Faktoren eines marktzentrierten Beschaffungsverhaltens im Handel

Wie angedeutet besteht im Handel die Notwendigkeit zur differenzierten, situativ determinierten Betrachtung der Beschaffungsprozesse, so hinsichtlich der Rolle und der Gestaltung der Beschaffung (-sprozesse), der Anforderungen an Beschaffungsverantwortliche bzw. -teams (Zentes/Janz/Kabuth/Swoboda 2002). Der strukturelle Einfluss kann anhand eines marktorientierten Beschaffungskonzeptes mit zwei Gliederungskriterien verdeutlicht werden (vgl. zum Handelsverhalten Hansen/Skytte 1998, S. 277 ff.; Johansson 2001, S. 329 ff.):

- die Anforderungen der Absatzmärkte, so besonders die (Profilierungs-) Rolle einer Category (Warengruppe, inkl. der Ansprüche an Servicegrad, Bedarfsdeckung, Ausfallabsicherung, der Komplexität der Kundenbedürfnisse usw.)
- die Anforderungen der Beschaffungsmärkte, so besonders ihrer Komplexität (inkl. der Transparenz und Anzahl möglicher Beschaffungsquellen, Konzentrationsgrad, Kontinuität und Leistungsfähigkeit der Lieferanten, Routinegrad des Beschaffungsvorganges, Umschlagsgeschwindigkeit der Ware usw.)

Übersicht 179 zeigt vier subjektiv zu wertende, idealtypische Ausrichtungen der Beschaffung im Handel.

Übersicht 179: ***Marktorientierte Ausrichtung der Beschaffung im Handel***

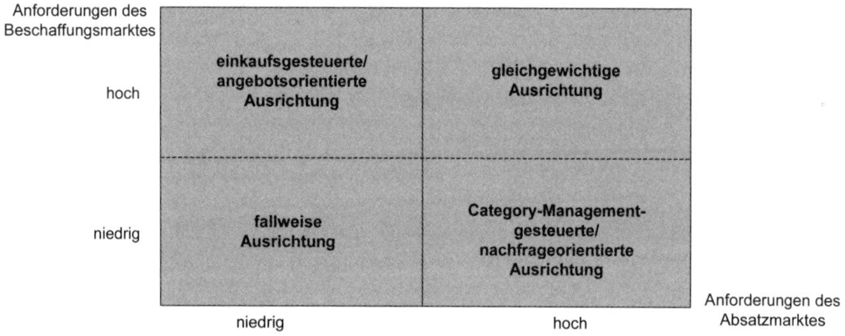

Quelle: In Anlehnung an Swoboda/Morschett 2002, S. 792.

Insbesondere bei Markenartikeln, bei denen dem Handel nur wenige Produzenten gegenüber stehen, sind die Anforderungen des Beschaffungsmarktes gering, selbst wenn das Handelsunternehmen sich mit den Marken profilieren wollte. Strategische Beschaffungsaufgaben wie Auffinden und Evaluation von Beschaffungsquellen, Lieferanten-, Qualitätsmanagement u. Ä. sind aufgrund des hohen Vertrauens in die Markenartikler von relativ geringer Relevanz. Konsequenterweise ist hierbei die Beschaffung dem absatzmarktorientierten Warengruppenmanagement untergeordnet. Zugleich liegen dabei zunehmend Partnerschaften (Kooperationen) vor.

In anderen Sortimentsbereichen, bspw. im Handelsmarkenbereich, sind die Anforderungen der Beschaffungsmärkte hoch und erhalten aufgrund der hohen Zahl an Beschaffungsoptionen einen strategischeren Charakter. Profiliert sich ein Unternehmen primär über Handelswaren wäre eine gleichgewichtige Ausrichtung anzunehmen.

Die *organisations- bzw. unternehmensbedingten Determinanten* zeigen, dass die Individuen in einem bestimmten sozialen Gefüge agieren, welches ihr Käuferverhalten beeinflusst. In diesem Zusammenhang werden vier Faktorengruppen unterschieden: Organisationale Technologie, Organisationsstruktur, Ziele und Aufgaben sowie die Mitglieder-Organisation. Diese Einflussfaktoren, die sich gegenseitig bedingen, bilden den strukturellen, formalen Rahmen für das organisationale Käuferverhalten.

Die *interpersonalen Determinanten* beziehen sich auf die in Abschnitt 2.2.2.1 beschriebenen Rollen der Buying Center Mitglieder. Die Mitglieder sind dabei sowohl von ihren aufgabenbezogenen als auch von nicht-aufgabenbezogenen Motiven und Zielvorstellung geprägt, die sie bei der Beschaffungsentscheidung umzusetzen versuchen. Ein nicht-aufgabenbezogenes Motiv ist bspw. eine Einstellung, die ein Mitglied des Buying Centers aufgrund des privaten, sozialen Engagements gebildet hat.

Die Einbeziehung der *intrapersonellen Determinanten* in den Kaufentscheidungsprozess von Organisation betont die Tatsache, dass, obwohl von einer Gruppenentscheidung ausgegangen wird, das individuelle Verhalten nicht außer Acht gelassen werden kann, da letztlich Individuen die Entscheidungen treffen. Hierzu wird z. T. auf die Erkenntnisse des Konsumentenverhaltens zurückgegriffen (Webster/Wind 1972b, S. 18 f.).

Insgesamt werden in diesem Modell wichtige Einflussfaktoren systematisiert, deren generelle Relevanz für das Organisationsverhalten bestätigt ist (vgl. bspw. Lichtenthal/Shani 2000, S. 219 ff.). Diese Zusammenstellung ist aber komplex, sodass wie bei den in Kapitel II, Abschnitt 1.3.1 behandelten Totalmodellen auch hier die empirische Gesamtprüfung, die Erfassbarkeit der Variablen und die postulierten Wirkungsbeziehungen kritisch zu bewerten sind. Zu diesen Schwächen tritt hinzu, dass die Beziehungen zwischen Anbieter und Nachfrager nicht berücksichtigt werden. Ferner wären Konflikte innerhalb einer Organisation (vgl. dazu Barclay 1991, S. 155) sowie die Dynamik in einem Buying Center (vgl. dazu Ghingold/Wilson 1998, S. 96) anzusprechen. Strukturmodelle besitzen aber dennoch einen deskriptiven Charakter (Backhaus 2003, S. 126).

Internet als neue Informations- und Beschaffungsquelle

Studien zeigen die zunehmende Bedeutung des Internet als unternehmensexterne Informationsquelle bei Top-Entscheidern, professionellen Entscheidern und Entscheidungsbeteiligten, wobei die berufliche Online-Informationsbeschaffung (in Stunden gerechnet) vor Fachzeitschriften, der Wirtschaftspresse, Messebesuchen oder der Direktwerbung steht (Verband Deutscher Fachpresse 2001, S. 14).

Zugleich nutzen Unternehmen das neue Medium als Beschaffungskanal. Bspw. hat DaimlerChrysler PCs und Laptops innerhalb eines web-basierten Bietverfahrens (gebündelt für verschiedene Tochtergesellschaften) beschafft. In wenigen Stunden wurden Angebote für 16 potenzielle Auftragspakete an PCs und Laptops mit einem Gesamtvergabevolumen von rund 30 Mio. Euro eingeholt und anschließend vom Einkauf bewertet (DaimlerChryser AG 2001).

Sheth-Modell

Häufig wird das Sheth-Modell als der Ansatz genannt, der die Forschung im Bereich des organisationalen Käuferverhaltens am tiefgreifendsten beeinflusst hat. Sheth zeigte neben den inhaltlichen Aspekten Wege der Herangehensweise an eine Problemstellung und deren Strukturierung im organisationalen Käuferverhalten auf (Anderson/Chambers 1985, S. 7). Das Modell in Übersicht 180 ist im Vergleich zu dem von Webster/Wind in Bezug auf die Systematisierung der Einflussgrößen des Käuferverhaltens differenzierter. Weiterhin stellt es neben der kollektiven Entscheidung auch die Möglichkeit einer individuellen Entscheidung heraus. Dies ist eine gewisse Parallelität zum Modell des Konsumentenverhaltens von Howard/Sheth (siehe Kapitel II, Abschnitt 1.3). Zu betonen sind aber die Unterschiede, wonach das Modell von Howard/Sheth allgemeiner gehalten, auf individuelle Kaufentscheidungsprozesse bezogen ist und eine größere Anzahl an (Einfluss-) Variablen umfasst (Sheth 1973, S. 51 f.).

Übersicht 180: ***Integratives Modell von Sheth***

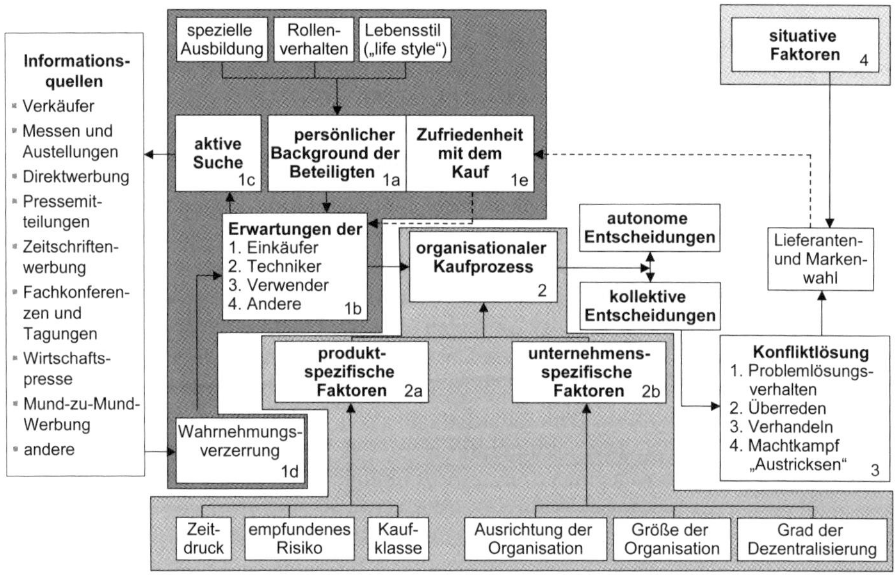

Quelle: In Anlehnung an Sheth 1973, S. 51.

Sheth (1973, S. 52) erklärt das organisationale Käuferverhalten mit drei Kernelementen:

- die psychologischen Entscheidungsdeterminanten (die psychologische Welt) der an der Entscheidung mitwirkenden Personen (1)
- die Bedingungen, die zur gemeinsamen Entscheidung der Beteiligten führen (2)
- die Konflikthandhabung bzw. die Konfliktlösungsmechanismen (3)

Primäres bzw. zentrales Element des Modells sind die Erwartungen (1b) der Entscheidungsbeteiligten hinsichtlich der Lieferanten und der Marken. Diese unterschiedlichen Erwartungen entstehen aufgrund des Erfahrungshorizontes (1a) der jeweiligen Individuen (bedingt durch Unterschiede in ihrer Ausbildung bzw. Erziehung, ihrem organisationalen Rollenverhalten und ihrem Lebensstil) und ihre Informationen, die sie durch aktive Informationssuche (1c) beeinflusst durch gewisse Wahrnehmungsverzerrungen (selektive bzw. subjektive Wahrnehmung) (1d) aufnehmen.

Diese Erwartungen werden darüber hinaus von der Zufriedenheit des Einzelnen mit zurückliegenden Käufen beeinflusst. Die Erwartungen der Mitglieder des Buying Centers bestimmen wiederum den Organisationalen Kaufentscheidungsprozess (2). Ob im Unternehmen die eigentliche Kaufentscheidung autonom von einer Person oder im Kollektiv gefällt wird, wird durch produkt- und unternehmensspezifische Faktoren beeinflusst. Die produkt- bzw. leistungsspezifischen Faktoren (2a) entstehen aus der jeweiligen Kaufklasse (bspw. Neukauf oder habitualisierter Kauf), dem subjektiv empfundenen Risiko (bspw. Ausmaß einer eventuellen Fehlentscheidung) und dem speziellen Zeitdruck. Die unternehmensspezifischen Faktoren (2b) beziehen sich auf die Ausrichtung des Unternehmens (bspw. dominante technologische Ausrichtung), die Unternehmensgröße und den Zentralisationsgrad (Sheth 1973, S. 54).

Aus Modellsicht entstehen bei den meisten Kollektiventscheidungen Konflikte, die sich aufgrund unterschiedlicher Ziele oder unterschiedlicher Wahrnehmungen der Beteiligten ergeben. Zur Lösung dieser Probleme bzw. Konflikte bestehen grundsätzlich unterschiedliche Möglichkeiten (3): So lassen sich diese Probleme in einigen Fällen durch die Sammlung und Verarbeitung zusätzlicher Informationen oder durch rationales Überzeugen von „Abweichlern" durch stichhaltige Argumente lösen. Diese beiden Formen der Konfliktlösung werden empfohlen, wohingegen reines „Schachern" („bargaining") oder das „Austricksen" („politicking") der anderen Buying Center Mitglieder als ineffizient gilt, um zu einer Lösung zu kommen (Sheth 1973, S. 54 ff.).

Abschließend werden unter dem komplexen Einflussfaktor „situative Faktoren" (4) Elemente wie ökonomische Konditionen, Streiks oder auch Mergers und Akquisitionen zusammengefasst, die u. U. einen Einfluss auf die Kaufentscheidung haben.

Bei der Bewertung des Ansatzes ist festzustellen, dass dieses Totalmodell eher einen heuristischen Wert als einen realen Erklärungsgehalt besitzt. Es gibt eine Orientierungshilfe, um aber einen verwertbaren Prognosegehalt für eine konkrete Situation zu bekommen, ist es von Nöten, die nur angedeuteten situationsspezifischen Faktoren zu konkretisieren, die Zusammenhänge eindeutiger zu beleuchten und die Elemente genauer zu operationalisieren (Bänsch 2002, S. 192).

2.2.2.3 Prozess-/Phasenmodelle des organisationalen Kaufverhaltens

Bei Prozess- bzw. Phasenmodellen steht primär der Ablauf des Beschaffungsprozesses im Vordergrund.

Buygrid-Konzept

Das Buygrid-Modell von Robinson/Faris/Wind (1967) ist ein komplexes Modell des organisationalen Käuferverhaltens bei der Beschaffung von Investitionsgütern (Johnston 1994, S. 4). Es entsteht aus der Kombination von Kaufklassen und Kaufphasen und ermöglicht als Rahmenkonzept eine differenzierte Betrachtung des organisationalen Beschaffungsverhaltens. Es nimmt also eine zweifache Differenzierung des Beschaffungsentscheidungsprozesses vor: Zum einen wird der Entscheidungsprozeß in Kaufphasen unterteilt, zum anderen erfolgt eine Differenzierung nach den Klassen der

Kaufentscheidung. Dieser Gliederung liegt die Annahme zugrunde, dass je nach Entscheidungstyp die Phasen unterschiedliche Ausprägungen aufweisen.

Im Modell werden drei typische Klassen von Kaufentscheidungen bei Beschaffungsprozessen von Organisationen unterschieden (Robinson/Faris/Wind 1967, S. 22 ff.):

- *Neukauf* – Erstmalige Beschaffung eines bestimmten Investitionsgutes, da sie das Problem zum ersten Mal stellt, verfügt die Organisation nicht über bewährte Entscheidungsmuster.
- *Modifizierter Wiederholungskauf* – Die Organisation verfügt über bestimmte Entscheidungsmuster, d. h. es findet eine Wiederbeschaffung eines Investitionsgutes mit Abweichungen zur ersten Beschaffungssituation statt, das Kaufobjekt ist modifiziert.
- *Identischer Wiederholungskauf* – Ein bestimmtes Produkt wird nachdisponiert, d. h. es liegt eine Routineentscheidung bzw. die Wiederbeschaffung unter gleichen Beschaffungsbedingungen vor.

Übersicht 181 zeigt beispielhaft die unterschiedlichen Kaufklassen von Industriegütern.

Übersicht 181: ***Beispiele der Klassen von Kaufentscheidungen***

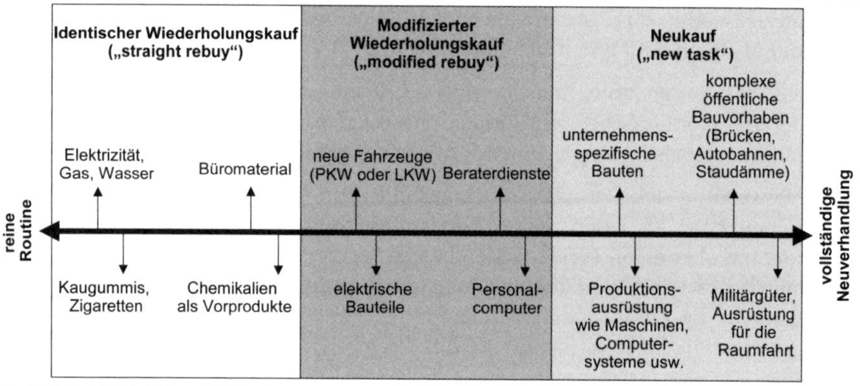

Quelle: Kotler u. a. 2003, S. 358.

Diese drei Kaufentscheidungsklassen lassen sich im Kern durch lediglich drei Dimensionen unterscheiden: in der Neuartigkeit des Problems, dem Informationsbedürfnis und der Zahl der jeweils betrachteten Alternativen (siehe Übersicht 182) (Robinson/Faris/Wind 1967, S. 23 f.).

Übersicht 182: ***Charakterisierung der drei Kaufklassen***

		Dimension		
		Neuheit des Problems	**Informationsbedarf**	**Betrachtung neuer Alternativen**
Kaufklasse	**Neukauf**	hoch	maximal	bedeutend
	modifizierter Neukauf	mittel	eingeschränkt	begrenzt
	identischer Neukauf	gering	minimal	keine

Quelle: Robinson/Faris/Wind 1967, S. 25.

Die zweite Dimension des Modells bezieht sich auf die Entscheidungsphasen des organisationalen Käuferverhaltens. Bei Phasenkonzept wird der *Beschaffungsentscheidungsprozess* zeitlich differenziert, d. h. in einzelne identifizierbare Phasen eingeteilt. Die Phasen der Kaufentscheidung sind (Robinson/Faris/Wind 1967, S. 13 ff.):

1. Phase des Erkennens eines Problems (aus Sicht der nachfragenden Organisation)
2. Phase der Bestimmung der Art und Menge des benötigten Gutes
3. Feststellen der Spezifikation des benötigten Gutes, d. h. Unternehmen stellt ein Pflichtenheft aus
4. Phase der Suche nach potenziellen Lieferanten, d. h. unternehmensinterne Ausschreibung auf der Grundlage des Pflichtenhefts
5. Phase der Einholung von Angeboten von potenziellen Lieferanten, d. h. Lieferanten werden angeschrieben oder eine öffentliche Ausschreibung durchgeführt
6. Phase der Auswertung der Angebote und der Auswahl auf der Grundlage des Pflichtenhefts
7. Phase der Auswahl des Verfahrens zur Bestellabwicklung (z. B. einmaliger Auftrag oder Bestellroutine), wobei eventuell die Rechtsabteilung/Vorstand einzuschalten ist
8. Nachkaufphase, in der die Erfahrungen mit dem Produkt und dem Lieferanten gesammelt werden und in eine mögliche, zukünftige Entscheidung einfließen

Bei echten Kaufentscheidungen ist Phase (4), d. h. die aktive Suche nach Lieferanten, am stärksten ausgeprägt. Bei routinemäßigen Kaufentscheidungen sind die Phasen (5) und (6) dadurch gekennzeichnet, dass die Auswahl sich auf eine begrenzte Anzahl von Lieferanten beschränkt (analog zum „evoked-set" beim Konsumentenverhalten).

Übersicht 183: ***Kaufentscheidungsbeteiligte***

Kaufphasen	Erstkauf	Lieferantenwechsel	Wiederholungskauf
Problemerkennung	Geschäftsführung	Einkäufer	Lagerkontrolle
Festlegung d. Produkteigenschaften (Anforderungen)	technisches Personal	–	–
Beschreibung der Produktionseigenschaften	technisches Personal	–	–
Lieferantensuche	technisches Personal	Einkäufer	(geprüfte Lieferanten)
Beurteilung der Lieferanteneigenschaften	technisches Personal	technisches Personal + Einkäufer	(geprüfte Lieferanten)
Einholung von Angeboten	technisches Personal + Einkäufer	Einkäufer	Einkaufsabteilung (evtl. Delegation/EDV)
Bewertung von Angeboten	technisches Personal	Einkäufer	Einkaufsabteilung (evtl. Delegation/EDV)
Auswahl von Lieferanten	tech. Personal, Geschäftsführung, Einkäufer	Einkäufer	Einkaufsabteilung (evtl. Delegation/EDV)
Abwicklungstechnik (Festlegung, Handlungsanweisung)	Einkäufer	Einkäufer	Einkaufsabteilung (evtl. Delegation/EDV)
Ausführungskontrolle und -beurteilung	technisches Personal + Einkäufer (informal)	Einkäufer (informal) System (formal)	Einkäufer (informal) System (formal

Quelle: In Anlehnung an Brand 1972, S. 71.

Insgesamt liegt dieser zweidimensionalen Gliederung die Annahme zugrunde, dass je nach Entscheidungstyp die einzelnen Phasen eine unterschiedliche Bedeutung und Ausprägung aufweisen. Dies gilt insb. im Hinblick auf die unterschiedliche Routinisierung des Kaufprozesses und die an der Kaufentscheidung Beteiligten. Übersicht 183 visualisiert auf Basis einer von Brand (1972) durchgeführten Studie den Zusammenhang zwischen den beiden Differenzierungsmerkmalen Kaufklassen (der Lieferantenwechsel wird als modifizierter Wiederholungskauf interpretiert) und Kaufphasen sowie deren Einfluss auf die Zusammensetzung des Buying Centers (siehe auch Abschnitt 1.3).

Kaufprozesse am Beispiel der Beschaffung eines Bohrwerkzeugs

Die Auswirkungen des Kaufklassenansatzes auf die Buying Center-Struktur, die Komplexität und die Dauer des Beschaffungsprozesses deutet Übersicht 184 an. Die Beschaffung eines Bohrwerkzeugs verdeutlicht, dass das identische Produkt auf äußerst unterschiedliche Art und Weise in Abhängigkeit der entsprechenden Kaufklasse (Neukauf, modifizierter, reiner Wiederkauf) beschafft werden kann.

Übersicht 184: ***Beispielhafter Ablauf der unterschiedlichen Kaufprozesse***

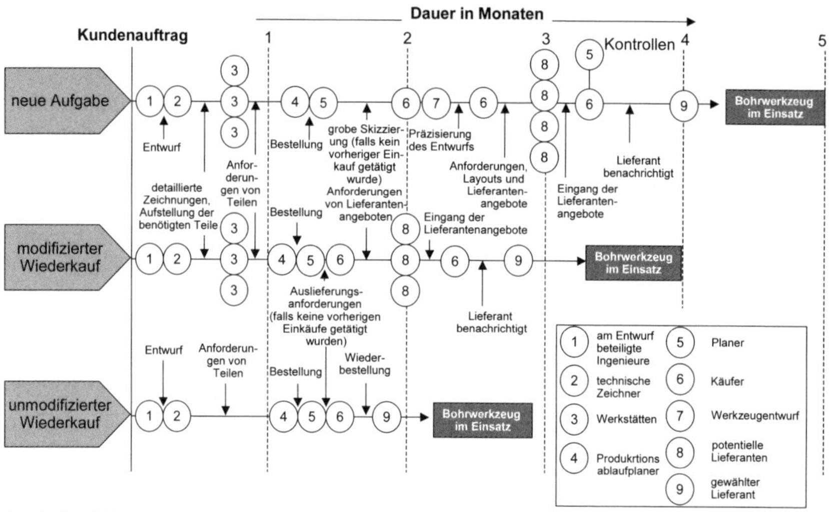

Quelle: Robinson/Faris/Wind 1967, S. 33.

Der Vorteil dieses Konzeptes besteht darin, dass es eine relativ einfache Struktur aufweist und insb. die Kaufklassen als kauftypologisierendes Merkmal betrachtet (Backhaus 2003, S. 106). Der Allgemeingültigkeitsanspruch des Modells (Robinson/Faris/Wind 1967, S. 193 f.) ist aber fraglich, insb. bei Gütern vom Typ CII (siehe Abschnitt 1.2), bei denen es zu mehrfachen Informationsgewinnungsprozessen und Alternativenbewertungen kommt, die dem Idealbild des Buygrid-Modells nicht entsprechen (Wagner 1978, S. 283). So setzten viele Kritiker hier an und verfeinerten das Modell. Bspw. differenzierten es Choffray/Lilien (1978) nach verschiedenen Produktklassen (z. B. Anlagegüter oder Teile), Johnston/Bonoma (1981b) nach Wertklassen (z. B. der Neukauf einer Glühbirne oder eines Fuhrparks) usw. Zahlreiche Ergebnisse führen zu der Einschätzung, dass die Situationsvariablen des Buygrid-Ansatzes keine primär erklärungsrelevanten Konstrukte repräsentieren, sondern dass die Unterschiede im Beschaffungsverhalten bei Neukäufen, bei modifizierten Wiederholungskäufen sowie bei reinen Wiederholungskäufen auf andere, tiefer liegende Konstrukte zurückzuführen sein können (McQuiston 1989, S. 70). Hierbei wird insb. die Komplexität der Beschaffungssituation als Variable identifiziert (Anderson/Chu/Weitz 1987, S. 80). Diese Komplexität ist in Neukaufsituationen höher als in Situationen modifizierter oder gar reiner Wiederholungskäufe, da das Informationsdefizit i. d. R. am größten ist. In ähnlicher Weise wird argumentiert, dass die Bedeutung eines Produktes letztlich determiniert, ob in einer Neukaufsituation tatsächlich ein hoher Informationsbedarf entsteht oder ob eine entsprechende Beschaffungsentscheidung aufgrund der geringen Relevanz auch komplexitätsreduzierend getroffen wird (McQuiston 1989, S. 68).

Prozessmodell von Choffray/Lilien

Dieses Modell stellt den kollektiven, organisationalen Kaufprozess ebenfalls anhand einzelner Entscheidungsphasen dar, folgt aber der Notwendigkeit, das Kaufverhalten in einer operationalisierten Form darzustellen, welches die *Haupteinflussgrößen isoliert* und diese zu *kontrollierbaren Variablen* in Beziehung setzt (Choffray/Lilien 1978, S. 20). Im Gegensatz zu den vorstehenden fokussiert dieser Ansatz auf wenige Elemente und reduziert den Kaufentscheidungsprozess auf drei Hauptablaufstufen:

- Alternativenauswahl – Eliminierung von Alternativen, die den Unternehmensanforderung nicht gerecht werden
- Präferenzbildung bei den Entscheidungsträgern des Buying Centers
- Präferenzbildung bei der gesamten Organisation

Die individuellen und kollektiven Verhaltenswirkungen werden diesen drei Phasen zugeordnet und hieraus ein Modell abgeleitet, welches die Grundbeziehungsstrukturen des organisationalen Käuferverhaltens darstellt (siehe Übersicht 185).

Übersicht 185: ***Prozessmodell des organisationalen Käuferverhaltens von Choffray/Lilien***

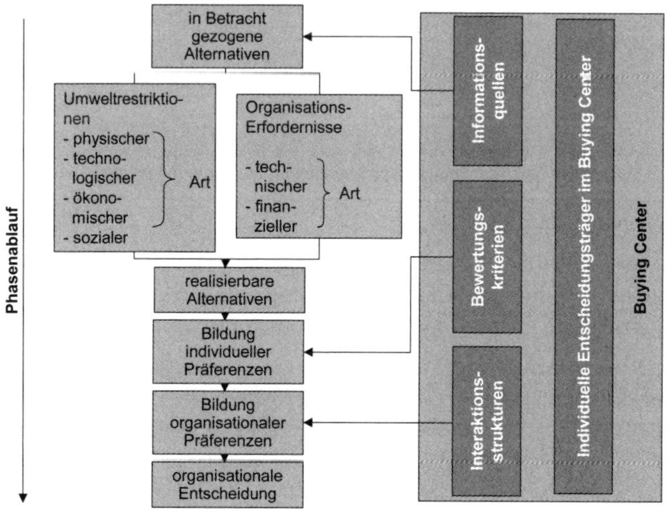

Quelle: Choffray/Lilien 1978, S. 22.

Der Kaufprozess beginnt mit der Auswahl einer bestimmten Anzahl von in Betracht kommenden Kaufalternativen. Diese wird durch Informationsverhalten und -quellen determiniert. Choffray/Lilien (1978, S. 22) bezeichnen dieses als „evoked set" (i. S. v. Kapitel II, Abschnitt eher „awareness set"). Welche Kaufalternative in die Gruppe der realisierbaren Alternativen einbezogen wird, hängt von Umweltrestriktionen ab, bspw. gesetzlichen Umweltverträglichkeitsbestimmungen sowie bestimmten Anforderungen der betrachteten Organisation, wie der Verfügbarkeit eines Budgets. Nach der Vorselektion bilden die Mitglieder des Buying Centers aufgrund persönlicher Bewertungskriterien die verbliebenen Entscheidungsalternativen. Die eigentliche Kaufentscheidung ist eine kollektive Entscheidung, die von den Interaktionsstrukturen und den faktischen Machtverhältnissen innerhalb des Buying Centers abhängt.

Übersicht 186: ***Response-Modell nach Choffray/Lilien***

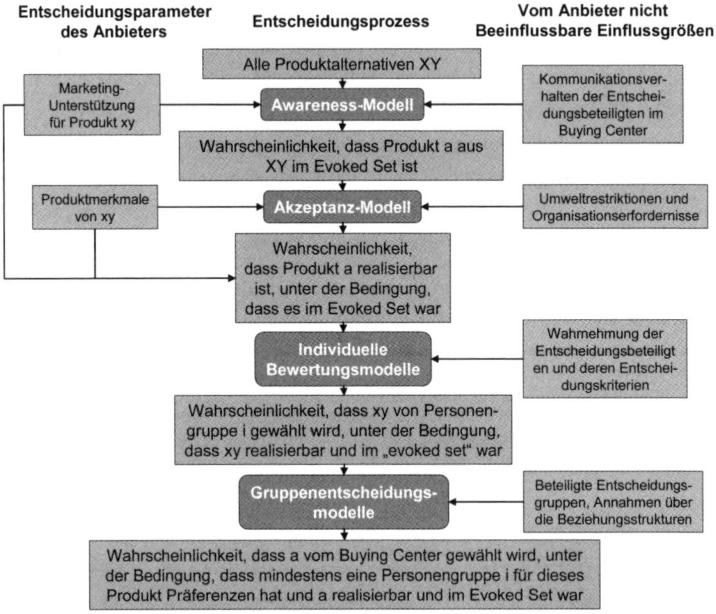

Quelle: In Anlehnung an Choffray/Lilien 1978, S. 23.

Um dem zweiten Anspruch – der Operationalisierung des Kaufprozesses – gerecht zu werden, werden verschiedene Entscheidungsmodelle genutzt (siehe Übersicht 186) (Choffray/Lilien 1978, S. 23 ff.; Backhaus 2003, S. 131 ff.):

- *Awareness/Bewusstseins-Modell*: Dieses berücksichtigt die Marketingaktivitäten der Anbieter und das Kommunikationsverhalten der Mitglieder des Buying Centers um die Wahrscheinlichkeit zu berechnen, dass ein Produkt xy in das „evoked set" aufgenommen wird. Diese geschieht bspw. mit Hilfe einer Regressionsanalyse (unabhängige Variable u. a. Aufwendungen für Service, abhängige Variable Wahrscheinlichkeit).
- *Akzeptanz-Modell*: Zur weiteren Alternativenauswahl bzw. der Berechnung, ob das Produkt xy realisierbar ist, werden die umwelt- und organisationsbedingten Ein-

flussfaktoren in Verbindung mit den jeweiligen Produkteigenschaften herangezogen. Hierfür werden bspw. Simulationen und Logit-Regressionen vorgeschlagen.
- *Individuelles Bewertungsmodell*: Unter Einbeziehung des Einflusses von Anbieteraktivitäten und von Wahrnehmungsunterschieden werden die Präferenzen der Mitglieder des Buying Centers bestimmt. Hierbei soll bspw. mit Regressionsmodellen die Wahrscheinlichkeit berechnet werden, ob Person i ein Produkt xy favorisiert.
- *Gruppenentscheidungsmodell*: Dieses soll abbilden, wie sich – unter dem Einfluss der Machtstrukturen zwischen den Mitgliedern bzw. Interessengruppen im Buying Center – die unterschiedlichen Präferenzen zu einer organisationalen, kollektiven Kaufentscheidung verdichten. Hierfür können bspw. gewichtete Wahrscheinlichkeitsmodelle herangezogen werden.

Die Aussagekraft dieses Gesamtmodell hängt von der Frage ab, inwieweit die vier Submodelle die Möglichkeit besitzen, die Realität abzubilden und die Meßmethoden die empirische Überprüfung ermöglichen. Es besitzt durch die relativ zu anderen Strukturmodellen geringe Anzahl an Einflussgrößen eine höhere Praktikabilität, wobei fraglich ist, ob die Größen tatsächlich die Haupteinflussfaktoren darstellen (Arnold 1997, S. 39; Backhaus 2003, S. 132, Bänsch 2002, S. 196).

2.2.2.4 Zusammenfassendes Modell unter besonderer Berücksichtigung des Einflusses des wahrgenommenen Risikos

Johnston/Lewin (1996) versuchen die Erkenntnisse der Basisarbeiten der siebziger Jahre, die seitdem Inhalt von 165 Artikeln in sechs Marketing Journals waren, zusammenzuführen. Sie ergänzen die vielen Konstrukte um zwei Faktoren (siehe Übersicht 187):

- *Entscheidungsregeln*: Darunter werden formale und informale Prozeduren der Entscheidungsfindung im Falle eines Konfliktes verstanden. Formale Prozeduren sind dabei schriftlich fixierte Regel bei der Bewertung bzw. der Auswahl zwischen mehreren Alternativen. Dagegen beruhen informale Prozeduren auf Erfahrungen der Entscheidungsträger. Informale Prozeduren haben einen geringeren Verbindlichkeitsgrad für andere Organisationsmitglieder, können aber im Zeitverlauf, wenn sie bspw. schriftlich fixiert werden einen höheren Verbindlichkeitsgrad erlangen.
- *Rollenkonflikte*: Diese entstehen aus Unklarheiten und fehlenden Information innerhalb des Buying Centers, welche sich entweder auf die Erwartungen an die Beschaffungsentscheidung, die Methoden zur Erfüllung bekannter Erwartungen an die Beschaffungsentscheidung oder Konsequenzen des Rollenverhaltens beziehen.

Der generelle Einfluss dieser Größen konnte nachgewiesen werden (Johnston/Lewin 1996, S. 4). Prinzipiell fokussiert dieses Modell auf Prozesse innerhalb einer beschaffenden Organisation, ergänzt um die Beziehung zwischen Lieferanten und Kunden. Im Kontext wird darüber hinaus die Bedeutung der Existenz und der Stärke intra- und interorganisationaler Kommunikationsnetzwerke aufgezeigt (Johnston/Lewin 1996, S. 5). Schließlich entwickeln die Autoren das „Risk continuum"-Modell, welches aus einem „Makro-Blickwinkel" den Einfluss unterschiedlicher (unternehmensinterner und -externer) Bestimmungsfaktoren unter Einbeziehung des wahrgenommenen Risikos auf das organisationale Käuferverhalten (i. e. S. die o. g. Determinanten) analysiert. Dabei wird betont, dass die meisten Unterschiede im organisationalen Käuferverhalten auf das wahrgenommene Risiko zurückzuführen sind, das von den situativen Einflussfaktoren bestimmt wird und sich in der Bedeutung des Kaufvorhabens, der Komplexität des Problems für das beschaffende Unternehmen, der Ungewissheit über die erfolgreiche Lösung und des empfunden Zeitdrucks widerspiegelt (Johnston/Lewin 1996, S. 5; Backhaus 2003, S. 136).

Übersicht 187: ***Integriertes Modell des organisationalen Käuferverhaltens von Johnston/Lewin***

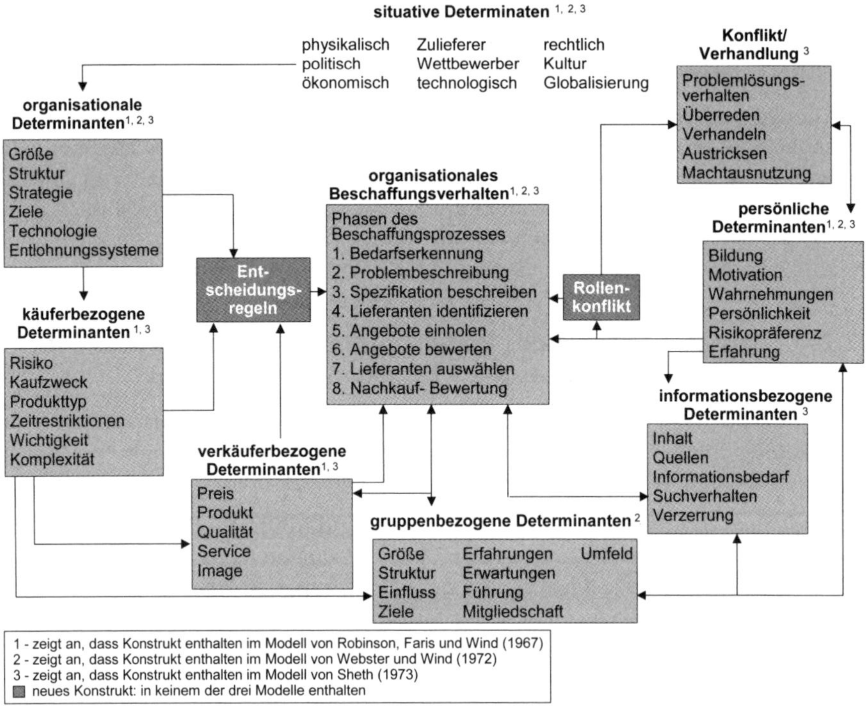

Quelle: Johnston/Lewin 1996, S. 3.

Hieraus wird das Risiko-Kontinuum abgeleitet (siehe Übersicht 188). Mit Zunahme des wahrgenommen Risikos

- steigt die Komplexität und Größe des Buying Centers, was sich darin begründet, dass eine größere Anzahl von Abteilungen bzw. Interessen betroffen ist,
- verfügen die Beteiligten über eine höhere Wissensbasis (inklusive eines höheren Bildungsstands),
- werden Anbieter bevorzugt, die bewährte Lösungen anbieten und der Preis kommt erst bei der Erfüllung der Anforderung durch mehrerer Anbieter zum Tragen,
- wird die Informationssuche aktiv bzw. extensiv von den Mitgliedern des Buying Centers betrieben, wobei in den frühen Phasen insb. unpersönliche bzw. kommerzielle Informationsquellen gesucht werden (wie Fachliteratur),
- nimmt das Konfliktpotenzial zwischen den Mitgliedern des Buying Centers zu,

- liegt in Verbindung mit einer Neukaufsituation häufig ein „decide as you go"-Ansatz (es wird eine Entscheidung gefällt, und „man sieht mal was passiert") vor,
- nehmen Rollenkonflikte zu sowie
- wächst die Bedeutung der Existenz von Beziehungs- und Kommunikationsnetzwerken zwischen Anbieter und Nachfrager.

Übersicht 188: ***Risiko-Kontinuum***

gering	hoch
▪ einfache Buying Center-Strukturen ▪ schwache Beziehungsstrukturen ▪ informale Entscheidungsregeln	▪ komplexe Buying Center-Strukturen ▪ intensive Beziehungsstrukturen ▪ formale Entscheidungsregeln
← **wahrgenommenes Risiko** →	
▪ minimale Informationssuche ▪ einfache Netzwerkstrukturen ▪ geringe Verhandlungsintensität	▪ aktive Informationssuche ▪ komplexe Netzwerkstrukturen ▪ hohe Verhandlungsintensität

Quelle: Johnston/Lewin 1996, S. 9

Die Bedeutung dieses Modells liegt darin, dass die häufig angeführten Einflussfaktoren des organisationalen Käuferverhaltens im Hinblick auf das Problem der Konfliktlösung strukturiert und weiterhin v. a. der Einfluss des wahrgenommen Risikos und dessen Determinanten auf das Käuferverhalten unterstrichen wird. Die Tatsache, dass viele der Beziehungszusammenhänge empirisch in Einzelanalysen überprüft wurden, steigert den Wert dieses Modells (Backhaus 2003, S. 137). Ergänzend zu betrachten wären allerdings in diesem Zusammenhang bspw. die unterschiedliche Wahrnehmung des Risikos (Bunn/Liu 1996, S. 441 ff.) oder z. T. widerlegende Studien (Thompson/Mitchell/Knox 1998, S. 700 ff.). Interessant sind darüber hinaus weitere Einflussfaktoren auf den Entscheidungs- bzw. Kaufprozess (siehe generell Bunn 1993, S. 38, bei unterschiedlichen Herangehensweisen Buvik 2001, S. 439 oder die Analyse der Interaktion zwischen den Unternehmensebenen berücksichtigend Katrichis 1998, S. 135).

2.2.3 Struktur und Ablauf poly- bzw. multiorganisationaler Kaufentscheidungen – Interaktionsansätze

2.2.3.1 Überblick

Die Beeinflussung der Marktpartner erfolgt bei der Interaktion zwischen Anbieter und Verwenderseite nicht nach dem Stimulus-Response-Paradigma, sondern nach einem Interdependenz-Paradigma (Backhaus 2003, S. 140), das die Verhandlungen zwischen Unternehmen im Kauf- und Verkaufsprozesse als Interaktionen begreift.

Es ist nicht verwunderlich, wenn durch eine isolierte Betrachtung des Beschaffungsverhaltens einer isolierten Organisation z. T. keine befriedigenden Ergebnisse erzielt werden. Die monoorganisationalen Ansätze haben darin ihre Schwäche. Zur Verdeutlichung ihres Unterschiedes zum Interaktionsansatz können folgende Punkte herausgestellt werden (Håkansson 1982, S. 10 f.; Backhaus 2003, S. 138 ff.):

- Im *monoorganisationalen Ansatz* will ein Unternehmen ein Gut in einer bestimmten Menge kaufen und tritt dementsprechend als Nachfrager auf. Es fasst die Situation des Anbieters als Datum auf und wertet zur Zielerreichung Informationen aus und setzt Instrumente ein. Analog ist die Analyse der Anbieter möglich, wobei diese dann die Situation des Herstellers als Datum auffassen.
- Im *Interaktionsansatz*, in dem die Interaktion zwischen Anbieter und Nachfrager betrachtet wird, wird die Situation auf der Gegenseite nicht als Datum gesehen. Vielmehr tritt ein Prozess der Beeinflussung ein. Beide Seiten handeln zielorientiert unter Einsatz eines Instrumentariums, woraus ein bestimmtes Verhalten resultiert. D. h., dass nicht Nachfrager auf ein bestimmtes Instrument reagieren, das der Anbieter einsetzt, sondern nach dem Interdependenz-Paradigma Kauf- und Verkaufsanstrengungen als Prozesse wechselseitiger Beeinflussung erfolgen, in deren Verlauf Leistung und Gegenleistung konkretisiert werden. Dabei dürfen die Beteiligten nicht isoliert gesehen werden, sondern als Mitglieder einer sozialen Gruppe, die jeweils voneinander abhängig sind und sich gegenseitig beeinflussen.

Das Schwergewicht der Interaktionsansätze im Investitionsgütermarketing (vgl. Kirsch/Kutschker/Lutschewitz 1980, S. 76 ff.) kann damit erklärt werden, dass bei Investitionsgütertransaktionen die Interaktionsbeziehungen vielfältig sind und deutlich hervortreten. Demgegenüber werden Interaktionsbeziehungen zwischen Herstellern und Händlern (seit einer halben Dekade mit Einbezug von Konsumenten, siehe Kapitel I, Abschnitt 3.1) erst seit Mitte der neunziger Jahre verstärkt umgesetzt.

Transaktionen und Austauschbeziehungen

Der Interaktionsansatz sieht als Basis des Marketing die Transaktion, d. h. die Interaktion, deren Anlass der Tausch von Gütern ist. Ziel des Marketing ist es dementsprechend Austauschprozesse zu erleichtern, wobei Transaktionen als einmalige und Austauschbeziehungen als dauerhafte Beziehungen zwischen den Marktpartnern bezeichnet werden.

Die Interaktionsansätze verstehen die Transaktion als Basiskonzept (Kern 1990, S. 9). Eine Interaktionsbeziehung wird aufrechterhalten, solange beide Parteien von dieser Beziehung profitieren (Leitprinzip der Gratifikation gemäß der Anreiz-Beitrags-Theorie). Die *soziale Austauschtheorie* führt die Evolution interorganisationaler Beziehungen auf das absichtsvolle Streben prinzipiell selbstständiger Organisationen zurück, einen die Kosten des Austauschs übersteigenden Nutzen zu erzielen. Sie führt, wie die Transaktionskostentheorie als individualistisches Konzept verstanden, die Entstehung bspw. kooperativer Beziehungen allein auf das Nutzenkalkül der Akteure zurück. Die dabei besondere Bedeutung sozialer Beziehungen wird erkannt, sodass sich hiermit vornehmlich symmetrische (Kooperations-) Beziehungen erklären lassen. Asymmetrische Beziehungen (für vertikale Beziehungen bzw. Kooperationen typisch) bedürfen anderer Ansätze wie etwa des aus der sozialen Austauschtheorie entwickelten Resource-Dependence-Ansatzes (Swoboda 2003, S. 51 f.).

Interaktionsprozesse sind wie folgt zu kennzeichnen (Kern 1990, S. 9):

- Mindestens zwei Partner treten miteinander in Kontakt und orientieren
- ihre verbalen und nonverbalen Aktionen aneinander, wobei
- sich eine zeitlich Abfolge von Aktionen und Reaktionen ergibt und
- die Handlungen der Partner interdependent sind.

2.2.3.2 Typen der Interaktion

Die Interaktionsansätze werden traditionell in personale Ansätze – die Beteiligten werden als einzelne Personen angesehen, d. h. losgelöst von ihrer organisationalen Umwelt – und organisationale Ansätze – die Beteiligten werden als Personen in einer organisationalen Umwelt betrachtet – unterschieden (Kirsch/Kutschker/Lutschewitz 1980, S. 76 ff.).

Untersuchungsgegenstand der *personalen Interaktionsansätze* ist die *Käufer-Verkäufer-Dyade* als einfachstes soziales System. Käufer und Verkäufer werden nicht isoliert als Individuen betrachten, sondern als soziale Gruppe. Ihr Verhalten ist kein individuelles (Entscheidungs-) Verhalten, sondern eine interpersonale Interaktion. Daneben steht der *multipersonale Interaktionsansatz,* der die Beziehungen zwischen mehreren Personen, z. B. die Koalitionenbildung, analysiert.

Die *organisationalen Interaktionsansätze* tragen dem Sachverhalt Rechnung, dass Käufer und Verkäufer in Organisationen integriert sind und es zu vielen interorganisationalen Interaktionen kommt, nicht nur zwischen Käufer- und Verkäuferorganisationen (*dynamisch-organisationaler Interaktionsansatz*), sondern auch zwischen verschiedenen Verkäuferorganisationen und mit Drittparteien (*multiorganisationaler Interaktionsansatz*).

Übersicht 189 stellt eine traditionelle Systematik der Interaktionsansätze dar, differenziert nach der Anzahl der beteiligten Parteien und der Art der Beteiligten.

Übersicht 189: ***Systematik der Interaktionsansätze***

		Zahl der Beteiligten	
		zwei	**mehr als zwei**
Art der Beteiligten	**Personen**	I. dyadische-personale Interaktionsansätze	II. mulipersonale Interaktionsansätze
	Organisationen	III. dyadisch-organisationale Interaktionsansätze	IV. multiorganisationale Interaktionsansätze

Quelle: In Anlehnung an Kern 1990, S. 18.

Dyadisch-personale Interaktionsansätze

Dyadische-personale Interaktionsansätze sind historisch betrachtet die ersten Ansätze, die sich mit der Interaktion von Personen beschäftigt haben. Kauf und Verkauf werden als soziales Handeln betrachtet und spielen insb. im Bereich des „Personal Selling" eine bedeutsame Rolle (siehe auch Abschnitt 2.1 in diesem Kapitel). Betrachtet werden Dyaden, d. h. Verkäufer-Käufer-Interaktionen. Bekannte traditionelle Ansätze stammen von Evans (1963), Schoch (1969) oder Bagozzi (1974). Verkäufer und Käufer werden nicht isoliert als Individuen betrachtet, sondern als soziale Gruppe. Ihr Verhalten ist daher kein individuelles Entscheidungsverhalten, sondern eine interpersonale Interaktion mit dem Ziel der gegenseitigen Beeinflussung.

Beispielsweise geht bereits Evans (1963) in seinen „Matching Studien" von der Erkenntnis der *Ähnlichkeit* von Käufer und Verkäufer aus. Er stellt fest, dass die Wirksamkeit der Interaktion umso größer ist, je mehr die demographischen, persönlichkeitsbezogenen und kognitiven Merkmale der Interaktionspartner übereinstimmen. Je geringer also die subjektiv wahrgenommen soziale Distanz ist, desto größer ist die Wirksamkeit des Kaufabschlusses (vgl. auch Wilson 1978, S. 36). In der Subjektivität liegen Potenziale für die Verkäuferschulung, da ansonsten anzunehmen wäre, dass bestimmte Verkäufertypen nur bei bestimmten Käufertypen erfolgreich sein dürften. Ein Verkäufer muss sich auf unterschiedliche Rollenerwartungen einstellen können, so muss er bspw. gegenüber einem industriellen Einkäufer und einem Vertreter einer Behörde unterschiedliche Rollen einnehmen, um zu einem erfolgreichen Verkaufsabschluss zu gelangen. Als weiterer Indikator über den Ausgang einer Käufer-Verkäufer-Interaktion werden die Machtbeziehungen zwischen den Beteiligten genannt. Macht wird hier i. S. der Möglichkeit verstanden, den anderen und dessen Überlegungen gemäß der eigenen Ziele zu beeinflussen. So kann diese Macht in einem Wissensvorsprung des Verkäufers liegen, mit dem es ihm gelingt, den Käufer zu überzeugen. Neben diesem Expertenwissen können aber auch Sympathie und Ehrlichkeit im Umgang mit dem potenziellen Käufer den Ausgang der Interaktion beeinflussen.

Multipersonale Interaktionsansätze

Bei diesen Ansätzen werden Triaden (drei) und Tetraden (vier Personen, die sich im Beziehungsgefüge befinden) betrachtet. Diese *multipersonalen* Interaktionsansätze tragen der Tatsache Rechnung, dass an einem Transaktionsprozess auf bspw. Investitionsgütermärkten i. d. R. mehrere Individuen mit teilweise divergierenden Zielsetzung beteiligt sind. Interaktionsbeziehungen, an denen mehr als zwei Personen beteiligt sind, weisen Unterschiede zur Dyade auf (Kern 1990, S. 27 ff.; Backhaus 2003, S. 143 f.):

- Mit zunehmender Zahl der Interaktionsbeteiligten können verstärkt Statusprobleme auftreten (z. B. ein Vorstandsmitglied im Buying-Center fühlt sich abgewertet, wodurch er den Interaktionsfortschritt u. U. hemmt).
- Die Machtverhältnisse können sich im Kaufprozess aufgrund der Bildung von Koalitionen (Absprachen) verschieben und den Interaktionsprozess beeinflussen. Allerdings können Probleme dadurch auftreten, dass es zu Koalitionen zwischen Mitgliedern der Käufer- und Verkäuferseite kommen, d. h. dass sich etwa ein Außendienstmitarbeiter eher mit seinen Kunden als mit seiner Zentrale solidarisiert.
- Durch die Zunahme der Mitglieder werden vermehrt indirekte Beziehungen relevant. Dies führt zu verdeckten Einflussbeziehungen, die schwer zu erfassen und zu kontrollieren sind, obwohl ihnen ein entscheidender Beitrag zur Erklärung des Interaktionsprozess zukommt.

Es ist festzuhalten, dass mit zunehmender Anzahl an interagierenden Organisationsmitgliedern der Rollenstruktur innerhalb des Buying- und Selling-Centers eine wachsende Bedeutung zukommt (siehe hierzu die in Abschnitt 2.2.2.1 beschrieben Rollenkonzepte). Allerdings wird hier eher von einem zeitlich begrenzten, aufgabenorientierten, aus Mitgliedern des Buying und Selling Centers bestehenden System zwischen den beteiligten Interaktionspartnern ausgegangen (Backhaus 2003, S. 141). Gerade der Verkauf von Investitionsgütern, aber auch von manchen Handelsgütern (siehe dazu das Category Management) geht heute in ein „team-selling" über (Liebmann/Zentes 2001). Insgesamt fokussieren die personalen Interaktionsansätze nur auf einen Teilbereich der Interaktionsprozesse (Backhaus 2003, S. 144). Um eine realitätsnahe Analyse der Interaktionsprozesse bei der Beschaffung gewährleisten zu können, sind organisationale Einflussfaktoren zu integrieren.

Dyadisch-organisationale Interaktionsansätze

Die *dyadisch-organisationalen Interaktionsansätze* tragen dem Sachverhalt Rechnung, dass Käufer und Verkäufer in ihrer jeweiligen Organisation verflochten sind. Diejenigen, die am Kaufprozess bzw. an einem schlussendlichen Vertragsabschluss beteiligt sind, agieren i. d. R. (bei der Beschaffung) nicht völlig frei. So sind neben den intraorganisationalen Beziehungen, die der Untersuchung der internen Entscheidungsfindung dienen, bei den organisationalen Interaktionsansätzen interorganisationale Beziehungen zwischen Anbieter- und Nachfragerorganisation bedeutsam (Kern 1990, S. 31). Um die Besonderheiten der dyadischen-organisationalen Ansätze und die Erfolgsbedingungen für den Interaktionsprozess zu verdeutlichen, werden im Folgenden zwei empirische Studien einerseits von Koch (1987), anderseits von Gemünden (1980) herangezogen:

Koch (1987, S. 532 ff.) bestätigt in seiner Arbeit die Ergebnisse von Evans (1963) insofern als für den Verhandlungsverlauf von Vorteil ist, wenn sich Buying und Selling Center bzgl. des Verhandlungsrahmens (Funktions-, Hierarchie- und Entscheidungsstrukturen) und des Verhandlungsinhaltes entsprechen. So wird der Prozess beschleunigt, wenn auf beiden Seiten die gleichen Funktionsträger vorhanden sind und diese mit den gleichen Entscheidungsbefugnissen ausgestatten sind. Gemünden (1980, S. 26 ff.) kommt zu dem Ergebnis, dass die gesamte Interaktion lediglich in zwei Teilbereiche unterteilt werden kann:

- *Problemlösungsinteraktion* – Es werden Alternativen zur (technisch-organisatorischen) Problemlösung entwickelt, ausgewählt und implementiert.
- *Konfliktlösungsinteraktion* – Im Rahmen dieses Teilbereichs geht es um die vertragliche Leistungsvereinbarung sowie die Bewältigung von auftretenden Meinungsverschiedenheiten. Mit zunehmender Zahl der Interaktionsbeteiligten können verstärkt Statusprobleme auftreten (z. B. ein Vorstandsmitglied im Buying Center fühlt sich abgewertet, wodurch er den Interaktionsfortschritt u. U. hemmt).

Betont wird dabei, dass ein Anspruchsniveau und ein entsprechendes Interaktionsmuster bestimmt werden sollten, um zu einer für beide Interaktionspartner effizienten Lösung zu kommen. Diesbezüglich bestimmt er zwei Interaktionsmodelle, die diese Bedingung erfüllen – das Delegationsmodell und das Zusammenarbeitsmodell. Handelt es sich um eine relativ anspruchslose, einfache Problemstellungen mit einer begrenzten Interaktion zwischen Anbieter und Nachfrager, so bietet sich das Delegationsmodell an. Der Nachfrager gibt die Rahmenbedingungen vor und überlässt die konkrete, operative Umsetzung und Ausgestaltung des Angebots dem Hersteller. Bei anspruchvollen Problemstellungen bietet sich hingegen das Zusammenarbeitsmodell an, welches durch einen intensiven Interaktionsprozess gekennzeichnet ist.

Multiorganisationale Interaktionsansätze

Aufgrund der Tatsache, dass viele Kaufprozesse über die dyadische Konstellation hinausgehen und mehr als zwei Organisationen daran beteiligt sind, berücksichtigen die multiorganisationalen Interaktionsansätze, dass Käufer und Verkäufer in Organisationen integriert sind und dass es zudem zu vielfältigen interorganisationalen Interaktionen kommt und zwar nicht nur zwischen Verkäufer und Käuferorganisation, sondern auch mit *Drittparteien* (Multiorganisationalität) (Woodside 2003, S. 309 ff.). Drittparteien können dabei Banken und Versicherungen, staatliche Stellen, Beratungsunternehmen etc. sein. Das Zustandekommen des Kaufabschlusses ist in diesem Fall dadurch gekennzeichnet, dass er in ein sozialökonomisches Umfeld eingebettet ist.

Alle an der Investitionsgütertransaktion beteiligten Organisationen bilden ein multiorganisationales System bzw. Netzwerk (Kern 1990, S. 47). Auf Seiten der Verwenderorganisationen kann man auch von einem multiorganisationalen Buying Center sprechen. Die Drittparteien werden solange zum Buying Center gerechnet, wie sie als Berater oder Agent des Nachfragers auftreten und im Wesentlichen mit solchen Aufgaben betraut sind, die sonst der Nachfrager übernimmt. Zur Anbieterseite und damit zum Selling Center sind analog diejenigen Drittparteien zu zählen, die am Akquisitions- und Verhandlungsprozess des Anbieters beteiligt sind (Backhaus 2003, S. 155). In manchen Fällen geht durch die Einschaltung von Drittparteien auf der Abnehmerseite der unmittelbare Einfluss des Herstellers auf den Abnehmer verloren, wenn bspw. Planungsbüros die Planung und Verantwortung für ein Projekt übernehmen und über den Kauf einzelner Erzeugnisse entscheiden (Plinke 1997a, S. 120).

Traditionelle Ansätze in diesem Bereich sind die von Kirsch/Kutschker (1978) bzw. Kirsch/Kutschker/Lutschewitz (1980) und der IMP-Group (Industrial Marketing and Purchasing Group) (Håkansson 1982; Thorelli 1986; Turnbull/Valla 1986). Diese Ansätze betrachten Transaktionsepisoden integriert in einem übergeordneten, fortlaufenden Prozess, wodurch sie prinzipiell in der Lage sind Geschäftsbeziehungen (siehe folgender Abschnitt) in den Interaktionsansätzen zu berücksichtigen (Kuß/Tomczak 2000, S. 243). Beide Ansätze können als Übergang vom kurzfristigen, transaktionsorientierten zum geschäftsbeziehungsorientierten Blickwinkel gesehen werden. Im Fokus des Modells von Kirsch/Kutschker (1978, S. 34 ff.) steht das Ziel alle an einer Industriegütertransaktion beteiligten Organisationen im Rahmen eines gemeinsamen Problemlösungsprozesses („joint decision process“) darzustellen. Dabei steht die Unterscheidung in Transaktionsepisoden und -potenziale im Mittelpunkt:

- Die *Episoden* des Interaktionsprozesses umfassen die Planungs-, Entscheidungs- und Verhandlungsprozesse zwischen und innerhalb der Organisationen in allen Phasen des Entscheidungs- bzw. Kaufprozesses.
- Die *Potenziale* des Interaktionsprozesses beziehen sich auf Erfahrungen aus Entscheidungen der Interaktionspartner, die den aktuellen Transaktionsprozess beeinflussen. Eine Transaktionsepisode ist nicht isoliert zu betrachten, sondern die früheren Verhaltensweisen der Interaktionspartner und bspw. das daraus entstandene Vertrauen zu berücksichtigen. Es wird der Geschäftsbeziehungsansatz deutlich.

Zusammenfassend lässt sich die Struktur des Interaktionsprozesses wie in Übersicht 190 darstellen. In Verhandlungen (aktuelle Transaktionsepisode) legen der Hersteller, der Verwender und die Drittparteien die für die spezielle Episode geltenden Entscheidungsgrößen (Leistungsumfang, Preis etc.) fest. Unabhängig von der konkreten Transaktion setzen der Hersteller wie auch der Verwender allgemeine Marketingmaßnahmen zum Aufbau und zur Pflege von Potenzialen ein (1). Diese Potenziale beeinflussen wiederum die aktuelle Episode (2) und die Erfahrungen aus dieser Episode haben ihrerseits ebenfalls Ausstrahlungen auf die jeweiligen Potenziale (3). Die Potenziale sind allerdings nicht alleiniges Ergebnis von bewussten Marketingaktivitäten bzw. von gemachten Erfahrungen, sondern auch das Ergebnis von Entwicklungen exogener Art, die nicht unter der Kontrolle der beteiligten Organisationen stehen, wie bspw. Veränderungen der rechtlichen Standards (4).

Übersicht 190: ***Wirkungszusammenhang von Episoden und Potenzialen***

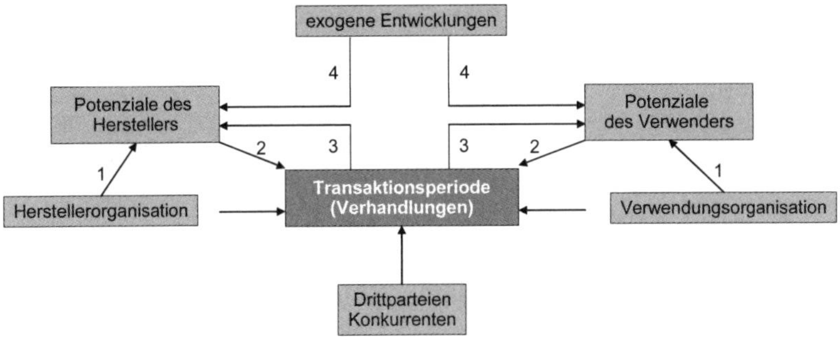

Quelle: In Anlehnung an Kirsch/Kutschker 1978, S. 40.

Das *Interaktionsmodell der IMP-Group* integriert Ideen des Ansatzes von Kirsch/Kutschker in ein multiorganisationales Netzwerkkonzept, welches insb. auf der Prämisse basiert, dass organisationale Beschaffungsprozesse in langfristige Geschäftsbeziehungen eingebettet sind. Der Interaktionsprozess besteht aus vier Hauptelementen (Håkansson 1982, S. 15):

- Interaktionsprozess
- Teilnehmer/Parteien des Interaktionsprozess
- Atmosphäre des Interaktionsprozesses
- Umwelt des Interaktionsprozesses

Im Zentrum des Modells steht der Interaktionsprozess, der wiederum in Transaktionsepisoden und langfristige Beziehungen unterschieden wird. In den Episoden werden Güter oder Dienstleistungen, Informationen, finanzielle Mittel und „soziale Austauschelemente" transferiert. Insbesondere die soziale Interaktion zwischen den beteiligten Parteien ist bedeutsam, da sie dem langfristigen Aufbau von Vertrauen, der Festigung der Geschäftsbeziehung und der Reduktion von Unsicherheit dient und somit eine langfristige Beziehung aufgebaut/intensiviert werden kann (siehe Übersicht 191).

Diese Episoden können zeitlich parallel oder auch nacheinander ablaufen und sind in ein Beziehungsgeflecht zwischen den Interaktionspartnern (mit den jeweiligen organisationsspezifischen Charakteristika) eingebettet. Dieses Beziehungsgeflecht wird im Verständnis der IMP-Group als Atmosphäre bezeichnet. Das abstrakte Konstrukt beinhaltet Aspekte wie Macht- und Abhängigkeitsverhältnisse zwischen den beiden Organisationen, Kooperationsbereitschaft und organisationale Nähe. Aufgrund der Tatsache, dass die Interaktion nicht isoliert betrachtet werden kann, ist diese in eine Umwelt eingebettet. So kann ein Nachfrager aufgrund der Marktstrukturen dazu gewissermaßen gezwungen sein, eine enge Geschäftsbeziehung zu einem Anbieter aufzubauen, da keine adäquaten Alternativen bestehen (Håkansson 1982, S. 18 ff.).

Übersicht 191: ***Das Interaktionsmodell der IMP-Group***

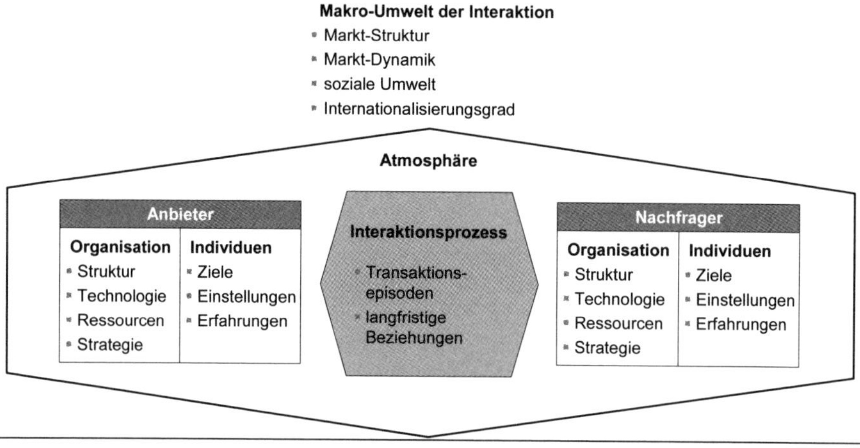

Quelle: In Anlehnung an Håkansson 1982, S. 24.

Der Fortschritt dieses Ansatzes besteht in der Bereitstellung eines Bezugsrahmens zur systematischen Analyse einzelner organisationaler Beschaffungsprozesse wie auch langfristigen Beziehungen (Kern 1990 S. 55). Der ursprünglich von seiner Grundstruktur eher dyadische Ansatz der IMP-Group wurde im Folgenden durch die Einbettung des Interaktionsprozesses zwischen Anbieter- und Nachfragerunternehmen in ein Netzwerk weiterentwickelt (Anderson/Håkansson/Johanson 1994, S. 2). Zusammenfassend lässt sich sagen, dass v. a. die beiden multiorganisationalen Ansätze eine breite Basis für die Analyse der Interaktionsprozesse bieten und darüber hinaus die Möglichkeit bieten, die Transaktionsepisoden als Teil eines „ongoing process" einer Geschäftsbeziehung zu interpretieren. Einschränkend ist zu betonen, dass eine immer breitere Betrachtung der multiorganisationalen Interaktionsprozess und der interagierenden Partner zwar zu immer höheren Erklärungsbeiträgen führt, aber die inter- und intraorganisationalen Strukturen immer weniger fassbar werden (Backhaus 2003, S. 155).

2.2.3.3 Geschäftsbeziehungen und Kooperationen

Viele Unternehmen streben engere Bindungen zu ihren Partnern an, um durch die Zusammenarbeit gemeinsame Wertschöpfungspotenziale zu generieren. So wurden bei der Vorstellung des System- und Zuliefergeschäftes die Bedeutung und die Unerlässlichkeit einer engen, über die einmalige Transaktion hinausgehenden Geschäftsbeziehung hervorgehoben (siehe Abschnitt 1.2 in diesem Kapitel). Da dies allerdings kein passiver Vorgang ist, resultieren Geschäftsbeziehungen auch aus den (Beschaffungs-) Aktivitäten der Kunden, sodass treffender von (strategischen) Kooperationen in Beschaffung und reziprok im Absatz zu sprechen wäre.

Im engeren Sinne beschäftigt sich der Geschäftsbeziehungsansatz mit den Motiven der Kunden, Geschäftsbeziehungen einzugehen, wobei neben der Kostenreduktion durch enge Zusammenarbeit und Abstimmung von Prozessen, die Möglichkeit des gemeinsamen Lernens und die Verringerung des Beschaffungsrisikos als Ziele genannt werden (Homburg/Krohmer 2003, S. 97 f.). Verstanden als strategischer Kooperationsansatz steht i. w. S. die Realisierung von Wettbewerbsvorteilen – aus Kundensicht in der Beschaffung – im Vordergrund der Zusammenarbeit. Als Phasen der Kooperation sind die Anbahnung (Entscheidung, Partnersuche) und die Umsetzung (Gründung, Management) zu beachten (vgl. dazu Swoboda 2000, S. 112).

Generell ist in der Forschung zum organisationalen (insb. industriellen) Kaufverhalten ein Paradigmenwandel hin zu einer Fokussierung langfristiger Geschäftsbeziehungen zu beobachten, wobei aber die Ausgangsbedingungen unterschiedlich sind, bspw. im Business-to-Business-Bereich oder bei Industrie- und Konsumgütern:

- Geschäftsbeziehungen im Industriegüterbereich sind bereits länger geprägt bspw. durch Just-in-Time-Lieferungen, Zuliefer- und Systemgeschäfte, wobei v. a. letztere andeuten, dass in diesem Zusammenhang eine quasi unfreiwillige Bindung vorliegt. Wenn nämlich einmal bspw. ein Systemmaschinenzulieferer gewählt wurde, ist ein Wechsel vergleichsweise aufwändig.
- Demgegenüber basieren die Geschäftsbeziehungen im Konsumgüterbereich insofern stärker auf freiwilligen Bindungen, als dabei ein Lieferantenwechsel einfacher zu bewerkstelligen ist. Problematisch erweist sich in diesem Zusammenhang ferner die traditionelle vom Hersteller ausgehende Sicht, denn in vielen Branchen ist inzwischen der Handel der dominante Partner, aktiver Kunde oder Auftraggeber für die Produktion (etwa bei Handelsmarken).

In Übersicht 192 ist die Entwicklung in der industriellen Sicht abgebildet. Der Fokus liegt nachfolgend auf dem Key Account- und v. a. dem Kundenbindungsmanagement.

Übersicht 192: ***Erscheinungsformen des Business-to-Business Marketing***

		Anbieterfokus	
		Markt(segment)	Einzelkunde
Verhaltens-programm des Anbieters	Transaction Marketing	Markt(segment)-Management	Projekt-Management
	Relationship Marketing	Kundenbindungs-management	Key Account Management

Quelle: Plinke 1997b, S. 19.

Das Key Account Management (KAM) bildet eine traditionelle Form der Kundenbeziehungsgestaltung (siehe hierzu traditionelle Instrumente des Kontraktmarketing, des Trade Marketing aus Anbietersicht usw. in Kapitel I, Abschnitt 3.1 oder des Reverse Marketing aus Kundensicht Zentes/Swoboda 2001; Swoboda 1997, S. 449 ff.). In der Unternehmenspraxis wird heute KAM nicht durch ein Kundenbindungsmanagement ersetzt, sondern steht neben spezifischen Instrumenten der Kundenbindung.

Key-Account-Management (KAM)

Als Account-Management (AM) bezeichnet man eine Form der Marketingorganisation. In der *Linienorganisation* bilden die Abnehmer das primäre Strukturierungskriterium der Marketingorganisation, in der *modifizierten Linienorganisation* nehmen die Account-Manager eine verstärkte Berücksichtigung horizontaler kundenspezifischer Koordinierungserfordernisse wahr (Kleinaltenkamp/Rieker 1997, S. 181). AM ist besonders bei Konsumgüterherstellern weit verbreitet, so im Hinblick auf die Strukturierung der Verkaufs- oder Außendienstorganisation oder als Ausdruck der kundengruppenorientierten Ansätze. Im Grenzfall bedeutet diese Form bei einer Linienorganisation, dass ein Account-Manager und die ihm unterstellten Mitarbeiter ausschließlich für einen Kunden zuständig sind (vgl. zu diesen Ausführungen Zentes/Swoboda 2001).

AM wird oftmals auf die Key-Accounts beschränkt, d. h. auf Schlüssel- bzw. Großkunden, mit denen ein Unternehmen einen beträchtlichen Teil seines Umsatzes abwickelt. Hierbei werden alle Beziehungen zu einem Kunden organisatorisch zusammengefasst, um dem Gewicht der Großkunden zu begegnen. Man spricht auch von AM als Großkundensteuerung in Ergänzung zu einer Produktsteuerung. Das KAM trägt dieser Tatsache Rechnung und besteht in der Konzentration der Marketingaktivitäten auf diese Kunden. Es wird dabei das Ziel verfolgt, bei diesen wichtigen Kunden eine möglichst hohe *Lieferantentreue* zu erreichen und die Interaktionsbeziehungen mit diesen Kunden zu festigen. Kleinaltenkamp/Rieker (1997, S. 165f.) nennen zusätzlich die Verbesserungen der Kommunikation und Koordination, des After-Sales-Marketing, des Servicemarketing, der Verkaufseffizienz und des Wachstums durch Erhöhung des Umsatzanteils bei den Key-Accounts sowie eine Partizipation an deren Entwicklung.

Das Tätigkeitsfeld des Account-Managers, das Planungs-, Steuerungs- und Koordinationsaufgaben beinhaltet, richtet sich zum einen nach außen auf die Großkunden und zum anderen nach innen, sodass man seine Aufgaben in Kunden- und Eigenaktivitäten gliedern kann. Europaweite Key Account Manager der Industrie werden zukünftig die Gesprächspartner europäischer Einkaufszentralen sein. Der (Euro-) KAM koordiniert in diesem Beziehungsgeflecht bspw. alle handelsgerichteten Aktivitäten. Gleichwohl hat das KAM wesentlich weiterreichende Konsequenzen für den Hersteller und seine Unternehmenspolitik, da es nicht nur Auswirkungen auf die jeweiligen Ländergesellschaften hat, sondern vielmehr die gesamte internationale Unternehmensgruppe betrifft. Die Ziele des Euro-KAM müssen also, im Hinblick auf ein langfristiges Gesamtkonzept, unter den einzelnen Ländergesellschaften abgestimmt werden und haben daher einen stärkeren strategischen Charakter als das beim nationalen KAM der Fall ist. Folgende strategische Ziele des Euro-KAM können unterschieden werden (Diller 1992, S. 242): Unterbindung von Parallelimporten und eines damit einhergehenden Preisverfalls auf das niedrigste Länderniveau, Koevolution mit wichtigen nationalen Key-Accounts, die sich internationalisieren und damit einhergehende Verbesserung der relativen vertikalen Wettbewerbsposition bei diesen Kunden gegenüber anderen Mitbewerbern, Erschließung von internationalen Synergiepotenzialen durch Kooperationen mit Euro-KA, z. B. im Bereich der Logistik, gemeinsame Markterschließung bzw. -anteilserlangung in Ländern, in denen man (auf Handels- und/oder Herstellerseite) bisher unterrepräsentiert war.

Charakteristika der Kundenbindung bei Organisationen

Gute Geschäftsbeziehungen sind sowohl für den Anbieter als auch für den Kunden von Vorteil. Folgende Vorteile sind u. a. für den Anbieter denkbar (Belz u. a. 1998, S. 24):

- Kundennähe und Informationsvorteile
- Korrekturchancen durch zusätzliche Interaktion
- Akquisitionswirkung
- Aufnahme in das „evoked set" der Entscheidungspersonen und Beeinflusser
- Beeinflussung von Machtkonstellationen außerhalb formalisierter Entscheidungsprozesse
- „persönliche Differenzierung" auswechselbarer Leistungen

Für den Nachfrager sind anderseits folgende Vorteile möglich:

- höhere Entscheidungssicherheit durch „Bekanntes"
- Leistungsvorteile (Individualisierung, Zeit, Qualität, Innovationen)
- Konditionenvorteile
- interne Profilierung von Führungskräften durch Beziehungen
- Gegenleistungen für frühere oder zukünftige Dienste außerhalb des Geschäftes

In industriellen Organisationsbeziehungen kommt – in Abgrenzung zu Konsumentenbeziehungen – „gezwungenen" neben den freiwilligen Austauschprozessen bzw. Geschäftsbeziehungen eine höhere Bedeutung zu. Beispielsweise können Kunden danach Unterschieden werden, ob sie in der Geschäftsbeziehung (zumindest kurz- oder mittelfristig) bleiben müssen und wie sie sich in der Geschäftsbeziehung „fühlen", d. h., ob sie von sich aus die Beziehung weiterführen möchten, da sie mit ihr zufrieden sind und deshalb keinen Grund für deren Beendigung sehen (Plinke 1997b, S. 50 f.).

Übersicht 193: ***Positionierung der Kunden nach der Art ihrer Bindung***

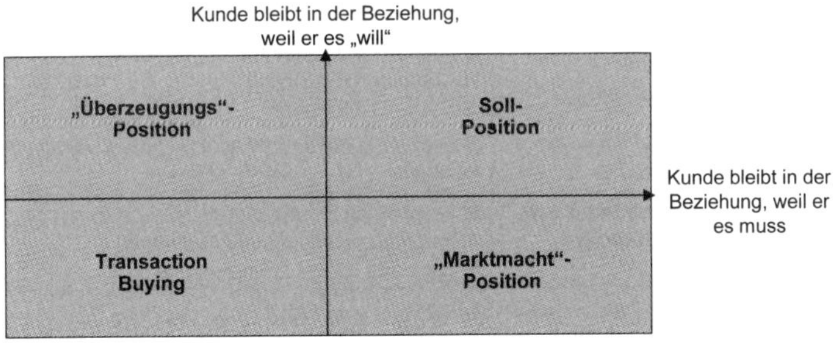

Quelle: In Anlehnung an Plinke 1997b, S. 50.

Die Situation, dass der Kunde nicht kaufen will, aber muss, ist ein Fall von Transaction Buying und wird in den Geschäftsbeziehungsansätzen ausgeklammert. Der Kunde in der „Überzeugungs"-Position ist von der Leistung des Partners überzeugt, er sieht bspw. keine bessere Alternative und wird auch zukünftig die Geschäftsbeziehung aufrechterhalten bzw. sogar versuchen, diese möglichst zu intensivieren (Dwyer/Schurr/Oh 1987. S. 19). Es besteht eine freiwillige Bindung zum Anbieter (analog zur emotionalen Bindung im Konsumentenverhalten; siehe Kapitel II, Abschnitt 5.4.3). Zugleich ist dies tendenziell im *Konsumgüterbereich* anzutreffen, da hierbei eher „freiwillige"

Kooperationen zwischen Herstellern und Händlern sowie auch (horizontal) zwischen Handelsunternehmen (sog. Verbundgruppen) zu beobachten sind. Dabei liegt oft kein zentraler Systemkopf (d. h. ein dominierendes Unternehmen vor), sondern es arrangieren sich weitgehend gleichberechtigte Unternehmen oder Systeme (siehe hierzu Zentes/Swoboda/Morschett 2003b, S. 168 ff.). Insgesamt liegen in dieser Position die Ziele des Anbieters darin, seine Marktposition zu verteidigen und zugleich die Bindungen des Kunden stetig zu fördern. Hieraus kann sich der Kunde zu der Soll-Position hin entwickeln. Zur Zufriedenheit kommt eine weitergehende, z. B. langfristige vertragliche Bindung. Ist der Kunde mit der Geschäftsbeziehung nicht zufrieden, kann diese aber nicht beenden, dann liegt eine „Marktmachtposition" des Anbieters vor.

Wichtig ist die Auseinandersetzung mit den Bindungsursachen und -instrumenten. Letztere dienen dem Ziel, die Geschäftsbeziehung auszubauen und den Kunden enger an das Unternehmen zu binden. Wie in Übersicht 194 skizziert sind freiwillige und unfreiwillige Bindungsursachen und -instrumente zu unterscheiden. Es wird verdeutlicht, dass an dieser Stelle die Instrumente, die eine faktische Bindung des Kunden zum Ziel haben, überwiegen bzw. eine höhere Rolle einnehmen als im Konsumgüterbereich.

Übersicht 194: ***Kundenbindungsursachen bzw. -instrumente***

Bindungsursachen und -instrumente		Beispiel
unfreiwillige Bindungsursachen	**institutionelle Bindungen**	■ Kapitalbeteiligung (z. B. Minderheitsbeteiligungen, Joint Venture) ■ Mandate in Aufsichtsgremien
	vertragliche bzw. rechtliche Bindungen	■ Rahmenvereinbarungen bzw. -verträge ■ Vertriebs-, Ausschließlichkeitsbindungen und Exklusivverträge ■ Lizenzen, Patente, Managementkontrakte ■ Wertschöpfungspartnerschaften (z. B. gemeinsame F&E-Projekte)
	technologische Bindungen	■ C-Technologien ■ Just-in-Time-Systeme ■ Computerized Buying ■ Systembindungen
	Sonstige	■ ökonomische: z. B. hohe bzw. unvorteilhafte Wechselkosten ■ situativ: z. B. günstiger Standort
freiwillige	**menschliche, persönliche bzw. psychologische Bindungen**	■ persönliche Beziehungen ■ Habitualisierung bzw. Präferenzen ■ Schulung von Kundenpersonal

Quelle: In Anlehnung an Meyer/Oevermann 1995, Sp. 1342; Plinke 1997b, S. 52.

Die menschliche, persönliche bzw. psychische Bindung ist in ihrer Bedeutung nicht zu unterschätzen. Zu ihrer Pflege werden die Bedeutung von persönlichen Kontakten, Verhandlungen und „flankierenden Nebensächlichkeiten" (bspw. Geschenke) für den Erfolg bzw. das Bestehen einer Geschäftsbeziehung betont (Belz u. a. 1998, S. 84 ff.). Insgesamt spielen für den Erfolg einer Geschäftsbeziehung vielfältige Faktoren eine Rolle. Hierin liegt eine deutliche Parallele zur Kooperationsforschung und den dort theoretisch unterschiedlich fundierten Faktoren von Stabilitäts- oder Erfolgsbeziehungen. So werden im konsistenztheoretischen Ansatz als Erfolgsbedingungen strategischer Partnerschaften subjektive „Fits" in den Organisationsstrukturen, Kernprozessen und – folgt man empirischen Befunden – v. a. der (Beziehungs-) Kultur deutlich.

Kooperation – Erklärungsperspektiven grundlegender Theorien, Ansätze und Konzepte im Überblick

In der Forschung wurde über die an dieser Stelle betrachteten Ansätze hinaus eine Breite an Theorien, Ansätzen und Konzepten als Erklärungsgrundlage v. a. (ungerichteter) kooperativer Beziehungen zwischen Unternehmen vorgestellt. Insofern sei an dieser Stelle auf die von Swoboda (2003, S. 37 ff.) im Überblick und im Sammelwerk von Zentes/Swoboda/Morschett (2003a) von vielen Autoren behandelten Erklärungsperspektiven verwiesen (vgl. hierzu auch bspw. Kleinaltenkamp/Jacob 2002, S. 149 ff.):

- Neoklassisch-produktionstheoretische Sicht
- Wettbewerbstheorie und Industrieökonomik
- Spieltheorie
- Neuen Institutionenökonomik
  - Transaktionskostentheoretische Sicht
  - Principal-Agent-Theorie
- Ansätze der Managementforschung
  - Interaktions-, insb. Soziale Austauschtheorie
  - Resource-Dependence-Ansatz
  - Systemtheorie, Kontingenztheoretische und Konsistenztheoretische Ansätze
  - Netzwerkorientierter Ansatz

Prozess der Entwicklung einer Geschäftbeziehung

Ganz ähnlich zur Kooperationsforschung wird die Entwicklung einer Geschäftbeziehung als Prozess betrachtet (vgl. zu Kooperationsforschung, bei der darüber hinaus das Management der Geschäftsbeziehung im Fokus steht bspw. Zentes/Swoboda/Morschett 2003a). Bei Geschäftbeziehungen zwischen Organisationen werden vier Phasen der Entwicklung unterschieden (Dwyer/Tanner 2002, S. 40 ff.; Homburg/Krohmer 2003, S. 98). Dabei wird jeder Übergang von einer Phase zur anderen von den beteiligten Unternehmen als entscheidende, einschneidende Weiterentwicklung wahrgenommen (siehe Übersicht 195):

- Die erste Phase wird als Phase der *Awareness (Bewusstseinsbildung)* bezeichnet. Dabei wird der Organisation bewusst, dass bestimmte andere Organisationen potenzielle Partner darstellen. Es kommt noch zu keiner Interaktion.
- Die zweite Phase stellt eine Such- und Versuchsphase (*Exploration*) dar, in der die potenziellen Geschäftspartner die Vorteile und Verpflichtungen einer möglichen Geschäftsbeziehung abwägen, diese aber bereits ernsthaft in Betracht ziehen. Dabei kommt es bspw. zu ersten Probekäufen. An dieser Stelle ist es bedeutsam die gegenseitigen Erwartungen zu kommunizieren sowie die Leistungsfähigkeit und Zuverlässigkeit der anderen Organisation auszuloten. Es entwickeln sich erste Normen, an denen sich die beiden Partner orientieren. Weiterhin ist zu klären, welche Machtverhältnisse zwischen den Partner bestehen, d. h. ob anzunehmen ist, dass sich ein einseitiges Abhängigkeitsverhältnis für eines der beiden Unternehmen entwickeln könnte. Prinzipiell ist die Beziehung jedoch noch lose, weshalb bereits geringe Unstimmigkeiten zu einem Abbruch führen können.
- Die dritte Phase, die *Expansion (Ausweitung)*, ist durch eine kontinuierliche Erhöhung des gegenseitigen Nutzens sowie der Abhängigkeit gekennzeichnet. Auf-

grund ihrer Zufriedenheit mit der bisherigen Geschäftsbeziehung und insb. aufgrund eines Anstiegs des gegenseitigen Vertrauens sind die Geschäftspartner bereit, die Geschäftsbeziehung zu intensivieren und verstärkt in sie zu investieren.

- In der Phase des *Commitments (Bindung)* liegt zwischen den Geschäftspartnern eine (ausdrücklich formulierte oder stillschweigende) Übereinkunft vor, die Geschäftsbeziehung fortzusetzen. Es besteht ein hohes Maß an Bereitschaft, spezifische Investitionen in die Geschäftsbeziehung zu tätigen und sich dadurch in gewissem Umfang vom Partner abhängig zu machen.

Übersicht 195: ***Phasen der Entwicklung einer Geschäftsbeziehung zwischen Organisationen***

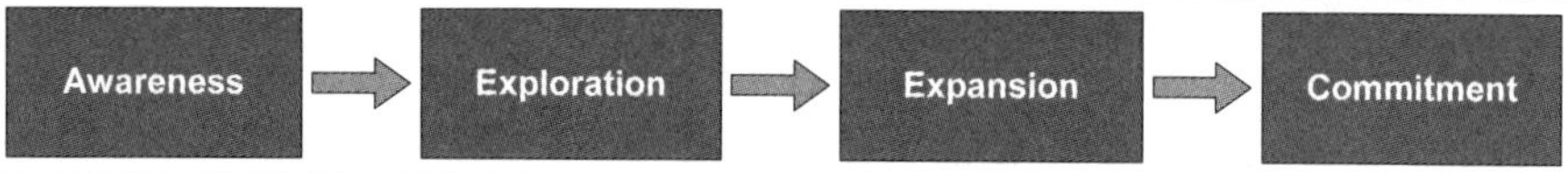

Quelle: In Anlehnung an Dwyer/Schurr/Oh 1987, S. 21.

Beschaffungsaktivitäten und Wertschöpfungseinbindung von Kunden

Geschäftsbeziehungen stellen aus Sicht der Kunden eine aktive Beschaffungsentscheidung dar. In dieser Perspektive können neben dem traditionellen Einkauf und der individuellen Beschaffung die beiden kooperativen Varianten

- einer „operativen", traditionellen Einkaufskooperation (z. B. einer Verbundgruppe) und
- eines „strategischen" Cooperative Sourcing

unterschieden werden (Eßig 1999, S. 112). Zusätzlich kann neben dem Beziehungsgedanken die Dimension der Internationalisierung als Entwicklungstendenz integriert werden. Die Beschaffung beschränkt sich dann nicht mehr auf den lokalen Heimatmarkt und einzelne Transaktionen, sondern auf internationale Märkte und Beziehungen (Sheth 1996, S. 11). Vor diesem Hintergrund kann das Geschäftsbeziehungsmanagement an den vielen Formen der (strategischen) Kooperation als Teil der Wertschöpfungsaktivitäten gespiegelt werden (vgl. zu den Kooperationsformen Morschett 2003, S. 339 ff.).

> *Beschaffungsallianzen sind Formen horizontaler und/oder vertikaler Kooperationen, d. h. Formen der Zusammenarbeit zwischen rechtlich selbstständigen Unternehmen in der Beschaffung (Zentes/Swoboda/Morschett 2004, S. 336).*

Zwar bedingt jeder Beschaffungsvorgang einen Lieferantenkontakt und damit eine Form der Lieferantenbeziehung. *Allianzen* sind aber als längerfristige, intensive Beziehungen zwischen Lieferant und Abnehmer angelegt (Stölzle 2000, S. 7). Ansatzpunkte finden sich dabei in den o. g. losen Kontrakten, wie *Rahmenverträgen bzw. -vereinbarungen* oder auch sog. *Abrufaufträgen* und *Sukzessivbelieferungsverträgen*. Nachfolgend erfolgt der Fokus auf „Systempartnerschaften" in Form von „echten" (Wertschöpfungs-) Partnerschaften. Andere Formen und horizontale Allianzen sollen an dieser Stelle ausgeklammert werden.

Neustrukturierung der Wertschöpfungskette als ein Anstoß

Eine Studie über die europäische, amerikanische und japanische Automobilindustrie des Massachusetts Institute of Technology (MIT) kam zu dem Schluss, dass japanische Hersteller „von allem weniger einsetzen, (...) die Hälfte des Personals, die Hälfte der Produktionsfläche, die Hälfte der Investition in Werkzeuge, die Hälfte der Zeit für die Entwicklung eines neuen Produktes" (Womack/Jones/Roos 1991, S. 19). Der dabei geprägte Begriff der Lean Production macht deutlich, dass dies nur über eine Neustrukturierung (Verschlankung) der Wertschöpfungskette möglich ist, d. h. ein zunehmendes Outsourcing bei gleichzeitig intensiver Einbindung wichtiger Zulieferpartner. In den letzten Jahren wurden viele industrielle Wertschöpfungsprozesse entsprechend neu strukturiert, gefördert durch die Konzentration auf Kernkompetenzen (Arnold/Eßig 2003, S. 662 ff.).

Eine Ursache für die Entstehung von Allianzen im *Industriegüterbereich* ist die Reduzierung der Fertigungstiefe, die eine Neustrukturierung der Wertschöpfungskette erfordert, um die Koordinationsprobleme der Zulieferer zu puffern (siehe Übersicht 197).

Sourcing-Konzepte

Anzusprechen sind die in Übersicht 196 skizzierten Sourcing-Konzepte, in denen enge Partnerschaften (hierbei zum Lieferanten) bestehen:

- Den Ausgangspunkt bildet das *Unit Sourcing*, d. h. die Einzelfertigung mit einem geringen Beitrag des Lieferanten.
- Beim *Modular Sourcing* sind Lieferanten Bestandteil einer Zulieferpyramide, während die Abnehmer nur noch mit den Modullieferanten zusammenarbeiten. Letzterer erbringt im Wesentlichen eine Montageleistung, indem er Komponenten verschiedener Lieferanten zu einem einbaufertigem Modul Just-in-Time zusammenfügt (bspw. der komplette Motorblock eines Automobils).
- Wie angedeutet werden beim *System Sourcing* komplette Systeme vom Lieferanten entwickelt und montiert.
- Eine Variante liegt in der Möglichkeit einer engeren Zusammenarbeit, insb. auf dem Gebiet der F&E (*Entwicklungspartnerschaften*). Eine wesentliche Rolle spielt dabei die Frage, in welchem Umfang die Lieferanten bei der Entwicklung von Produkten und Fertigungstechnologien einbezogen werden.

Übersicht 196: ***Unit, Modular und System Sourcing***

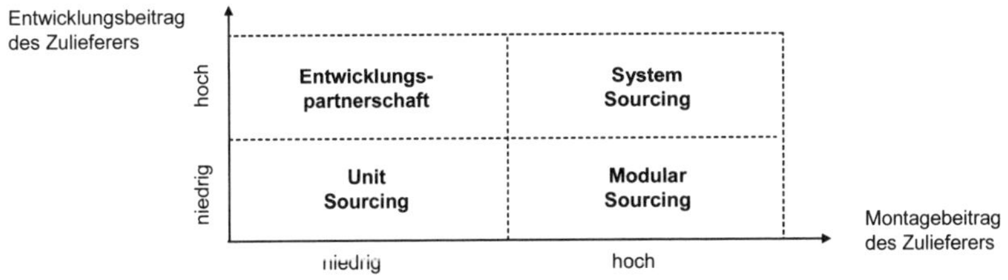

Quelle: In Anlehnung an Eßig 1999, S. 35.

Übersicht 197: ***Neustrukturierung der industriellen Wertschöpfungskette – Zulieferpyramide***

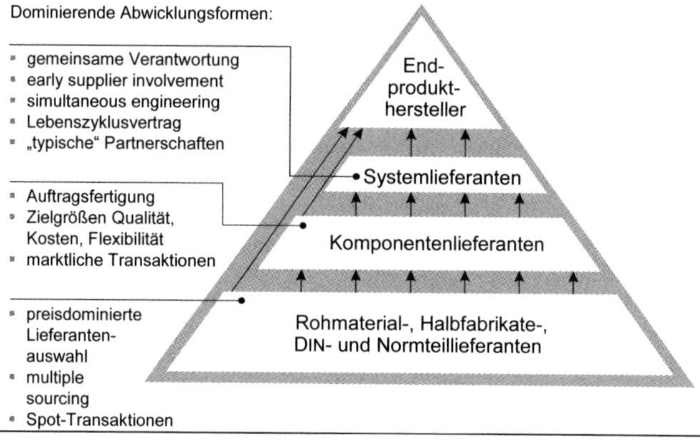

Quelle: In Anlehnung an Bogaschewsky 1994, S. 107.

Auf den Zulieferer wird im Rahmen eines derartigen *System Sourcing* Wertschöpfung in mehrfacher Weise verlagert: Der Lieferant montiert und liefert komplette Systeme, so dass es sich um eine Form der Auftragsproduktion handelt, erbringt eine logistische Integrationsleistung durch Steuerung der Vor- bzw. Sublieferanten und übernimmt häufig auch einen Teil der Entwicklungsverantwortung. Dies erfordert eine enge Abstimmung sowie Koordinationsmechanismen und geschieht bspw. mit Hilfe unternehmensübergreifender Teams und wechselseitiger Planungen. Der Anbieter ist wegen der vertikalen Kooperationsrichtung nicht mehr ein Einzelunternehmen i. e. S. sondern ein *Netzwerk*, in dem nur der gemeinsame Erfolg der Kooperation zu einer individuellen Besserstellung führt (Arnold/Eßig 2003, S. 665 f.). Die Koordination geht also mit Eingriffen in die Beschaffungs- und Produktionsautonomie der Beteiligten einher (Corsten 2002, S. 947).

Übersicht 198: ***Formen der Kundenintegration***

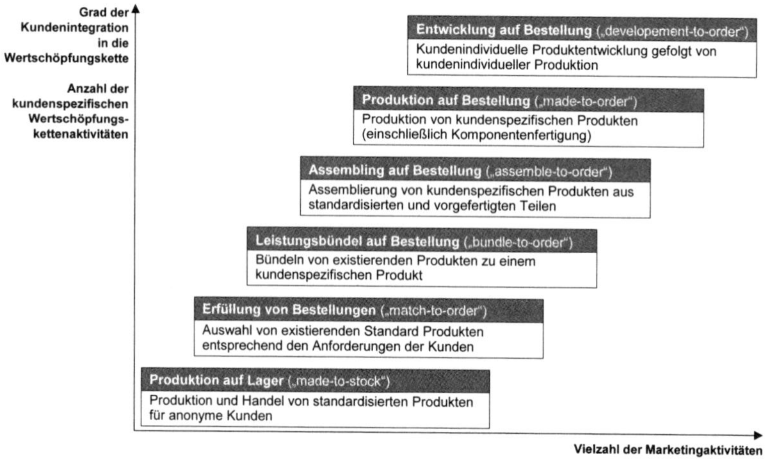

Quelle: In Anlehnung an Reichwald/Piller 2002, S. 35; Meyer/Blümelhuber 1997, S. 64.

Auch in diesem Zusammenhang wäre eine Reihe weiterer Konzepte erwähnenswert, bspw. sog. Relationship Connectors (Cannon/Perreault 1999, S. 445 ff.), dyadische Systeme und Netzwerke (Cannon/Homburg 2001, S. 31 ff.; Tanner 1999, S. 245 ff.; Zentes/Swoboda/Morschett 2003a). Insgesamt sollte deutlich geworden sein, dass die Verhaltensgrenzen zwischen Marketing und Beschaffung verschwimmen, wie im Integrierten Modell der Käufer-Verkäufer-Beziehungen (Wilson 1995) deutlich wurde. Ähnlich wie zum Abschluss der Betrachtung zum Konsumentenverhalten sollen auch hier die Möglichkeiten der Integration der Kunden in die Wertschöpfungsprozesse des anbietenden Unternehmens hervorgehoben werden (vgl. dazu Kleinaltenkamp 1996). In dieser Sichtweise wird die Intensität der Geschäftbeziehung anhand der Integration der Kunden in den Wertschöpfungsprozess betrachtet. Dabei kann pauschal formuliert werden: Je spezifischer und individueller die Wertschöpfungsaktivitäten auf den Kunden abgestimmt sind, umso enger ist die Geschäftsbeziehung (siehe Übersicht 198). Dies ist letztendlich als eine differenzierende Weiterentwicklung der Abgrenzung von Geschäftstypen im Investitionsgüterbereich zu interpretieren (siehe Abschnitt 1.2 in diesem Kapitel).

Literatur

Anderson, E./Chu, W./Weitz, B. (1987): Industrial Purchasing: An Empirical Exploration of the Buyclass Framework, in: Journal of Marketing, 51. Jg., Nr. 3, S. 71-86.

Anderson, J./Håkansson, H./Johanson, J. (1994): Dyadic Business Relationships within a Network Context, Journal of Marketing, 58. Jg., Nr. 4, S. 1-15.

Anderson, S. F./Chambers, T. M. (1985): A Reward/Measurement Model of Organizational Buying Behaviour, in: Journal of Marketing, 49. Jg., Nr. 2, S. 7-23.

Arnold, U. (1997): Beschaffungsmanagement, 2. Aufl., Stuttgart.

Arnold, U. (1998): Global Sourcing, in: Zentes, J./ Swoboda, B. (Hrsg.): Globales Handelsmanagement, Frankfurt a. M., S. 235-256.

Arnold, U./Eßig, M. (2003): Kooperationen in der industriellen Beschaffung, in: Zentes, J./Swoboda, B./ Morschett, D. (Hrsg.): Kooperationen, Allianzen und Netzwerke, Wiesbaden, S. 659-681.

Backhaus, K. (2003): Industriegütermarketing, 7. Aufl., München.

Backhaus, K./Büschken, J. (1995): Organisationales Kaufverhalten, in: Tietz, B./Köhler, R./Zentes, J. (Hrsg.): Handwörterbuch des Marketing, 2. Aufl., Stuttgart, Sp. 1954-1966.

Bagozzi, R.P. (1974). Marketing as an Organized Behavioral System of Exchange, in: Journal of Marketing, 38. Jg., Nr. 4, S. 77-82.

Bänsch, A. (2002): Käuferverhalten, 8. Aufl., München.

Barclay, D. (1991): Interdepartmental Conflict in Organizational Buying, in: Journal of Marketing Research, 28. Jg., Nr. 2, S. 145-159.

Belz u. a. (1998): Management von Geschäftsbeziehungen, St. Gallen.

Bogaschewsky, R. (1994): Rationalisierungsgemeinschaften mit Lieferanten, in: Bloech, J./Bogaschewsky, R./Frank, W. (Hrsg.): Konzernlogistik und Rationalisierungsgemeinschaften mit Lieferanten, Stuttgart, S. 95-115.

Bonoma, T. V. (1982): Major Sales: Who Really Does the Buying?, in: Harvard Business Review, 60. Jg., Mai/Juni, S. 111-119.

Brand, G. (1972): The Industrial Buying Decision: Implications for the Sales Approach in Industrial Marketing, London.

Bristor, J. M. (1993): Influence Strategies in Organizational Buying, in: Journal of Business-to-Business Marketing, 1. Jg., Nr. 1, S. 63-98.

Bunn, M. (1993): Taxonomy of Buying Decision Approaches, in: Journal of Marketing, 57. Jg., Nr. 1, S. 38-56.

Bunn, M./Liu, B. (1996): Situational Risk in Organizational Buying, in: Industrial Marketing Management, 25. Jg., S. 439-452.

Buvik, A. (2001): The Industrial Purchasing Research Framework, in: The Journal of Business & Industrial Marketing, 16. Jg., S. 439-451.

Cannon, J./Homburg, C. (2001): Buyers-Supplier Relationships and Customer Firm Costs, in: Journal of Marketing, 65. Jg., Nr. 1, S. 29-43.

Cannon, J./Perreault, W. (1999): Buyer-Seller Relationships in Business Markets, in: Journal of Marketing Research, 36. Jg., Nr. 4, S. 439-460.

Choffray, J./Lilien, G. (1978): Assessing Response to Industrial Marketing Strategy, in: Journal of Marketing, 42. Jg., Nr. 2, S. 20-31.

Corsten, H. (2002): Herausforderungen an das Supply Chain Management im internationalen Unternehmensverbund, in: Macharzina, K./Oesterle, M-J. (Hrsg.): Handbuch Internationales Management, 2. Aufl., Wiesbaden, S. 943-968.

DaimlerChryser AG (2001): DaimlerChrysler deckt weltweit gebündelten Einkaufsbedarf an PCs über Online Bidding Event, Pressemitteilung, Stuttgart/Auburn Hills, 5.11.2001.

Diller, H. (1992): Euro-Key-Account-Management, in: Marketing-ZFP, 14. Jg., S. 239-245.

Dwyer, F. R./Schurr, P. H./Oh, S. (1987): Developing Buyer-Seller Relationships, in: Journal of Marketing, 51. Jg., Nr. 2, S. 11 - 27.

Dwyer, F. R./Tanner, J. F. (2002): Business Marketing: Connecting Strategy, Relationships, and Learning, 2. Aufl., Boston.

Eßig, M. (1999): Cooperative Sourcing, Frankfurt a. M.

Evans, F. B. (1963): Selling as a Dyadic Relationship, in: The American Behavioral Scientist, 65. Jg., S. 76-79.

Fließ, S. (2000): Industrielles Kaufverhalten, in: Kleinaltenkamp, M./Plinke, W. (Hrsg.): Technischer Vertrieb, 2. Aufl., Berlin, S. 251-370.

Gemünden, H. (1980): Effiziente Interaktionsstrategien im Investitionsgütermarketing, in: Marketing-ZFP, 2. Jg., Nr. 1, 21-32.

Gemünden, H./Walter, A. (1995): Der Beziehungspromotor, in: Zeitschrift für Betriebswirtschaft, 65. Jg., S. 971-986.

Ghingold, M./ Wilson, D. T. (1998): Buying Center Research and Business Marketing Practice, in: Journal of Business and Industrial Marketing, 13. Jg., Nr. 2, S. 96-108.

Håkansson, H. (1982): International Marketing and Purchasing of Industrial Goods, Chichester.

Hansen, H./Skytte, H. (1998): Retailer buying behaviour: A Review, in: The International Review of Retail, Distribution and Consumer, 8. Jg., S. 277-303.

Hauschildt, J. (1998): Promotoren - Antriebskräfte der Innovation, Klagenfurt.

Hauschildt, J./Chakrabarti, A. K. (1988): Arbeitsteilung im Innovationsmanagement, in: Zeitschrift Führung und Organisation, 57. Jg., S. 378-388.

Hauschildt, J./Kirchmann, E. (1997): Zur Existenz und Effizienz von Prozeßpromotoren, in: Zeitschrift Führung und Organisation, 66. Jg., S. 68-73.

Homans, G. (1972): Elementarformen sozialen Verhaltens, 2. Aufl., Opladen.

Homburg, C./Krohmer, H. (2003): Marketingmanagement, Wiesbaden.

Hutton, J. G. (1997): A Study of Brand Equity in an Organizational-Buying Context, in: The Journal of Product and Brand Management, 6. Jg., S. 428-439.

Johansson, U. (2001): Retail Buying: Process, Information and it Use, in: The International Review of Retail, Distribution and Consumer Research, 11. Jg., S. 329-359.

Johnston, W. (1994): Organizational buying behavior – 25 years of knowledge and research, in: The Journal of Business & Industrial Marketing, 9. Jg., Nr. 3, S. 4-5.

Johnston, W. J./Bonoma, T. V. (1981a): The Buying Center, in: Journal of Marketing, 45. Jg., S. 143-156.

Johnston, W./Bonoma, T. V. (1981b): Purchase Process for Capital Equipment and Services, in: Industrial Marketing Management, 10. Jg., S. 253-264.

Johnston, W./Lewin, J. (1996): Organizational Buying Behaviour: Toward an Integrative Framework, in: Journal of Business Research, 35. Jg., Nr. 1, S. 1-16.

Katrichis, J. M. (1998): Exploring Departmental Level Interaction Patterns in Organizational Purchasing Decisions, in: Industrial Marketing Management, 27. Jg., S. 135-146.

Kaufmann, L. (2001): Internationales Beschaffungsmanagement, Wiesbaden.

Kern, E. (1990): Der Interaktionsansatz im Investitionsgütermarketing, Berlin.

Kirsch, W./Kutschker, M. (1978): Das Marketing von Investitionsgütern, Wiesbaden.

Kirsch, W./Kutschker, M./Lutschewitz, H. (1980): Ansätze und Entwicklungstendenzen im Investitionsgütermarketing, 2. Aufl., Stuttgart.

Kleinaltenkamp, M. (1996): Customer Integration: von der Kundenorientierung zur Kundenintegration, Wiesbaden.

Kleinaltenkamp, M./Jacob, F. (2002): German Approaches to Business-to-Business Marketing Theory, in: Journal of Business Research, 55. Jg., S. 149-155.

Kleinaltenkamp, M./Rieker, S. A. (1997): Kundenorientierte Organisation, in: Kleinaltenkamp, M./Plinke, W. (Hrsg.): Geschäftsbeziehungsmanagement, Berlin, S. 161-217.

Koch, F.-K. (1987): Verhandlungen bei der Vermarktung von Investitionsgütern, Mainz.

Kotler, P. u. a. (2003): Grundlagen des Marketing, 3. Aufl., München.

Kreikebaum, H./Rinsche, G. (1961): Das Prestigemotiv in Konsum und Investition, Berlin.

Kuß, A./Tomczak, T. (2000): Käuferverhalten, 2. Aufl., Stuttgart.

Lichtenthal, D. J./Shani, D. (2000): Fostering Client-Agency Relationships in Business Markets, in: Journal of Business Research, 49. Jg., S. 213-228.

Liebmann, H.-P./Zentes, J. (2001): Handelsmanagement, München.

McQuiston, D. (1989): Novelty, Complexity, and Importance as Causal Determinants of Industrial Buyer Behavior, in: Journal of Marketing, 53. Jg., Nr. 2, S. 66-79.

Meyer, A./Blümelhuber, C. (1997): Marketing orientiert sich zu wenig am Kunden, in: Belz, C. (Hrsg.): Kompetenz für Marketing-Innovationen, St. Gallen, S. 58-74.

Meyer, A./Oevermann, D. (1995): Kundenbindung, in: Tietz, B./Köhler, R./Zentes, J. (Hrsg.): Handwörterbuch des Marketing, 2. Aufl., Stuttgart, Sp. 1340 - 1351.

Morschett, D (2003): Formen von Kooperationen, Allianzen und Netzwerken, in: Zentes, J./Swoboda, B./Morschett, D. (Hrsg.): Kooperationen, Allianzen und Netzwerke, Wiesbaden, S. 387-413.

Plinke, W. (1997a): Bedeutende Kunden, in: Kleinaltenkamp, M./Plinke, W. (Hrsg.), Geschäftsbeziehungsmanagement, Berlin S. 113-158.

Plinke, W. (1997b): Grundlagen des Geschäftsbeziehungsmanagements, in: Plinke, W./Kleinaltenkamp, M. (Hrsg.), Geschäftsbeziehungsmanagement, Berlin, S. 1-62.

Reichwald, R./Piller, F. (2002): Der Kunde als Wertschöpfungspartner, in: Albach, H./Kaluza, B./ Kersten, W. (Hrsg.): Wertschöpfungsmanagement als Kernkompetenz, Wiesbaden, S. 27-51.

Robinson, S. J./Faris, C. W./Wind, Y. (1967): Industrial Buying and Creative Marketing, Boston.

Schoch, R. (1969) : Der Verkaufsvorgang als sozialer Interaktionsprozess, Winterthur.

Scholz, C. (2002): Vergütung und Entwicklung: Motivationskonzepte für das Beschaffungsmanagement, in: Hahn, D./Kaufmann, L. (Hrsg.): Handbuch Industrielles Beschaffungsmanagement, 2. Aufl., Wiesbaden, S. 987-1004.

Sheth, J. N. (1973): A Model of Industrial Buyer Behaviour, in: Journal of Marketing, 37. Jg., S. 50-56.

Sheth, J. N. (1996): Organizational Buying Behavior: Past Performance and Future Expectations, in: The Journal of Business & Industrial Marketing, 11. Jg., Nr. 3/4, S. 7-24.

Stölzle, W. (2000): Beziehungsmanagement, in: Hildebrandt, H./Koppelmann, U. (Hrsg.): Beziehungsmanagement mit Lieferanten, Stuttgart, S. 1-23.

Strothmann, K. H. (1979): Investitionsgütermarketing, München.

Swoboda, B. (1997): Wertschöpfungspartnerschaften in der Konsumgüterwirtschaft, in: Wirtschaftswissenschaftliches Studium, 26. Jg., S. 449-454.

Swoboda, B. (2000): Bedeutung internationaler strategischer Allianzen im Mittelstand – Eine dynamische Perspektive, in: Meyer, J.-A. (Hrsg.): Jahrbuch der KMU-Forschung, München, S. 107-129.

Swoboda, B. (2003): Kooperation: Erklärungsperspektiven grundlegender Theorien, Ansätze und Konzepte im Überblick, in: Zentes, J./Swoboda, B./Morschett, D. (Hrsg.): Kooperationen, Allianzen und Netzwerke, Wiesbaden, S. 35-64.

Swoboda, B./Morschett, D. (2002): Electronic Business im Handel – Gestaltungsoptionen der marktorientierten Kernprozesse des Handelsmanagements, in: Weiber, R. (Hrsg.) Electronic Business, 2. Aufl., Wiesbaden, S. 775-807.

Tanner, J. F. (1999): Organizational Buying Theories: A Bridge to Relationships Theory, in: Industrial Marketing Management, 28. Jg, Nr. 3, S. 245-255.

Thompson, K./Mitchell, H./Knox, S. (1998): Organisational Buying Behaviour in Changing Times, in: European Management Journal, 16. Jg., Nr. 6, S. 698-704.

Thorelli, H. B. (1986): Networks: Between Markets and Hierarchies, in: Strategic Management Journal, 7. Jg., Nr. 1, S. 37-51.

Turnbull, P. W./Valla, J.-P. (1986): Strategies for International Industrial Marketing, London.

Verband Deutscher Fachpresse (2001): Emnid - Leistungsanalyse Fachmedien 2001, Berlin.

Wagner, G. R. (1978): Die zeitliche Disaggregation von Beschaffungsentscheidungsprozessen aus der Sicht des Investitionsgütermarketings, in: Zeitschrift für betriebswirtschaftliche Forschung, 30. Jg., S. 266-289.

Walter, A. (1998): Der Beziehungspromotor, Wiesbaden.

Webster, F./Wind, Y. (1972a): Organizational Buying Behaviour, Englewood Cliffs.

Webster, F./Wind, Y. (1972b): A General Model for Understanding Organizational Buying Behaviour, in: Journal of Marketing, 36. Jg., Nr. 2, S. 12-19.

Wilson, D. (1978): Dyadic Interactions: Some Conceptualizations, in: Bonoma, T./Zaltman, G. (Hrsg.): Organizational Buying Behaviour, Chicago, S. 31-48.

Wilson, D. (1995): An Integrated Model of Buyer-Seller Relationships, in: Journal of the Academy of Marketing Science, 23. Jg., Nr. 4, S. 335-345.

Witte, E. (1973): Organisation für Innovationsentscheidungen, Göttingen.

Witte, E. (1976): Kraft und Gegenkraft im Entscheidungsprozess, in: Zeitschrift für Betriebswirtschaft, 46. Jg., S. 319-326.

Witte, E. (1998): Das Promotoren-Modell, in: Hauschildt, J./Gemünden, H. G. (Hrsg.): Promotoren: Champions der Innovation, Wiesbaden, S. 9-41.

Womack, J. P./Jones, D.T./Roos, D. (1991): Die zweite Revolution in der Autoindustrie: Konsequenzen aus der weltweiten Studie des Massachusetts Institute of Technology, 3. Aufl., Frankfurt a. M.

Woodside, A. (2003): Middle-Range Theory Construction of the Dynamics of Organizational Marketing-Buying Behaviour, in: The Journal of Business & Industrial Marketing, 18. Jg., S. 309-335.

Zentes, J./Janz, M./Kabuth, P./Swoboda, B. (2002): Best-Practice-Prozesse im Handel, Frankfurt a. M.

Zentes, J./Swoboda, B. (2001): Grundbegriffe des Marketing – Marktorientiertes globales Management-Wissen, Stuttgart.

Zentes, J./Swoboda, B./Morschett, D. (2003a) (Hrsg.): Kooperationen, Allianzen und Netzwerke, Wiesbaden.

Zentes, J./Swoboda, B./Morschett, D. (2003b): Kundenbindung im vertikalen Marketing, in: Bruhn, M./Homburg, C. (Hrsg.): Handbuch Kundenbindungsmanagement, 4. Aufl., Wiesbaden, S. 163-192.

Zentes, J./Swoboda, B./Morschett, D. (2004): Internationales Wertschöpfungsmanagement, München.

Stichwortverzeichnis

A

B

C

L

M

N

O

S

T

U

V

W

Z